U0098754

# Vue.js
## 設計實戰

本書簡體字版名為《Vue.is 设计与实现》（SBN:978-7-115-58386-4）由人民郵電出版社出版，版權屬人民郵電出版社所有。本書繁體字中文版由人民郵電出版社授權臺灣碁峰資訊股份有限公司出版。未經本書原版出版者和本書出版者書面許可，任何單位和個人均不得以任何形式或任何手段複製或傳播本書的部分或全部。

# 序

在這本書問世之前，我就已經看過霍春陽的 Vue.js 3 原始碼解讀，當時就很欣賞他對技術細節的專注和投入。後來春陽為 Vue.js 3 上傳了大量修正，修復了一些非常深層的渲染更新 bug，為 Vue.js 3 做出了很多貢獻，成為了官方團隊成員。春陽對 Vue.js 3 原始碼的理解來自參與原始碼的維護中，這是深入理解開源專案最有難度但也最有效的途徑。也因此這本書對 Vue.js 3 技術細節的分析非常可靠，對於需要深入理解 Vue.js 3 的使用者會有很大的幫助。

春陽對 Vue.js 的高層設計思維的理解也非常精準，並且在框架的設計權衡層面有自己的深入思考。這可能是這本書最不同於市面上其他純粹的「原始碼分析」類型圖書的地方：它從高層的設計角度探討框架需要關注的問題，從而幫助讀者更好地理解一些具體的實作為何要做出這樣的選擇。

前端是一個變化很快的領域，新的技術不斷出現，Vue.js 本身也在不斷地進化，我們還會繼續探索最佳化的實作細節。但即使拋開具體的實作，這本書也可以作為現代前端框架設計的一個非常有價值的參考。

尤雨溪，Vue.js 作者

# 前言

Vue.js 作為最流行的前端框架之一，在 2020 年 9 月 18 日，正式迎來了它的 3.0 版本。得益於 Vue.js 2 的設計經驗，Vue.js 3.0 不僅帶來了諸多新特性，還在框架設計與實作上做了很多創新。在一定程度上，我們可以認為 Vue.js 3.0「還清」了在 Vue.js 2 中欠下的技術債務。

在我看來，Vue.js 3.0 是一個非常成功的專案。它秉承了 Vue.js 2 的易用性。同時，相比 Vue.js 2，Vue.js 3.0 甚至做到了使用更少的程式碼來實作更多的功能。

Vue.js 3.0 在模組的拆分和設計上做得非常合理。模組之間的耦合度非常低，很多模組可以獨立安裝使用，而不需要依賴完整的 Vue.js 執行，例如 @vue/reactivity 模組。

Vue.js 3.0 在設計內建組件和模組時也花費了很多精力，配合建構工具以及 Tree-Shaking 機制，實作了內建能力的按照需要時引入，從而實作了使用者 bundle 的體積最小化。

Vue.js 3.0 的擴展能力非常強，我們可以撰寫自訂的渲染器，甚至可以撰寫編譯器外掛程式來自訂模板語法。同時，Vue.js 3.0 在使用者體驗上也下足了功夫。

Vue.js 3.0 的優點包括但不限於上述這些內容。既然 Vue.js 3.0 的優點如此之多，那麼框架設計者是如何設計並實作這一切的呢？實際上，理解 Vue.js 3.0 的核心設計思維非常重要。它不僅能夠讓我們更加從容地面對複雜問題，還能夠指導我們在其他領域進行架構設計。

另外，Vue.js 3.0 中很多功能的設計需要謹遵規範。例如，想要使用 Proxy 實作完善的響應系統，就必須從 ECMAScript 規範入手，而 Vue.js 的模板解析器則遵從 WHATWG 的相關規範。所以，在理解 Vue.js 3.0 核心設計思維的同時，我們還能夠間接掌握閱讀和理解規範，並據此撰寫程式碼。

## 讀者對象

本書的目標讀者包括：

- ☑ 對 Vue.js 2/3 具有上手經驗，且希望進一步理解 Vue.js 框架設計原理的開發人員。
- ☑ 沒有使用過 Vue.js，但對 Vue.js 框架設計感興趣的前端開發人員。

## 本書內容

本書內容並非「原始碼解讀」，而是建立在筆者對 Vue.js 框架設計的理解之上，以由簡入繁的方式介紹如何實作 Vue.js 中的各個功能模組。

本書將盡可能地從規範出發，實作功能完善且嚴謹的 Vue.js 功能模組。例如，透過閱讀 ECMAScript 規範，基於 Proxy 實作一個完善的響應系統；透過閱讀 WHATWG 規範，實作一個類似 HTML 語法的模板解析器，並在此基礎上實作一個支援外掛程式架構的模板編譯器。

除此之外，本書還會討論以下內容：

- ☑ 框架設計的核心要素以及框架設計過程中要做出的權衡；
- ☑ 三種常見的虛擬 DOM（Virtual DOM）的 Diff 演算法；
- ☑ 模組化的實作與 Vue.js 內建模組的原理；
- ☑ 伺服端渲染、使用者端渲染、同構渲染之間的差異，以及同構渲染的原理。

## 本書結構

本書分為 6 篇，共 18 章，各章的簡介如下。

- ☑ 第一篇（框架設計概覽）：共 3 章。
  - ◆ 第 1 章主要討論了命令式和聲明式這兩種的差異，以及二者對框架設計的影響，還討論了虛擬 DOM 的效能狀況，最後介紹了執行時和編譯時的相關知識，並介紹了 Vue.js 3.0 是一個執行時 + 編譯時的框架。
  - ◆ 第 2 章主要從使用者的開發體驗、控制框架程式碼的體積、Tree-Shaking 的運作機制、框架產物、屬性開關、錯誤處理、TypeScript 支援等幾個方面出發，討論了框架設計者在設計框架時應該考慮的內容。
  - ◆ 第 3 章從全域視角介紹 Vue.js 3.0 的設計思路，以及各個模組之間是如何協作的。

- 第二篇（響應系統）：共 3 章。
  - 第 4 章從宏觀視角講述了 Vue.js 3.0 中響應系統的實作機制。從副作用函數開始，逐步實作一個完善的響應系統，還講述了運算屬性和 watch 的實作原理，同時討論了在實作響應系統的過程中所遇到的問題，以及相應的解決方案。
  - 第 5 章從 ECMAScript 規範入手，從最基本的 Proxy、Reflect 以及 JavaScript 物件的運作原理開始，逐步討論了使用 Proxy 代理 JavaScript 物件的方式。
  - 第 6 章主要討論了 ref 的概念，並基於 ref 實作原始值的響應式方案，還討論了如何使用 ref 解決響應遺失問題。

- 第三篇（渲染器）：共 5 章。
  - 第 7 章主要討論了渲染器與響應系統的關係，講述了兩者如何配合工作完成頁面更新，還討論了渲染器中的一些基本名詞和概念，以及自訂渲染器的實作與應用。
  - 第 8 章主要討論了渲染器載入與更新的實作原理，其中包括子節點的處理、屬性的處理和事件的處理。當載入或更新組件類型的虛擬節點時，還要考慮組件生命週期函數的處理等。
  - 第 9 章主要討論了「簡單 Diff 演算法」的運作原理。
  - 第 10 章主要討論了「雙端 Diff 演算法」的運作原理。
  - 第 11 章主要討論了「快速 Diff 演算法」的運作原理。

- 第四篇（組件化）：共 3 章。
  - 第 12 章主要討論了組件的實作原理，介紹了組件自身狀態的初始化，以及由自身狀態變化引起的組件自更新，還介紹了組件的外部狀態（props）、由外部狀態變化引起的被動更新，以及組件事件和插槽的實作原理。
  - 第 13 章主要介紹了非同步組件和函數式組件的運作機制和實作原理。對於非同步組件，我們還討論了超時與錯誤處理、延遲展示 Loading 組件、載入重試等內容。
  - 第 14 章主要介紹了 Vue.js 內建的三個組件的實作原理，即 KeepAlive、Teleport 和 Transition 組件。

- ◪ 第五篇（編譯器）：共 3 章。

    - ❖ 第 15 章首先討論了 Vue.js 模板編譯器的運作流程，接著討論了 `parser` 的實作原理與狀態機，以及 AST 的轉換與外掛程式化架構，最後討論了生成渲染函數程式碼的具體實作。

    - ❖ 第 16 章主要討論了如何實作一個符合 WHATWG 組織的 HTML 解析規範的解析器，內容涵蓋解析器的文本模式、文本模式對解析器的影響，以及如何使用遞迴下降演算法建構模板 AST。在解析文本內容時，我們還討論了如何根據規範解碼字元引用。

    - ❖ 第 17 章主要討論了 Vue.js 3.0 中模板編譯最佳化的相關內容。具體包括：`Block` 樹的更新機制、動態節點的收集、靜態提升、預字串化、暫存內嵌事件處理函數、`v-once` 等最佳化機制。

- ◪ 第六篇（伺服端渲染）：1 章。

    - ❖ 第 18 章主要討論了 Vue.js 同構渲染的原理。首先探討了 CSR、SSR 以及同構渲染等方案各自的優缺點，然後探討了 Vue.js 進行伺服端渲染和使用者端啟動的原理，最後總結了撰寫同構程式碼時的注意事項。

## 原始程式碼及勘誤

在學習本書時，書中所有程式碼均可透過手動輸入程式碼進行試驗和學習，你也可以從 GitHub（HcySunYang）下載所有原始程式碼 [1]。我將盡最大努力確保正文和來源程式碼無誤。但金無足赤，書中難免存在一些錯誤。如果讀者發現任何錯誤，包括但不限於別字、程式碼片段、描述有誤等，請及時回饋給我。本書勘誤請至 GitHub（HcySunYang）查看或上傳 [2]。

---

1　或存取圖靈社區本書主頁下載。——編者注
2　也可存取圖靈社區本書主頁查看或上傳勘誤。——編者注

# 致謝

這本書的誕生，要感謝很多與之有直接或間接關係的人和物。下面的致謝不分先後，僅按照我特定的邏輯順序組織撰寫。

首先要感謝 Vue.js 這個框架。毫無疑問，Vue.js 為世界創造了價值，無數的企業和個人開發者從中受益。當然，更要感謝 Vue.js 的作者尤雨溪以及 Vue.js 團隊的其他所有成員，良好的團隊運作使得 Vue.js 能夠持續發展。沒有 Vue.js 就不可能有今天這本書。

除此之外，我還要感謝裕波老師的推薦和王軍花老師的信任，使得我有機會來完成這樣一本自己比較擅長的書。在寫書的過程中，王軍花老師全程熱心細緻的工作讓我對完成撰寫任務的信心得到了極大的提升。再次向裕波老師和王軍花老師表示由衷的感謝，非常感謝。

還要感謝曾經共事過的一位朋友，張嘯。他為這本書提出了很多寶貴意見，同時還細心地幫忙檢查錯別字和語句的表達問題。

感謝羅勇林，這是我另一位很特殊的朋友。可以說，沒有他，我甚至不可能走上程式師的道路，更不可能寫出這樣一本書。感謝你，兄弟。

當然了，我還要感謝剛剛和我成為合法夫妻的愛人。在我寫書的時候，她還是我的女朋友，為了順利地完成這本書和一些其他原因，我幾乎在家全職寫作，期間只有少量收入甚至沒有收入。她從來沒有抱怨過，還經常鼓勵我，我還總開玩笑地對她說：「不然你養我算了。」當這本書出版的時候，她已經成為我的合法妻子，這本書也是我送給她的禮物之一，謝謝你。

# 目錄

## 第一篇　框架設計概覽

### 1　權衡的藝術　002

1.1　命令式和聲明式　002
1.2　效能與可維護性的權衡　003
1.3　虛擬 DOM 的效能到底如何　004
1.4　執行時和編譯時　008
1.5　總結　012

### 2　框架設計的核心要素　013

2.1　提升使用者的開發體驗　013
2.2　控制框架程式碼的體積　015
2.3　框架要做到良好的 Tree-Shaking　016
2.4　框架應該輸出怎樣的建構產物　019
2.5　屬性開關　021
2.6　錯誤處理　023
2.7　良好的 TypeScript 型別支援　026
2.8　總結　027

### 3　Vue.js 3 的設計思路　029

3.1　聲明式地描述 UI　029
3.2　初識渲染器　031
3.3　組件的本質　034
3.4　模板的運作原理　037
3.5　Vue.js 是各個模組組成的有機整體　038
3.6　總結　040

# 第二篇　響應系統

## 4 響應系統的作用與實作 042

4.1 響應式資料與副作用函數 042

4.2 響應式資料的基本實作 043

4.3 設計一個完善的響應系統 045

4.4 分支切換與 cleanup 052

4.5 巢狀的 effect 與 effect 堆疊 058

4.6 避免無限遞迴循環 062

4.7 調度執行 063

4.8 計算屬性 computed 與 lazy 068

4.9 watch 的實作原理 075

4.10 立即執行的 watch 與回傳執行時機 079

4.11 過期的副作用 081

4.12 總結 086

## 5 非原始值的響應式方案 088

5.1 理解 Proxy 和 Reflect 088

5.2 JavaScript 物件及 Proxy 的運作原理 093

5.3 如何代理 Object 097

5.4 合理地觸發響應 108

5.5 淺響應與深響應 114

5.6 唯讀和淺唯讀 117

5.7 代理陣列 120

5.8 代理 Set 和 Map 140

5.9 總結 165

## 6 原始值的響應式方案 168

6.1 引入 ref 的概念 168

6.2 響應遺失問題 170

6.3 自動脫 ref 175

6.4 總結 177

# 第三篇　渲染器

**7** ## 渲染器的設計　　　　　　　　　　　　　　　**180**

7.1　渲染器與響應系統的結合　　　　　　　　180

7.2　渲染器的基本概念　　　　　　　　　　　182

7.3　自訂渲染器　　　　　　　　　　　　　186

7.4　總結　　　　　　　　　　　　　　　　190

**8** ## 載入與更新　　　　　　　　　　　　　　　**191**

8.1　載入子節點和元素的屬性　　　　　　　191

8.2　HTML Attributes 與 DOM Properties　　193

8.3　正確地設定元素屬性　　　　　　　　　196

8.4　class 的處理　　　　　　　　　　　　　201

8.5　卸載操作　　　　　　　　　　　　　　204

8.6　區分 vnode 的類型　　　　　　　　　　207

8.7　事件的處理　　　　　　　　　　　　　209

8.8　事件冒泡與更新時機問題　　　　　　　214

8.9　更新子節點　　　　　　　　　　　　　218

8.10　文本節點和註解節點　　　　　　　　223

8.11　Fragment　　　　　　　　　　　　　226

8.12　總結　　　　　　　　　　　　　　　229

**9** ## 簡單 Diff 演算法　　　　　　　　　　　　　**232**

9.1　減少 DOM 操作的效能消耗　　　　　　232

9.2　DOM 重複使用與 key 的作用　　　　　236

9.3　找到需要移動的元素　　　　　　　　　240

9.4　如何移動元素　　　　　　　　　　　243

9.5　新增新元素　　　　　　　　　　　　248

9.6　移除不存在的元素　　　　　　　　　　254

9.7　總結　　　　　　　　　　　　　　　256

**10** **雙端 Diff 演算法** **258**

10.1 雙端比較的原理 258

10.2 雙端比較的優勢 269

10.3 非理想狀況的處理方式 273

10.4 新增新元素 281

10.5 移除不存在的元素 286

10.6 總結 288

**11** **快速 Diff 演算法** **289**

11.1 相同的前置元素和後置元素 289

11.2 判斷是否需要進行 DOM 移動操作 299

11.3 如何移動元素 307

11.4 總結 316

## 第四篇　組件化

**12** **組件的實作原理** **318**

12.1 渲染組件 318

12.2 組件狀態與自更新 321

12.3 組件實例與組件的生命週期 324

12.4 props 與組件的被動更新 326

12.5 setup 函數的作用與實作 332

12.6 組件事件與 emit 的實作 335

12.7 插槽的運作原理與實作 337

12.8 註冊生命週期 340

12.9 總結 342

**13** **非同步組件與函數式組件** **344**

13.1 非同步組件要解決的問題 344

13.2 非同步組件的實作原理 346

13.3　函數式組件　　356

13.4　總結　　358

**14　內建組件和模組**　　**360**

14.1　KeepAlive 組件的實作原理　　360

14.2　Teleport 組件的實作原理　　369

14.3　Transition 組件的實作原理　　374

14.4　總結　　385

## 第五篇　　編譯器

**15　編譯器核心技術概覽**　　**388**

15.1　模板 DSL 的編譯器　　388

15.2　parser 的實作原理與狀態機　　393

15.3　建構 AST　　399

15.4　AST 的轉換與外掛化架構　　408

15.5　將模板 AST 轉為 JavaScript AST　　423

15.6　程式碼生成　　429

15.7　總結　　434

**16　解析器**　　**436**

16.1　文本模式及其對解析器的影響　　436

16.2　遞迴下降演算法建構模板 AST　　440

16.3　狀態機的開啟與停止　　447

16.4　解析標籤節點　　453

16.5　解析屬性　　458

16.6　解析文本與解碼 HTML　　464

16.7　解析插值與註解　　478

16.8　總結　　481

## 17 編譯最佳化 482

17.1 動態節點收集與修補標誌 482

17.2 Block 樹 491

17.3 靜態提升 496

17.4 預字串化 498

17.5 暫存內嵌事件處理函數 499

17.6 v-once 500

17.7 總結 501

## 第六篇　伺服端渲染

## 18 同構渲染 504

18.1 CSR、SSR 以及同構渲染 504

18.2 將虛擬 DOM 渲染為 HTML 標籤 509

18.3 將組件渲染為 HTML 標籤 515

18.4 使用者端啟用的原理 520

18.5 撰寫同構的程式碼 526

18.6 總結 532

# 第一篇

# 框架設計概覽

第 1 章　權衡的藝術

第 2 章　框架設計的核心要素

第 3 章　Vue.js 3 的設計思路

# 第 1 章 | 權衡的藝術

「框架設計裡到處都展現了權衡的藝術。」

在深入討論 Vue.js 3 各個模組的實作思路和細節之前，我認為有必要先來討論視圖層框架設計方面的內容。為什麼呢？這是因為當我們設計一個框架的時候，框架本身的各個模組之間並不是相互獨立的，而是相互關聯、相互制約的。因此作為框架設計者，一定要對框架的定位和方向擁有全域的掌握，這樣才能做好後續的模組設計和拆分。同樣，作為學習者，我們在學習框架的時候，也應該從全域的角度對框架的設計擁有清晰的認知，否則很容易被細節困住，看不清全貌。

另外，從範例的角度來看，我們的框架應該設計成命令式的還是聲明式的呢？這兩種範例有何優缺點？我們能否汲取兩者的優點？除此之外，我們的框架要設計成純執行期的還是純編譯期的，甚至是執行期＋編譯期的呢？它們之間又有何差異？優缺點分別是什麼？這裡面都展現了「權衡」的藝術。

## 1.1 命令式和聲明式

從範例上來看，視圖層框架通常分為命令式和聲明式，它們各有優缺點。作為框架設計者，應該對兩種範例都有足夠的認知，這樣才能做出正確的選擇，甚至想辦法汲取兩者的優點並將其整合。

接下來，我們先來看看命令式框架和聲明式框架的概念。早年間流行的 jQuery 就是典型的命令式框架。命令式框架的一大特點就是**著重過程**。例如，我們把下面這段話翻譯成對應的程式碼：

```
1    - 獲取 id 為 app 的 div 標籤
2    - 它的文本內容為 hello world
3    - 為其綁定點擊事件
4    - 當點擊時彈出提示：ok
```

對應的程式碼為：

```
1    $('#app') // 獲取 div
2      .text('hello world') // 設定文本內容
3      .on('click', () =>{ alert('ok') }) // 綁定點擊事件
```

以上就是 jQuery 的程式碼範例，考慮到有些讀者可能沒有用過 jQuery，因此我們再用原生 JavaScript 來實作同樣的功能：

```
1    const div = document.querySelector('#app') // 獲取 div
2    div.innerText = 'hello world' // 設定文本內容
3    div.addEventListener('click', ()=>{alert('ok')}) // 綁定點擊事件
```

可以看到，自然語言描述能夠與程式碼產生一一對應的關係，程式碼本身描述的是「做事的過程」，這符合我們的邏輯直覺。

那麼，什麼是聲明式框架呢？與命令式框架更加著重過程不同，聲明式框架更加著重結果。結合 Vue.js，我們來看看如何實作上面自然語言描述的功能：

```
1    <div @click="() => alert('ok')">hello world</div>
```

這段類似 HTML 的模板就是 Vue.js 實作如上功能的方式。可以看到，我們提供的是一個「結果」，至於如何實作這個「結果」，我們並不關心，這就像我們在告訴 Vue.js：「嘿，Vue.js，看到沒，我要的就是一個 div，文本內容是 hello world，它有綁定一個事件，你幫我搞定吧。」至於實作該「結果」的**過程**，則是由 Vue.js 幫我們完成的。換句話說，Vue.js 幫我們封裝了**過程**。因此，我們能夠猜到 Vue.js 的內部實作一定是**命令式**的，而暴露給使用者的卻是**聲明式**。

## 1.2　效能與可維護性的權衡

命令式和聲明式各有優缺點，在框架設計方面，則展現在效能與可維護性之間的權衡。這裡我們先拋出一個結論：**聲明式程式碼的效能不優於命令式程式碼的效能**。

還是拿上面的例子來說，假設現在我們要將 div 標籤的文本內容修改為 hello vue3，那麼如何用命令式程式碼實作呢？很簡單，因為我們明確知道要修改的是什麼，所以直接呼叫相關命令操作即可：

```
1    div.textContent = 'hello vue3' // 直接修改
```

現在思考一下，還有沒有其他辦法比上面這句程式碼的效能更好？答案是「沒有」。可以看到，理論上命令式程式碼可以做到極致的效能最佳化，因為我們明確知道哪些發生了變更，只做必要的修改就行了。但是聲明式程式碼不一定能做到這一點，因為它描述的是結果：

```
1    <!-- 之前： -->
2    <div @click="() => alert('ok')">hello world</div>
3    <!-- 之後： -->
4    <div @click="() => alert('ok')">hello vue3</div>
```

對於框架來說，為了實作最優的更新效能，它需要找到前後的差異並只更新變化的地方，但是最終完成這次更新的程式碼仍然是：

```
1   div.textContent = 'hello vue3' // 直接修改
```

如果我們把直接修改的效能消耗定義為 A，把找出差異的效能消耗定義為 B，那麼有：

- 命令式程式碼的更新效能消耗＝ A
- 聲明式程式碼的更新效能消耗＝ B ＋ A

可以看到，聲明式程式碼會比命令式程式碼多出找出差異的效能消耗，因此最理想的情況是，當找出差異的效能消耗為 0 時，聲明式程式碼與命令式程式碼的效能相同，但是無法做到超越，**畢竟框架本身就是封裝了命令式程式碼才實作了面向使用者的聲明式**。這符合前文中提供的效能結論：聲明式程式碼的效能不優於命令式程式碼的效能。

既然在效能層面命令式程式碼是更好的選擇，那麼為什麼 Vue.js 要選擇聲明式的設計方案呢？原因就在於聲明式程式碼的可維護性更強。從上面例子的程式碼中我們也可以感受到，在採用命令式程式碼開發的時候，我們需要維護實作目標的整個**過程**，包括要手動完成 DOM 元素的建立、更新、刪除等操作。而聲明式程式碼展示的就是我們要的**結果**，看上去更加直觀，至於做事的過程，並不需要我們關心，Vue.js 都為我們封裝好了。

這就展現了我們在框架設計上要做出的關於可維護性與效能之間的權衡。在採用聲明式提升可維護性的同時，效能就會有一定的損失，而框架設計者要做的就是：**在保持可維護性的同時讓效能損失最小化**。

## 1.3 虛擬 DOM 的效能到底如何

考慮到有些讀者可能不知道什麼是虛擬 DOM，這裡我們不會對其做深入討論，但這既不影響你理解本節內容，也不影響你閱讀後續章節。如果實在看不明白，也沒關係，至少有個印象，等後面我們深入講解虛擬 DOM 後再回來看這裡的內容，相信你會有不同的感受。

前文說到，**聲明式程式碼的更新效能消耗＝找出差異的效能消耗＋直接修改的效能消耗**，因此，如果我們能夠最小化**找出差異的效能消耗**，就可以讓聲明式程式碼的效能無限接近命令式程式碼的效能。而所謂的虛擬 DOM，就是為了**最小化找出差異**這一步的效能消耗而出現的。

至此，相信你也應該清楚一件事了，那就是採用虛擬 DOM 的更新技術的效能**理論**上不可能比原生 JavaScript 操作 DOM 更高。這裡我們強調了**理論**上三個字，因為這很關鍵，為什麼呢？因為在大部分情況下，**我們很難寫出絕對最佳化的命令式程式碼**，尤其是當應用程式的規模很大的時候，即使你寫出了極致最佳化的程式碼，也一定耗費了巨大的精力，這時的投入產出比其實並不高。

那麼，有沒有什麼辦法能夠讓我們不用付出太多的努力（寫聲明式程式碼），還能夠保證應用程式的效能下限，讓應用程式的效能不至於太差，甚至想辦法逼近命令式程式碼的效能呢？這其實就是虛擬 DOM 要解決的問題。

不過前文中所說的原生 JavaScript 實際上指的是像 `document.createElement` 之類的 DOM 操作方法，並不包含 `innerHTML`，因為它比較特殊，需要單獨討論。在早年使用 jQuery 或者直接使用 JavaScript 撰寫頁面的時候，使用 `innerHTML` 來操作頁面非常常見。其實我們可以思考一下：使用 `innerHTML` 操作頁面和虛擬 DOM 相比效能如何？`innerHTML` 和 `document.createElement` 等 DOM 操作方法有何差異？

先來看第一個問題，為了比較 `innerHTML` 和虛擬 DOM 的效能，我們需要瞭解它們建立、更新頁面的過程。對於 `innerHTML` 來說，為了建立頁面，我們需要撰寫一段 HTML 字串：

```
1   const html = `
2   <div><span>...</span></div>
3   `
```

接著將該字串賦值給 DOM 元素的 `innerHTML` 屬性：

```
1   div.innerHTML = html
```

然而這句話遠沒有看上去那麼簡單。為了渲染出頁面，首先要把字串解析成 DOM 樹，這是一個 DOM 層面的計算。我們知道，涉及 DOM 的運算要遠比 JavaScript 層面的計算效能差，這有一個效能運算結果可供參考，如圖 1-1 所示。

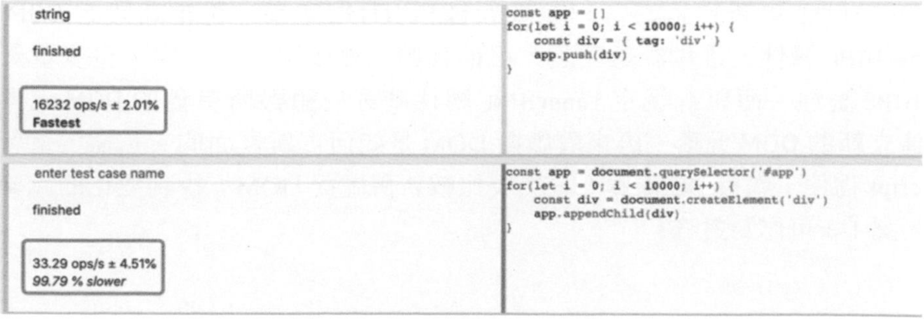

▲ 圖 1-1　效能運算結果

在圖 1-1 中，上邊是純 JavaScript 層面的計算，迴圈 10000 次，每次建立一個 JavaScript 物件並將其新增到程式中；下邊是 DOM 操作，每次建立一個 DOM 元素並將其新增到頁面中。效能運算結果輸出，純 JavaScript 層面的操作要比 DOM 操作快得多，它們不在同個量級上。基於這個背景，我們可以用一個公式來表達透過 innerHTML 建立頁面的效能：**HTML 字串拼接的計算量＋ innerHTML 的 DOM 計算量**。

接下來，我們討論虛擬 DOM 在建立頁面時的效能。虛擬 DOM 建立頁面的過程分為兩步：第一步是建立 JavaScript 物件，這個物件可以理解為真實 DOM 的描述；第二步是遍歷執行虛擬 DOM 樹並建立真實 DOM。我們同樣可以用一個公式來表達：**建立 JavaScript 物件的計算量＋建立真實 DOM 的計算量**。

圖 1-2 直觀地對比了 innerHTML 和虛擬 DOM 在建立頁面時的效能。

| | 虛擬 DOM | innerHTML |
|---|---|---|
| 純 JavaScript 運算 | • 創立 JavaScript 物件（VNode） | • 渲染 HTML 程式碼 |
| DOM 運算 | • 新建所有 DOM 元素 | • 新建所有 DOM 元素 |

▲ 圖 1-2　innerHTML 和虛擬 DOM 在建立頁面時的效能

可以看到，無論是純 JavaScript 層面的計算，還是 DOM 層面的計算，其實兩者差距不大。這裡我們從宏觀的角度只看量級上的差異。如果在同一個量級，則認為沒有差異。在建立頁面的時候，都需要新建所有 DOM 元素。

剛剛我們討論了建立頁面時的效能情況，大家可能會覺得虛擬 DOM 相比 innerHTML 沒有優勢可言，甚至細究的話效能可能會更差。別著急，接下來我們看看它們在更新頁面時的效能。

使用 innerHTML 更新頁面的過程是**重新建構 HTML 字串，再重新設定 DOM 元素的 innerHTML 屬性**，這其實是在說，哪怕我們只更改了一個文字，也要重新設定 innerHTML 屬性。而重新設定 innerHTML 屬性就等於**銷毀所有舊的 DOM 元素，再全部建立新的 DOM 元素**。再來看虛擬 DOM 是如何更新頁面的。它需要重新建立 JavaScript 物件（虛擬 DOM 樹），然後比較新舊虛擬 DOM，找到變化的元素並更新它。圖 1-3 可作為對照。

|  | 虛擬 DOM | innerHTML |
|---|---|---|
| 純 JavaScript 運算 | • 建立新的 JavaScript 物件 + Diff | • 渲染 HTML 程式碼 |
| DOM 運算 | • 必要的 DOM 更新 | • 銷毀所有舊 DOM<br>• 新建所有新 DOM |

▲ 圖 1-3 虛擬 DOM 和 innerHTML 在更新頁面時的效能

可以發現，在更新頁面時，虛擬 DOM 在 JavaScript 層面的運算要比建立頁面時多出一個 Diff 的效能消耗，然而它畢竟也是 JavaScript 層面的運算，所以不會產生數量級的差異。再觀察 DOM 層面的運算，可以發現虛擬 DOM 在更新頁面時只會更新必要的元素，但 innerHTML 需要全部更新。這時虛擬 DOM 的優勢就展現出來了。

另外，我們發現，當更新頁面時，影響虛擬 DOM 的效能因素與影響 innerHTML 的效能因素不同。對於虛擬 DOM 來說，無論頁面多大，都只會更新變化的內容，而對於 innerHTML 來說，頁面越大，就意味著更新時的效能消耗越大。如果加上效能因素，那麼最終它們在更新頁面時的效能如圖 1-4 所示。

|  | 虛擬 DOM | innerHTML |
|---|---|---|
| 純 JavaScript 運算 | • 建立新的 JavaScript 物件 + Diff | • 渲染 HTML 程式碼 |
| DOM 運算 | • 必要的 DOM 更新 | • 銷毀所有舊 DOM<br>• 新建所有新 DOM |
| 效能因素 | • 與資料變化量相關 | • 與模板大小相關 |

▲ 圖 1-4 虛擬 DOM 和 innerHTML 在更新頁面時的效能（加上效能因素）

基於此，我們可以粗略地總結一下 innerHTML、虛擬 DOM 以及原生 JavaScript（指 createElement 等方法）在更新頁面時的效能，如圖 1-5 所示。

効能差　　　　　　　　　　　　　　　　　　　　　　　　　效能高

→

innerHTML（模板）　　　<　　　虛擬 DOM　　　<　　　原生 JavaScript

心智負擔中等　　　　　　　心智負擔小　　　　　　　心智負擔大

效能差　　　　　　　　　　可維護性強　　　　　　　可維護性差

　　　　　　　　　　　　　效能不錯　　　　　　　　效能高

▲ 圖 1-5　innerHTML、虛擬 DOM 以及原生 JavaScript 在更新頁面時的效能

我們分了幾個維度：心智負擔、可維護性和效能。其中原生 DOM 操作方法的心智負擔最大，因為你要手動建立、刪除、修改大量的 DOM 元素。但它的效能是最高的，不過為了使其效能最佳，我們同樣要承受巨大的心智負擔。另外，以這種方式撰寫的程式碼，可維護性也極差。而對於 innerHTML 來說，由於我們撰寫頁面的過程有一部分是透過拼接 HTML 標籤來實作的，這有點接近聲明式的意思，但是拼接字串也是有一定心智負擔的，而且對於事件綁定之類的事情，我們還是要使用原生 JavaScript 來處理。如果 innerHTML 模板很大，則其更新頁面的效能最差，尤其是在只有少量更新時。最後，我們來看看虛擬 DOM，它是聲明式的，因此心智負擔小，可維護性強，效能雖然比不上極致最佳化的原生 JavaScript，但是在保證心智負擔和可維護性的前提下相當不錯。

至此，我們有必要思考一下：有沒有辦法做到，既聲明式地描述 UI，又具備原生 JavaScript 的效能呢？看上去有點魚與熊掌兼得的意思，我們會在下一章中繼續討論。

## 1.4　執行時和編譯時

當設計一個框架的時候，我們有三種選擇：純執行時的、執行時 + 編譯時的或純編譯時的。這需要你根據目標框架的特徵，以及對框架的期望，做出合適的決策。另外，為了做出合適的決策，你需要清楚地知道什麼是執行時，什麼是編譯時，它們各自有什麼特徵，它們對框架有哪些影響，本節將會逐步討論這些內容。

我們先聊聊純執行時的框架。假設我們設計了一個框架，它提供一個 Render 函數，使用者可以為該函數提供一個樹型結構的資料，然後 Render 函數會根據該物件遞迴地將資料渲染成 DOM 元素。我們規定樹型結構的資料如下：

```
1  const obj = {
2    tag: 'div',
3    children: [
4      { tag: 'span', children: 'hello world' }
```

```
5      ]
6    }
```

每個物件都有兩個屬性：`tag` 代表標籤名稱，`children` 既可以是一個陣列（代表子節點），也可以直接是一段文本（代表文本子節點）。接著，我們來實作 Render 函數：

```
1    function Render(obj, root) {
2      const el = document.createElement(obj.tag)
3      if (typeof obj.children === 'string') {
4        const text = document.createTextNode(obj.children)
5        el.appendChild(text)
6      } else if (obj.children) {
7        // 陣列，遞迴呼叫 Render，使用 el 作為 root 參數
8        obj.children.forEach((child) => Render(child, el))
9      }
10
11       // 將元素新增到 root
12       root.appendChild(el)
13   }
```

有了這個函數，使用者就可以這樣來使用它：

```
1    const obj = {
2      tag: 'div',
3      children: [
4        { tag: 'span', children: 'hello world' }
5      ]
6    }
7    // 渲染到 body 下
8    Render(obj, document.body)
```

在瀏覽器中執行上面這段程式碼，就可以看到我們預期的內容。

現在我們回過頭來思考一下使用者是如何使用 Render 函數的。可以發現，使用者在使用它渲染內容時，直接為 Render 函數提供了一個樹型結構的資料。這裡面不涉及任何額外的步驟，使用者也不需要學習額外的知識。但是有一天，你的使用者抱怨說：「手寫樹型結構的資料太麻煩了，而且不直觀，能不能支援用類似於 HTML 標籤的方式描述樹型結構的資料呢？」你看了看現在的 Render 函數，然後回答：「抱歉，暫不支援。」實際上，我們剛剛撰寫的框架就是一個**純執行時**的框架。

為了滿足使用者的需求，你開始思考，能不能引入編譯的手段，把 HTML 標籤編譯成樹型結構的資料，這樣不就可以繼續使用 Render 函數了嗎？思路如圖 1-6 所示。

```
<div>
  <span> hello world </span>
</div>

        編譯
        ⬇

const obj = {
  tag: 'div',
  children: [
    { tag: 'span', children: 'hello world' }
  ]
}
```

▲ 圖 1-6　把 HTML 標籤編譯成樹型結構的資料

為此，你撰寫了一個叫作 Compiler 的程式，它的作用就是把 HTML 標籤編譯成樹型結構的資料，於是交付給使用者去使用。那麼使用者該怎麼使用呢？其實這也是我們要思考的問題，最簡單的方式就是讓使用者分別呼叫 Compiler 函數和 Render 函數：

```
1    const html = `
2    <div>
3      <span>hello world</span>
4    </div>
5    `
6    // 呼叫 Compiler 編譯得到樹型結構的資料
7    const obj = Compiler(html)
8    // 再呼叫 Render 進行渲染
9    Render(obj, document.body)
```

上面這段程式碼能夠很好地運作，這時我們的框架就變成了一個**執行時 + 編譯時**的框架。它既支援執行時，使用者可以直接提供資料從而無須編譯；又支援編譯時，使用者可以提供 HTML 標籤，我們將其編譯為資料後再交給執行時處理。準確地說，上面的程式碼其實是**執行時編譯**，意思是程式碼執行的時候才開始編譯，而這會產生一定的效能消耗，因此我們也可以在建構的時候就執行 Compiler 程式將使用者提供的內容編譯好，等到執行時就無須編譯了，這對效能是非常友好的。

不過，聰明的你一定意識到了另外一個問題：既然編譯器可以把 HTML 標籤編譯成資料，那麼能不能直接編譯成命令式程式碼呢？圖 1-7 展示了將 HTML 標籤編譯為命令式程式碼的過程。

```
<div>
  <span> hello world </span>
</div>
```

編譯

```
const div = document.createElement('div')
const span = document.createElement('span')
span.innerText = 'hello world'
div.appendChild(span)
document.body.appendChild(div)
```

▲ 圖 1-7　將 HTML 標籤編譯為命令式程式碼的過程

這樣我們只需要一個 Compiler 函數就可以了，連 Render 都不需要了。其實這就變成了一個**純編譯時**的框架，因為我們不支援任何執行時的內容，使用者的程式碼需透過編譯器編譯後才能執行。

我們用簡單的例子講解了框架設計層面的**執行時**、**編譯時**以及**執行時 + 編譯時**。我們發現，一個框架既可以是純執行時的，也可以是純編譯時的，還可以是既支援執行時又支援編譯時的。那麼，它們都有哪些優缺點呢？是不是既支援執行時又支援編譯時的框架最好呢？為了搞清楚這個問題，我們逐個分析。

首先是純執行時的框架。由於它沒有編譯的過程，因此我們沒辦法分析使用者提供的內容，但是如果加入編譯步驟，可能就大不一樣了，我們可以分析使用者提供的內容，看看哪些內容未來可能會改變，哪些內容永遠不會改變，這樣我們就可以在編譯的時候取得這些訊息，然後將其傳遞給 Render 函數，Render 函數得到這些訊息之後，就可以做進一步的最佳化了。然而，假如我們設計的框架是純編譯時的，那麼它也可以分析使用者提供的內容。由於不需要任何執行時，而是直接編譯成可執行的 JavaScript 程式碼，因此效能可能會更好，但是這種做法有損靈活性，即使用者提供的內容必須編譯後才能用。實際上，在這三個方向上業內都有探索，其中 Svelte 就是純編譯時的框架，但是它的真實效能可能達不到理論高度。Vue.js 3 仍然保持了執行時 + 編譯時的架構，在保持靈活性的基礎上能夠盡可能地最佳化。等到後面講解 Vue.js 3 的編譯最佳化相關內容時，你會看到 Vue.js 3 在保留執行時的情況下，其效能甚至不輸純編譯時的框架。

## 1.5 總結

在本章中，我們先討論了命令式和聲明式這兩種的差異，其中命令式更加關注過程，而聲明式更加關注結果。命令式在理論上可以做到極致最佳化，但是使用者要承受巨大的心智負擔；而聲明式能夠有效減輕使用者的心智負擔，但是效能上有一定的犧牲，框架設計者要想辦法盡量使效能損耗最小化。

接著，我們討論了虛擬 DOM 的效能，並提供了一個公式：**聲明式的更新效能消耗 = 找出差異的效能消耗 + 直接修改的效能消耗**。虛擬 DOM 的意義就在於使找出差異的效能消耗最小化。我們發現，用原生 JavaScript 操作 DOM 的方法（如 `document.createElement`）、虛擬 DOM 和 `innerHTML` 三者操作頁面的效能，不可以簡單地下定論，這與**頁面大小**、**變更部分的大小**都有關係，除此之外，與**建立頁面**還是**更新頁面**也有關係，選擇哪種更新策略，需要我們結合**心智負擔**、**可維護性**等因素綜合考慮。一番權衡之後，我們發現虛擬 DOM 是個還不錯的選擇。

最後，我們介紹了執行時和編譯時的相關知識，瞭解純執行時、純編譯時以及兩者都支援的框架各有什麼特點，並總結出 Vue.js 3 是一個編譯時 + 執行時的框架，它在保持靈活性的基礎上，還能夠透過編譯手段分析使用者提供的內容，從而進一步提升更新效能。

# 第 2 章 | 框架設計的核心要素

框架設計要比想像得複雜，並不是說只把功能開發完成，能用就算大功告成了，這裡面還有很多學問。比如，我們的框架應該給使用者提供哪些建構產物？產物的模組格式如何？當使用者沒有以預期的方式使用框架時，是否應該輸出合適的警告訊息從而提供更好的開發體驗，讓使用者快速定位問題？開發版本的建構和生產版本的建構有何區別？**熱更新**（hot module replacement，HMR）需要框架層面的支援，我們是否也應該考慮？另外，當你的框架提供了多個功能，而使用者只需要其中幾個功能時，使用者能否選擇關閉其他功能從而減少最終資料的打包體積？上述問題是我們在設計框架的過程中應該考慮的。

學習本章時，要求大家對常用的模組打包工具有一定的使用經驗，尤其是 rollup.js 和 webpack。如果你只用過或瞭解過其中一個，也沒關係，因為它們的很多概念其實是類似的。如果你沒有使用過任何模組打包工具，那麼需要自行瞭解一下，有了初步認識之後再來閱讀本章會更好 些。

## 2.1 提升使用者的開發體驗

衡量一個框架是否足夠優秀的指標之一就是看它的開發體驗如何，這裡我們拿 Vue.js 3 舉個例子：

```
1    createApp(App).mount('#not-exist')
```

當我們建立一個 Vue.js 應用並試圖將其載入到一個不存在的 DOM 節點時，就會收到一條警告訊息，如圖 2-1 所示。

⚠ ▶ [Vue warn]: Failed to mount app: mount target selector "#not-exist" returned null.

▲ 圖 2-1　警告訊息

這條訊息告訴我們載入失敗了，並說明失敗的原因：Vue.js 根據我們提供的選擇器無法找到相應的 DOM 元素（回傳 null）。這條訊息讓我們能夠清晰且快速地定位問題。試想一下，如果 Vue.js 內部不做任何處理，那麼我們很可能得到的是 JavaScript 層面的錯誤訊息，例如 Uncaught TypeError: Cannot read property 'xxx' of null，而根據此訊息我們很難知道問題出在哪裡。

所以在框架設計和開發過程中，提供友好的警告訊息至關重要。如果這一點做得不好，那麼很可能會經常收到使用者的抱怨。始終提供友好的警告訊息不僅能夠幫助使用者快速定位問題，節省使用者的時間，還能夠讓框架收穫良好的口碑，讓使用者認可框架的專業性。

在 Vue.js 的原始碼中，我們經常能夠看到 warn 函數的呼叫，例如圖 2-1 中的訊息就是由下面這個 warn 函數呼叫輸出的：

```
1   warn(
2     `Failed to mount app: mount target selector "${container}" returned null.`
3   )
```

對於 warn 函數來說，由於它需要盡可能提供有用的訊息，因此它需要收集當前發生錯誤的組件堆疊訊息。如果你去看原始碼，就會發現有些複雜，但其實最終就是呼叫了 console.warn 函數。

除了提供必要的警告訊息外，還有很多其他方面可以作為切入口，進一步提升使用者的開發體驗。例如，在 Vue.js 3 中，當我們在控制台輸出一個 ref 資料時：

```
1   const count = ref(0)
2   console.log(count)
```

打開控制台查看輸出，結果如圖 2-2 所示。

> ▶RefImpl {_rawValue: 0, _shallow: false, __v_isRef: true, _value: 0}

▲ 圖 2-2　控制台輸出結果

可以發現，輸出的資料非常不直觀。當然，我們可以選擇直接輸出 count.value 的值，這樣就只會輸出 0，非常直觀。那麼有沒有辦法在輸出 count 的時候讓輸出的訊息更友好呢？當然可以，瀏覽器允許我們撰寫自訂的 formatter，從而自訂輸出形式。在 Vue.js 3 的原始碼中，你可以搜索到名為 initCustomFormatter 的函數，該函數就是用來在開發環境下初始化自訂 formatter 的。以 Chrome 為例，我們可以打開 DevTools 的設定，然後勾選「Console」→「Enable custom formatters」選項，如圖 2-3 所示。

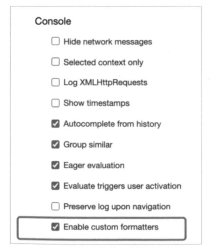

▲ 圖 2-3　勾選「Console」→「Enable custom formatters」選項

然後重整瀏覽器並查看控制台,會發現輸出內容變得非常直觀,如圖 2-4 所示。

▲ 圖 2-4 直觀的輸出內容

## 2.2 控制框架程式碼的體積

框架的大小也是衡量框架的標準之一。在實作同樣功能的情況下,當然是用的程式碼越少越好,這樣體積就會越小,最後瀏覽器讀取資料的時間也就越少。這時我們不禁會想,提供越完善的警告訊息就意味著我們要撰寫更多的程式碼,這不是與控制程式碼體積相悖嗎?沒錯,所以我們要想辦法解決這個問題。

如果我們去看 Vue.js 3 的原始碼,就會發現每一個 warn 函數的呼叫都會配合 __DEV__ 常數的檢查,例如:

```
1  if (__DEV__ && !res) {
2    warn(
3      `Failed to mount app: mount target selector "${container}" returned null.`
4    )
5  }
```

可以看到,輸出警告訊息的前提是:__DEV__ 這個常數一定要為 true,這裡的 __DEV__ 常數就是達到目的的關鍵。

Vue.js 使用 rollup.js 對專案進行建構,這裡的 __DEV__ 常數實際上是透過 rollup.js 的外掛配置來預定義的,其功能類似於 webpack 中的 DefinePlugin 外掛。

Vue.js 在輸出資料的時候,會輸出兩個版本,其中一個用於開發環境,如 vue.global.js,另一個用於生產環境,如 vue.global.prod.js,透過檔名我們也能夠區分。

當 Vue.js 建構用於開發環境的資料時,會把 __DEV__ 常數設定為 true,這時上面那段輸出警告訊息的程式碼就等於:

```
1  if (true && !res) {
2    warn(
3      `Failed to mount app: mount target selector "${container}" returned null.`
4    )
5  }
```

可以看到,這裡我們把 __DEV__ 常數替換成 true,所以這段程式碼在開發環境中是肯定存在的。

當 Vue.js 用於建構生產環境的資料時，會把 \_\_DEV\_\_ 常數設定為 false，這時上面那段輸出警告訊息的程式碼就等於：

```
if (false && !res) {
  warn(
    `Failed to mount app: mount target selector "${container}" returned null.`
  )
}
```

可以看到，\_\_DEV\_\_ 常數替換為數值 false，這時我們發現這段分支程式碼永遠都不會執行，因為判斷條件始終為假，這段永遠不會執行的程式碼稱為 dead code，它不會出現在最終產物中，在建構資料的時候就會被移除，因此在 vue.global.prod.js 中是不會存在這段程式碼的。

這樣我們就做到了**在開發環境中為使用者提供友好的警告訊息的同時，不會增加生產環境程式碼的體積**。

## 2.3 框架要做到良好的 Tree-Shaking

上文提到透過建構工具設定預定義的常數 \_\_DEV\_\_，就能夠在生產環境中使得框架不包含用於輸出警告訊息的程式碼，從而使得框架自身的程式碼量不隨警告訊息的增加而增加。但是從使用者的角度來看，這麼做仍然不夠，還是拿 Vue.js 來舉個例了。我們知道 Vue.js 內建了很多組件，例如 <Transition> 組件，如果我們的專案中根本就沒有用到該組件，那麼它的程式碼需要包含在專案最終的建構資料中嗎？答案是「當然不需要」，那麼如何做到這一點呢？這就不得不提到本節的主角 Tree-Shaking。

什麼是 Tree-Shaking 呢？在前端領域，這個概念因 rollup.js 而普及。簡單地說，Tree-Shaking 指的就是消除那些永遠不會被執行的程式碼，也就是排除 dead code，現在無論是 rollup.js 還是 webpack，都支援 Tree-Shaking。

想要實作 Tree-Shaking，必須滿足一個條件，即模組必須是 ESM（ES Module），因為 Tree-Shaking 倚賴 ESM 的靜態結構。我們以 rollup.js 為例看看 Tree-Shaking 如何運作，其目錄結構如下：

```
├── demo
│      ├── package.json
│      ├── input.js
│      └── utils.js
```

首先安裝 rollup.js：

```
1    yarn add rollup -D
2    # 或者 npm install rollup -D
```

下面是 input.js 和 utils.js 的內容：

```
1    // input.js
2    import { foo } from './utils.js'
3    foo()
4    // utils.js
5    export function foo(obj) {
6      obj && obj.foo
7    }
8    export function bar(obj) {
9      obj && obj.bar
10   }
```

程式碼很簡單，我們在 utils.js 檔案中定義並導出了兩個函數，分別是 foo 函數和
bar 函數，然後在 input.js 中導入了 foo 函數並執行。注意，我們並沒有導入 bar
函數。

接著，我們執行如下命令進行建構：

```
1    npx rollup input.js -f esm -o bundle.js
```

這句命令的意思是，以 input.js 檔案為入口，輸出 ESM，輸出的檔案叫作 bundle.
js。命令執行成功後，我們打開 bundle.js 來查看一下它的內容：

```
1    // bundle.js
2    function foo(obj) {
3      obj && obj.foo
4    }
5    foo();
```

可以看到，其中並不包含 bar 函數，這說明 Tree-Shaking 發揮作用。由於我們並沒
有使用 bar 函數，因此它作為 dead code 被刪除了。但是仔細觀察會發現，foo 函數
的執行也沒有什麼意義，僅僅是讀取了物件的值，所以它的執行似乎沒什麼必要。
既然把這段程式碼刪了也不會對我們的應用程式產生影響，那麼為什麼 rollup.js 不
把這段程式碼也作為 dead code 移除呢？

這就涉及 Tree-Shaking 中的第二個關鍵點——副作用。如果一個函數呼叫會產生副
作用，那麼就不能將其移除。什麼是副作用？簡單地說，副作用就是，當呼叫函
數的時候會對外部產生影響，例如修改了全域變數。這時你可能會說，上面的程式
碼明顯是讀取物件的值，怎麼會產生副作用呢？其實是有可能的，試想一下，如

果 obj 物件是一個透過 Proxy 建立的代理物件,那麼當我們讀取物件屬性時,就會觸發代理物件的 get 夾子(trap),在 get 夾子中是可能產生副作用的,例如我們在 get 夾子中修改了某個全域變數。而到底會不會產生副作用,只有程式碼真正執行的時候才能知道,JavaScript 本身是動態語言,因此想要靜態地分析哪些程式碼是 dead code 很有難度,上面只是舉了一個簡單的例子。

因為靜態地分析 JavaScript 程式碼很困難,所以像 rollup.js 這類工具都會提供一個機制,讓我們能明確地告訴 rollup.js:「放心吧,這段程式碼不會產生副作用,你可以移除它。」具體怎麼做呢?如以下程式碼所示,我們修改 input.js 檔案:

```
1    import {foo} from './utils'
2
3    /*#__PURE__*/ foo()
```

注意註解程式碼 /*#__PURE__*/,其作用就是告訴 rollup.js,對於 foo 函數的呼叫不會產生副作用,你可以放心地對其進行 Tree-Shaking,此時再次執行建構命令並查看 bundle.js 檔案,就會發現它的內容是空的,這說明 Tree-Shaking 生效了。

基於這個案例,我們應該明白,在撰寫框架的時候需要合理使用 /*#__PURE__*/ 註解。如果你去搜索 Vue.js 3 的原始碼,會發現它大量使用了該註解,例如下面這句:

```
1    export const isHTMLTag = /*#__PURE__*/ makeMap(HTML_TAGS)
```

這會不會對撰寫程式碼造成很大的心智負擔呢?其實不會,因為通常產生副作用的程式碼都是模組內函數的外層呼叫。什麼是外層呼叫呢?如以下程式碼所示:

```
1    foo() // 外層呼叫
2
3    function bar() {
4      foo() // 函數內呼叫
5    }
```

可以看到,對於外層呼叫來說,是可能產生副作用的;但對於函數內呼叫來說,只要函數 bar 沒有被呼叫,那麼 foo 函數的呼叫自然不會產生副作用。因此,在 Vue.js 3 的原始碼中,基本都是在一些外層呼叫的函數上使用 /*#__PURE__*/ 註解。當然,該註解不僅僅作用於函數,它可以應用於任何語句上。該註解也不是只有 rollup.js 才能識別,webpack 以及壓縮工具(如 terser )都能識別它。

## 2.4 框架應該輸出怎樣的建構產物

上文提到 Vue.js 會為開發環境和生產環境輸出不同的包,例如 vue.global.js 用於開發環境,它包含必要的警告訊息,而 vue.global.prod.js 用於生產環境,不包含警告訊息。實際上,Vue.js 的建構產物除了有環境上的區分之外,還會根據使用情況的不同而輸出其他形式的產物。本節中,我們將討論這些產物的用途以及在建構階段如何輸出這些產物。

不同類型的產物一定有對應的需求背景,因此我們從需求講起。首先我們希望使用者可以直接在 HTML 頁面中使用 <script> 標籤引入框架並使用:

```
1  <body>
2    <script src="/path/to/vue.js"></script>
3    <script>
4    const { createApp } = Vue
5    // ...
6    </script>
7  </body>
```

為了實作這個需求,我們需要輸出一種叫作 IIFE 格式的資料。IIFE 的全稱是 Immediately Invoked Function Expression,即「立即呼叫的函數表達式」,易於用 JavaScript 來表達:

```
1  (function () {
2    // ...
3  }())
```

如以上程式碼所示,這是一個立即執行的函數表達式。實際上,vue.global.js 檔案就是 IIFE 形式的資料,它的程式碼結構如下所示:

```
1  var Vue = (function(exports){
2    // ...
3    exports.createApp = createApp;
4    // ...
5    return exports
6  }({}))
```

這樣當我們使用 <script> 標籤直接引入 vue.global.js 檔案後,全域變數 Vue 就是可用的了。

在 rollup.js 中,我們可以透過配置 format: 'iife' 來輸出這種形式的程式碼:

```
1  // rollup.config.js
2  const config = {
3    input: 'input.js',
4    output: {
```

```
5        file: 'output.js',
6        format: 'iife' // 指定模組形式
7      }
8    }
9
10   export default config
```

不過隨著技術的發展和瀏覽器的支援，現在主流瀏覽器對原生 ESM 的支援都不錯，所以使用者除了能夠使用 <script> 標籤引用 IIFE 格式的資料外，還可以直接引入 ESM 格式的資料，例如 Vue.js 3 還會輸出 vue.esm-browser.js 檔案，使用者可以直接用 <script type="module"> 標籤引入：

```
1    <script type="module" src="/path/to/vue.esm-browser.js"></script>
```

為了輸出 ESM 格式的資料，rollup.js 的輸出格式需要配置為：format: 'esm'。

你可能已經注意到了，為什麼 vue.esm-browser.js 檔案中會有 -browser 字樣？其實對於 ESM 格式的資料來說，Vue.js 還會輸出一個 vue.esm-bundler.js 檔案，其中 -browser 變成了 -bundler。為什麼這麼做呢？我們知道，無論是 rollup.js 還是 webpack，在尋找資料時，如果 package.json 中存在 module 欄位，那麼會優先使用 module 欄位指向的資料來代替 main 欄位指向的資料。我們可以打開 Vue.js 原始碼中的 packages/vue/package.json 檔案看一下：

```
1    {
2      "main": "index.js",
3      "module": "dist/vue.runtime.esm-bundler.js",
4    }
```

其中 module 欄位指向的是 vue.runtime.esm-bundler.js 檔案，意思是說，如果專案是使用 webpack 建構的，那麼你使用的 Vue.js 資料就是 vue.runtime.esm-bundler.js 也就是說，帶有 -bundler 字樣的 ESM 資料是給 rollup.js 或 webpack 等打包工具使用的，而帶有 -browser 字樣的 ESM 資料是直接給 <script type="module"> 使用的。它們之間有何區別？這就不得不提到上文中的 __DEV__ 常數。當建構用於 <script> 標籤的 ESM 資料時，如果是用於開發環境，那麼 __DEV__ 會設定為 true；如果是用於生產環境，那麼 __DEV__ 常數會設定為 false，從而被 Tree-Shaking 移除。但是當我們建構提供給打包工具的 ESM 格式的資料時，不能直接把 __DEV__ 設定為 true 或 false，而要使用 (process.env.NODE_ENV !== 'production') 替換 __DEV__ 常數。例如下面的原始碼：

```
1    if (__DEV__) {
2      warn(`useCssModule() is not supported in the global build.`)
3    }
```

在帶有 -bundler 字樣的資料中會變成：

```
1  if ((process.env.NODE_ENV !== 'production')) {
2    warn(`useCssModule() is not supported in the global build.`)
3  }
```

這樣做的好處是，使用者可以透過 webpack 配置自行決定建構資料的目標環境，但是最終效果其實一樣，這段程式碼也只會出現在開發環境中。

使用者除了可以直接使用 `<script>` 標籤引入資料外，我們還希望使用者可以在 Node.js 中透過 require 語句引用資料，例如：

```
1  const Vue = require('vue')
```

為什麼會有這種需求呢？答案是「伺服器端渲染」。當進行伺服器端渲染時，Vue.js 的程式碼是在 Node.js 環境中執行的，而非瀏覽器環境。在 Node.js 環境中，資料的模組格式應該是 CommonJS ，簡稱 cjs。為了能夠輸出 cjs 模組的資料，我們可以透過修改 rollup.config.js 的配置 format: 'cjs' 來實作：

```
1  // rollup.config.js
2  const config = {
3    input: 'input.js',
4    output: {
5      file: 'output.js',
6      format: 'cjs' // 指定模組形式
7    }
8  }
9
10 export default config
```

## 2.5 屬性開關

在設計框架時，框架會給使用者提供諸多屬性（或功能），例如我們提供 A、B、C 三個屬性給使用者，同時還提供了 a、b、c 三個對應的屬性開關，使用者可以透過設定 a、b、c 為 true 或 false 來代表開啟或關閉對應的屬性，這將會帶來很多益處。

- ☑ 對於使用者關閉的屬性，我們可以利用 Tree-Shaking 機制讓其不包含在最終的資料中。

- ☑ 該機制為框架設計帶來了靈活性，可以透過屬性開關任意為框架新增新的屬性，而不用擔心資料體積變大。同時，當框架升級時，我們也可以透過屬性開關來支援遺留 API，這樣新使用者可以選擇不使用遺留 API，從而使最終打包的資料體積最小化。

那怎麼實作屬性開關呢？其實很簡單，原理和上文提到的 __DEV__ 常數一樣，本質上是利用 rollup.js 的預定義常數外掛來實作。拿 Vue.js 3 原始碼中的一段 rollup.js 配置來說：

```
1  {
2    __FEATURE_OPTIONS_API__: isBundlerESMBuild ? `__VUE_OPTIONS_API__` : true,
3  }
```

其中 __FEATURE_OPTIONS_API__ 類似於 __DEV__。在 Vue.js 3 的原始碼中搜索，可以找到很多類似於如下程式碼的判斷分支：

```
1  // support for 2.x options
2  if (__FEATURE_OPTIONS_API__) {
3    currentInstance = instance
4    pauseTracking()
5    applyOptions(instance, Component)
6    resetTracking()
7    currentInstance = null
8  }
```

當 Vue.js 建構資料時，如果建構的資料是供打包工具使用的（即帶有 -bundler 字樣的資料），那麼上面的程式碼在資料中會變成：

```
1  // support for 2.x options
2  if (__VUE_OPTIONS_API__) { // 注意這裡
3    currentInstance = instance
4    pauseTracking()
5    applyOptions(instance, Component)
6    resetTracking()
7    currentInstance = null
8  }
```

其中 __VUE_OPTIONS_API__ 是一個屬性開關，使用者可以透過設定 __VUE_OPTIONS_API__ 預定義常數的值，來控制是否要包含這段程式碼。通常使用者可以使用 webpack.DefinePlugin 外掛來實作：

```
1  // webpack.DefinePlugin 外掛配置
2  new webpack.DefinePlugin({
3    __VUE_OPTIONS_API__: JSON.stringify(true) // 開啟屬性
4  })
```

最後詳細解釋 __VUE_OPTIONS_API__ 開關有什麼用。在 Vue.js 2 中，我們撰寫的組件叫作組件選項 API：

```
1  export default {
2    data() {}, // data 選項
3    computed: {}, // computed 選項
```

```
4      // 其他選項
5    }
```

但是在 Vue.js 3 中，推薦使用 Composition API 來撰寫程式碼，例如：

```
1    export default {
2      setup() {
3        const count = ref(0)
4        const doubleCount = computed(() => count.value * 2) // 相當於 Vue.js 2 中的 computed 選項
5      }
6    }
```

但是為了兼容 Vue.js 2，在 Vue.js 3 中仍然可以使用選項 API 的方式撰寫程式碼。但是如果明確知道自己不會使用選項 API，使用者就可以使用 __VUE_OPTIONS_API__ 開關來關閉該屬性，這樣在打包的時候 Vue.js 的這部分程式碼就不會包含在最終的資料中，從而減小資料體積。

## 2.6 錯誤處理

錯誤處理是框架開發過程中非常重要的環節。框架錯誤處理機制的好壞，直接決定了使用者應用程式的健壯性，還決定了使用者開發時處理錯誤的心智負擔。

為了讓大家更加直觀地感受錯誤處理的重要性，我們從一個小例子說起。假設我們開發了一個工具模組，程式碼如下：

```
1    // utils.js
2    export default {
3      foo(fn) {
4        fn && fn()
5      }
6    }
```

該模組導出一個物件，其中 foo 屬性是一個函數，接收一個回呼函數作為參數，呼叫 foo 函數時會執行該回呼函數（Callback），在使用者端使用時：

```
1    import utils from 'utils.js'
2    utils.foo(() => {
3      // ...
4    })
```

大家思考一下，如果使用者提供的回呼函數在執行的時候出錯了，怎麼辦？此時有兩個辦法，第一個辦法是讓使用者自行處理，這需要使用者自己執行 try...catch：

```
1    import utils from 'utils.js'
2    utils.foo(() => {
3      try {
```

```
4       // ...
5     } catch (e) {
6       // ...
7     }
8   })
```

但是這會增加使用者的負擔。試想一下，如果 utils.js 不是僅僅提供了一個 foo 函數，而是提供了幾十上百個類似的函數，那麼使用者在使用的時候就需要逐一新增錯誤處理程式。

第二個辦法是我們代替使用者統一處理錯誤，如以下程式碼所示：

```
1   // utils.js
2   export default {
3     foo(fn) {
4       try {
5         fn && fn()
6       } catch(e) {/* ... */}
7     },
8     bar(fn) {
9       try {
10        fn && fn()
11      } catch(e) {/* ... */}
12    },
13  }
```

在每個函數內都增加 try...catch 程式碼區塊，實際上，我們可以進一步將錯誤處理程式封裝為一個函數，假設叫它 callWithErrorHandling：

```
1   // utils.js
2   export default {
3     foo(fn) {
4       callWithErrorHandling(fn)
5     },
6     bar(fn) {
7       callWithErrorHandling(fn)
8     },
9   }
10  function callWithErrorHandling(fn) {
11    try {
12      fn && fn()
13    } catch (e) {
14      console.log(e)
15    }
16  }
```

可以看到，程式碼變得簡潔多了。但簡潔不是目的，這麼做真正的好處是，我們能為使用者提供統一的錯誤處理接口，如以下程式碼所示：

```
1  // utils.js
2  let handleError = null
3  export default {
4    foo(fn) {
5      callWithErrorHandling(fn)
6    },
7    // 使用者可以呼叫該函數註冊統一的錯誤處理函數
8    registerErrorHandler(fn) {
9      handleError = fn
10   }
11 }
12 function callWithErrorHandling(fn) {
13   try {
14     fn && fn()
15   } catch (e) {
16     // 將捕獲到的錯誤傳遞給使用者的錯誤處理程式
17     handleError(e)
18   }
19 }
```

我們提供了 registerErrorHandler 函數，使用者可以使用它註冊錯誤處理程式，然後在 callWithErrorHandling 函數內部捕獲錯誤後，把錯誤傳遞給使用者註冊的錯誤處理程式。

這樣使用者的程式碼就會非常簡潔且健壯：

```
1  import utils from 'utils.js'
2  // 註冊錯誤處理程式
3  utils.registerErrorHandler((e) => {
4    console.log(e)
5  })
6  utils.foo(() => {/*...*/})
7  utils.bar(() => {/*...*/})
```

這時錯誤處理的能力完全由使用者控制，使用者既可以選擇忽略錯誤，也叫以呼叫回報程式將錯誤回報給監控系統。

實際上，這就是 Vue.js 錯誤處理的原理，你可以在原始碼中搜索到 callWithErrorHandling 函數。另外，在 Vue.js 中，我們也可以註冊統一的錯誤處理函數：

```
1  import App from 'App.vue'
2  const app = createApp(App)
3  app.config.errorHandler = () => {
4    // 錯誤處理程式
5  }
```

## 2.7 良好的 TypeScript 型別支援

TypeScript 是由微軟開源的程式碼語言，簡稱 TS，它是 JavaScript 的超集合，能夠為 JavaScript 提供型別支援。現在越來越多的開發者和團隊在專案中使用 TS。使用 TS 的好處有很多，如程式碼即文件、編輯器自動提示、一定程度上能夠避免低階 bug、程式碼的可維護性更強等。因此對 TS 類型的支援是否完善也成為評價一個框架的重要指標。

如何衡量一個框架對 TS 型別支援的水準呢？這裡有一個常見的錯誤，很多讀者以為只要是使用 TS 撰寫框架，就等於對 TS 型別支援友好，其實這是兩件完全不同的事。考慮到有的讀者可能沒有接觸過 TS，所以這裡不會做深入討論，我們只舉一個簡單的例子。下面是使用 TS 撰寫的函數：

```
1    function foo(val: any) {
2      return val
3    }
```

這個函數很簡單，它接收參數 val 並且該參數可以是任意類型（any），該函數直接將參數作為回傳值，這說明回傳值的類型是由參數決定的，如果參數是 number 類型，那麼回傳值也是 number 類型。然後我們嘗試使用一下這個函數，如圖 2-5 所示。

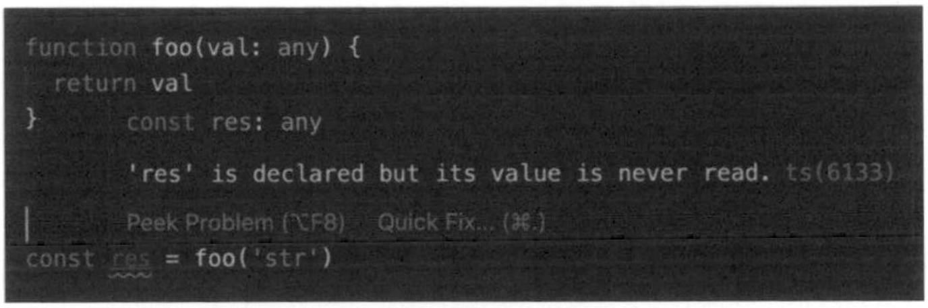

▲ 圖 2-5　回傳值類型遺失

在呼叫 foo 函數時，我們傳遞了一個字串型別的參數 'str'，按照之前的分析，得到的結果 res 的型別應該也是字串型別，然而當我們把滑鼠指針移動到 res 常數上時，可以看到其型別是 any，這並不是我們想要的結果。為了達到理想狀態，我們只需要對 foo 函數做簡單的修改即可：

```
1    function foo<T extends any>(val: T): T {
2      return val
3    }
```

大家不需要理解這段程式碼，我們直接來看現在的表現，如圖 2-6 所示。

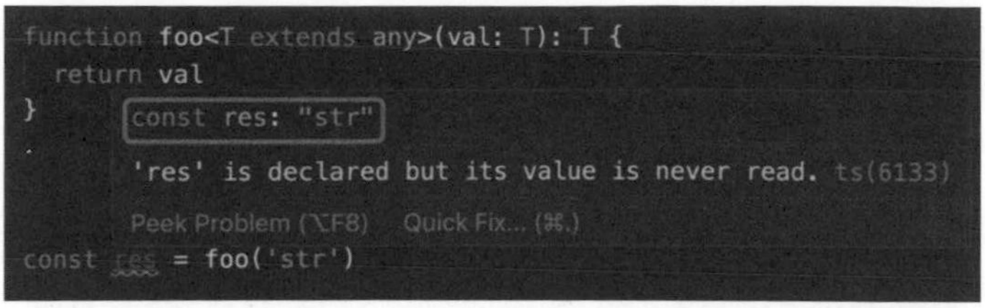

▲ 圖 2-6　能夠推導出回傳值型別

可以看到，res 的型別是字串數值 'str' 而不是 any 了，這說明我們的程式碼生效了。

透過這個簡單的例子我們認識到，使用 TS 撰寫程式碼與對 TS 型別支援友好是兩件事。在撰寫大型框架時，想要做到完善的 TS 型別支援很不容易，大家可以查看 Vue.js 原始碼中的 runtime-core/src/apiDefineComponent.ts 檔案，整個檔案裡真正會在瀏覽器中執行的程式碼其實只有 3 行，但是全部的程式碼接近 200 行，其實這些程式碼都是在為型別支援服務。由此可見，框架想要做到完善的型別支援，需要付出相當大的努力。

除了要花大力氣做類型推導，從而做到更好的型別支援外，還要考慮對 TSX 的支援，後續章節會詳細討論這部分內容。

## 2.8 總結

本章首先講解了框架設計中關於開發體驗的內容，開發體驗是衡量一個框架的重要指標之一。提供友好的警告訊息至關重要，這有助於開發者快速定位問題，因為大多數情況下「框架」要比開發者更清楚問題出在哪裡，因此在框架層面拋出有意義的警告訊息是非常必要的。

但提供的警告訊息越詳細，就意味著框架體積越大。因此，為了框架體積不受警告訊息的影響，我們需要利用 Tree-Shaking 機制，配合建構工具預定義常數的能力，例如預定義 \_\_DEV\_\_ 常數，從而實作僅在開發環境中輸出警告訊息，而生產環境中則不包含這些用於提升開發體驗的程式碼，從而實作線上程式碼體積的可控性。

Tree-Shaking 是一種排除 dead code 的機制，框架中會內建多種能力，例如 Vue.js 內建的組件等。對於使用者可能用不到的能力，我們可以利用 Tree-Shaking 機制使最終打包的程式碼體積最小化。另外，Tree-Shaking 本身基於 ESM，並且 JavaScript 是一門動態語言，透過純靜態分析的手段進行 Tree-Shaking 難度較大，因此大部

分工具能夠識別 /*#__PURE__*/ 註解，在撰寫框架程式碼時，我們可以利用 /*#__PURE__*/ 來輔助建構工具進行 Tree-Shaking。

接著我們討論了框架的輸出產物，不同類型的產物是為了滿足不同的需求。為了讓使用者能夠透過 `<script>` 標籤直接引用並使用，我們需要輸出 IIFE 格式的資料，即立即呼叫的函數表達式。為了讓使用者能夠透過 `<script type="module">` 引用並使用，我們需要輸出 ESM 格式的資料。這裡需要注意的是，ESM 格式的資料有兩種：用於瀏覽器的 esm-browser.js 和用於打包工具的 esm-bundler.js。它們的區別在於對預定義常數 `__DEV__` 的處理，前者直接將 `__DEV__` 常數替換為數值 `true` 或 `false`，後者則將 `__DEV__` 常數替換為 `process.env.NODE_ENV !== 'production'` 語句。

框架會提供多種能力或功能。有時出於靈活性和兼容性的考慮，對於同樣的任務，框架提供了兩種解決方案，例如 Vue.js 中的選項物件式 API 和組合式 API 都能用來完成頁面的開發，兩者雖然不互斥，但從框架設計的角度看，這完全是基於兼容性考慮的。有時使用者明確知道自己僅會使用組合式 API，而不會使用選項物件式 API，這時使用者可以透過屬性開關關閉對應的屬性，這樣在打包的時候，用於實作關閉功能的程式碼將會被 Tree-Shaking 機制排除。

框架的錯誤處理做得好壞直接決定了使用者應用程式的健壯性，同時還決定了使用者開發應用時處理錯誤的心智負擔。框架需要為使用者提供統一的錯誤處理接口，這樣使用者可以透過註冊自訂的錯誤處理函數來處理全部的框架異常。

最後，我們點出了一個常見的認知錯誤，即「使用 TS 撰寫框架和框架對 TS 型別支援友好，是兩件完全不同的事」。有時候為了讓框架提供更加友好的型別支援，甚至要花費比實作框架功能本身更多的時間和精力。

# 第 3 章 | Vue.js 3 的設計思路

在第 1 章中，我們闡述了框架設計是權衡的藝術，這裡面存在取捨，例如效能與可維護性之間的取捨、執行時與編譯時之間的取捨等。在第 2 章中，我們詳細討論了框架設計的幾個核心要素，有些要素是框架設計者必須要考慮的，另一些要素則是從專業和提升開發體驗的角度考慮的。框架設計講究全局視角的管控，一個專案就算再大，也是存在一條核心思路的，並圍繞核心展開。本章我們就從全局視角瞭解 Vue.js 3 的設計思路、運作機制及其重要的組成部分。我們可以把這些組成部分當作獨立的功能模組，看看它們之間是如何相互配合的。在後續的章節中，我們會深入各個功能模組瞭解它們的運作機制。

## 3.1 聲明式地描述 UI

Vue.js 3 是一個聲明式的 UI 框架，意思是說使用者在使用 Vue.js 3 開發頁面時是聲明式地描述 UI 的。思考一下，如果讓你設計一個聲明式的 UI 框架，你會怎麼設計呢？為了搞清楚這個問題，我們需要瞭解撰寫前端頁面都涉及哪些內容，具體如下。

- DOM 元素：例如是 div 標籤還是 a 標籤。
- 屬性：如 a 標籤的 href 屬性，再如 id、class 等通用屬性。
- 事件：如 click、keydown 等。
- 元素的層級結構：DOM 樹的層級結構，既有子節點，又有父節點。

那麼，如何聲明式地描述上述內容呢？這是框架設計者需要思考的問題。其實方案有很多。拿 Vue.js 3 來說，相應的解決方案是：

- 使用與 HTML 標籤一致的方式來描述 DOM 元素，例如描述一個 div 標籤時可以使用 `<div></div>`；
- 使用與 HTML 標籤一致的方式來描述屬性，例如 `<div id="app"></div>`；
- 使用 : 或 v-bind 來描述動態綁定的屬性，例如 `<div :id="dynamicId"></div>`；
- 使用 @ 或 v-on 來描述事件，例如點擊事件 `<div @click="handler"></div>`；
- 使用與 HTML 標籤一致的方式來描述層級結構，例如一個具有 span 子節點的 div 標籤 `<div><span></span></div>`。

可以看到，在 Vue.js 中，哪怕是事件，都有與之對應的描述方式。使用者不需要手寫任何命令式程式碼，這就是所謂的聲明式地描述 UI。

除了上面這種使用**模板**來聲明式地描述 UI 之外，我們還可以用 JavaScript 物件來描述，程式碼如下所示：

```
1   const title = {
2     // 標籤名稱
3     tag: 'h1',
4     // 標籤屬性
5     props: {
6       onClick: handler
7     },
8     // 子節點
9     children: [
10      { tag: 'span' }
11    ]
12  }
```

對應到 Vue.js 模板，其實就是：

```
1   <h1 @click="handler"><span></span></h1>
```

那麼，使用模板和 JavaScript 物件描述 UI 有何不同呢？答案是：使用 JavaScript 物件描述 UI 更加靈活。舉個例子，假如我們要表示一個標題，根據標題級別的不同，會分別採用 h1~h6 這幾個標籤，如果用 JavaScript 物件來描述，我們只需要使用一個變數來代表 h 標籤即可：

```
1   // h 標籤的級別
2   let level = 3
3   const title = {
4     tag: `h${level}`, // h3 標籤
5   }
```

可以看到，當變數 level 值改變，對應的標籤名字也會在 h1 和 h6 之間變化。但是如果使用模板來描述，就不得不窮舉：

```
1   <h1 v-if="level === 1"></h1>
2   <h2 v-else-if="level === 2"></h2>
3   <h3 v-else-if="level === 3"></h3>
4   <h4 v-else-if="level === 4"></h4>
5   <h5 v-else-if="level === 5"></h5>
6   <h6 v-else-if="level === 6"></h6>
```

這遠沒有 JavaScript 物件靈活。而使用 JavaScript 物件來描述 UI 的方式，其實就是所謂的虛擬 DOM。現在大家應該覺得虛擬 DOM 其實也沒有那麼神秘了吧。正是因為虛擬 DOM 的這種靈活性，Vue.js 3 除了支援使用模板描述 UI 外，還支援使用虛

擬 DOM 描述 UI。其實我們在 Vue.js 組件中手寫的渲染函數就是使用虛擬 DOM 來描述 UI 的，如以下程式碼所示：

```
1  import { h } from 'vue'
2
3  export default {
4    render() {
5      return h('h1', { onClick: handler }) // 虛擬 DOM
6    }
7  }
```

有的讀者可能會說，這裡是 h 函數呼叫呀，也不是 JavaScript 物件啊。其實 h 函數的回傳值就是一個物件，其作用是讓我們撰寫虛擬 DOM 變得更加輕鬆。如果把上面 h 函數呼叫的程式碼改成 JavaScript 物件，就需要寫更多內容：

```
1  export default {
2    render() {
3      return {
4        tag: 'h1',
5        props: { onClick: handler }
6      }
7    }
8  }
```

如果還有子節點，那麼需要撰寫的內容就更多了，所以 h 函數就是一個輔助建立虛擬 DOM 的工具函數，僅此而已。另外，這裡有必要解釋一下什麼是組件的**渲染函數**。一個組件要渲染的內容是透過渲染函數來描述的，也就是上面程式碼中的 render 函數，Vue.js 會根據組件的 render 函數的回傳值拿到虛擬 DOM，然後就可以把組件的內容渲染出來了。

## 3.2 初識渲染器

現在我們已經暸解了什麼是虛擬 DOM，它其實就是用 JavaScript 物件來描述真實的 DOM 結構。那麼，虛擬 DOM 是如何變成實體 DOM 並渲染到瀏覽器頁面中的呢？這就用到了我們接下來要介紹的：渲染器。

渲染器的作用就是把虛擬 DOM 渲染為實體 DOM，如圖 3-1 所示。

▲ 圖 3-1　渲染器的作用

渲染器是非常重要的角色，大家平時撰寫的 Vue.js 組件都是倚賴渲染器來運作的，因此後面我們會專門講解渲染器。不過這裡有必要先初步認識渲染器，以便更好地理解 Vue.js 的運作原理。

假設我們有如下虛擬 DOM：

```
1  const vnode = {
2    tag: 'div',
3    props: {
4      onClick: () => alert('hello')
5    },
6    children: 'click me'
7  }
```

首先簡單解釋一下上面這段程式碼。

- ☑ tag 用來描述標籤名稱，所以 tag: 'div' 描述的就是一個 <div> 標籤。

- ☑ props 是一個物件，用來描述 <div> 標籤的屬性、事件等內容。可以看到，我們希望給 div 綁定一個點擊事件。

- ☑ children 用來描述標籤的子節點。在上面的程式碼中，children 是一個字串值，意思是 div 標籤有一個子節點：<div>click me</div>

實際上，你可以自己設計虛擬 DOM 的結構，例如可以使用 tagName 代替 tag，因為它本身就是一個 JavaScript 物件，並沒有特殊涵義。

接下來，我們需要撰寫一個**渲染器**，把上面這段虛擬 DOM 渲染為實體 DOM：

```
1  function renderer(vnode, container) {
2    // 使用 vnode.tag 作為標籤名稱建立 DOM 元素
3    const el = document.createElement(vnode.tag)
4    // 遍歷 vnode.props，將屬性、事件新增到 DOM 元素
5    for (const key in vnode.props) {
6      if (/^on/.test(key)) {
7        // 如果 key 以 on 開頭，說明它是事件
8        el.addEventListener(
9          key.substr(2).toLowerCase(), // 事件名稱 onClick ---> click
10         vnode.props[key] // 事件處理函數
11       )
12     }
13   }
14
15   // 處理 children
16   if (typeof vnode.children === 'string') {
17     // 如果 children 是字串，說明它是元素的子節點
18     el.appendChild(document.createTextNode(vnode.children))
19   } else if (Array.isArray(vnode.children)) {
20     // 遞迴地呼叫 renderer 函數渲染子節點，使用當前元素 el 作為載入點
21     vnode.children.forEach(child => renderer(child, el))
```

```
22      }
23
24      // 將元素新增到載入點下
25      container.appendChild(el)
26    }
```

這裡的 renderer 函數接收如下兩個參數。

- ▨ vnode：虛擬 DOM 物件。

- ▨ container：一個實體 DOM 元素，作為載入點，渲染器會把虛擬 DOM 渲染到該載入點下。

接下來，我們可以呼叫 renderer 函數：

```
1    renderer(vnode, document.body) // body 作為載入點
```

在瀏覽器中執行這段程式碼，會渲染出「click me」文本，點擊該文本，會彈出 alert('hello')，如圖 3-2 所示。

▲ 圖 3-2　執行結果

現在我們回過頭來分析渲染器 renderer 的實作思路，總體來說分為三步。

- ▨ 建立元素：把 vnode.tag 作為標籤名稱來建立 DOM 元素。

- ▨ 為元素新增屬性和事件：遍歷 vnode.props 物件，如果 key 以 on 字串開頭，說明它是一個事件，把字串 on 擷取掉後再呼叫 toLowerCase 函數將事件名稱小寫化，最終得到合法的事件名稱，例如 onClick 會變成 click，最後呼叫 addEventListener 綁定事件處理函數。

- ▨ 處理 children：如果 children 是一個陣列，就遞迴地呼叫 renderer 繼續渲染，注意，此時我們要把剛剛建立的元素作為載入點（父節點）；如果 children 是字串，則使用 createTextNode 函數建立一個文本節點，並將其新增到新建立的元素內。

怎麼樣，是不是感覺渲染器並沒有想像得那麼神秘？其實不然，別忘了我們現在所做的還僅僅是建立節點，渲染器的精髓都在更新節點的階段。假設我們對 vnode 做一些小小的修改：

```
const vnode = {
  tag: 'div',
  props: {
    onClick: () => alert('hello')
  },
  children: 'click again' // 從 click me 改成 click again
}
```

對於渲染器來說，它需要精確地找到 vnode 物件的變更點並且只更新變更的內容。就上例來說，渲染器應該只更新元素的文本內容，而不需要再走一遍完整的建立元素的流程。這些內容後文會重點講解，但無論如何，希望大家明白，渲染器的運作原理其實很簡單，歸根結柢，都是使用一些我們熟悉的 DOM 操作 API 來完成渲染。

## 3.3 組件的本質

我們已經初步瞭解了虛擬 DOM 和渲染器，知道了虛擬 DOM 其實就是用來描述實體 DOM 的普通 JavaScript 物件，渲染器會把這個物件渲染為實體 DOM 元素。那麼組件又是什麼呢？組件和虛擬 DOM 有什麼關係？渲染器如何渲染組件？接下來，我們就來討論這些問題。

其實虛擬 DOM 除了能夠描述實體 DOM 之外，還能夠描述組件。例如使用 { tag: 'div' } 來描述 <div> 標籤，但是組件並不是真實的 DOM 元素，那麼如何使用虛擬 DOM 來描述呢？想要弄明白這個問題，就需要先搞清楚組件的本質是什麼。一句話總結：**組件就是一組 DOM 元素的封裝**，這組 DOM 元素就是組件要渲染的內容，因此我們可以定義一個函數來代表組件，而函數的回傳值就代表組件要渲染的內容：

```
const MyComponent = function () {
  return {
    tag: 'div',
    props: {
      onClick: () => alert('hello')
    },
    children: 'click me'
  }
}
```

可以看到，組件的回傳值也是虛擬 DOM，它代表組件要渲染的內容。搞清楚了組件的本質，我們就可以定義用虛擬 DOM 來描述組件了。很簡單，我們可以讓虛擬 DOM 物件中的 tag 屬性來儲存組件函數：

```
const vnode = {
  tag: MyComponent
}
```

就像 tag: 'div' 用來描述 <div> 標籤一樣，tag: MyComponent 用來描述組件，只不過此時的 tag 屬性不是標籤名稱，而是組件函數。為了能夠渲染組件，需要渲染器的支援。修改前面提到的 renderer 函數，如下所示：

```
function renderer(vnode, container) {
  if (typeof vnode.tag === 'string') {
    // 說明 vnode 描述的是標籤元素
    mountElement(vnode, container)
  } else if (typeof vnode.tag === 'function') {
    // 說明 vnode 描述的是組件
    mountComponent(vnode, container)
  }
}
```

如果 vnode.tag 的類型是字串，說明它描述的是普通標籤元素，此時呼叫 mountElement 函數完成渲染；如果 vnode.tag 的類型是函數，則說明它描述的是組件，此時呼叫 mountComponent 函數完成渲染。其中 mountElement 函數與上文中 renderer 函數的內容一致：

```
function mountElement(vnode, container) {
  // 使用 vnode.tag 作為標籤名稱建立 DOM 元素
  const el = document.createElement(vnode.tag)
  // 遍歷 vnode.props ，將屬性、事件新增到 DOM 元素
  for (const key in vnode.props) {
    if (/^on/.test(key)) {
      // 如果 key 以字串 on 開頭，說明它是事件
      el.addEventListener(
        key.substr(2).toLowerCase(), // 事件名稱 onClick ---> click
        vnode.props[key] // 事件處理函數
      )
    }
  }

  // 處理 children
  if (typeof vnode.children === 'string') {
    // 如果 children 是字串，說明它是元素的文本子節點
    el.appendChild(document.createTextNode(vnode.children))
  } else if (Array.isArray(vnode.children)) {
    // 遞迴地呼叫 renderer 函數渲染子節點，使用當前元素 el 作為載入點
    vnode.children.forEach(child => renderer(child, el))
  }

```

```
24      // 將元素新增到載入點下
25      container.appendChild(el)
26    }
```

再來看 mountComponent 函數是如何實作的：

```
1    function mountComponent(vnode, container) {
2      // 呼叫組件函數，獲取組件要渲染的內容（虛擬 DOM）
3      const subtree = vnode.tag()
4      // 遞迴地呼叫 renderer 渲染 subtree
5      renderer(subtree, container)
6    }
```

可以看到，非常簡單。首先呼叫 vnode.tag 函數，我們知道它其實就是組件函數本身，其回傳值是虛擬 DOM，即組件要渲染的內容，這裡我們稱之為 subtree。既然 subtree 也是虛擬 DOM，那麼直接呼叫 renderer 函數完成渲染即可。

這裡希望大家能夠做到舉一反三，例如組件一定得是函數嗎？當然不是，我們可以使用一個 JavaScript 物件來表達組件，例如：

```
1    // MyComponent 是一個物件
2    const MyComponent = {
3      render() {
4        return {
5          tag: 'div',
6          props: {
7            onClick: () => alert('hello')
8          },
9          children: 'click me'
10       }
11     }
12   }
```

這裡我們使用一個物件來代表組件，該物件有一個函數，叫作 render，其回傳值代表組件要渲染的內容。為了完成組件的渲染，我們需要修改 renderer 渲染器以及 mountComponent 函數。

首先，修改渲染器的判斷條件：

```
1    function renderer(vnode, container) {
2      if (typeof vnode.tag === 'string') {
3        mountElement(vnode, container)
4      } else if (typeof vnode.tag === 'object') { // 如果是物件，說明 vnode 描述的是組件
5        mountComponent(vnode, container)
6      }
7    }
```

現在我們使用物件而不是函數來表達組件，因此要將 typeof vnode.tag === 'function' 修改為 typeof vnode.tag === 'object'。

接著，修改 mountComponent 函數：

```
1  function mountComponent(vnode, container) {
2    // vnode.tag 是組件物件，呼叫它的 render 函數得到組件要渲染的內容（虛擬 DOM）
3    const subtree = vnode.tag.render()
4    // 遞迴地呼叫 renderer 渲染 subtree
5    renderer(subtree, container)
6  }
```

在上述程式碼中，vnode.tag 是表達組件的物件，呼叫該物件的 render 函數得到組件要渲染的內容，也就是虛擬 DOM。

可以發現，我們只做了很小的修改，就能夠滿足用物件來表達組件的需求。那麼大家可以繼續發揮想像力，看看能否創造出其他的組件表達方式。其實 Vue.js 中的有狀態組件就是使用物件結構來表達的。

## 3.4 模板的運作原理

無論是手寫虛擬 DOM（渲染函數）還是使用模板，都屬於聲明式地描述 UI，並且 Vue.js 同時支援這兩種描述 UI 的方式。上文中我們講解了虛擬 DOM 是如何渲染成實體 DOM 的，那麼模板是如何運作的呢？這就要提到 Vue.js 框架中的另外一個重要組成部分：**編譯器**。

編譯器和渲染器一樣，只是一段程式而已，不過它們的運作內容不同。編譯器的作用其實就是將模板編譯為渲染函數，例如提供如下模板：

```
1  <div @click="handler">
2    click me
3  </div>
```

對於編譯器來說，模板就是一個普通的字串，它會分析該字串並生成一個功能與之相同的渲染函數：

```
1  render() {
2    return h('div', { onClick: handler }, 'click me')
3  }
```

以我們熟悉的 .vue 檔案為例，一個 .vue 檔案就是一個組件，如下所示：

```
1  <template>
2    <div @click="handler">
3      click me
```

```
4      </div>
5    </template>
6
7    <script>
8    export default {
9      data() {/* ... */},
10     methods: {
11       handler: () => {/* ... */}
12     }
13   }
14   </script>
```

其中 `<template>` 標籤裡的內容就是模板內容，編譯器會把模板內容編譯成渲染函數，並新增到 `<script>` 標籤區塊的組件物件上，所以最終在瀏覽器裡執行的程式碼就是：

```
1    export default {
2      data() {/* ... */},
3      methods: {
4        handler: () => {/* ... */}
5      },
6      render() {
7        return h('div', { onClick: handler }, 'click me')
8      }
9    }
```

所以，無論是使用模板還是直接手寫渲染函數，對於一個組件來說，它要渲染的內容最終都是透過渲染函數產生的，然後**渲染器**再把渲染函數回傳的虛擬 DOM 渲染為實體 DOM，這就是模板的運作原理，也是 Vue.js 渲染頁面的流程。

**編譯器**是一個比較大的話題，後面我們會著重講解，這裡大家只需要清楚編譯器的作用及角色即可。

## 3.5 Vue.js 是各個模組組成的有機整體

如前所述，組件的實作倚賴於**渲染器**，模板的編譯倚賴於**編譯器**，並且編譯後生成的程式碼是根據渲染器和虛擬 DOM 的設計決定的，因此 Vue.js 的各個模組之間是互相關聯、互相制約的，共同構成一個有機整體。因此，我們在學習 Vue.js 原理的時候，應該把各個模組結合在一起去看，才能明白到底是怎麼回事。

這裡我們以**編譯器**和**渲染器**這兩個非常關鍵的模組為例，看看它們是如何配合運作，並實作效能提升。

假設我們有如下模板：

```
1   <div id="foo" :class="cls"></div>
```

根據上文的介紹，我們知道編譯器會把這段程式碼編譯成渲染函數：

```
1   render() {
2     // 為了效果更加直觀，這裡沒有使用 h 函數，而是直接採用了虛擬 DOM 物件
3     // 下面的程式碼等於：
4     // return h('div', { id: 'foo', class: cls })
5     return {
6       tag: 'div',
7       props: {
8         id: 'foo',
9         class: cls
10      }
11    }
12  }
```

可以發現，在這段程式碼中，cls 是一個變數，它可能會發生變化。我們知道渲染器的作用之一就是尋找並且只更新變化的內容，所以當變數 cls 的值發生變化時，渲染器會自行尋找變更點。對於渲染器來說，這個「尋找」的過程需要花費一些力氣。那麼從編譯器的視角來看，它能否知道哪些內容會發生變化呢？如果編譯器有能力分析動態內容，並在編譯階段把這些訊息取得出來，然後直接交給渲染器，這樣渲染器不就不需要花費大力氣去尋找變更點了嗎？這是個好想法並且能夠實作。Vue.js 的模板是有特點的，拿上面的模板來說，我們一眼就能看出其中 id="foo" 是永遠不會變化的，而 :class="cls" 是一個 v-bind 綁定，它是可能發生變化的。所以編譯器能識別出哪些是靜態屬性，哪些是動態屬性，在生成程式碼的時候可以附帶這些訊息：

```
1   render() {
2     return {
3       tag: 'div',
4       props: {
5         id: 'foo',
6         class: cls
7       },
8       patchFlags: 1 // 假設數字 1 代表 class 是動態的
9     }
10  }
```

如上面的程式碼所示，在生成的虛擬 DOM 物件中多出了一個 patchFlags 屬性，我們假設數字 1 代表「class 是動態的」，這樣渲染器看到這個標誌時就知道：「哦，原來只有 class 屬性會發生改變。」對於渲染器來說，就相當於省去了尋找變更點的工作量，效能自然就提升了。

透過這個例子，我們瞭解到編譯器和渲染器之間是存在訊息交流的，它們互相配合使得效能進一步提升，而它們之間交流的媒介就是虛擬 DOM 物件。在後面的學習中，我們會看到一個虛擬 DOM 物件中會包含多種資料欄位，每個欄位都代表一定的涵義。

## 3.6 總結

在本章中，我們首先介紹了聲明式地描述 UI 的概念。我們知道，Vue.js 是一個聲明式的框架。聲明式的好處在於，它直接描述結果，使用者不需要關注過程。Vue.js 採用模板的方式來描述 UI，但它同樣支援使用虛擬 DOM 來描述 UI。虛擬 DOM 要比模板更加靈活，但模板要比虛擬 DOM 更加直觀。

然後我們講解了最基本的渲染器的實作。渲染器的作用是，把虛擬 DOM 物件渲染為實體 DOM 元素。它的運作原理是，遞迴地遍歷虛擬 DOM 物件，並呼叫原生 DOM API 來完成實體 DOM 的建立。渲染器的精髓在於後續的更新，它會透過 Diff 演算法找出變更點，並且只會更新需要更新的內容。後面我們會專門講解渲染器的相關知識。

接著，我們討論了組件的本質。組件其實就是一組虛擬 DOM 元素的封裝，它可以是一個回傳虛擬 DOM 的函數，也可以是一個物件，但這個物件下必須要有一個函數，用來產出組件要渲染的虛擬 DOM。渲染器在渲染組件時，會先獲取組件要渲染的內容，即執行組件的渲染函數並得到其回傳值，我們稱之為 subtree，最後再遞迴地呼叫渲染器將 subtree 渲染出來即可。

Vue.js 的模板會被一個叫作編譯器的程式編譯為渲染函數，後面我們會著重講解編譯器相關知識。最後，編譯器、渲染器都是 Vue.js 的核心組成部分，它們共同構成一個有機的整體，不同模組之間互相配合，進一步提升框架效能。

# 第二篇

# 響應系統

第 4 章　響應系統的作用與實作

第 5 章　非原始值的響應式方案

第 6 章　原始值的響應式方案

# 第 4 章 ｜ 響應系統的作用與實作

前文沒有提到響應系統，響應系統也是 Vue.js 的重要組成部分，所以我們會花費大量篇幅介紹。在本章中，我們首先討論什麼是響應式資料和副作用函數，然後嘗試實作一個相對完善的響應系統。在這個過程中，我們會遇到各式各樣的問題，例如如何避免無限遞迴？為什麼需要巢狀的副作用函數？兩個副作用函數之間會產生哪些影響？以及其他很多需要考慮的細節。接著，我們會詳細討論與響應式資料相關的內容。我們知道 Vue.js 3 採用 Proxy 實作響應式資料，這涉及語言規範層面的知識。這部分內容包括如何根據語言規範實作對資料的代理，以及其中的一些重要細節。接下來，我們就從認識響應式資料和副作用函數開始，一步一步地瞭解響應系統的設計與實作。

## 4.1 響應式資料與副作用函數

副作用函數指的是會產生副作用的函數，如下面的程式碼所示：

```
1  function effect() {
2    document.body.innerText = 'hello vue3'
3  }
```

當 effect 函數執行時，它會設定 body 的文本內容，但除了 effect 函數之外的任何函數都可以讀取或設定 body 的文本內容。也就是說，effect 函數的執行會直接或間接影響其他函數的執行，這時我們說 effect 函數產生了副作用。副作用很容易產生，例如一個函數修改了全域變數，這其實也是一個副作用，如下面的程式碼所示：

```
1  // 全域變數
2  let val = 1
3
4  function effect() {
5    val = 2 // 修改全域變數，產生副作用
6  }
```

理解了什麼是副作用函數，再來說說什麼是響應式資料。假設在一個副作用函數中讀取了某個物件的屬性：

```
1    const obj = { text: 'hello world' }
2    function effect() {
3      // effect 函數的執行會讀取 obj.text
4      document.body.innerText = obj.text
5    }
```

如上面的程式碼所示，副作用函數 effect 會設定 body 元素的 innerText 屬性，其值為 obj.text ，當 obj.text 的值發生變化時，我們希望副作用函數 effect 會重新執行：

```
1    obj.text = 'hello vue3' // 修改 obj.text 的值，同時希望副作用函數會重新執行
```

這句程式碼修改了欄位 obj.text 的值，我們希望當值變化後，副作用函數自動重新執行，如果能實作這個目標，那麼物件 obj 就是響應式資料。但很明顯，以上面的程式碼來看，我們還做不到這一點，因為 obj 是一個普通物件，當我們修改它的值時，除了值本身發生變化之外，不會有任何其他反應。下一節中我們會討論如何讓資料變成響應式資料。

## 4.2　響應式資料的基本實作

接著上文思考，如何才能讓 obj 變成響應式資料呢？透過觀察我們能發現兩點線索：

- ☑ 當副作用函數 effect 執行時，會觸發欄位 obj.text 的**讀取**操作；
- ☑ 當修改 obj.text 的值時，會觸發欄位 obj.text 的**設定**操作。

如果我們能攔截一個物件的讀取和設定操作，事情就變得簡單了，當讀取欄位 obj.text 時，我們可以把副作用函數 effect 儲存到一個「桶」裡，如圖 4-1 所示。

▲ 圖 4-1　將副作用函數儲存到「桶」中

接著，當設定 obj.text 時，再把副作用函數 effect 從「桶」裡取出並執行即可，如圖 4-2 所示。

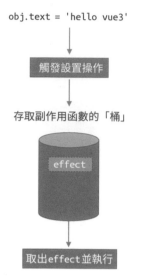

```
obj.text = 'hello vue3'
```

觸發設置操作

存取副作用函數的「桶」

effect

取出 effect 並執行

▲ 圖 4-2　把副作用函數從「桶」內取出並執行

現在問題的關鍵變成了我們如何才能攔截一個物件屬性的讀取和設定操作。在 ES2015 之前，只能透過 Object.defineProperty 函數實作，這也是 Vue.js 2 所採用的方式。在 ES2015+ 中，我們可以使用代理物件 Proxy 來實作，這也是 Vue.js 3 所採用的方式。

接下來我們就根據如上思路，採用 Proxy 來實作：

```javascript
1   // 儲存副作用函數的桶
2   const bucket = new Set()
3
4   // 原始資料
5   const data = { text: 'hello world' }
6   // 對原始資料的代理
7   const obj = new Proxy(data, {
8     // 攔截讀取操作
9     get(target, key) {
10      // 將副作用函數 effect 新增到儲存副作用函數的桶中
11      bucket.add(effect)
12      // 回傳屬性值
13      return target[key]
14    },
15    // 攔截設定操作
16    set(target, key, newVal) {
17      // 設定屬性值
18      target[key] = newVal
19      // 把副作用函數從桶裡取出並執行
20      bucket.forEach(fn => fn())
```

```
21      // 回傳 true 代表設定操作成功
22      return true
23    }
24  })
```

首先，我們建立了一個用於儲存副作用函數的桶 bucket，它是 Set 類型。接著定義原始資料 data，obj 是原始資料的代理物件，我們分別設定了 get 和 set 攔截函數，用於攔截讀取和設定操作。當讀取屬性時將副作用函數 effect 新增到桶裡，即 bucket.add(effect)，然後回傳屬性值；當設定屬性值時先更新原始資料，再將副作用函數從桶裡取出並重新執行，這樣我們就實作了響應式資料。可以使用下面的程式碼來測試一下：

```
1   // 副作用函數
2   function effect() {
3     document.body.innerText = obj.text
4   }
5   // 執行副作用函數，觸發讀取
6   effect()
7   // 1 秒後修改響應式資料
8   setTimeout(() => {
9     obj.text = 'hello vue3'
10  }, 1000)
```

在瀏覽器中執行上面這段程式碼，會得到期望的結果。

但是目前的實作還存在很多缺陷，例如我們直接透過名字（effect）來獲取副作用函數，這種硬編碼的方式很不靈活。副作用函數的名字可以任意取，我們可以把副作用函數命名為 myEffect，甚至是一個匿名函數，因此我們要想辦法去掉這種硬編碼的機制。下一節會詳細講解這一點，這裡大家只需要理解響應式資料的基本實作和運作原理即可。

## 4.3　設計一個完善的響應系統

在上一節中，我們瞭解了如何實作響應式資料。但其實在這個過程中我們已經實作了一個微型響應系統，之所以說「微型」，是因為它還不完善，本節我們將嘗試建構一個更加完善的響應系統。

從上一節的例子中不難看出，一個響應系統的運作流程如下：

- 當讀取操作發生時，將副作用函數收集到「桶」中；
- 當設定操作發生時，從「桶」中取出副作用函數並執行。

看上去很簡單，但需要處理的細節還真不少。例如在上一節的實作中，我們硬設定了副作用函數的名字（effect），導致一旦副作用函數的名字不叫 effect，那麼這段程式碼就不能正確地運作了。而我們希望的是，哪怕副作用函數是一個匿名函數，也能夠被正確地收集到「桶」中。為了實作這一點，我們需要提供一個用來註冊副作用函數的機制，如以下程式碼所示：

```
1   // 用一個全域變數儲存被註冊的副作用函數
2   let activeEffect
3   // effect 函數用於註冊副作用函數
4   function effect(fn) {
5     // 當呼叫 effect 註冊副作用函數時，將副作用函數 fn 賦值給 activeEffect
6     activeEffect = fn
7     // 執行副作用函數
8     fn()
9   }
```

首先，定義了一個全域變數 activeEffect，初始值是 undefined，它的作用是儲存被註冊的副作用函數。接著重新定義了 effect 函數，它變成了一個用來註冊副作用函數的函數，effect 函數接收一個參數 fn，即要註冊的副作用函數。我們可以按照如下所示的方式使用 effect 函數：

```
1   effect(
2     // 一個匿名的副作用函數
3     () => {
4       document.body.innerText = obj.text
5     }
6   )
```

可以看到，我們使用一個匿名的副作用函數作為 effect 函數的參數。當 effect 函數執行時，首先會把匿名的副作用函數 fn 賦值給全域變數 activeEffect。接著執行被註冊的匿名副作用函數 fn，這將會觸發響應式資料 obj.text 的讀取操作，進而觸發代理物件 Proxy 的 get 攔截函數：

```
1   const obj = new Proxy(data, {
2     get(target, key) {
3       // 將 activeEffect 中儲存的副作用函數收集到「桶」中
4       if (activeEffect) {  // 新增
5         bucket.add(activeEffect)  // 新增
6       }  // 新增
7       return target[key]
8     },
9     set(target, key, newVal) {
10      target[key] = newVal
11      bucket.forEach(fn => fn())
12      return true
13    }
14  })
```

如上面的程式碼所示，由於副作用函數已經儲存到了 activeEffect 中，所以在 get 攔截函數內應該把 activeEffect 收集到「桶」中，這樣響應系統就不相依副作用函數的名字了。

但如果我們再對這個系統稍加測試，例如在響應式資料 obj 上設定一個不存在的屬性時：

```
1   effect(
2     // 匿名副作用函數
3     () => {
4       console.log('effect run') // 會輸出 2 次
5       document.body.innerText = obj.text
6     }
7   )
8
9   setTimeout(() => {
10    // 副作用函數中並沒有讀取 notExist 屬性的值
11    obj.notExist = 'hello vue3'
12  }, 1000)
```

可以看到，匿名副作用函數內部讀取了欄位 obj.text 的值，於是匿名副作用函數與欄位 obj.text 之間會建立響應聯繫。接著，我們開啟了一個定時器，一秒鐘後為物件 obj 新增新的 notExist 屬性。我們知道，在匿名副作用函數內並沒有讀取 obj.notExist 屬性的值，所以理論上，欄位 obj.notExist 並沒有與副作用建立響應聯繫，因此，定時器內語句的執行不應該觸發匿名副作用函數重新執行。但如果我們執行上述這段程式碼就會發現，定時器到時後，匿名副作用函數卻重新執行了，這是不正確的。為了解決這個問題，我們需要重新設計「桶」的資料結構。

在上一節的例子中，我們使用一個 Set 資料結構作為儲存副作用函數的「桶」。導致該問題的根本原因是，我們**沒有在副作用函數與被操作的目標欄位之間建立明確的聯繫**。例如當讀取屬性時，無論讀取的是哪一個屬性，其實都一樣，都會把副作用函數收集到「桶」裡；當設定屬性時，無論設定的是哪一個屬性，也都會把「桶」裡的副作用函數取出並執行。副作用函數與被操作的欄位之間沒有明確的聯繫。解決方法很簡單，只需要在副作用函數與被操作的欄位之間建立聯繫即可，這就需要我們重新設計「桶」的資料結構，而不能簡單地使用一個 Set 類型的資料作為「桶」了。

那應該設計怎樣的資料結構呢？在回答這個問題之前，我們需要先仔細觀察下面的程式碼：

```
1   effect(function effectFn() {
2     document.body.innerText = obj.text
3   })
```

在這段程式碼中存在三個角色：

- ☑ 被操作（讀取）的代理物件 obj；
- ☑ 被操作（讀取）的欄位名 text；
- ☑ 使用 effect 函數註冊的副作用函數 effectFn。

如果用 target 來表示一個代理物件所代理的原始物件，用 key 來表示被操作的欄位名，用 effectFn 來表示被註冊的副作用函數，那麼可以為這三個角色建立如下關係：

```
1  target
2     └── key
3          └── effectFn
```

這是一種樹型結構，下面舉幾個例子來對其進行補充說明。

如果有兩個副作用函數同時讀取同一個物件的屬性值：

```
1  effect(function effectFn1() {
2    obj.text
3  })
4  effect(function effectFn2() {
5    obj.text
6  })
```

那麼關係如下：

```
1  target
2     └── text
3          └── effectFn1
4          └── effectFn2
```

如果一個副作用函數中讀取了同一個物件的兩個不同屬性：

```
1  effect(function effectFn() {
2    obj.text1
3    obj.text2
4  })
```

那麼關係如下：

```
1  target
2     └── text1
3          └── effectFn
4     └── text2
5          └── effectFn
```

如果在不同的副作用函數中讀取了兩個不同物件的不同屬性：

```
1  effect(function effectFn1() {
2    obj1.text1
3  })
4  effect(function effectFn2() {
5    obj2.text2
6  })
```

那麼關係如下：

```
1  target1
2    └── text1
3         └── effectFn1
4  target2
5    └── text2
6         └── effectFn2
```

總之，這其實就是一個樹型資料結構。這個聯繫建立起來之後，就可以解決前文提到的問題了。拿上面的例子來說，如果我們設定了 obj2.text2 的值，就只會導致 effectFn2 函數重新執行，並不會導致 effectFn1 函數重新執行。

接下來我們嘗試用程式碼來實作這個新的「桶」。首先，需要使用 WeakMap 代替 Set 作為桶的資料結構：

```
1  // 儲存副作用函數的桶
2  const bucket = new WeakMap()
```

然後修改 get/set 攔截器程式碼：

```
1  const obj = new Proxy(data, {
2    // 攔截讀取操作
3    get(target, key) {
4      // 沒有 activeEffect，直接 return
5      if (!activeEffect) return target[key]
6      // 根據 target 從「桶」中取得 depsMap，它也是一個 Map 類型：key --> effects
7      let depsMap = bucket.get(target)
8      // 如果不存在 depsMap，那麼新建一個 Map 並與 target 關聯
9      if (!depsMap) {
10       bucket.set(target, (depsMap = new Map()))
11     }
12     // 再根據 key 從 depsMap 中取得 deps，它是一個 Set 類型，
13     // 裡面儲存著所有與當前 key 相關聯的副作用函數：effects
14     let deps = depsMap.get(key)
15     // 如果 deps 不存在，同樣新建一個 Set 並與 key 關聯
16     if (!deps) {
17       depsMap.set(key, (deps = new Set()))
18     }
19     // 最後將當前啟用的副作用函數新增到「桶」裡
20     deps.add(activeEffect)
21
```

```
22      // 回傳屬性值
23      return target[key]
24    },
25    // 攔截設定操作
26    set(target, key, newVal) {
27      // 設定屬性值
28      target[key] = newVal
29      // 根據 target 從桶中取得 depsMap，它是 key --> effects
30      const depsMap = bucket.get(target)
31      if (!depsMap) return
32      // 根據 key 取得所有副作用函數 effects
33      const effects = depsMap.get(key)
34      // 執行副作用函數
35      effects && effects.forEach(fn => fn())
36    }
37  })
```

從這段程式碼可以看出建構資料結構的方式，我們分別使用了 WeakMap、Map 和 Set：

▨ WeakMap 由 target --> Map 構成；

▨ Map 由 key --> Set 構成。

其中 WeakMap 的鍵是原始物件 target，WeakMap 的值是一個 Map 實例，而 Map 的鍵是原始物件 target 的 key，Map 的值是一個由副作用函陣列成的 Set。它們的關係如圖 4-3 所示。

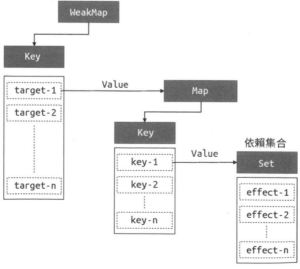

▲ 圖 4-3　WeakMap、Map 和 Set 之間的關係

為了方便描述，我們把圖 4-3 中的 Set 資料結構所儲存的副作用函數集合，稱為 key 的**相依集合**。

搞清了它們之間的關係，我們有必要解釋一下這裡為什麼要使用 WeakMap，這其實涉及 WeakMap 和 Map 的區別，我們用一段程式碼來講解：

```
1   const map = new Map();
2   const weakmap = new WeakMap();
3
4   (function(){
5       const foo = {foo: 1};
6       const bar = {bar: 2};
7
8       map.set(foo, 1);
9       weakmap.set(bar, 2);
10  })()
```

首先，我們定義了 map 和 weakmap 常數，分別對應 Map 和 WeakMap 的實例。接著定義了一個立即執行的函數表達式（IIFE），在函數表達式內部定義了兩個物件：foo 和 bar，這兩個物件分別作為 map 和 weakmap 的 key。當該函數表達式執行完畢後，對於物件 foo 來說，它仍然作為 map 的 key 被引用著，因此**垃圾回收器**（grabage collector）不會把它從記憶體中移除，我們仍然可以透過 map.keys 輸出出物件 foo。然而對於物件 bar 來說，由於 WeakMap 的 key 是弱引用，它不影響垃圾回收器的工作，所以一旦表達式執行完畢，垃圾回收器就會把物件 bar 從記憶體中移除，並且我們無法獲取 weakmap 的 key 值，也就無法透過 weakmap 取得物件 bar。

簡單地說，WeakMap 對 key 是弱引用，不影響垃圾回收器的工作。據這個屬性可知，一旦 key 被垃圾回收器回收，那麼對應的鍵和值就讀取不到了。所以 WeakMap 經常用於儲存那些只有當 key 所引用的物件存在時（沒有被回收）才有價值的訊息，例如上面的情況中，如果 target 物件沒有任何引用了，說明使用者端不再需要它了，這時垃圾回收器會完成回收任務。但如果使用 Map 來代替 WeakMap，那麼即使使用者端的程式碼對 target 沒有任何引用，這個 target 也不會被回收，最終可能導致記憶體溢出。

最後，我們對上文中的程式碼做一些封裝處理。在目前的實作中，當讀取屬性值時，我們直接在 get 攔截函數裡撰寫把副作用函數收集到「桶」裡的這部分邏輯，但更好的做法是將這部分邏輯單獨封裝到一個 track 函數中，函數的名字叫 track 是為了表達**追蹤**的涵義。同樣，我們也可以把**觸發**副作用函數重新執行的邏輯封裝到 trigger 函數中：

```
1   const obj = new Proxy(data, {
2       // 攔截讀取操作
```

```
 3     get(target, key) {
 4       // 將副作用函數 activeEffect 新增到儲存副作用函數的桶中
 5       track(target, key)
 6       // 回傳屬性值
 7       return target[key]
 8     },
 9     // 攔截設定操作
10     set(target, key, newVal) {
11       // 設定屬性值
12       target[key] = newVal
13       // 把副作用函數從桶裡取出並執行
14       trigger(target, key)
15     }
16   })
17
18   // 在 get 攔截函數內呼叫 track 函數追蹤變化
19   function track(target, key) {
20     // 沒有 activeEffect，直接 return
21     if (!activeEffect) return
22     let depsMap = bucket.get(target)
23     if (!depsMap) {
24       bucket.set(target, (depsMap = new Map()))
25     }
26     let deps = depsMap.get(key)
27     if (!deps) {
28       depsMap.set(key, (deps = new Set()))
29     }
30     deps.add(activeEffect)
31   }
32   // 在 set 攔截函數內呼叫 trigger 函數觸發變化
33   function trigger(target, key) {
34     const depsMap = bucket.get(target)
35     if (!depsMap) return
36     const effects = depsMap.get(key)
37     effects && effects.forEach(fn => fn())
38   }
```

如以上程式碼所示，分別把邏輯封裝到 track 和 trigger 函數內，這能為我們帶來極大的靈活性。

## 4.4 分支切換與 cleanup

首先，我們需要明確分支切換的定義，如下面的程式碼所示：

```
1   const data = { ok: true, text: 'hello world' }
2   const obj = new Proxy(data, { /* ... */ })
3
4   effect(function effectFn() {
5     document.body.innerText = obj.ok ? obj.text : 'not'
6   })
```

在 effectFn 函數內部存在一個三元表達式，根據欄位 obj.ok 值的不同會執行不同的程式碼分支。當欄位 obj.ok 的值發生變化時，程式碼執行的分支會跟著變化，這就是所謂的分支切換。

分支切換可能會產生遺留的副作用函數。拿上面這段程式碼來說，欄位 obj.ok 的初始值為 true，這時會讀取欄位 obj.text 的值，所以當 effectFn 函數執行時會觸發欄位 obj.ok 和欄位 obj.text 這兩個屬性的讀取操作，此時副作用函數 effectFn 與響應式資料之間建立的聯繫如下：

```
1    data
2           └── ok
3                └── effectFn
4           └── text
5                └── effectFn
```

圖 4-4 提供了更詳細的描述。

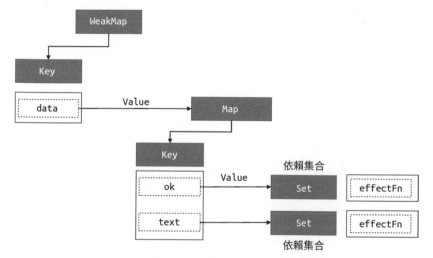

▲ 圖 4-4　副作用函數與響應式資料之間的聯繫

可以看到，副作用函數 effectFn 分別被欄位 data.ok 和欄位 data.text 所對應的相依集合收集。當欄位 obj.ok 的值修改為 false，並觸發副作用函數重新執行後，由於此時欄位 obj.text 不會被讀取，只會觸發欄位 obj.ok 的讀取操作，所以理想情況下副作用函數 effectFn 不應該被欄位 obj.text 所對應的相依集合收集，如圖 4-5 所示。

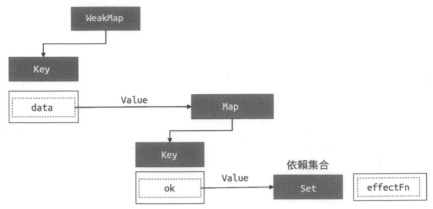

▲ 圖 4-5　理想情況下副作用函數與響應式資料之間的聯繫

但按照前文的實作，我們還做不到這一點。也就是說，當我們把欄位 obj.ok 的值修改為 false ，並觸發副作用函數重新執行之後，整個相依關係仍然保持圖 4-4 所描述的那樣，這時就產生了遺留的副作用函數。

遺留的副作用函數會導致不必要的更新，拿下面這段程式碼來說：

```
1    const data = { ok: true, text: 'hello world' }
2    const obj = new Proxy(data, { /* ... */ })
3
4    effect(function effectFn() {
5      document.body.innerText = obj.ok ? obj.text : 'not'
6    })
```

obj.ok 的初始值為 true，當我們將其修改為 false 後：

```
1    obj.ok = false
```

這會觸發更新，即副作用函數會重新執行。但由於此時 obj.ok 的值為 false，所以不再會讀取欄位 obj.text 的值。換句話說，無論欄位 obj.text 的值如何改變，document.body.innerText 的值始終都是字串 'not'。所以最好的結果是，無論 obj.text 的值怎麼變，都不需要重新執行副作用函數。但事實並非如此，如果我們再嘗試修改 obj.text 的值：

```
1    obj.text = 'hello vue3'
```

這仍然會導致副作用函數重新執行，即使 document.body.innerText 的值不需要變化。

解決這個問題的思路很簡單，每次副作用函數執行時，我們可以先把它從所有與之關聯的相依集合中刪除，如圖 4-6 所示。

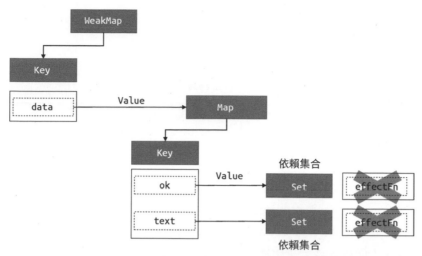

▲ 圖 4-6　斷開副作用函數與響應式資料之間的聯繫

當副作用函數執行完畢後，會重新建立聯繫，但在新的聯繫中不會包含遺留的副作用函數，即圖 4-5 所描述的那樣。所以，如果我們能做到每次副作用函數執行前，將其從相關聯的相依集合中移除，那麼問題就迎刃而解了。

要將一個副作用函數從所有與之關聯的相依集合中移除，就需要明確知道哪些相依集合中包含它，因此我們需要重新設計副作用函數，如下面的程式碼所示。在 effect 內部我們定義了新的 effectFn 函數，並為其新增了 effectFn.deps 屬性，該屬性是一個陣列，用來儲存所有包含當前副作用函數的相依集合：

```
1   // 用一個全域變數儲存被註冊的副作用函數
2   let activeEffect
3   function effect(fn) {
4     const effectFn = () => {
5       // 當 effectFn 執行時，將其設定為當前啟用的副作用函數
6       activeEffect = effectFn
7       fn()
8     }
9     // activeEffect.deps 用來儲存所有與該副作用函數相關聯的相依集合
10    effectFn.deps = []
11    // 執行副作用函數
12    effectFn()
13  }
```

那麼 effectFn.deps 陣列中的相依集合是如何收集的呢？其實是在 track 函數中：

```
1   function track(target, key) {
2     // 沒有 activeEffect，直接 return
3     if (!activeEffect) return
4     let depsMap = bucket.get(target)
5     if (!depsMap) {
6       bucket.set(target, (depsMap = new Map()))
```

```
 7        }
 8      let deps = depsMap.get(key)
 9      if (!deps) {
10        depsMap.set(key, (deps = new Set()))
11      }
12      // 把當前啟用的副作用函數新增到相依集合 deps 中
13      deps.add(activeEffect)
14      // deps 就是一個與當前副作用函數存在聯繫的相依集合
15      // 將其新增到 activeEffect.deps 陣列中
16      activeEffect.deps.push(deps) // 新增
17    }
```

如以上程式碼所示，在 track 函數中我們將當前執行的副作用函數 activeEffect 新
增到相依集合 deps 中，這說明 deps 就是一個與當前副作用函數存在聯繫的相依集
合，於是我們也把它新增到 activeEffect.deps 陣列中，這樣就完成了對相依集合
的收集。圖 4-7 描述了這一步所建立的關係。

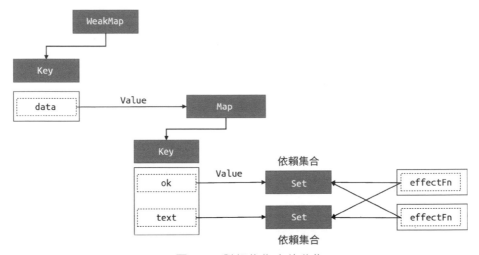

▲ 圖 4-7　對相依集合的收集

有了這個聯繫後，我們就可以在每次副作用函數執行時，根據 effectFn.deps 獲取
所有相關聯的相依集合，進而將副作用函數從相依集合中移除：

```
 1    // 用一個全域變數儲存被註冊的副作用函數
 2    let activeEffect
 3    function effect(fn) {
 4      const effectFn = () => {
 5        // 呼叫 cleanup 函數完成清除工作
 6        cleanup(effectFn)  // 新增
 7        activeEffect = effectFn
 8        fn()
 9      }
10      effectFn.deps = []
11      effectFn()
12    }
```

下面是 cleanup 函數的實作：

```
1   function cleanup(effectFn) {
2     // 遍歷 effectFn.deps 陣列
3     for (let i = 0; i < effectFn.deps.length; i++) {
4       // deps 是相依集合
5       const deps = effectFn.deps[i]
6       // 將 effectFn 從相依集合中移除
7       deps.delete(effectFn)
8     }
9     // 最後需要重置 effectFn.deps 陣列
10    effectFn.deps.length = 0
11  }
```

cleanup 函數接收副作用函數作為參數，遍歷副作用函數的 effectFn.deps 陣列，該陣列的每一項都是一個相依集合，然後將該副作用函數從相依集合中移除，最後重置 effectFn.deps 陣列。

至此，我們的響應系統已經可以避免副作用函數產生遺留了。但如果你嘗試執行程式碼，會發現目前的實作會導致無限循環執行，問題出在 trigger 函數中：

```
1   function trigger(target, key) {
2     const depsMap = bucket.get(target)
3     if (!depsMap) return
4     const effects = depsMap.get(key)
5     effects && effects.forEach(fn => fn()) // 問題出在這句程式碼
6   }
```

在 trigger 函數內部，我們遍歷 effects 集合，它是一個 Set 集合，裡面儲存著副作用函數。當副作用函數執行時，會呼叫 cleanup 進行清除，實際上就是從 effects 集合中將當前執行的副作用函數剔除，但是副作用函數的執行會導致其重新被收集到集合中，而此時對於 effects 集合的遍歷仍在進行。這個行為可以用如下簡短的程式碼來表達：

```
1   const set = new Set([1])
2
3   set.forEach(item => {
4     set.delete(1)
5     set.add(1)
6     console.log(' 遍歷中 ')
7   })
```

在上面這段程式碼中，我們建立了一個集合 set，它裡面有一個元素數字 1，接著我們呼叫 forEach 遍歷該集合。在遍歷過程中，首先呼叫 delete(1) 刪除數字 1，緊接著呼叫 add(1) 將數字 1 加回，最後輸出 ' 遍歷中 '。如果我們在瀏覽器中執行這段程式碼，就會發現它會無限執行下去。

語言規範中對此有明確的說明：在呼叫 forEach 遍歷 Set 集合時，如果一個值已經被存取過了，但該值被刪除並重新新增到集合，如果此時 forEach 遍歷沒有結束，那麼該值會重新被存取。因此，上面的程式碼會無限執行。解決辦法很簡單，我們可以建構另外一個 Set 集合並遍歷它：

```
1   const set = new Set([1])
2
3   const newSet = new Set(set)
4   newSet.forEach(item => {
5     set.delete(1)
6     set.add(1)
7     console.log(' 遍歷中 ')
8   })
```

這樣就不會無限執行了。回到 trigger 函數，我們需要同樣的手段來避免無限執行：

```
1   function trigger(target, key) {
2     const depsMap = bucket.get(target)
3     if (!depsMap) return
4     const effects = depsMap.get(key)
5
6     const effectsToRun = new Set(effects)  // 新增
7     effectsToRun.forEach(effectFn => effectFn())  // 新增
8     // effects && effects.forEach(effectFn => effectFn()) // 刪除
9   }
```

如以上程式碼所示，我們新建構了 effectsToRun 集合並遍歷它，代替直接遍歷 effects 集合，以避免無限執行。

---

✎ 提示　ECMA 關於 Set.prototype.forEach 的規範，可參見 ECMAScript 2020 Language Specification。

---

## 4.5　巢狀的 effect 與 effect 堆疊

effect 是可以產生巢狀的，例如：

```
1   effect(function effectFn1() {
2     effect(function effectFn2() { /* ... */ })
3     /* ... */
4   })
```

在上面這段程式碼中，effectFn1 內部巢狀了 effectFn2，effectFn1 的執行會導致 effectFn2 的執行。那麼，什麼情況下會出現巢狀的 effect 呢？拿 Vue.js 來說，實際上 Vue.js 的渲染函數就是在一個 effect 中執行的：

```
1    // Foo 組件
2    const Foo = {
3      render() {
4        return /* ... */
5      }
6    }
```

在一個 **effect** 中執行 Foo 組件的渲染函數：

```
1    effect(() => {
2      Foo.render()
3    }
```

當組件發生巢狀時，例如 Foo 組件渲染了 Bar 組件：

```
1    // Bar 組件
2    const Bar = {
3      render() { /* ... */ },
4    }
5    // Foo 組件渲染了 Bar 組件
6    const Foo = {
7      render() {
8        return <Bar /> // jsx 語法
9      },
10   }
```

此時就發生了 **effect** 巢狀，它相當於：

```
1    effect(() => {
2      Foo.render()
3      // 巢狀
4      effect(() => {
5        Bar.render()
6      })
7    })
```

這個例子說明了為什麼 **effect** 要設計成可巢狀的。接下來，我們需要搞清楚，如果 **effect** 不支援巢狀會發生什麼？實際上，按照前文的介紹與實作來看，我們所實作的響應系統並不支援 **effect** 巢狀，可以用下面的程式碼來測試一下：

```
1    // 原始資料
2    const data = { foo: true, bar: true }
3    // 代理物件
4    const obj = new Proxy(data, { /* ... */ })
5
6    // 全域變數
7    let temp1, temp2
8
9    // effectFn1 巢狀了 effectFn2
10   effect(function effectFn1() {
11     console.log('effectFn1 執行 ')
```

```
12
13    effect(function effectFn2() {
14      console.log('effectFn2 執行 ')
15      // 在 effectFn2 中讀取 obj.bar 屬性
16      temp2 = obj.bar
17    })
18    // 在 effectFn1 中讀取 obj.foo 屬性
19    temp1 = obj.foo
20  })
```

在上面這段程式碼中，effectFn1 內部巢狀了 effectFn2，很明顯， effectFn1 的執行會導致 effectFn2 的執行。需要注意的是，我們在 effectFn2 中讀取了欄位 obj.bar，在 effectFn1 中讀取了欄位 obj.foo，並且 effectFn2 的執行先於對欄位 obj.foo 的讀取操作。在理想情況下，我們希望副作用函數與物件屬性之間的聯繫如下：

```
1    data
2    └── foo
3         └── effectFn1
4    └── bar
5         └── effectFn2
```

在這種情況下，我們希望當修改 obj.foo 時會觸發 effectFn1 執行。由於 effectFn2 巢狀在 effectFn1 裡，所以會間接觸發 effectFn2 執行，而當修改 obj.bar 時，只會觸發 effectFn2 執行。但結果不是這樣的，我們嘗試修改 obj.foo 的值，會發現輸出為：

```
1    'effectFn1 執行 '
2    'effectFn2 執行 '
3    'effectFn2 執行 '
```

一共輸出三次，前兩次分別是副作用函數 effectFn1 與 effectFn2 初始執行的輸出結果，到這一步是正常的，問題出在第三行輸出。我們修改了欄位 obj.foo 的值，發現 effectFn1 並沒有重新執行，反而使得 effectFn2 重新執行了，這顯然不符合預期。

問題出在哪裡呢？其實就出在我們實作的 effect 函數與 activeEffect 上。觀察下面這段程式碼：

```
1    // 用一個全域變數儲存當前啟用的 effect 函數
2    let activeEffect
3    function effect(fn) {
4      const effectFn = () => {
5        cleanup(effectFn)
6        // 當呼叫 effect 註冊副作用函數時，將副作用函數賦值給 activeEffect
7        activeEffect = effectFn
8        fn()
9      }
```

```
10      // activeEffect.deps 用來儲存所有與該副作用函數相關的相依集合
11      effectFn.deps = []
12      // 執行副作用函數
13      effectFn()
14    }
```

我們用全域變數 activeEffect 來儲存透過 effect 函數註冊的副作用函數，這意味著同一時刻 activeEffect 所儲存的副作用函數只能有一個。當副作用函數發生巢狀時，內層副作用函數的執行會覆蓋 activeEffect 的值，並且永遠不會恢復到原來的值。這時如果再有響應式資料進行相依收集，即使這個響應式資料是在外層副作用函數中讀取的，它們收集到的副作用函數也都會是內層副作用函數，這就是問題所在。

為了解決這個問題，我們需要一個副作用函數堆疊 effectStack，在副作用函數執行時，將當前副作用函數壓入堆疊中，待副作用函數執行完畢後將其從堆疊中彈出，並始終讓 activeEffect 指向堆疊頂的副作用函數。這樣就能做到一個響應式資料只會收集直接讀取其值的副作用函數，而不會出現互相影響的情況，如以下程式碼所示：

```
1     // 用一個全域變數儲存當前啟用的 effect 函數
2     let activeEffect
3     // effect 堆疊
4     const effectStack = []  // 新增
5
6     function effect(fn) {
7       const effectFn = () => {
8         cleanup(effectFn)
9         // 當呼叫 effect 註冊副作用函數時，將副作用函數賦值給 activeEffect
10        activeEffect = effectFn
11        // 在呼叫副作用函數之前將當前副作用函數壓入堆疊中
12        effectStack.push(effectFn)  // 新增
13        fn()
14        // 在當前副作用函數執行完畢後，將當前副作用函數彈出堆疊，並把 activeEffect 還原為之前的值
15        effectStack.pop()  // 新增
16        activeEffect = effectStack[effectStack.length - 1]  // 新增
17      }
18      // activeEffect.deps 用來儲存所有與該副作用函數相關的相依集合
19      effectFn.deps = []
20      // 執行副作用函數
21      effectFn()
22    }
```

我們定義了 effectStack 陣列，用它來模擬堆疊，activeEffect 沒有變化，它仍然指向當前正在執行的副作用函數。不同的是，當前執行的副作用函數會被壓入堆疊頂，這樣當副作用函數發生巢狀時，堆疊底儲存的就是外層副作用函數，而堆疊頂儲存的則是內層副作用函數，如圖 4-8 所示。

當內層副作用函數 effectFn2 執行完畢後，它會被彈出堆疊，並將副作用函數 effectFn1 設定為 activeEffect，如圖 4-9 所示。

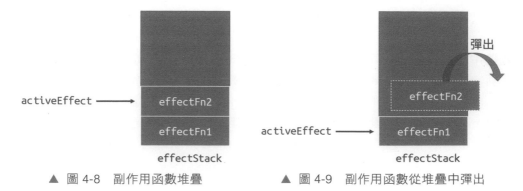

▲ 圖 4-8　副作用函數堆疊　　　　　▲ 圖 4-9　副作用函數從堆疊中彈出

如此一來，響應式資料就只會收集直接讀取其值的副作用函數作為相依，從而避免發生錯亂。

## 4.6 避免無限遞迴循環

如前文所說，實作一個完善的響應系統要考慮諸多細節。而本節要介紹的無限遞迴循環就是其中之一，還是舉個例子：

```
const data = { foo: 1 }
const obj = new Proxy(data, { /*...*/ })

effect(() => obj.foo++)
```

可以看到，在 effect 註冊的副作用函數內有一個自動增加操作 obj.foo++，該操作會引起堆疊溢出：

```
Uncaught RangeError: Maximum call stack size exceeded
```

為什麼會這樣呢？接下來我們就嘗試搞清楚這個問題，並提供解決方案。

實際上，我們可以把 obj.foo++ 這個自增操作分開來看，它相當於：

```
effect(() => {
  // 語句
  obj.foo = obj.foo + 1
})
```

在這個語句中，既會讀取 obj.foo 的值，又會設定 obj.foo 的值，而這就是導致問題的根本原因。我們可以嘗試推理一下程式碼的執行流程：首先讀取 obj.foo 的值，這會觸發 track 操作，將當前副作用函數收集到「桶」中，接著將其加 1 後再

賦值給 `obj.foo` ，此時會觸發 trigger 操作，即把「桶」中的副作用函數取出並執行。但問題是該副作用函數正在執行中，還沒有執行完畢，就要開始下一次的執行。這樣會導致無限遞迴地呼叫自己，於是就產生了堆疊溢出。

解決辦法並不難。透過分析這個問題我們能夠發現，讀取和設定操作是在同一個副作用函數內進行的。此時無論是 track 時收集的副作用函數，還是 trigger 時要觸發執行的副作用函數，都是 activeEffect。基於此，我們可以在 trigger 動作發生時增加守衛條件：**如果 trigger 觸發執行的副作用函數與當前正在執行的副作用函數相同，則不觸發執行**，如以下程式碼所示：

```
1   function trigger(target, key) {
2     const depsMap = bucket.get(target)
3     if (!depsMap) return
4     const effects = depsMap.get(key)
5
6     const effectsToRun = new Set()
7     effects && effects.forEach(effectFn => {
8       // 如果 trigger 觸發執行的副作用函數與當前正在執行的副作用函數相同，則不觸發執行
9       if (effectFn !== activeEffect) {  // 新增
10        effectsToRun.add(effectFn)
11      }
12    })
13    effectsToRun.forEach(effectFn => effectFn())
14    // effects && effects.forEach(effectFn => effectFn())
15  }
```

這樣我們就能夠避免無限遞迴呼叫，從而避免堆疊溢出。

## 4.7 調度執行

可調度性是響應系統非常重要的屬性。首先我們需要明確什麼是可調度性。所謂可調度，指的是當 trigger 動作觸發副作用函數重新執行時，有能力決定副作用函數執行的時機、次數以及方式。

首先來看一下，如何決定副作用函數的執行方式，以下面的程式碼為例：

```
1   const data = { foo: 1 }
2   const obj = new Proxy(data, { /* ... */ })
3
4   effect(() => {
5     console.log(obj.foo)
6   })
7
8   obj.foo++
9
10  console.log(' 結束了 ')
```

在副作用函數中，我們首先使用 console.log 語句輸出 obj.foo 的值，接著對 obj.foo 執行自增操作，最後使用 console.log 語句輸出 ' 結束了 '。這段程式碼的輸出結果如下：

```
1   1
2   2
3   ' 結束了 '
```

現在假設需求有變，輸出順序需要調整為：

```
1   1
2   ' 結束了 '
3   2
```

根據輸出結果我們很容易想到對策，即把語句 obj.foo++ 和語句 console.log(' 結束了 ') 位置互換即可。那麼有沒有什麼辦法能夠在不調整程式碼的情況下實作需求呢？這時就需要響應系統支援**調度**。

我們可以為 effect 函數設計一個選項參數 options，允許使用者指定調度器：

```
1    effect(
2      () => {
3        console.log(obj.foo)
4      },
5      // options
6      {
7        // 調度器 scheduler 是一個函數
8        scheduler(fn) {
9          // ...
10       }
11     }
12   )
```

如上面的程式碼所示，使用者在呼叫 effect 函數註冊副作用函數時，可以傳遞第二個參數 options。它是一個物件，其中允許指定 scheduler 調度函數，同時在 effect 函數內部我們需要把 options 選項載入到對應的副作用函數上：

```
1    function effect(fn, options = {}) {
2      const effectFn = () => {
3        cleanup(effectFn)
4        // 當呼叫 effect 註冊副作用函數時，將副作用函數賦值給 activeEffect
5        activeEffect = effectFn
6        // 在呼叫副作用函數之前將當前副作用函數堆疊
7        effectStack.push(effectFn)
8        fn()
9        // 在當前副作用函數執行完畢後，將當前副作用函數彈出堆疊，並把 activeEffect 還原為之前的值
10       effectStack.pop()
11       activeEffect = effectStack[effectStack.length - 1]
12     }
```

```
13      // 將 options 載入到 effectFn 上
14      effectFn.options = options   // 新增
15      // activeEffect.deps 用來儲存所有與該副作用函數相關的相依集合
16      effectFn.deps = []
17      // 執行副作用函數
18      effectFn()
19    }
```

有了調度函數，我們在 **trigger** 函數中觸發副作用函數重新執行時，就可以直接呼叫使用者傳遞的調度器函數，從而把控制權交給使用者：

```
1    function trigger(target, key) {
2      const depsMap = bucket.get(target)
3      if (!depsMap) return
4      const effects = depsMap.get(key)
5
6      const effectsToRun = new Set()
7      effects && effects.forEach(effectFn => {
8        if (effectFn !== activeEffect) {
9          effectsToRun.add(effectFn)
10       }
11     })
12     effectsToRun.forEach(effectFn => {
13       // 如果一個副作用函數存在調度器，則呼叫該調度器，並將副作用函數作為參數傳遞
14       if (effectFn.options.scheduler) {   // 新增
15         effectFn.options.scheduler(effectFn)   // 新增
16       } else {
17         // 否則直接執行副作用函數 (之前的預設行為)
18         effectFn()   // 新增
19       }
20     })
21   }
```

如上面的程式碼所示，在 **trigger** 動作觸發副作用函數執行時，我們優先判斷該副作用函數是否存在調度器，如果存在，則直接呼叫調度器函數，並把當前副作用函數作為參數傳遞過去，由使用者自己控制如何執行；否則保留之前的行為，即直接執行副作用函數。

有了這些基礎設施之後，我們就可以實作前文的需求了，如以下程式碼所示：

```
1    const data = { foo: 1 }
2    const obj = new Proxy(data, { /* ... */ })
3
4    effect(
5      () => {
6        console.log(obj.foo)
7      },
8      // options
9      {
10       // 調度器 scheduler 是一個函數
11       scheduler(fn) {
```

```
12          // 將副作用函數放到任務佇列中執行
13          setTimeout(fn)
14        }
15      }
16    )
17
18
19    obj.foo++
20
21    console.log(' 結束了 ')
```

我們使用 setTimeout 開啟一個任務來執行副作用函數 fn，這樣就能實作期望的輸出順序了：

```
1    1
2    ' 結束了 '
3    2
```

除了控制副作用函數的執行順序，透過調度器還可以做到控制它的執行次數，這一點也尤為重要。我們思考如下例子：

```
1    const data = { foo: 1 }
2    const obj = new Proxy(data, { /* ... */ })
3
4    effect(() => {
5      console.log(obj.foo)
6    })
7
8    obj.foo++
9    obj.foo++
```

首先在副作用函數中輸出 obj.foo 的值，接著連續對其執行兩次自增操作，在沒有指定調度器的情況下，它的輸出如下：

```
1    1
2    2
3    3
```

由輸出可知，欄位 obj.foo 的值一定會從 1 自增到 3， 2 只是它的過渡狀態。如果我們只關心最終結果而不關心過程，那麼執行三次輸出操作是多餘的，我們期望的輸出結果是：

```
1    1
2    3
```

其中不包含過渡狀態，基於調度器我們可以很容易地實作此功能：

```
1    // 定義一個任務佇列
2    const jobQueue = new Set()
```

```
3    // 使用 Promise.resolve() 建立一個 promise 實例，我們用它將一個任務新增到微任務佇列
4    const p = Promise.resolve()
5
6    // 一個標誌代表是否正在重整佇列
7    let isFlushing = false
8    function flushJob() {
9      // 如果佇列正在重整，則什麼都不做
10     if (isFlushing) return
11     // 設定為 true，代表正在重整
12     isFlushing = true
13     // 在微任務佇列中重整 jobQueue 佇列
14     p.then(() => {
15       jobQueue.forEach(job => job())
16     }).finally(() => {
17       // 結束後重置 isFlushing
18       isFlushing = false
19     })
20   }
21
22
23   effect(() => {
24     console.log(obj.foo)
25   }, {
26     scheduler(fn) {
27       // 每次調度時，將副作用函數新增到 jobQueue 佇列中
28       jobQueue.add(fn)
29       // 呼叫 flushJob 重整佇列
30       flushJob()
31     }
32   })
33
34   obj.foo++
35   obj.foo++
```

觀察上面的程式碼，首先，我們定義了一個任務佇列 jobQueue，它是一個 Set 資料結構，目的是利用 Set 資料結構的自動去重複能力。接著我們看調度器 scheduler 的實作，在每次調度執行時，先將當前副作用函數新增到 jobQueue 佇列中，再呼叫 flushJob 函數重整佇列。然後我們把目光轉向 flushJob 函數，該函數透過 isFlushing 標誌判斷是否需要執行，只有當其為 false 時才需要執行，而一旦 flushJob 函數開始執行，isFlushing 標誌就會設定為 true，意思是無論呼叫多少次 flushJob 函數，在一個週期內都只會執行一次。需要注意的是，在 flushJob 內透過 p.then 將一個函數新增到微任務佇列，在微任務佇列內完成對 jobQueue 的遍歷執行。

整段程式碼的效果是，連續對 obj.foo 執行兩次自增操作，會同步且連續地執行兩次 scheduler 調度函數，這意味著同一個副作用函數會被 jobQueue.add(fn) 語句新增兩次，但由於 Set 資料結構的去重複的能力，最終 jobQueue 中只會有一項，即當前副作用函數。類似地，flushJob 也會同步且連續地執行兩次，但由於 isFlushing

標誌的存在，實際上 flushJob 函數在一個事件循環內只會執行一次，即在微任務佇列內執行一次。當微任務佇列開始執行時，就會遍歷 jobQueue 並執行裡面儲存的副作用函數。由於此時 jobQueue 佇列內只有一個副作用函數，所以只會執行一次，並且當它執行時，欄位 obj.foo 的值已經是 3 了，這樣我們就實作了期望的輸出：

```
1    1
2    3
```

可能你已經注意到了，這個功能有點類似於在 Vue.js 中連續多次修改響應式資料但只會觸發一次更新，實際上 Vue.js 內部實作了一個更加完善的調度器，思路與上文介紹的相同。

## 4.8 計算屬性 computed 與 lazy

前文介紹了 effect 函數，它用來註冊副作用函數，同時它也允許指定一些選項參數 options，例如指定 scheduler 調度器來控制副作用函數的執行時機和方式；也介紹了用來追蹤和收集相依的 track 函數，以及用來觸發副作用函數重新執行的 trigger 函數。實際上，綜合這些內容，我們就可以實作 Vue.js 中一個非常重要並且非常有特色的能力——計算屬性。

在深入講解計算屬性之前，我們需要先來聊聊關於延遲執行的 effect，即 lazy 的 effect。這是什麼意思呢？舉個例子，現在我們所實作的 effect 函數會立即執行傳遞給它的副作用函數，例如：

```
1    effect(
2      // 這個函數會立即執行
3      () => {
4        console.log(obj.foo)
5      }
6    )
```

但在有些情況下，我們並不希望它立即執行，而是希望它在需要的時候才執行，例如計算屬性。這時我們可以透過在 options 中新增 lazy 屬性來達到目的，如下面的程式碼所示：

```
1    effect(
2      // 指定了 lazy 選項，這個函數不會立即執行
3      () => {
4        console.log(obj.foo)
5      },
6      // options
7      {
8        lazy: true
```

```
 9      }
10    )
```

lazy 選項和之前介紹的 scheduler 一樣,它透過 options 選項物件指定。有了它,我們就可以修改 effect 函數的實作邏輯了,當 options.lazy 為 true 時,則不立即執行副作用函數:

```
 1    function effect(fn, options = {}) {
 2      const effectFn = () => {
 3        cleanup(effectFn)
 4        activeEffect = effectFn
 5        effectStack.push(effectFn)
 6        fn()
 7        effectStack.pop()
 8        activeEffect = effectStack[effectStack.length - 1]
 9      }
10      effectFn.options = options
11      effectFn.deps = []
12      // 只有非 lazy 的時候,才執行
13      if (!options.lazy) {  // 新增
14        // 執行副作用函數
15        effectFn()
16      }
17      // 將副作用函數作為回傳值回傳
18      return effectFn  // 新增
19    }
```

透過這個判斷,我們就實作了讓副作用函數不立即執行的功能。但問題是,副作用函數應該什麼時候執行呢?透過上面的程式碼可以看到,我們將副作用函數 effectFn 作為 effect 函數的回傳值,這就意味著當呼叫 effect 函數時,透過其回傳值能夠拿到對應的副作用函數,這樣我們就能手動執行該副作用函數了:

```
 1    const effectFn = effect(() => {
 2      console.log(obj.foo)
 3    }, { lazy: true })
 4
 5    // 手動執行副作用函數
 6    effectFn()
```

如果僅僅能夠手動執行副作用函數,其意義並不大。但如果我們把傳遞給 effect 的函數看作一個 getter,那麼這個 getter 函數可以回傳任何值,例如:

```
 1    const effectFn = effect(
 2      // getter 回傳 obj.foo 與 obj.bar 的和
 3      () => obj.foo + obj.bar,
 4      { lazy: true }
 5    )
```

這樣我們在手動執行副作用函數時，就能夠拿到其回傳值：

```
1  const effectFn = effect(
2    // getter 回傳 obj.foo 與 obj.bar 的和
3    () => obj.foo + obj.bar,
4    { lazy: true }
5  )
6  // value 是 getter 的回傳值
7  const value = effectFn()
```

為了實作這個目標，我們需要再對 effect 函數做一些修改，如以下程式碼所示：

```
1  function effect(fn, options = {}) {
2    const effectFn = () => {
3      cleanup(effectFn)
4      activeEffect = effectFn
5      effectStack.push(effectFn)
6      // 將 fn 的執行結果儲存到 res 中
7      const res = fn()  // 新增
8      effectStack.pop()
9      activeEffect = effectStack[effectStack.length - 1]
10     // 將 res 作為 effectFn 的回傳值
11     return res   // 新增
12   }
13   effectFn.options = options
14   effectFn.deps = []
15   if (!options.lazy) {
16     effectFn()
17   }
18
19   return effectFn
20 }
```

透過新增的程式碼可以看到，傳遞給 effect 函數的參數 fn 才是真正的副作用函數，而 effectFn 是我們包裝後的副作用函數。為了透過 effectFn 得到真正的副作用函數 fn 的執行結果，我們需要將其保存到 res 變數中，然後將其作為 effectFn 函數的回傳值。

現在我們已經能夠實作延遲執行的副作用函數，並且能夠拿到副作用函數的執行結果了，接下來就可以實作計算屬性了，如下所示：

```
1  function computed(getter) {
2    // 把 getter 作為副作用函數，建立一個 lazy 的 effect
3    const effectFn = effect(getter, {
4      lazy: true
5    })
6
7    const obj = {
8      // 當讀取 value 時才執行 effectFn
9      get value() {
10       return effectFn()
```

```
11      }
12    }
13
14    return obj
15  }
```

首先我們定義一個 computed 函數，它接收一個 getter 函數作為參數，我們把 getter 函數作為副作用函數，用它建立一個 lazy 的 effect。computed 函數的執行會回傳一個物件，該物件的 value 屬性是一個存取器屬性，只有當讀取 value 的值時，才會執行 effectFn 並將其結果作為回傳值回傳。

我們可以使用 computed 函數來建立一個計算屬性：

```
1    const data = { foo: 1, bar: 2 }
2    const obj = new Proxy(data, { /* ... */ })
3
4    const sumRes = computed(() => obj.foo + obj.bar)
5
6    console.log(sumRes.value)  // 3
```

可以看到它能夠正確地運作。不過現在我們實作的計算屬性只做到了延遲計算，也就是說，只有當你真正讀取 sumRes.value 的值時，它才會進行計算並得到值。但是還做不到對值進行暫存，即假如我們多次存取 sumRes.value 的值，會導致 effectFn 進行多次計算，即使 obj.foo 和 obj.bar 的值本身並沒有變化：

```
1    console.log(sumRes.value)  // 3
2    console.log(sumRes.value)  // 3
3    console.log(sumRes.value)  // 3
```

上面的程式碼多次存取 sumRes.value 的值，每次存取都會呼叫 effectFn 重新計算。

為了解決這個問題，就需要我們在實作 computed 函數時，新增對值進行暫存的功能，如以下程式碼所示：

```
1    function computed(getter) {
2      // value 用來暫存上一次計算的值
3      let value
4      // dirty 標誌，用來標識是否需要重新計算值，為 true 則意味著「髒」，需要計算
5      let dirty = true
6
7      const effectFn = effect(getter, {
8        lazy: true
9      })
10
11      const obj = {
12        get value() {
13          // 只有「髒」時才計算值，並將得到的值暫存到 value 中
14          if (dirty) {
```

```
15          value = effectFn()
16          // 將 dirty 設定為 false，下一次存取直接使用暫存到 value 中的值
17          dirty = false
18        }
19        return value
20      }
21    }
22
23    return obj
24  }
```

我們新增了兩個變數 value 和 dirty，其中 value 用來暫存上一次計算的值，而 dirty 是一個標識，代表是否需要重新計算。當我們透過 sumRes.value 存取值時，只有當 dirty 為 true 時才會呼叫 effectFn 重新計算值，否則直接使用上一次暫存在 value 中的值。這樣無論我們存取多少次 sumRes.value，都只會在第一次存取時進行真正的計算，後續存取都會直接讀取暫存的 value 值。

相信聰明的你已經看到問題所在了，如果此時我們修改 obj.foo 或 obj.bar 的值，再存取 sumRes.value 會發現存取到的值沒有發生變化：

```
1   const data = { foo: 1, bar: 2 }
2   const obj = new Proxy(data, { /* ... */ })
3
4   const sumRes = computed(() => obj.foo + obj.bar)
5
6   console.log(sumRes.value)  // 3
7   console.log(sumRes.value)  // 3
8
9   // 修改 obj.foo
10  obj.foo++
11
12  // 再次存取，得到的仍然是 3，但預期結果應該是 4
13  console.log(sumRes.value)  // 3
```

這是因為，當第一次存取 sumRes.value 的值後，變數 dirty 會設定為 false，代表不需要計算。即使我們修改了 obj.foo 的值，但只要 dirty 的值為 false，就不會重新計算，所以導致我們得到了錯誤的值。

解決辦法很簡單，當 obj.foo 或 obj.bar 的值發生變化時，只要 dirty 的值重置為 true 就可以了。那麼應該怎麼做呢？這時就用到了上一節介紹的 scheduler 選項，如以下程式碼所示：

```
1   function computed(getter) {
2     let value
3     let dirty = true
4
5     const effectFn = effect(getter, {
6       lazy: true,
```

```
 7       // 新增調度器，在調度器中將 dirty 重置為 true
 8       scheduler() {
 9         dirty = true
10       }
11     })
12
13     const obj = {
14       get value() {
15         if (dirty) {
16           value = effectFn()
17           dirty = false
18         }
19         return value
20       }
21     }
22
23     return obj
24   }
```

我們為 effect 新增了 scheduler 調度器函數，它會在 getter 函數中所相依的響應式資料變化時執行，這樣我們在 scheduler 函數內將 dirty 重置為 true，當下一次存取 sumRes.value 時，就會重新呼叫 effectFn 計算值，這樣就能夠得到預期的結果了。

現在，我們設計的計算屬性已經趨於完美了，但還有一個缺陷，它展現在當我們在另外一個 effect 中讀取計算屬性的值時：

```
1    const sumRes = computed(() => obj.foo + obj.bar)
2
3    effect(() => {
4      // 在該副作用函數中讀取 sumRes.value
5      console.log(sumRes.value)
6    })
7
8    // 修改 obj.foo 的值
9    obj.foo++
```

如以上程式碼所示，sumRes 是一個計算屬性，並且在另一個 effect 的副作用函數中讀取了 sumRes.value 的值。如果此時修改 obj.foo 的值，我們期望副作用函數重新執行，就像我們在 Vue.js 的模板中讀取計算屬性值的時候，一旦計算屬性發生變化就會觸發重新渲染一樣。但是如果嘗試執行上面這段程式碼，會發現修改 obj.foo 的值並不會觸發副作用函數的渲染，因此我們說這是一個缺陷。

分析問題的原因，我們發現，從本質上看這就是一個典型的 effect 巢狀。一個計算屬性內部擁有自己的 effect，並且它是延遲執行的，只有當真正讀取計算屬性的值時才會執行。對於計算屬性的 getter 函數來說，它裡面存取的響應式資料只會把 computed 內部的 effect 收集為相依。而當把計算屬性用於另外一個 effect 時，就會發生 effect 巢狀，外層的 effect 不會被內層 effect 中的響應式資料收集。

解決辦法很簡單。當讀取計算屬性的值時，我們可以手動呼叫 track 函數進行追蹤；當計算屬性相依的響應式資料發生變化時，我們可以手動呼叫 trigger 函數觸發響應：

```
function computed(getter) {
  let value
  let dirty = true

  const effectFn = effect(getter, {
    lazy: true,
    scheduler() {
      if (!dirty) {
        dirty = true
        // 當計算屬性相依的響應式資料變化時，手動呼叫 trigger 函數觸發響應
        trigger(obj, 'value')
      }
    }
  })

  const obj = {
    get value() {
      if (dirty) {
        value = effectFn()
        dirty = false
      }
      // 當讀取 value 時，手動呼叫 track 函數進行追蹤
      track(obj, 'value')
      return value
    }
  }

  return obj
}
```

如以上程式碼所示，當讀取一個計算屬性的 value 值時，我們手動呼叫 track 函數，把計算屬性回傳的物件 obj 作為 target，同時作為第一個參數傳遞給 track 函數。當計算屬性所依賴的響應式資料變化時，會執行調度器函數，在調度器函數內手動呼叫 trigger 函數觸發響應即可。這時，對於如下程式碼來說：

```
effect(function effectFn() {
  console.log(sumRes.value)
})
```

它會建立這樣的聯繫：

```
computed(obj)
    └────── value
        └────── effectFn
```

圖 4-10 提供了更詳細的描述。

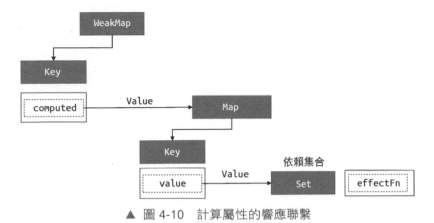

▲ 圖 4-10 計算屬性的響應聯繫

## 4.9 watch 的實作原理

所謂 watch，其本質就是觀測一個響應式資料，當資料發生變化時通知並執行相應的回呼函數。舉個例子：

```
1  watch(obj, () => {
2    console.log(' 資料變了 ')
3  })
4
5  // 修改響應資料的值，會導致回呼函數執行
6  obj.foo++
```

假設 obj 是一個響應資料，使用 watch 函數觀測它，並傳遞一個回呼函數，當修改響應式資料的值時，會觸發該回呼函數執行。

實際上 ，watch 的實作本質上就是利用了 effect 以及 options.scheduler 選項，如以下程式碼所示：

```
1  effect(() => {
2    console.log(obj.foo)
3  }, {
4    scheduler() {
5      // 當 obj.foo 的值變化時，會執行 scheduler 調度函數
6    }
7  })
```

在一個副作用函數中存取響應式資料 obj.foo，透過前面的介紹，我們知道這會在副作用函數與響應式資料之間建立聯繫，當響應式資料變化時，會觸發副作用函數重新執行。但有一個例外，即如果副作用函數存在 scheduler 選項，當響應式資料

發生變化時，會觸發 scheduler 調度函數執行，而非直接觸發副作用函數執行。從這個角度來看，其實 scheduler 調度函數就相當於一個回呼函數，而 watch 的實作就是利用了這個特點。下面是最簡單的 watch 函數的實作：

```
1  // watch 函數接收兩個參數，source 是響應式資料，cb 是回呼函數
2  function watch(source, cb) {
3    effect(
4      // 觸發讀取操作，從而建立聯繫
5      () => source.foo,
6      {
7        scheduler() {
8          // 當資料變化時，呼叫回呼函數 cb
9          cb()
10       }
11     }
12   )
13 }
```

我們可以如下所示使用 watch 函數：

```
1  const data = { foo: 1 }
2  const obj = new Proxy(data, { /* ... */ })
3
4  watch(obj, () => {
5    console.log(' 資料變化了 ')
6  })
7
8  obj.foo++
```

上面這段程式碼能正常運作，但是我們注意到在 watch 函數的實作中，硬編碼了對 source.foo 的讀取操作。換句話說，現在只能觀測 obj.foo 的改變。為了讓 watch 函數具有通用性，我們需要一個封裝（一個通用）的讀取操作：

```
1  function watch(source, cb) {
2    effect(
3      // 呼叫 traverse 遞迴地讀取
4      () => traverse(source),
5      {
6        scheduler() {
7          // 當資料變化時，呼叫回呼函數 cb
8          cb()
9        }
10     }
11   )
12 }
13
14 function traverse(value, seen = new Set()) {
15   // 如果要讀取的資料是原始值，或者已經被讀取過了，那麼什麼都不做
16   if (typeof value !== 'object' || value === null || seen.has(value)) return
17   // 將資料新增到 seen 中，代表遍歷地讀取過了，避免循環引用引起的死循環
18   seen.add(value)
```

```
19      // 暫時不考慮陣列等其他結構
20      // 假設 value 就是一個物件，使用 for...in 讀取物件的每一個值，並遞迴地呼叫 traverse 進行處理
21      for (const k in value) {
22        traverse(value[k], seen)
23      }
24
25      return value
26    }
```

如上面的程式碼所示，在 watch 內部的 effect 中呼叫 traverse 函數進行遞迴的讀取操作，代替硬編碼的方式，這樣就能讀取一個物件上的任意屬性，從而當任意屬性發生變化時都能夠觸發回呼函數執行。

watch 函數除了可以觀測響應式資料，還可以接收一個 getter 函數：

```
1    watch(
2      // getter 函數
3      () => obj.foo,
4      // 回呼函數
5      () => {
6        console.log('obj.foo 的值變了 ')
7      }
8    )
```

如以上程式碼所示，傳遞給 watch 函數的第一個參數不再是一個響應式資料，而是一個 getter 函數。在 getter 函數內部，使用者可以指定該 watch 相依哪些響應式資料，只有當這些資料變化時，才會觸發回呼函數執行。如下程式碼實作了這一功能：

```
1    function watch(source, cb) {
2      // 定義 getter
3      let getter
4      // 如果 source 是函數，說明使用者傳遞的是 getter，所以直接把 source 賦值給 getter
5      if (typeof source === 'function') {
6        getter = source
7      } else {
8        // 否則按照原來的實作呼叫 traverse 遞迴地讀取
9        getter = () => traverse(source)
10     }
11
12     effect(
13       // 執行 getter
14       () => getter(),
15       {
16         scheduler() {
17           cb()
18         }
19       }
20     )
21   }
```

首先判斷 source 的類型，如果是函數類型，說明使用者直接傳遞了 getter 函數，這時直接使用使用者的 getter 函數；如果不是函數類型，那麼保留之前的做法，即呼叫 traverse 函數遞迴地讀取。這樣就實作了自訂 getter 的功能，同時使得 watch 函數更加強大。

細心的你可能已經注意到了，現在的實作還缺少一個非常重要的能力，即在回呼函數中拿不到舊值與新值。通常我們在使用 Vue.js 中的 watch 函數時，能夠在回呼函數中得到變化前後的值：

```
watch(
  () => obj.foo,
  (newValue, oldValue) => {
    console.log(newValue, oldValue)  // 2, 1
  }
)

obj.foo++
```

那麼如何獲得新值與舊值呢？這需要充分利用 effect 函數的 lazy 選項，如以下程式碼所示：

```
function watch(source, cb) {
  let getter
  if (typeof source === 'function') {
    getter = source
  } else {
    getter = () => traverse(source)
  }
  // 定義舊值與新值
  let oldValue, newValue
  // 使用 effect 註冊副作用函數時，開啟 lazy 選項，並把回傳值儲存到 effectFn 中以便後續手動呼叫
  const effectFn = effect(
    () => getter(),
    {
      lazy: true,
      scheduler() {
        // 在 scheduler 中重新執行副作用函數，得到的是新值
        newValue = effectFn()
        // 將舊值和新值作為回呼函數的參數
        cb(newValue, oldValue)
        // 更新舊值，不然下一次會得到錯誤的舊值
        oldValue = newValue
      }
    }
  )
  // 手動呼叫副作用函數，拿到的值就是舊值
  oldValue = effectFn()
}
```

在這段程式碼中，最核心的改動是使用 lazy 選項建立了一個延遲執行的 effect。注意上面程式碼中最下面的部分，我們手動呼叫 effectFn 函數得到的回傳值就是舊值，即第一次執行得到的值。當變化發生並觸發 scheduler 調度函數執行時，會重新呼叫 effectFn 函數並得到新值，這樣我們就拿到了舊值與新值，接著將它們作為參數傳遞給回呼函數 cb 就可以了。最後一件非常重要的事情是，不要忘記使用新值更新舊值：oldValue = newValue，否則在下一次變更發生時會得到錯誤的舊值。

## 4.10　立即執行的 watch 與回傳執行時機

上一節中我們介紹了 watch 的基本實作。在這個過程中我們認識到，watch 的本質其實是對 effect 的二次封裝。本節我們繼續討論關於 watch 的兩個屬性：一個是立即執行的回呼函數，另一個是回呼函數的執行時機。

首先來看立即執行的回呼函數。預設情況下，一個 watch 的回傳只會在響應式資料發生變化時才執行：

```
1    // 回呼函數只有在響應式資料 obj 後續發生變化時才執行
2    watch(obj, () => {
3      console.log(' 變化了 ')
4    })
```

在 Vue.js 中可以透過選項參數 immediate 來指定回傳是否需要立即執行：

```
1    watch(obj, () => {
2      console.log(' 變化了 ')
3    }, {
4      // 回呼函數會在 watch 建立時立即執行一次
5      immediate: true
6    })
```

當 immediate 選項存在並且為 true 時，回呼函數會在該 watch 建立時立刻執行一次。仔細思考就會發現，回呼函數的立即執行與後續執行本質上沒有任何差別，所以我們可以把 scheduler 調度函數封裝為一個通用函數，分別在初始化和變更時執行它，如以下程式碼所示：

```
1    function watch(source, cb, options = {}) {
2      let getter
3      if (typeof source === 'function') {
4        getter = source
5      } else {
6        getter = () => traverse(source)
7      }
8
9      let oldValue, newValue
10
```

```
11      // 取得 scheduler 調度函數為一個獨立的 job 函數
12      const job = () => {
13        newValue = effectFn()
14        cb(newValue, oldValue)
15        oldValue = newValue
16      }
17
18      const effectFn = effect(
19        // 執行 getter
20        () => getter(),
21        {
22          lazy: true,
23          // 使用 job 函數作為調度器函數
24          scheduler: job
25        }
26      )
27
28      if (options.immediate) {
29        // 當 immediate 為 true 時立即執行 job，從而觸發回傳執行
30        job()
31      } else {
32        oldValue = effectFn()
33      }
34    }
```

這樣就實作了回呼函數的立即執行功能。由於回呼函數是立即執行的，所以第一次回傳執行時沒有所謂的舊值，因此此時回呼函數的 oldValue 值為 undefined，這也是符合預期的。

除了指定回呼函數為立即執行之外，還可以透過其他選項參數來指定回呼函數的執行時機，例如在 Vue.js 3 中使用 flush 選項來指定：

```
1    watch(obj, () => {
2      console.log(' 變化了 ')
3    }, {
4      // 回呼函數會在 watch 建立時立即執行一次
5      flush: 'pre' // 還可以指定為 'post' | 'sync'
6    })
```

flush 本質上是在指定調度函數的執行時機。前文講解過如何在微任務佇列中執行調度函數 scheduler，這與 flush 的功能相同。當 flush 的值為 'post' 時，代表調度函數需要將副作用函數放到一個微任務佇列中，並等待 DOM 更新結束後再執行，我們可以用如下程式碼進行模擬：

```
1    function watch(source, cb, options = {}) {
2      let getter
3      if (typeof source === 'function') {
4        getter = source
5      } else {
6        getter = () => traverse(source)
```

```
 7     }
 8
 9     let oldValue, newValue
10
11     const job = () => {
12       newValue = effectFn()
13       cb(newValue, oldValue)
14       oldValue = newValue
15     }
16
17     const effectFn = effect(
18       // 執行 getter
19       () => getter(),
20       {
21         lazy: true,
22         scheduler: () => {
23           // 在調度函數中判斷 flush 是否為 'post'，如果是，將其放到微任務佇列中執行
24           if (options.flush === 'post') {
25             const p = Promise.resolve()
26             p.then(job)
27           } else {
28             job()
29           }
30         }
31       }
32     )
33
34     if (options.immediate) {
35       job()
36     } else {
37       oldValue = effectFn()
38     }
39   }
```

如以上程式碼所示，我們修改了調度器函數 scheduler 的實作方式，在調度器函數內檢測 options.flush 的值是否為 post，如果是，則將 job 函數放到微任務佇列中，從而實作非同步延遲執行；否則直接執行 job 函數，這本質上相當於 'sync' 的實作機制，即同步執行。對於 options.flush 的值為 'pre' 的情況，我們暫時還沒有辦法模擬，因為這涉及組件的更新時機，其中 'pre' 和 'post' 原本的語義指的就是組件更新前和更新後，不過這並不影響我們理解如何控制回呼函數的更新時機。

## 4.11 過期的副作用

競態條件（Race Condition）通常在多程序或多執行緒程式碼中被提及，前端工程師可能很少討論它，但在日常工作中你可能早就遇到過與競態條件相似的情況，舉個例子：

```
1    let finalData
2
3    watch(obj, async () => {
4      // 發送並等待網路請求
5      const res = await fetch('/path/to/request')
6      // 將請求結果賦值給 data
7      finalData = res
8    })
```

在這段程式碼中，我們使用 watch 觀測 obj 物件的變化，每次 obj 物件發生變化都會發送網路請求，例如請求接口資料，等資料請求成功之後，將結果賦值給 finalData 變數。

觀察上面的程式碼，乍一看似乎沒什麼問題。但仔細思考會發現這段程式碼會發生競態條件。假設我們第一次修改 obj 物件的某個欄位值，這會導致回呼函數執行，同時發送了第一次請求 A。隨著時間的推移，在請求 A 的結果回傳之前，我們對 obj 物件的某個欄位值進行了第二次修改，這會導致發送第二次請求 B。此時請求 A 和請求 B 都在進行中，那麼哪一個請求會先回傳結果呢？我們不確定，如果請求 B 先於請求 A 回傳結果，就會導致最終 finalData 中儲存的是 A 請求的結果，如圖 4-11 所示。

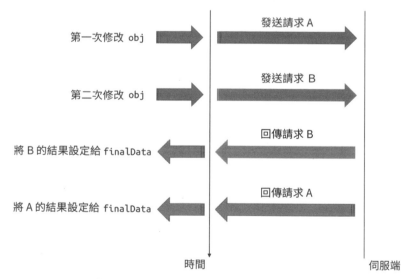

▲ 圖 4-11　請求 A 的結果覆蓋請求 B 的結果

但由於請求 B 是後發送的，因此我們認為請求 B 回傳的資料才是「最新」的，而請求 A 則應該被視為「過期」的，所以我們希望變數 finalData 儲存的值應該是由請求 B 回傳的結果，而非請求 A 回傳的結果。

實際上，我們可以對這個問題做進一步總結。請求 A 是副作用函數第一次執行所產生的副作用，請求 B 是副作用函數第二次執行所產生的副作用。由於請求 B 後發生，所以請求 B 的結果應該被視為「最新」的，而請求 A 已經「過期」了，其產生的結果應被視為無效。透過這種方式，就可以避免競態條件導致的錯誤結果。

歸根結柢，我們需要的是一個讓副作用過期的手段。為了讓問題更加清晰，我們先拿 Vue.js 中的 watch 函數來回復情況，看看 Vue.js 是如何幫助開發者解決這個問題的，然後嘗試實作這個功能。

在 Vue.js 中，watch 函數的回呼函數接收第三個參數 onInvalidate，它是一個函數，類似於事件監聽器，我們可以使用 onInvalidate 函數註冊一個回傳，這個回呼函數會在當前副作用函數過期時執行：

```
1    watch(obj, async (newValue, oldValue, onInvalidate) => {
2      // 定義一個標誌，代表當前副作用函數是否過期，預設為 false，代表沒有過期
3      let expired = false
4      // 呼叫 onInvalidate() 函數註冊一個過期回傳
5      onInvalidate(() => {
6        // 當過期時，將 expired 設定為 true
7        expired = true
8      })
9
10     // 發送網路請求
11     const res = await fetch('/path/to/request')
12
13     // 只有當該副作用函數的執行沒有過期時，才會執行後續操作。
14     if (!expired) {
15       finalData = res
16     }
17   })
```

如上面的程式碼所示，在發送請求之前，我們定義了 expired 標誌變數，用來標識當前副作用函數的執行是否過期；接著呼叫 onInvalidate 函數註冊了一個過期回傳，當該副作用函數的執行過期時將 expired 標誌變數設定為 true；最後只有當沒有過期時才採用請求結果，這樣就可以有效地避免上述問題了。

那麼 Vue.js 是怎麼做到的呢？換句話說， onInvalidate 的原理是什麼呢？其實很簡單，在 watch 內部每次檢測到變更後，在副作用函數重新執行之前，會先呼叫我們透過 onInvalidate 函數註冊的過期回傳，僅此而已，如以下程式碼所示：

```
1    function watch(source, cb, options = {}) {
2      let getter
3      if (typeof source === 'function') {
4        getter = source
5      } else {
6        getter = () => traverse(source)
```

```
 7      }
 8
 9      let oldValue, newValue
10
11      // cleanup 用來儲存使用者註冊的過期回傳
12      let cleanup
13      // 定義 onInvalidate 函數
14      function onInvalidate(fn) {
15        // 將過期回傳儲存到 cleanup 中
16        cleanup = fn
17      }
18
19      const job = () => {
20        newValue = effectFn()
21        // 在呼叫回呼函數 cb 之前，先呼叫過期回傳
22        if (cleanup) {
23          cleanup()
24        }
25        // 將 onInvalidate 作為回呼函數的第三個參數，以便使用者使用
26        cb(newValue, oldValue, onInvalidate)
27        oldValue = newValue
28      }
29
30      const effectFn = effect(
31        // 執行 getter
32        () => getter(),
33        {
34          lazy: true,
35          scheduler: () => {
36            if (options.flush === 'post') {
37              const p = Promise.resolve()
38              p.then(job)
39            } else {
40              job()
41            }
42          }
43        }
44      )
45
46      if (options.immediate) {
47        job()
48      } else {
49        oldValue = effectFn()
50      }
51    }
```

在這段程式碼中，我們首先定義了 cleanup 變數，這個變數用來儲存使用者透過 onInvalidate 函數註冊的過期回傳。可以看到 onInvalidate 函數的實作非常簡單，只是把過期回傳賦值給了 cleanup 變數。這裡的關鍵點在 job 函數內，每次執行回呼函數 cb 之前，先檢查是否存在過期回傳，如果存在，則執行過期回呼函數

cleanup。最後我們把 onInvalidate 函數作為回呼函數的第三個參數傳遞給 cb，以便使用者使用。

我們還是透過一個例子來進一步說明：

```
1   watch(obj, async (newValue, oldValue, onInvalidate) => {
2     let expired = false
3     onInvalidate(() => {
4       expired = true
5     })
6
7     const res = await fetch('/path/to/request')
8
9     if (!expired) {
10      finalData = res
11    }
12  })
13
14  // 第一次修改
15  obj.foo++
16  setTimeout(() => {
17    // 200ms 後做第二次修改
18    obj.foo++
19  }, 200)
```

如以上程式碼所示，我們修改了兩次 obj.foo 的值，第一次修改是立即執行的，這會導致 watch 的回呼函數執行。由於我們在回呼函數內呼叫了 onInvalidate，所以會註冊一個過期回傳，接著發送請求 A。假設請求 A 需要 1000ms 才能回傳結果，而我們在 200ms 時第二次修改了 obj.foo 的值，這又會導致 watch 的回呼函數執行。這時要注意的是，在我們的實作中，每次執行回呼函數之前要先檢查過期回傳是否存在，如果存在，會優先執行過期回傳。由於在 watch 的回呼函數第一次執行的時候，我們已經註冊了一個過期回傳，所以在 watch 的回呼函數第二次執行之前，會優先執行之前註冊的過期回傳，這會使得第一次執行的副作用函數內閉包的變數 expired 的值變為 true，即副作用函數的執行過期了。於是等請求 A 的結果回傳時，其結果會被拋棄，從而避免了過期的副作用函數帶來的影響，如圖 4-12 所示。

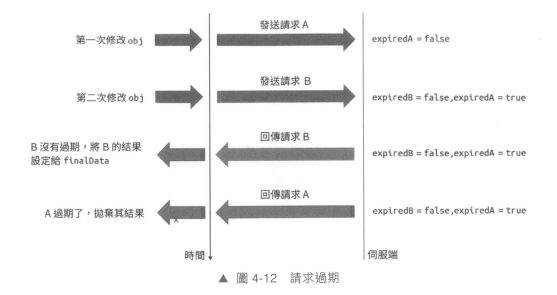

▲ 圖 4-12　請求過期

## 4.12 總結

在本章中,我們首先介紹了副作用函數和響應式資料的概念,以及它們之間的關係。一個響應式資料最基本的實作相依於對「讀取」和「設定」操作的攔截,從而在副作用函數與響應式資料之間建立聯繫。當「讀取」操作發生時,我們將當前執行的副作用函數儲存到「桶」中;當「設定」操作發生時,再將副作用函數從「桶」裡取出並執行。這就是響應系統的根本實作原理。

接著,我們實作了一個相對完善的響應系統。使用 WeakMap 配合 Map 建構了新的「桶」結構,從而能夠在響應式資料與副作用函數之間建立更加精確的聯繫。同時,我們也介紹了 WeakMap 與 Map 這兩個資料結構之間的區別。WeakMap 是弱引用的,它不影響垃圾回收器的工作。當使用者程式碼對一個物件沒有引用關係時,WeakMap 不會阻止垃圾回收器回收該物件。

我們還討論了分支切換導致的多餘副作用的問題,這個問題會導致副作用函數進行不必要的更新。為了解決這個問題,我們需要在每次副作用函數重新執行之前,清除上一次建立的響應聯繫,而當副作用函數重新執行後,會再次建立新的響應聯繫,新的響應聯繫中不存在多餘副作用問題,從而解決了問題。但在此過程中,我們還遇到了遍歷 Set 資料結構導致無限循環的新問題,該問題產生的原因可以從 ECMA 規範中得知,即「在呼叫 forEach 遍歷 Set 集合時,如果一個值已經被存取過了,但這個值被刪除並重新新增到集合,如果此時 forEach 遍歷沒有結束,那麼這個值會重新被存取。」解決方案是建立一個新的 Set 資料結構用來遍歷。

然後，我們討論了關於巢狀的副作用函數的問題。在實際情況中，巢狀的副作用函數發生在組件巢狀的情況中，即父子組件關係。這時為了避免在響應式資料與副作用函數之間建立的響應發生錯亂，我們需要使用副作用函數堆疊來儲存不同的副作用函數。當一個副作用函數執行完畢後，將其從堆疊中彈出。當讀取響應式資料的時候，被讀取的響應式資料只會與當前堆疊頂的副作用函數建立響應聯繫，從而解決問題。而後，我們遇到了副作用函數無限遞迴地呼叫自身，導致堆疊溢出的問題。該問題的根本原因在於，對響應式資料的讀取和設定操作發生在同一個副作用函數內。解決辦法很簡單，**如果 trigger 觸發執行的副作用函數與當前正在執行的副作用函數相同，則不觸發執行。**

隨後，我們討論了響應系統的可調度性。所謂可調度，指的是當 trigger 動作觸發副作用函數重新執行時，有能力決定副作用函數執行的時機、次數以及方式。為了實作調度能力，我們為 effect 函數增加了第二個選項參數，可以透過 scheduler 選項指定調用器，這樣使用者可以透過調度器自行完成任務的調度。我們還講解了如何透過調度器實作任務去重複，即透過一個微任務佇列對任務進行暫存，從而實作去重複。

而後，我們講解了計算屬性，即 computed。計算屬性實際上是一個延遲執行的副作用函數，我們透過 lazy 選項使得副作用函數可以延遲執行。被標記為延遲執行的副作用函數可以透過手動方式讓其執行。利用這個特點，我們設計了計算屬性，當讀取計算屬性的值時，只需要手動執行副作用函數即可。當計算屬性相依的響應式資料發生變化時，會透過 scheduler 將 dirty 標記設定為 true，代表「髒」。這樣，下次讀取計算屬性的值時，我們會重新計算真正的值。

之後，我們討論了 watch 的實作原理。它本質上利用了副作用函數重新執行時的可調度性。一個 watch 本身會建立一個 effect，當這個 effect 相依的響應式資料發生變化時，會執行該 effect 的調度器函數，即 scheduler。這裡的 scheduler 可以理解為「回傳」，所以我們只需要在 scheduler 中執行使用者透過 watch 函數註冊的回呼函數即可。此外，我們還講解了立即執行回傳的 watch，透過新增新的 immediate 選項來實作，還討論了如何控制回呼函數的執行時機，透過 flush 選項來指定回呼函數具體的執行時機，本質上是利用了調用器和非同步的微任務佇列。

最後，我們討論了過期的副作用函數，它會導致競態條件。為了解決這個問題，Vue.js 為 watch 的回呼函數設計了第三個參數，即 onInvalidate。它是一個函數，用來註冊過期回傳。每當 watch 的回呼函數執行之前，會優先執行使用者透過 onInvalidate 註冊的過期回傳。這樣，使用者就有機會在過期回傳中將上一次的副作用標記為「過期」，從而解決競態條件。

# 第 5 章 非原始值的響應式方案

在上一章中，我們著重討論了響應系統的概念與實作，並簡單介紹了響應式資料的基本原理。本章中我們把目光聚焦在響應式資料本身，深入探討實作響應式資料都需要考慮哪些內容，其中的難點又是什麼。實際上，實作響應式資料要比想像中難很多，並不是像上一章講述的那樣，單純地攔截 get/set 操作即可。舉例來說，如何攔截 for...in 迴圈？track 函數如何追蹤攔截到的 for...in 迴圈？類似的問題還有很多。除此之外，我們還應該考慮如何對陣列進行代理。Vue.js 3 還支援集合類型，如 Map、Set、WeakMap 以及 WeakSet 等，那麼應該如何對集合類型進行代理呢？實際上，想要實作完善的響應式資料，我們需要深入語言規範。本章在揭曉答案的同時，也會從語言規範的層面來分析原因，讓你對響應式資料有更深入的理解。

另外，本章會引用 ECMA-262 規範，如不作特殊說明，皆指該規範的 2021 版本。

## 5.1 理解 Proxy 和 Reflect

既然 Vue.js 3 的響應式資料是基於 Proxy 實作的，那麼我們就有必要瞭解 Proxy 以及與之相關聯的 Reflect。什麼是 Proxy 呢？簡單地說，使用 Proxy 可以建立一個代理物件。它能夠實作對**其他物件**的代理，這裡的關鍵詞是**其他物件**，也就是說，Proxy 只能代理物件，無法代理非物件值，例如字串、布林值等。那麼，**代理**指的是什麼呢？所謂代理，指的是對一個物件**基本語義**的代理。它允許我們**攔截**並**重新定義**對一個物件的基本操作。這句話的關鍵詞比較多，我們逐一解釋。

什麼是**基本語義**？提供一個物件 obj，可以對它進行一些操作，例如讀取屬性值、設定屬性值：

```
1   obj.foo // 讀取屬性 foo 的值
2   obj.foo++ // 讀取和設定屬性 foo 的值
```

類似這種讀取、設定屬性值的操作，就屬於基本語義的操作，即基本操作。既然是基本操作，那麼它就可以使用 Proxy 攔截：

```
1   const p = new Proxy(obj, {
2     // 攔截讀取屬性操作
3     get() { /*...*/ },
```

```
4    // 攔截設定屬性操作
5    set() { /*...*/ }
6  })
```

如以上程式碼所示，Proxy 建構函數接收兩個參數。第一個參數是被代理的物件，
第二個參數也是一個物件，這個物件是一組夾子（trap）。其中 get 函數用來攔截
讀取操作，set 函數用來攔截設定操作。

在 JavaScript 的世界裡，萬物皆物件。例如一個函數也是一個物件，所以呼叫函數
也是對一個物件的基本操作：

```
1  const fn = (name) => {
2    console.log(' 我是：', name)
3  }
4
5  // 呼叫函數是對物件的基本操作
6  fn()
```

因此，我們可以用 Proxy 來攔截函數的呼叫操作，這裡我們使用 apply 攔截函數的
呼叫：

```
1  const p2 = new Proxy(fn, {
2    // 使用 apply 攔截函數呼叫
3    apply(target, thisArg, argArray) {
4      target.call(thisArg, ...argArray)
5    }
6  })
7
8  p2('hcy') // 輸出：' 我是：hcy'
```

上面兩個例子說明了什麼是基本操作。Proxy 只能夠攔截對一個物件的基本操作。
那麼，什麼是非基本操作呢？其實呼叫物件下的方法就是典型的非基本操作，我們
叫它**複合操作**：

```
1  obj.fn()
```

實際上，呼叫一個物件下的方法，是由兩個基本語義組成的。第一個基本語義是
get，即先透過 get 操作得到 obj.fn 屬性。第二個基本語義是函數呼叫，即透過 get
得到 obj.fn 的值後再呼叫它，也就是我們上面說到的 apply。理解 Proxy 只能夠代
理物件的基本語義很重要，後續我們講解如何實作對陣列或 Map、Set 等資料類型的
代理時，都利用了 Proxy 的這個特點。

理解了 Proxy，我們再來討論 Reflect。Reflect 是一個全域物件，其下有許多方法，例如：

```
1  Reflect.get()
2  Reflect.set()
3  Reflect.apply()
4  // ...
```

你可能已經注意到了，Reflect 下的方法與 Proxy 的攔截器方法名字相同，其實這不是偶然。任何在 Proxy 的攔截器中能夠找到的方法，都能夠在 Reflect 中找到同名函數，那麼這些函數的作用是什麼呢？其實它們的作用一點兒都不神秘。拿 Reflect.get 函數來說，它的功能就是提供了執行一個物件屬性的預設行為，例如下面兩個操作是等價的：

```
1  const obj = { foo: 1 }
2
3  // 直接讀取
4  console.log(obj.foo) // 1
5  // 使用 Reflect.get 讀取
6  console.log(Reflect.get(obj, 'foo')) // 1
```

可能有的讀者會產生疑問：既然操作等價，那麼它存在的意義是什麼呢？實際上 Reflect.get 函數還能接收第三個參數，即指定接收者 receiver，你可以把它理解為函數呼叫過程中的 this，例如：

```
1  const obj = {
2    get foo() {
3      return this.foo
4    }
5  }
6  console.log(Reflect.get(obj, 'foo', { foo: 2 }))  // 輸出的是 2 而不是 1
```

在這段程式碼中，我們指定第三個參數 receiver 為一個物件 { foo: 2 }，這時讀取到的值是 receiver 物件的 foo 屬性值。實際上，Reflect.* 方法還有很多其他方面的意義，但這裡我們只關心並討論這一點，因為它與響應式資料的實作密切相關。為了說明問題，回顧一下在上一節中實作響應式資料的程式碼：

```
1  const obj = { foo: 1 }
2
3  const p = new Proxy(obj, {
4    get(target, key) {
5      track(target, key)
6      // 注意，這裡我們沒有使用 Reflect.get 完成讀取
7      return target[key]
8    },
9    set(target, key, newVal) {
10     // 這裡同樣沒有使用 Reflect.set 完成設定
```

```
11        target[key] = newVal
12        trigger(target, key)
13      }
14  })
```

這是上一章中用來實作響應式資料的最基本的程式碼。在 get 和 set 攔截函數中，我們都是直接使用原始物件 target 來完成對屬性的讀取和設定操作的，其中原始物件 target 就是上述程式碼中的 obj 物件。

那麼這段程式碼有什麼問題嗎？我們借助 effect 讓問題暴露出來。首先，我們修改一下 obj 物件，為它新增 bar 屬性：

```
1  const obj = {
2    foo: 1,
3    get bar() {
4      return this.foo
5    }
6  }
```

可以看到，bar 屬性是一個存取器屬性，它回傳了 this.foo 屬性的值。接著，我們在 effect 副作用函數中透過代理物件 p 存取 bar 屬性：

```
1  effect(() => {
2    console.log(p.bar) // 1
3  })
```

我們來分析一下這個過程發生了什麼。當 effect 註冊的副作用函數執行時，會讀取 p.bar 屬性，它發現 p.bar 是一個存取器屬性，因此執行 getter 函數。由於在 getter 函數中透過 this.foo 讀取了 foo 屬性值，因此我們認為副作用函數與屬性 foo 之間也會建立聯繫。當我們修改 p.foo 的值時應該能夠觸發響應，使得副作用函數重新執行才對。然而實際並非如此，當我們嘗試修改 p.foo 的值時：

```
1  p.foo++
```

副作用函數並沒有重新執行，問題出在哪裡呢？

實際上，問題就出在 bar 屬性的存取器函數 getter 裡：

```
1  const obj = {
2    foo: 1,
3    get bar() {
4      // 這裡的 this 指向的是誰？
5      return this.foo
6    }
7  }
```

當我們使用 this.foo 讀取 foo 屬性值時，這裡的 this 指向的是誰呢？我們回顧一下整個流程。首先，我們透過代理物件 p 存取 p.bar，這會觸發代理物件的 get 攔截函數執行：

```
1  const p = new Proxy(obj, {
2    get(target, key) {
3      track(target, key)
4      // 注意，這裡我們沒有使用 Reflect.get 完成讀取
5      return target[key]
6    },
7    // 省略部分程式碼
8  })
```

在 get 攔截函數內，透過 target[key] 回傳屬性值。其中 target 是原始物件 obj，而 key 就是字串 'bar'，所以 target[key] 相當於 obj.bar。因此，當我們使用 p.bar 存取 bar 屬性時，它的 getter 函數內的 this 指向的其實是原始物件 obj，這說明我們最終存取的其實是 obj.foo。很顯然，在副作用函數內透過原始物件存取它的某個屬性是不會建立響應聯繫的，這等於：

```
1  effect(() => {
2    // obj 是原始資料，不是代理物件，這樣的存取不能夠建立響應聯繫
3    obj.foo
4  })
```

因為這樣做不會建立響應聯繫，所以出現了無法觸發響應的問題。那麼這個問題應該如何解決呢？這時 Reflect.get 函數就派上用場了。以下提供解決問題的程式碼：

```
1  const p = new Proxy(obj, {
2    // 攔截讀取操作，接收第三個參數 receiver
3    get(target, key, receiver) {
4      track(target, key)
5      // 使用 Reflect.get 回傳讀取到的屬性值
6      return Reflect.get(target, key, receiver)
7    },
8    // 省略部分程式碼
9  })
```

如上面的程式碼所示，代理物件的 get 攔截函數接收第三個參數 receiver，它代表誰在讀取屬性，例如：

```
1  p.bar // 代理物件 p 在讀取 bar 屬性
```

當我們使用代理物件 p 存取 bar 屬性時，那麼 receiver 就是 p，你可以把它簡單地理解為函數呼叫中的 this。接著關鍵的一步發生了，我們使用 Reflect.get(target, key, receiver) 代替之前的 target[key]，這裡的關鍵點就是第三個參數 receiver。

我們已經知道它就是代理物件 p，所以存取器屬性 bar 的 getter 函數內的 this 指向代理物件 p：

```
1   const obj = {
2     foo: 1,
3     get bar() {
4       // 現在這裡的 this 為代理物件 p
5       return this.foo
6     }
7   }
```

可以看到，this 由原始物件 obj 變成了代理物件 p。很顯然，這會在副作用函數與響應式資料之間建立響應聯繫，從而達到相依收集的效果。如果此時再對 p.foo 進行自增操作，會發現已經能夠觸發副作用函數重新執行了。

正是基於上述原因，後文講解中將統一使用 Reflect.* 方法。

## 5.2 JavaScript 物件及 Proxy 的運作原理

我們經常聽到這樣的說法：「JavaScript 中一切皆物件。」那麼，到底什麼是物件呢？這個問題需要我們查閱 ECMAScript 規範才能得到答案。實際上，根據 ECMAScript 規範，在 JavaScript 中有兩種物件，其中一種叫作**常規物件**（ordinary object），另一種叫作**異質物件**（exotic object）。這兩種物件包含了 JavaScript 世界中的所有物件，任何不屬於常規物件的物件都是異質物件。那麼到底什麼是常規物件，什麼是異質物件呢？這需要我們先瞭解物件的內部方法和內部槽。

我們知道，在 JavaScript 中，函數其實也是物件。假設提供一個物件 obj，如何區分它是普通物件還是函數呢？實際上，在 JavaScript 中，物件的實際語義是由物件的**內部方法**（internal method）指定的。所謂內部方法，指的是當我們對一個物件進行操作時在引擎內部呼叫的方法，這些方法對於 JavaScript 使用者來說是不可見的。舉個例子，當我們存取物件屬性時：

```
1   obj.foo
```

引擎內部會呼叫 [[Get]] 這個內部方法來讀取屬性值。這裡補充說明一下，在 ECMAScript 規範中使用 [[xxx]] 來代表內部方法或內部槽。當然，一個物件不僅部署了 [[Get]] 這個內部方法，表 5-1 列出了規範要求的所有必要的內部方法[1]。

---

1  摘自 ECMAScript 2022 Language Specification 的 Invariants of the Essential Internal Methods。

▼ 表 5-1　物件必要的內部方法

| 內部方法 | 簽名 | 描述 |
| --- | --- | --- |
| [[GetPrototypeOf]] | ( ) → Object \| Null | 查明為該物件提供繼承屬性的物件，null 代表沒有繼承屬性 |
| [[SetPrototypeOf]] | (Object \| Null) → Boolean | 將該物件與提供繼承屬性的另一個物件相關聯。傳遞 null 表示沒有繼承屬性，回傳 true 表示操作成功完成，回傳 false 表示操作失敗 |
| [[IsExtensible]] | ( ) → Boolean | 查明是否允許向該物件新增其他屬性 |
| [[PreventExtensions]] | ( ) → Boolean | 控制能否向該物件新增新屬性。如果操作成功則回傳 true，如果操作失敗則回傳 false |
| [[GetOwnProperty]] | (propertyKey) → Undefined \| Property Descriptor | 回傳該物件自身屬性的描述子，其鍵為 propertyKey，如果不存在這樣的屬性，則回傳 undefined |
| [[DefineOwnProperty]] | (propertyKey, PropertyDescriptor) → Boolean | 建立或更改自己的屬性，其鍵為 propertyKey，以具有由 PropertyDescriptor 描述的狀態。如果該屬性已成功建立或更新，則回傳 true；如果無法建立或更新該屬性，則回傳 false |
| [[HasProperty]] | (propertyKey) → Boolean | 回傳一個布林值，指示該物件是否已經擁有鍵為 propertyKey 的自己的或繼承的屬性 |
| [[Get]] | (propertyKey, Receiver) → any | 從該物件回傳鍵為 propertyKey 的屬性的值。如果必須執行 ECMAScript 程式碼來檢索屬性值，則在執行程式碼時使用 Receiver 作為 this 值 |
| [[Set]] | (propertyKey, value, Receiver) → Boolean | 將鍵值為 propertyKey 的屬性的值設定為 value。如果必須執行 ECMAScript 程式碼來設定屬性值，則在執行程式碼時使用 Receiver 作為 this 值。如果成功設定了屬性值，則回傳 true；如果無法設定，則回傳 false |
| [[Delete]] | (propertyKey) → Boolean | 從該物件中刪除屬於自身的鍵為 propertyKey 的屬性。如果該屬性未被刪除並且仍然存在，則回傳 false；如果該屬性已被刪除或不存在，則回傳 true |
| [[OwnPropertyKeys]] | ( ) → List of propertyKey | 回傳一個 List，其元素都是物件自身的屬性鍵 |

由表 5-1 可知，包括 [[Get]] 在內，一個物件必須部署 11 個必要的內部方法。除了表 5-1 所列的內部方法之外，還有兩個額外的必要內部方法[2]：[[Call]] 和 [[Construct]]，如表 5-2 所示。

▼ 表 5-2　額外的必要內部方法

| 內部方法 | 簽名 | 描述 |
| --- | --- | --- |
| [[Call]] | (any, a List of any) → any | 將執行的程式碼與 this 物件關聯。由函數呼叫觸發。該內部方法的參數是一個 this 值和參數列表 |
| [[Construct]] | (a list of any, Object) → Object | 建立一個物件。透過 new 運算子或 super 呼叫觸發。該內部方法的第一個參數是一個 List，該 List 的元素是建構函數呼叫或 super 呼叫的參數，第二個參數是最初應用 new 運算子的物件。實作該內部方法的物件稱為建構函數 |

如果一個物件需要作為函數呼叫，那麼這個物件就必須部署內部方法 [[Call]]。現在我們就可以回答前面的問題了：如何區分一個物件是普通物件還是函數呢？一個物件在什麼情況下才能作為函數呼叫呢？答案是，透過內部方法和內部槽來區分物件，例如函數物件會部署內部方法 [[Call]]，而普通物件則不會。

內部方法具有多態性，這是什麼意思呢？這類似於面向物件裡多態的概念。這就是說，不同類型的物件可能部署了相同的內部方法，卻具有不同的邏輯。例如，普通物件和 Proxy 物件都部署了 [[Get]] 這個內部方法，但它們的邏輯是不同的，普通物件部署的 [[Get]] 內部方法的邏輯是由 ECMA 規範的 10.1.8 節定義的，而 Proxy 物件部署的 [[Get]] 內部方法的邏輯是由 ECMA 規範的 10.5.8 節來定義的。

瞭解了內部方法，就可以解釋什麼是常規物件，什麼是異質物件了。滿足以下三點要求的物件就是常規物件：

- ☑ 對於表 5-1 列出的內部方法，必須使用 ECMA 規範 10.1.x 節提供的定義實作；
- ☑ 對於內部方法 [[Call]]，必須使用 ECMA 規範 10.2.1 節提供的定義實作；
- ☑ 對於內部方法 [[Construct]]，必須使用 ECMA 規範 10.2.2 節提供的定義實作。

而所有不符合這三點要求的物件都是異質物件。例如，由於 Proxy 物件的內部方法 [[Get]] 沒有使用 ECMA 規範的 10.1.8 節提供的定義實作，所以 Proxy 是一個異質物件。

---

2　摘自 ECMAScript 2022 Language Specification 的 Invariants of the Essential Internal Methods。

現在我們對 JavaScript 中的物件有了更加深入的理解。接下來，我們就具體看看 Proxy 物件。既然 Proxy 也是物件，那麼它本身也部署了上述必要的內部方法，當我們透過代理物件存取屬性值時：

```
1  const p = new Proxy(obj, {/* ... */})
2  p.foo
```

實際上，引擎會呼叫部署在物件 p 上的內部方法 [[Get]]。到這一步，其實代理物件和普通物件沒有太大區別。它們的區別在於對於內部方法 [[Get]] 的實作，這裡就展現了內部方法的多態性，即不同的物件部署相同的內部方法，但它們的行為可能不同。具體的不同在於如果在建立代理物件時沒有指定對應的攔截函數，例如沒有指定 get() 攔截函數，那麼當我們透過代理物件讀取屬性值時，代理物件的內部方法 [[Get]] 會呼叫原始物件的內部方法 [[Get]] 來獲取屬性值，這其實就是代理透明性質。

現在相信你已經明白了，建立代理物件時指定的攔截函數，實際上是用來自訂代理物件本身的內部方法和行為的，而不是用來指定被代理物件的內部方法和行為的。表 5-3 列出了 Proxy 物件部署的所有內部方法以及用來自訂內部方法和行為的攔截函數名字[3]。

▼ 表 5-3 Proxy 物件部署的所有內部方法

| 內部方法 | 處理器函數 |
| --- | --- |
| [[GetPrototypeOf]] | getPrototypeOf |
| [[SetPrototypeOf]] | setPrototypeOf |
| [[IsExtensible]] | isExtensible |
| [[PreventExtensions]] | preventExtensions |
| [[GetOwnProperty]] | getOwnPropertyDescriptor |
| [[DefineOwnProperty]] | defineProperty |
| [[HasProperty]] | has |
| [[Get]] | get |
| [[Set]] | set |
| [[Delete]] | deleteProperty |
| [[OwnPropertyKeys]] | ownKeys |
| [[Call]] | apply |
| [[Construct]] | construct |

3　摘自 ECMAScript 2022 Language Specification 的 Proxy Object Internal Methods and Internal Slots。

當然，其中 [[Call]] 和 [[Construct]] 這兩個內部方法只有當被代理的物件是函數和建構函數時才會部署。

由表 5-3 可知，當我們要攔截刪除屬性操作時，可以使用 deleteProperty 攔截函數實作：

```
1  const obj = { foo: 1 }
2  const p = new Proxy(obj, {
3    deleteProperty(target, key) {
4      return Reflect.deleteProperty(target, key)
5    }
6  })
7
8  console.log(p.foo) // 1
9  delete p.foo
10 console.log(p.foo) // 未定義
```

這裡需要強調的是，deleteProperty 實作的是代理物件 p 的內部方法和行為，所以為了刪除被代理物件上的屬性值，我們需要使用 Reflect.deleteProperty(target, key) 來完成。

## 5.3　如何代理 Object

從本節開始，我們將著手實作響應式資料。前面我們使用 get 攔截函數去攔截對屬性的讀取操作。但在響應系統中，「讀取」是一個很廣泛的概念，例如使用 in 操作子檢查物件上是否具有給定的 key 也屬於「讀取」操作，如下面的程式碼所示：

```
1  effect(() => {
2    'foo' in obj
3  })
```

這本質上也是在進行「讀取」操作。響應系統應該攔截一切讀取操作，以便當資料變化時能夠正確地觸發響應。下面列出了對一個普通物件的所有可能的讀取操作。

- ☑ 讀取屬性：obj.foo。
- ☑ 判斷物件或原型上是否存在給定的 key: key in obj。
- ☑ 使用 for...in 循環遍歷物件：for (const key in obj){}。

接下來，我們逐步討論如何攔截這些讀取操作。首先是對於屬性的讀取，例如 obj.foo，我們知道這可以透過 get 攔截函數實作：

```
1  const obj = { foo: 1 }
2
3  const p = new Proxy(obj, {
```

```
4       get(target, key, receiver) {
5           // 建立聯繫
6           track(target, key)
7           // 回傳屬性值
8           return Reflect.get(target, key, receiver)
9       },
10    })
```

對於 in 操作子，應該如何攔截呢？我們可以先查看表 5-3，嘗試尋找與 in 操作子對應的攔截函數，但表 5-3 中沒有與 in 操作子相關的內容。怎麼辦呢？這時我們就需要查看關於 in 操作子的相關規範。在 ECMA-262 規範的 13.10.1 節中，明確定義了 in 操作子的執行時邏輯，如圖 5-1 所示。

*RelationalExpression* : *RelationalExpression* **in** *ShiftExpression*

1. Let *lref* be the result of evaluating *RelationalExpression*.
2. Let *lval* be ? GetValue(*lref*).
3. Let *rref* be the result of evaluating *ShiftExpression*.
4. Let *rval* be ? GetValue(*rref*).
5. If Type(*rval*) is not Object, throw a **TypeError** exception.
6. Return ? HasProperty(*rval*, ? ToPropertyKey(*lval*)).

▲ 圖 5-1　in 操作子的執行時邏輯

圖 5-1 描述的內容如下。

1. 讓 lref 的值為 RelationalExpression 的執行結果。

2. 讓 lval 的值為 ? GetValue(lref)。

3. 讓 rref 的值為 ShiftExpression 的執行結果。

4. 讓 rval 的值為 ? GetValue(rref)。

5. 如果 Type(rval) 不是物件，則拋出 TypeError 異常。

6. 回傳 ? HasProperty(rval, ? ToPropertyKey(lval))。

關鍵點在第 6 步，可以發現，in 操作子的運算結果是透過呼叫一個叫作 HasProperty 的抽象方法得到的。關於 HasProperty 抽象方法，可以在 ECMA-262 規範的 7.3.11 節中找到，它的操作如圖 5-2 所示。

1. Assert: Type(*O*) is Object.
2. Assert: IsPropertyKey(*P*) is **true**.
3. Return ? *O*.[[HasProperty]](*P*).

▲ 圖 5-2　HasProperty 抽象方法的邏輯

圖 5-2 描述的內容如下。

1. 斷言：Type(O) 是 Object。

2. 斷言：IsPropertyKey(P) 是 true。

3. 回傳 ? O.[[HasProperty]](P)。

在第 3 步中，可以看到 HasProperty 抽象方法的回傳值是透過呼叫物件的內部方法
[[HasProperty]] 得到的。而 [[HasProperty]] 內部方法可以在表 5-3 中找到，它對
應的攔截函數名叫 has，因此我們可以透過 has 攔截函數實作對 in 操作子的代理：

```
1  const obj = { foo: 1 }
2  const p = new Proxy(obj, {
3    has(target, key) {
4      track(target, key)
5      return Reflect.has(target, key)
6    }
7  })
```

這樣，當我們在副作用函數中透過 in 操作子操作響應式資料時，就能夠建立相依
關係：

```
1  effect(() => {
2    'foo' in p // 將會建立相依關係
3  })
```

再來看看如何攔截 for...in 循環。同樣，我們能夠攔截的所有方法都在表 5-3 中，
而表 5-3 列出的是一個物件的所有基本語義方法，也就是說，任何操作其實都是由
這些基本語義方法及其組合實作的，for...in 循環也不例外。為了搞清楚 for...in
循環相依哪些基本語義方法，還需要看規範。

由於這部分規範內容較多，因此這裡只擷取關鍵部分。在規範的 14.7.5.6 節中定義
了 for...in 的執行規則，如圖 5-3 所示。

**14.7.5.6 ForIn/OfHeadEvaluation ( *uninitializedBoundNames*, *expr*, *iterationKind* )**

The abstract operation ForIn/OfHeadEvaluation takes arguments *uninitializedBoundNames*, *expr*, and *iterationKind* (either enumerate, iterate, or async-iterate). It performs the following steps when called:

1. Let *oldEnv* be the running execution context's LexicalEnvironment.
2. If *uninitializedBoundNames* is not an empty List, then
    a. Assert: *uninitializedBoundNames* has no duplicate entries.
    b. Let *newEnv* be NewDeclarativeEnvironment(*oldEnv*).
    c. For each String *name* of *uninitializedBoundNames*, do
        i. Perform ! *newEnv*.CreateMutableBinding(*name*, **false**).
    d. Set the running execution context's LexicalEnvironment to *newEnv*.
3. Let *exprRef* be the result of evaluating *expr*.
4. Set the running execution context's LexicalEnvironment to *oldEnv*.
5. Let *exprValue* be ? GetValue(*exprRef*).
6. If *iterationKind* is enumerate, then
    a. If *exprValue* is **undefined** or **null**, then
        i. Return Completion { [[Type]]: break, [[Value]]: empty, [[Target]]: empty }.
    b. Let *obj* be ! ToObject(*exprValue*).
    c. Let *iterator* be ? EnumerateObjectProperties(*obj*).
    d. Let *nextMethod* be ! GetV(*iterator*, **"next"**).
    e. Return the Record { [[Iterator]]: *iterator*, [[NextMethod]]: *nextMethod*, [[Done]]: **false** }.
7. Else,
    a. Assert: *iterationKind* is **iterate** or **async-iterate**.
    b. If *iterationKind* is **async-iterate**, let *iteratorHint* be async.
    c. Else, let *iteratorHint* be sync.
    d. Return ? GetIterator(*exprValue*, *iteratorHint*).

▲ 圖 5-3　for...in 列舉的執行規則

圖 5-3 中第 6 步描述的內容如下。

6. 如果 iterationKind 是**列舉**（enumerate），則

    a. 如果 exprValue 是 undefined 或 null，那麼

    i. 回傳 Completion { [[Type]]: break, [[Value]]: empty, [[Target]]: empty }。

    b. 讓 obj 的值為 ! ToObject(exprValue)。

    c. 讓 iterator 的值為 ? EnumerateObjectProperties(obj)。

    d. 讓 nextMethod 的值為 ! GetV(iterator, "next")。

    e. 回傳 Record{ [[Iterator]]: iterator, [[NextMethod]]: nextMethod, [[Done]]: false }。

仔細觀察第 6 步的第 c 子步驟：

讓 iterator 的值為 ? EnumerateObjectProperties(obj)。

其中的關鍵點在於 EnumerateObjectProperties(obj)。這裡的 EnumerateObjectProperties 是一個抽象方法，該方法回傳一個迭代器物件，規範的 14.7.5.9 節定義出了滿足該抽象方法的範例，如下面的程式碼所示：

```
function* EnumerateObjectProperties(obj) {
  const visited = new Set();
  for (const key of Reflect.ownKeys(obj)) {
    if (typeof key === "symbol") continue;
    const desc = Reflect.getOwnPropertyDescriptor(obj, key);
    if (desc) {
      visited.add(key);
      if (desc.enumerable) yield key;
    }
  }
  const proto = Reflect.getPrototypeOf(obj);
  if (proto === null) return;
  for (const protoKey of EnumerateObjectProperties(proto)) {
    if (!visited.has(protoKey)) yield protoKey;
  }
}
```

可以看到，該方法是一個 generator 函數，接收一個參數 obj。實際上，obj 就是被 for...in 循環遍歷的物件，其關鍵點在於使用 Reflect.ownKeys(obj) 來獲取只屬於物件自身擁有的鍵。有了這個線索，如何攔截 for...in 循環的答案已經很明顯了，我們可以使用 ownKeys 攔截函數來攔截 Reflect.ownKeys：

```
const obj = { foo: 1 }
const ITERATE_KEY = Symbol()

const p = new Proxy(obj, {
  ownKeys(target) {
    // 將副作用函數與 ITERATE_KEY 關聯
    track(target, ITERATE_KEY)
    return Reflect.ownKeys(target)
  }
})
```

如上面的程式碼所示，攔截 ownKeys 即可間接攔截 for...in 循環。但相信大家已經注意到了，我們在使用 track 函數進行追蹤的時候，將 ITERATE_KEY 作為追蹤的 key，為什麼這麼做呢？這是因為 ownKeys 攔截函數與 get/set 攔截函數不同，在 set/get 中，我們可以得到具體操作的 key，但是在 ownKeys 中，我們只能拿到目標物件 target。這也很符合直覺，因為在讀寫屬性值時，總是能夠明確地知道當前正在操作哪一個屬性，所以只需要在該屬性與副作用函數之間建立聯繫即可。而 ownKeys 用來獲取一個物件的所有屬於自己的鍵值，這個操作明顯不與任何具體的鍵進行綁定，因此我們只能夠建構唯一的 key 作為標識，即 ITERATE_KEY。

既然追蹤的是 `ITERATE_KEY`，那麼相應地，在觸發響應的時候也應該觸發它才行：

```
1    trigger(target, ITERATE_KEY)
```

但是在什麼情況下，對資料的操作需要觸發與 `ITERATE_KEY` 相關聯的副作用函數重新執行呢？為了搞清楚這個問題，我們用一段程式碼來說明。假設副作用函數內有一段 `for...in` 循環：

```
1    const obj = { foo: 1 }
2    const p = new Proxy(obj, {/* ... */})
3
4    effect(() => {
5      // for...in 循環
6      for (const key in p) {
7        console.log(key) // foo
8      }
9    })
```

副作用函數執行後，會與 `ITERATE_KEY` 之間建立響應聯繫，接下來我們嘗試為物件 p 新增新的屬性 bar：

```
1    p.bar = 2
```

由於物件 p 原本只有 foo 屬性，因此 `for...in` 循環只會執行一次。現在為它新增了新的屬性 bar，所以 `for...in` 循環就會由執行一次變成執行兩次。也就是說，當為物件新增新屬性時，會對 `for...in` 循環產生影響，所以需要觸發與 `ITERATE_KEY` 相關聯的副作用函數重新執行。但目前的實作還做不到這一點。當我們為物件 p 新增新的屬性 bar 時，並沒有觸發副作用函數重新執行，這是為什麼呢？我們來看一下現在的 set 攔截函數的實作：

```
1    const p = new Proxy(obj, {
2      // 攔截設定操作
3      set(target, key, newVal, receiver) {
4        // 設定屬性值
5        const res = Reflect.set(target, key, newVal, receiver)
6        // 把副作用函數從「桶」裡取出並執行
7        trigger(target, key)
8
9        return res
10     },
11     // 省略其他攔截函數
12   })
```

當為物件 p 新增新的 bar 屬性時，會觸發 set 攔截函數執行。此時 set 攔截函數接收到的 key 就是字串 'bar'，因此最終呼叫 trigger 函數時也只是觸發了與 'bar' 相關聯的副作用函數重新執行。但根據前文的介紹，我們知道 `for...in` 循環是在副作用函數與 ITERATE_KEY 之間建立聯繫,這和 'bar' 一點兒關係都沒有,因此當我們嘗試執行 p.bar = 2 操作時,並不能正確地觸發響應。

弄清楚了問題在哪裡,解決方案也就隨之而來了。當新增屬性時,我們將那些與 ITERATE_KEY 相關聯的副作用函數也取出來執行就可以了:

```
1    function trigger(target, key) {
2      const depsMap = bucket.get(target)
3      if (!depsMap) return
4      // 取得與 key 相關聯的副作用函數
5      const effects = depsMap.get(key)
6      // 取得與 ITERATE_KEY 相關聯的副作用函數
7      const iterateEffects = depsMap.get(ITERATE_KEY)
8
9      const effectsToRun = new Set()
10     // 將與 key 相關聯的副作用函數新增到 effectsToRun
11     effects && effects.forEach(effectFn => {
12       if (effectFn !== activeEffect) {
13         effectsToRun.add(effectFn)
14       }
15     })
16     // 將與 ITERATE_KEY 相關聯的副作用函數也新增到 effectsToRun
17     iterateEffects && iterateEffects.forEach(effectFn => {
18       if (effectFn !== activeEffect) {
19         effectsToRun.add(effectFn)
20       }
21     })
22
23     effectsToRun.forEach(effectFn => {
24       if (effectFn.options.scheduler) {
25         effectFn.options.scheduler(effectFn)
26       } else {
27         effectFn()
28       }
29     })
30   }
```

如以上程式碼所示,當 trigger 函數執行時,除了把那些直接與具體操作的 key 相關聯的副作用函數取出來執行外,還要把那些與 ITERATE_KEY 相關聯的副作用函數取出來執行。

但相信細心的你已經發現了,對於新增新的屬性來說,這麼做沒有什麼問題,但如果僅僅修改已有屬性的值,而不是新增新屬性,那麼問題就來了。看如下程式碼:

```
1    const obj = { foo: 1 }
2    const p = new Proxy(obj, {/* ... */})
3
4    effect(() => {
5      // for...in 循環
6      for (const key in p) {
7        console.log(key) // foo
```

```
8     }
9   })
```

當我們修改 p.foo 的值時：

```
1   p.foo = 2
```

與新增新屬性不同，修改屬性不會對 for...in 循環產生影響。因為無論怎麼修改一個屬性的值，對於 for...in 循環來說都只會循環一次。所以在這種情況下，我們不需要觸發副作用函數重新執行，否則會造成不必要的效能消耗。然而無論是新增新屬性，還是修改已有的屬性值，其基本語義都是 [[Set]]，我們都是透過 set 攔截函數來攔截的，如以下程式碼所示：

```
1   const p = new Proxy(obj, {
2     // 攔截設定操作
3     set(target, key, newVal, receiver) {
4       // 設定屬性值
5       const res = Reflect.set(target, key, newVal, receiver)
6       // 把副作用函數從「桶」裡取出並執行
7       trigger(target, key)
8
9       return res
10    },
11    // 省略其他攔截函數
12  })
```

所以要想解決上述問題，當設定屬性操作發生時，就需要我們在 set 攔截函數內能夠區分操作的類型，到底是新增新屬性還是設定已有屬性：

```
1   const p = new Proxy(obj, {
2     // 攔截設定操作
3     set(target, key, newVal, receiver) {
4       // 如果屬性不存在，則說明是在新增新屬性，否則是設定已有屬性
5       const type = Object.prototype.hasOwnProperty.call(target, key) ? 'SET' : 'ADD'
6
7       // 設定屬性值
8       const res = Reflect.set(target, key, newVal, receiver)
9
10      // 將 type 作為第三個參數傳遞給 trigger 函數
11      trigger(target, key, type)
12
13      return res
14    },
15    // 省略其他攔截函數
16  })
```

如以上程式碼所示，我們優先使用 `Object.prototype.hasOwnProperty` 檢查當前操作的屬性是否已經存在於目標物件上，如果存在，則說明當前操作類型為 `'SET'`，即修改屬性值；否則認為當前操作類型為 `'ADD'`，即新增新屬性。最後，我們把類型結果 type 作為第三個參數傳遞給 `trigger` 函數。

在 `trigger` 函數內就可以透過類型 type 來區分當前的操作類型，並且只有當操作類型 type 為 `'ADD'` 時，才會觸發與 `ITERATE_KEY` 相關聯的副作用函數重新執行，這樣就避免了不必要的效能損耗：

```
1   function trigger(target, key, type) {
2     const depsMap = bucket.get(target)
3     if (!depsMap) return
4     const effects = depsMap.get(key)
5
6     const effectsToRun = new Set()
7     effects && effects.forEach(effectFn => {
8       if (effectFn !== activeEffect) {
9         effectsToRun.add(effectFn)
10      }
11    })
12
13    console.log(type, key)
14    // 只有當操作類型為 'ADD' 時，才觸發與 ITERATE_KEY 相關聯的副作用函數重新執行
15    if (type === 'ADD') {
16      const iterateEffects = depsMap.get(ITERATE_KEY)
17      iterateEffects && iterateEffects.forEach(effectFn => {
18        if (effectFn !== activeEffect) {
19          effectsToRun.add(effectFn)
20        }
21      })
22    }
23
24    effectsToRun.forEach(effectFn => {
25      if (effectFn.options.scheduler) {
26        effectFn.options.scheduler(effectFn)
27      } else {
28        effectFn()
29      }
30    })
31  }
```

通常我們會將操作類型封裝為一個列舉值，例如：

```
1   const TriggerType = {
2     SET: 'SET',
3     ADD: 'ADD'
4   }
```

這樣無論是對後期程式碼的維護，還是對程式碼的清晰度，都是非常有幫助的。但這裡我們就不討論這些枝微末節了。

關於物件的代理，還剩下最後一項工作需要做，即刪除屬性操作的代理：

```
1    delete p.foo
```

如何代理 delete 操作子呢？還是看規範，規範的 13.5.1.2 節中明確定義了 delete 操作子的行為，如圖 5-4 所示。

**13.5.1.2 Runtime Semantics: Evaluation**

*UnaryExpression* : **delete** *UnaryExpression*

1. Let *ref* be the result of evaluating *UnaryExpression*.
2. ReturnIfAbrupt(*ref*).
3. If *ref* is not a Reference Record, return **true**.
4. If IsUnresolvableReference(*ref*) is **true**, then
 a. Assert: *ref*.[[Strict]] is **false**.
 b. Return **true**.
5. If IsPropertyReference(*ref*) is **true**, then
 a. Assert: ! IsPrivateReference(*ref*) is **false**.
 b. If IsSuperReference(*ref*) is **true**, throw a **ReferenceError** exception.
 c. Let *baseObj* be ! ToObject(*ref*.[[Base]]).
 d. Let *deleteStatus* be ? *baseObj*.[[Delete]](*ref*.[[ReferencedName]]).
 e. If *deleteStatus* is **false** and *ref*.[[Strict]] is **true**, throw a **TypeError** exception.
 f. Return *deleteStatus*.
6. Else,
 a. Let *base* be *ref*.[[Base]].
 b. Assert: *base* is an Environment Record.
 c. Return ? *base*.DeleteBinding(*ref*.[[ReferencedName]]).

▲ 圖 5-4　delete 操作子的行為

圖 5-4 中的第 5 步描述的內容如下。

5. 如果 IsPropertyReference(ref) 是 true，那麼

 a. 斷言：! IsPrivateReference(ref) 是 false。

 b. 如果 IsSuperReference(ref) 也是 true，則拋出 ReferenceError 異常。

 c. 讓 baseObj 的值為 ! ToObject(ref,[[Base]])。

 d. 讓 deleteStatus 的值為 ? baseObj.[[Delete]](ref.[[ReferencedName]])。

 e. 如果 deleteStatus 的值為 false 並且 ref.[[Strict]] 的值是 true，則拋出 TypeError 異常。

 f. 回傳 deleteStatus。

由第 5 步中的 d 子步驟可知，delete 操作子的行為相依 [[Delete]] 內部方法。接著查看表 5-3 可知，該內部方法可以使用 deleteProperty 攔截：

```
1    const p = new Proxy(obj, {
2      deleteProperty(target, key) {
```

```
3        // 檢查被操作的屬性是否是物件自己的屬性
4        const hadKey = Object.prototype.hasOwnProperty.call(target, key)
5        // 使用 Reflect.deleteProperty 完成屬性的刪除
6        const res = Reflect.deleteProperty(target, key)
7
8        if (res && hadKey) {
9          // 只有當被刪除的屬性是物件自己的屬性並且成功刪除時，才觸發更新
10         trigger(target, key, 'DELETE')
11       }
12
13       return res
14     }
15   })
```

如以上程式碼所示，首先檢查被刪除的屬性是否屬於物件自身，然後呼叫 Reflect.
deleteProperty 函數完成屬性的刪除工作，只有當這兩步的結果都滿足條件時，才
呼叫 trigger 函數觸發副作用函數重新執行。需要注意的是，在呼叫 trigger 函數
時，我們傳遞了新的操作類型 'DELETE'。由於刪除操作會使得物件的鍵變少，它會
影響 for...in 循環的次數，因此當操作類型為 'DELETE' 時，我們也應該觸發那些
與 ITERATE_KEY 相關聯的副作用函數重新執行：

```
1    function trigger(target, key, type) {
2      const depsMap = bucket.get(target)
3      if (!depsMap) return
4      const effects = depsMap.get(key)
5
6      const effectsToRun = new Set()
7      effects && effects.forEach(effectFn => {
8        if (effectFn !== activeEffect) {
9          effectsToRun.add(effectFn)
10       }
11     })
12
13     // 當操作類型為 ADD 或 DELETE 時，需要觸發與 ITERATE_KEY 相關聯的副作用函數重新執行
14     if (type === 'ADD' || type === 'DELETE') {
15       const iterateEffects = depsMap.get(ITERATE_KEY)
16       iterateEffects && iterateEffects.forEach(effectFn => {
17         if (effectFn !== activeEffect) {
18           effectsToRun.add(effectFn)
19         }
20       })
21     }
22
23     effectsToRun.forEach(effectFn => {
24       if (effectFn.options.scheduler) {
25         effectFn.options.scheduler(effectFn)
26       } else {
27         effectFn()
28       }
29     })
30   }
```

在這段程式碼中，我們新增了 `type === 'DELETE'` 判斷，使得刪除屬性操作能夠觸發與 `ITERATE_KEY` 相關聯的副作用函數重新執行。

## 5.4 合理地觸發響應

上一節中，我們從規範的角度詳細介紹了如何代理物件，在這個過程中，處理了很多邊界條件。例如，我們需要明確知道操作的類型是 `'ADD'` 還是 `'SET'`，抑或是其他操作類型，從而正確地觸發響應。但想要合理地觸發響應，還有許多工作要做。

首先，我們來看要面臨的第一個問題，即當值沒有發生變化時，應該不需要觸發響應才對：

```
1    const obj = { foo: 1 }
2    const p = new Proxy(obj, { /* ... */ })
3
4    effect(() => {
5      console.log(p.foo)
6    })
7
8    // 設定 p.foo 的值，但值沒有變化
9    p.foo = 1
```

如上面的程式碼所示，`p.foo` 的初始值為 1，當為 `p.foo` 設定新的值時，如果值沒有發生變化，則不需要觸發響應。為了滿足需求，我們需要修改 set 攔截函數的程式碼，在呼叫 `trigger` 函數觸發響應之前，需要檢查值是否真的發生了變化：

```
1    const p = new Proxy(obj, {
2      set(target, key, newVal, receiver) {
3        // 先獲取舊值
4        const oldVal = target[key]
5
6        const type = Object.prototype.hasOwnProperty.call(target, key) ? 'SET' : 'ADD'
7        const res = Reflect.set(target, key, newVal, receiver)
8        // 比較新值與舊值，只要當不全等的時候才觸發響應
9        if (oldVal !== newVal) {
10         trigger(target, key, type)
11       }
12
13       return res
14     },
15   })
```

如上面的程式碼所示，我們在 set 攔截函數內首先獲取舊值 oldVal，接著比較新值與舊值，只有當它們不全等的時候才觸發響應。現在，如果我們再次測試本節開頭的例子，會發現重新設定相同的值已經不會觸發響應了。

然而，僅僅進行全等比較是有缺陷的，這展現在對 NaN 的處理上。我們知道 NaN 與 NaN 進行全等比較總會得到 false：

```
1   NaN === NaN // false
2   NaN !== NaN // true
```

換句話說，如果 p.foo 的初始值是 NaN，並且後續又為其設定了 NaN 作為新值，那麼僅僅進行全等比較的缺陷就暴露了：

```
1   const obj = { foo: NaN }
2   const p = new Proxy(obj, { /* ... */ })
3
4   effect(() => {
5     console.log(p.foo)
6   })
7
8   // 仍然會觸發響應，因為 NaN !== NaN 為 true
9   p.foo = NaN
```

這仍然會觸發響應，並導致不必要的更新。為了解決這個問題，我們需要再加一個條件，即在新值和舊值不全等的情況下，要保證它們都不是 NaN：

```
1    const p = new Proxy(obj, {
2      set(target, key, newVal, receiver) {
3        // 先獲取舊值
4        const oldVal = target[key]
5
6        const type = Object.prototype.hasOwnProperty.call(target, key) ? 'SET' : 'ADD'
7        const res = Reflect.set(target, key, newVal, receiver)
8        // 比較新值與舊值，只有當它們不全等，並且不都是 NaN 的時候才觸發響應
9        if (oldVal !== newVal && (oldVal === oldVal || newVal === newVal)) {
10         trigger(target, key, type)
11       }
12
13       return res
14     },
15   })
```

這樣我們就解決了 NaN 的問題。

但想要合理地觸發響應，僅僅處理關於 NaN 的問題還不夠。接下來，我們討論一種從原型上繼承屬性的情況。為了後續講解方便，我們需要封裝一個 reactive 函數，該函數接收一個物件作為參數，並回傳為其建立的響應式資料：

```
1    function reactive(obj) {
2      return new Proxy(obj, {
3        // 省略前文講解的攔截函數
4      })
5    }
```

可以看到，reactive 函數只是對 Proxy 進行了一層封裝。接下來，我們基於
reactive 建立一個例子：

```
1    const obj = {}
2    const proto = { bar: 1 }
3    const child = reactive(obj)
4    const parent = reactive(proto)
5    // 使用 parent 作為 child 的原型
6    Object.setPrototypeOf(child, parent)
7
8    effect(() => {
9      console.log(child.bar) // 1
10   })
11   // 修改 child.bar 的值
12   child.bar = 2 // 會導致副作用函數重新執行兩次
```

觀察如上程式碼，我們定義了空物件 obj 和物件 proto，分別為二者創立了對應的
響應式資料 child 和 parent，並且使用 Object.setPrototypeOf 方法將 parent 設定
為 child 的原型。接著，在副作用函數內讀取 child.bar 的值。從程式碼中可以看
出，child 本身並沒有 bar 屬性，因此當存取 child.bar 時，值是從原型上繼承而來
的。但無論如何，既然 child 是響應式資料，那麼它與副作用函數之間就會建立聯
繫，因此當我們執行 child.bar = 2 時，期望副作用函數會重新執行。但如果你嘗
試執行上面的程式碼，會發現副作用函數不僅執行了，還執行了兩次，這會造成不
必要的更新。

為了搞清楚問題的原因，我們需要逐步分析整個過程。當在副作用函數中讀取
child.bar 的值時，會觸發 child 代理物件的 get 攔截函數。我們知道，在攔截函數
內是使用 Reflect.get(target, key, receiver) 來得到最終結果的，對應到上例，這
句話相當於：

```
1    Reflect.get(obj, 'bar', receiver)
```

這其實是實作了透過 obj.bar 來取得屬性值的預設行為。也就是說，引擎內部是透
過呼叫 obj 物件所部署的 [[Get]] 內部方法來得到最終結果的，因此我們有必要查
看規範 10.1.8.1 節來瞭解 [[Get]] 內部方法的執行流程，如圖 5-5 所示。

1. Assert: IsPropertyKey(*P*) is **true**.
2. Let *desc* be ? *O*.[[GetOwnProperty]](*P*).
3. If *desc* is **undefined**, then
   a. Let *parent* be ? *O*.[[GetPrototypeOf]]().
   b. If *parent* is **null**, return **undefined**.
   c. Return ? *parent*.[[Get]](*P*, *Receiver*).
4. If IsDataDescriptor(*desc*) is **true**, return *desc*.[[Value]].
5. Assert: IsAccessorDescriptor(*desc*) is **true**.
6. Let *getter* be *desc*.[[Get]].
7. If *getter* is **undefined**, return **undefined**.
8. Return ? Call(*getter*, *Receiver*).

▲ 圖 5-5　[[Get]] 內部方法的執行流程

圖 5-5 中的第 3 步所描述的內容如下。

3. 如果 desc 是 undefined，那麼

   a. 讓 parent 的值為 ? O.[[GetPrototypeOf]]()。

   b. 如果 parent 是 null，則回傳 undefined。

   c. 回傳 ? parent.[[Get]](P, Receiver)。

在第 3 步中，我們能夠瞭解到非常關鍵的訊息，即如果物件自身不存在該屬性，那麼會獲取物件的原型，並呼叫原型的 [[Get]] 方法得到最終結果。對應到上例中，當讀取 child.bar 屬性值時，由於 child 代理的物件 obj 自身沒有 bar 屬性，因此會獲取物件 obj 的原型，也就是 parent 物件，所以最終得到的實際上是 parent.bar 的值。但是大家不要忘了，parent 本身也是響應式資料，因此在副作用函數中存取 parent.bar 的值時，會導致副作用函數被收集，從而也建立響應聯繫。所以我們能夠得出一個結論，即 child.bar 和 parent.bar 都與副作用函數建立了響應聯繫。

但這仍然解釋不了為什麼當設定 child.bar 的值時，會連續觸發兩次副作用函數執行，所以接下來我們需要看看當設定操作發生時的具體執行流程。我們知道，當執行 child.bar = 2 時，會呼叫 child 代理物件的 set 攔截函數。同樣，在 set 攔截函數內，我們使用 Reflect.set(target, key, newVal, receiver) 來完成預設的設定行為，即引擎會呼叫 obj 物件部署的 [[Set]] 內部方法，根據規範的 10.1.9.2 節可知 [[Set]] 內部方法的執行流程，如圖 5-6 所示。

1. Assert: IsPropertyKey(*P*) is **true**.
2. If *ownDesc* is **undefined**, then
    a. Let *parent* be ? *O*.[[GetPrototypeOf]]().
    b. If *parent* is not **null**, then
        i. Return ? *parent*.[[Set]](*P*, *V*, *Receiver*).
    c. Else,
        i. Set *ownDesc* to the PropertyDescriptor { [[Value]]: **undefined**, [[Writable]]: **true**, [[Enumerable]]: **true**, [[Configurable]]: **true** }.
3. If IsDataDescriptor(*ownDesc*) is **true**, then
    a. If *ownDesc*.[[Writable]] is **false**, return **false**.
    b. If Type(*Receiver*) is not Object, return **false**.
    c. Let *existingDescriptor* be ? *Receiver*.[[GetOwnProperty]](*P*).
    d. If *existingDescriptor* is not **undefined**, then
        i. If IsAccessorDescriptor(*existingDescriptor*) is **true**, return **false**.
        ii. If *existingDescriptor*.[[Writable]] is **false**, return **false**.
        iii. Let *valueDesc* be the PropertyDescriptor { [[Value]]: *V* }.
        iv. Return ? *Receiver*.[[DefineOwnProperty]](*P*, *valueDesc*).
    e. Else,
        i. Assert: *Receiver* does not currently have a property *P*.
        ii. Return ? CreateDataProperty(*Receiver*, *P*, *V*).
4. Assert: IsAccessorDescriptor(*ownDesc*) is **true**.
5. Let *setter* be *ownDesc*.[[Set]].
6. If *setter* is **undefined**, return **false**.
7. Perform ? Call(*setter*, *Receiver*, « *V* »).
8. Return **true**.

▲ 圖 5-6　[[Set]] 內部方法的執行流程

圖 5-6 中第 2 步所描述的內容如下。

2. 如果 `ownDesc` 是 `undefined`，那麼

   a. 讓 `parent` 的值為 `O.[[GetPrototypeOf]]()`。

   b. 如果 `parent` 不是 `null`，則

      i. 回傳 ? `parent.[[Set]](P, V, Receiver)`；

   c. 否則

      i. 將 `ownDesc` 設定為 `{ [[Value]]: undefined, [[Writable]]: true,`
        `[[Enumerable]]: true, [[Configurable]]: true }`。

由第 2 步可知，如果設定的屬性不存在於物件上，那麼會取得其原型，並呼叫原型的 [[Set]] 方法，也就是 `parent` 的 [[Set]] 內部方法。由於 `parent` 是代理物件，所以這就相當於執行了它的 `set` 攔截函數。換句話說，雖然我們操作的是 `child.bar`，但這也會導致 `parent` 代理物件的 `set` 攔截函數被執行。前面我們分析過，當讀取 `child.bar` 的值時，副作用函數不僅會被 `child.bar` 收集，也會被 `parent.bar` 收集。所以當 `parent` 代理物件的 `set` 攔截函數執行時，就會觸發副作用函數重新執行，這就是為什麼修改 `child.bar` 的值會導致副作用函數重新執行兩次。

接下來，我們需要思考解決方案。思路很簡單，既然執行兩次，那麼只要屏蔽其中一次不就可以了嗎？我們可以把由 parent.bar 觸發的那次副作用函數的重新執行屏蔽。怎麼屏蔽呢？我們知道，兩次更新是由於 set 攔截函數被觸發了兩次導致的，所以只要我們能夠在 set 攔截函數內區分這兩次更新就可以了。當我們設定 child.bar 的值時，會執行 child 代理物件的 set 攔截函數：

```
1    // child 的 set 攔截函數
2    set(target, key, value, receiver) {
3      // target 是原始物件 obj
4      // receiver 是代理物件 child
5    }
```

此時的 target 是原始物件 obj，receiver 是代理物件 child，我們發現 receiver 其實就是 target 的代理物件。

但由於 obj 上不存在 bar 屬性，所以會取得 obj 的原型 parent，並執行 parent 代理物件的 set 攔截函數：

```
1    // parent 的 set 攔截函數
2    set(target, key, value, receiver) {
3      // target 是原始物件 proto
4      // receiver 仍然是代理物件 child
5    }
```

我們發現，當 parent 代理物件的 set 攔截函數執行時，此時 target 是原始物件 proto，而 receiver 仍然是代理物件 child，而**不再是 target 的代理物件**。透過這個特點，我們可以看到 target 和 receiver 的區別。由於我們最初設定的是 child.bar 的值，所以無論在什麼情況下，receiver 都是 child，而 target 則是變化的。根據這個區別，我們很容易想到解決辦法，只需要判斷 receiver 是否是 target 的代理物件即可。只有當 receiver 是 target 的代理物件時才觸發更新，這樣就能夠屏蔽由原型引起的更新了。

所以接下來的問題變成了如何確定 receiver 是不是 target 的代理物件，這需要我們為 get 攔截函數新增一個能力，如以下程式碼所示：

```
1    function reactive(obj) {
2      return new Proxy(obj {
3        get(target, key, receiver) {
4          // 代理物件可以透過 raw 屬性取得原始資料
5          if (key === 'raw') {
6            return target
7          }
8
9          track(target, key)
10          return Reflect.get(target, key, receiver)
```

```
11        }
12      // 省略其他攔截函數
13    })
14  }
```

我們增加了一段程式碼，它實作的功能是，代理物件可以透過 raw 屬性讀取原始資料，例如：

```
1  child.raw === obj // true
2  parent.raw === proto // true
```

有了它，我們就能夠在 set 攔截函數中判斷 receiver 是不是 target 的代理物件了：

```
1  function reactive(obj) {
2    return new Proxy(obj {
3      set(target, key, newVal, receiver) {
4        const oldVal = target[key]
5        const type = Object.prototype.hasOwnProperty.call(target, key) ? 'SET' : 'ADD'
6        const res = Reflect.set(target, key, newVal, receiver)
7
8        // target === receiver.raw 說明 receiver 就是 target 的代理物件
9        if (target === receiver.raw) {
10          if (oldVal !== newVal && (oldVal === oldVal || newVal === newVal)) {
11            trigger(target, key, type)
12          }
13        }
14
15        return res
16      }
17      // 省略其他攔截函數
18    })
19  }
```

如以上程式碼所示，我們新增了一個判斷條件，只有當 receiver 是 target 的代理物件時才觸發更新，這樣就能屏蔽由原型引起的更新，從而避免不必要的更新操作。

## 5.5 淺響應與深響應

本節中我們將介紹 reactive 與 shallowReactive 的差異，即深響應和淺響應的差異。實際上，我們目前所實作的 reactive 是淺響應的。拿如下程式碼來說：

```
1  const obj = reactive({ foo: { bar: 1 } })
2
3  effect(() => {
4    console.log(obj.foo.bar)
5  })
```

```
6       // 修改 obj.foo.bar 的值，並不能觸發響應
7       obj.foo.bar = 2
```

首先，創建 obj 代理物件，該物件的 foo 屬性值也是一個物件，即 { bar: 1 }。接著，在副作用函數內存取 obj.foo.bar 的值。但是我們發現，後續對 obj.foo.bar 的修改不能觸發副作用函數重新執行，這是為什麼呢？來看一下現在的實作：

```
1    function reactive(obj) {
2      return new Proxy(obj {
3        get(target, key, receiver) {
4          if (key === 'raw') {
5            return target
6          }
7
8          track(target, key)
9          // 當讀取屬性值時，直接回傳結果
10         return Reflect.get(target, key, receiver)
11       }
12       // 省略其他攔截函數
13     })
14   }
```

由上面這段程式碼可知，當我們讀取 obj.foo.bar 時，首先要讀取 obj.foo 的值。這裡我們直接使用 Reflect.get 函數回傳 obj.foo 的結果。由於透過 Reflect.get 得到 obj.foo 的結果是一個普通物件，即 { bar: 1 }，它並不是一個響應式物件，所以在副作用函數中存取 obj.foo.bar 時，是不能建立響應聯繫的。要解決這個問題，我們需要對 Reflect.get 回傳的結果做一層包裝：

```
1    function reactive(obj) {
2      return new Proxy(obj {
3        get(target, key, receiver) {
4          if (key === 'raw') {
5            return target
6          }
7
8          track(target, key)
9          // 得到原始值結果
10         const res = Reflect.get(target, key, receiver)
11         if (typeof res === 'object' && res !== null) {
12           // 呼叫 reactive 將結果包裝成響應式資料並回傳
13           return reactive(res)
14         }
15         // 回傳 res
16         return res
17       }
18       // 省略其他攔截函數
19     })
20   }
```

如上面的程式碼所示，當讀取屬性值時，我們首先檢測該值是否是物件，如果是物件，則遞迴地呼叫 reactive 函數將其包裝成響應式資料並回傳。這樣當使用 obj. foo 讀取 foo 屬性值時，得到的就會是一個響應式資料，因此再透過 obj.foo.bar 讀取 bar 屬性值時，自然就會建立響應聯繫。這樣，當修改 obj.foo.bar 的值時，就能夠觸發副作用函數重新執行了。

然而，並非所有情況下我們都希望深響應，這就催生了 shallowReactive，即淺響應。所謂淺響應，指的是只有物件的第一層屬性是響應的，例如：

```
1   const obj = shallowReactive({ foo: { bar: 1 } })
2
3   effect(() => {
4     console.log(obj.foo.bar)
5   })
6   // obj.foo 是響應的，可以觸發副作用函數重新執行
7   obj.foo = { bar: 2 }
8   // obj.foo.bar 不是響應的，不能觸發副作用函數重新執行
9   obj.foo.bar = 3
```

在這個例子中，我們使用 shallowReactive 函數建立了一個淺響應的代理物件 obj。可以發現，只有物件的第一層屬性是響應的，第二層及更深層次的屬性則不是響應的。實作此功能並不難，如下面的程式碼所示：

```
1   // 封裝 createReactive 函數，接收一個參數 isShallow，代表是否為淺響應，預設為 false，即非淺響應
2   function createReactive(obj, isShallow = false) {
3     return new Proxy(obj, {
4       // 攔截讀取操作
5       get(target, key, receiver) {
6         if (key === 'raw') {
7           return target
8         }
9
10        const res = Reflect.get(target, key, receiver)
11
12        track(target, key)
13
14        // 如果是淺響應，則直接回傳原始值
15        if (isShallow) {
16          return res
17        }
18
19        if (typeof res === 'object' && res !== null) {
20          return reactive(res)
21        }
22
23        return res
24      }
25      // 省略其他攔截函數
26    })
27  }
```

在上面這段程式碼中，我們把物件建立的工作封裝到一個新的函數 createReactive 中。該函數除了接收原始物件 obj 之外，還接收參數 isShallow，它是一個布林值，代表是否建立淺響應物件。預設情況下，isShallow 的值為 false，代表建立深響應物件。這裡需要注意的是，當讀取屬性操作發生時，在 get 攔截函數內如果發現是淺響應的，那麼直接回傳原始資料即可。有了 createReactive 函數後，我們就可以使用它輕鬆地實作 reactive 以及 shallowReactive 函數了：

```
1  function reactive(obj) {
2    return createReactive(obj)
3  }
4  function shallowReactive(obj) {
5    return createReactive(obj, true)
6  }
```

## 5.6 唯讀和淺唯讀

我們希望一些資料是唯讀的，當使用者嘗試修改唯讀資料時，會收到一條警告訊息。這樣就實作了對資料的保護，例如組件接收到的 props 物件應該是一個唯讀資料。這時就要用到接下來要討論的 readonly 函數，它能夠將一個資料變成唯讀的：

```
1  const obj = readonly({ foo: 1 })
2  // 嘗試修改資料，會得到警告
3  obj.foo = 2
```

唯讀本質上也是對資料的代理，我們同樣可以使用 createReactive 函數來實作。如下面的程式碼所示，我們為 createReactive 函數增加第三個參數 isReadonly：

```
1   // 增加第三個參數 isReadonly，代表是否唯讀，預設為 false，即非唯讀
2   function createReactive(obj, isShallow = false, isReadonly = false) {
3     return new Proxy(obj, {
4       // 攔截設定操作
5       set(target, key, newVal, receiver) {
6         // 如果是唯讀的，則輸出警告訊息並回傳
7         if (isReadonly) {
8           console.warn(`屬性 ${key} 是唯讀的`)
9           return true
10        }
11        const oldVal = target[key]
12        const type = Object.prototype.hasOwnProperty.call(target, key) ? 'SET' : 'ADD'
13        const res = Reflect.set(target, key, newVal, receiver)
14        if (target === receiver.raw) {
15          if (oldVal !== newVal && (oldVal === oldVal || newVal === newVal)) {
16            trigger(target, key, type)
17          }
18        }
19
20        return res
```

```
21        },
22        deleteProperty(target, key) {
23          // 如果是唯讀的，則輸出警告訊息並回傳
24          if (isReadonly) {
25            console.warn(`屬性 ${key} 是唯讀的`)
26            return true
27          }
28          const hadKey = Object.prototype.hasOwnProperty.call(target, key)
29          const res = Reflect.deleteProperty(target, key)
30
31          if (res && hadKey) {
32            trigger(target, key, 'DELETE')
33          }
34
35          return res
36        }
37        // 省略其他攔截函數
38      })
39    }
```

在這段程式碼中，當使用 createReactive 建立代理物件時，可以透過第三個參數指定是否建立一個唯讀的代理物件。同時，我們還修改了 set 攔截函數和 deleteProperty 攔截函數的實作，因為對於一個物件來說，唯讀意味著既不可以設定物件的屬性值，也不可以刪除物件的屬性。在這兩個攔截函數中，我們分別新增了是否是唯讀的判斷，一旦資料是唯讀的，則當這些操作發生時，會輸出警告訊息，提示使用者這是一個非法操作。

當然，如果一個資料是唯讀的，那就意味著任何方式都無法修改它。因此，沒有必要為唯讀資料建立響應聯繫。出於這個原因，當在副作用函數中讀取一個唯讀屬性的值時，不需要呼叫 track 函數追蹤響應：

```
1    const obj = readonly({ foo: 1 })
2    effect(() => {
3      obj.foo // 可以讀取值，但是不需要在副作用函數與資料之間建立響應聯繫
4    })
```

為了實作該功能，我們需要修改 get 攔截函數的實作：

```
1    function createReactive(obj, isShallow = false, isReadonly = false) {
2      return new Proxy(obj, {
3        // 攔截讀取操作
4        get(target, key, receiver) {
5          if (key === 'raw') {
6            return target
7          }
8          // 非唯讀的時候才需要建立響應聯繫
9          if (!isReadonly) {
10           track(target, key)
11         }
```

```
12
13        const res = Reflect.get(target, key, receiver)
14
15        if (isShallow) {
16          return res
17        }
18
19        if (typeof res === 'object' && res !== null) {
20          return reactive(res)
21        }
22
23        return res
24      }
25      // 省略其他攔截函數
26    })
27  }
```

如上面的程式碼所示，在 get 攔截函數內檢測 isReadonly 變數的值，判斷是否是唯讀的，只有在非唯讀的情況下才會呼叫 track 函數建立響應聯繫。基於此，我們就可以實作 readonly 函數了：

```
1  function readonly(obj) {
2    return createReactive(obj, false, true /* 唯讀 */)
3  }
```

然而，上面實作的 readonly 函數更應該叫作 shallowReadonly，因為它沒有做到深唯讀：

```
1  const obj = readonly({ foo: { bar: 1 } })
2  obj.foo.bar = 2 // 仍然可以修改
```

所以為了實作深唯讀，我們還應該在 get 攔截函數內遞迴地呼叫 readonly 將資料包裝成唯讀的代理物件，並將其作為回傳值回傳：

```
1  function createReactive(obj, isShallow = false, isReadonly = false) {
2    return new Proxy(obj, {
3      // 攔截讀取操作
4      get(target, key, receiver) {
5        if (key === 'raw') {
6          return target
7        }
8        if (!isReadonly) {
9          track(target, key)
10        }
11
12        const res = Reflect.get(target, key, receiver)
13
14        if (isShallow) {
15          return res
16        }
```

```
17
18        if (typeof res === 'object' && res !== null) {
19          // 如果資料為唯讀，則執行 readonly 對值進行包裝
20          return isReadonly ? readonly(res) : reactive(res)
21        }
22
23        return res
24      }
25      // 省略其他攔截函數
26    })
27  }
```

如上面的程式碼所示，我們在回傳屬性值之前，判斷它是否是唯讀的，如果是唯讀的，則呼叫 readonly 函數對值進行包裝，並把包裝後的唯讀物件回傳。

對於 shallowReadonly，實際上我們只需要修改 createReactive 的第二個參數即可：

```
1   function readonly(obj) {
2     return createReactive(obj, false, true)
3   }
4
5   function shallowReadonly(obj) {
6     return createReactive(obj, true /* shallow */, true)
7   }
```

如上面的程式碼所示，在 shallowReadonly 函數內呼叫 createReactive 函數建立代理物件時，將第二個參數 isShallow 設定為 true，這樣就可以建立一個淺唯讀的代理物件了。

## 5.7 代理陣列

從本節開始，我們講解如何代理陣列。實際上，在 JavaScript 中，陣列只是一個特殊的物件而已，因此想要更好地實作對陣列的代理，就有必要瞭解相比普通物件，陣列到底有何特殊之處。

在 5.2 節中，我們深入講解了 JavaScript 中的物件。我們知道，在 JavaScript 中有兩種物件：常規物件和異質物件。我們還討論了兩者的差異。而本節中我們要介紹的陣列就是一個異質物件，這是因為陣列物件的 [[DefineOwnProperty]] 內部方法與常規物件不同。換句話說，陣列物件除了 [[DefineOwnProperty]] 這個內部方法之外，其他內部方法的邏輯都與常規物件相同。因此，當實作對陣列的代理時，用於代理普通物件的大部分程式碼可以繼續使用，如下所示：

```
1   const arr = reactive(['foo'])
2
3   effect(() => {
```

```
4    console.log(arr[0]) // 'foo'
5  })
6
7  arr[0] = 'bar' // 能夠觸發響應
```

上面這段程式碼能夠按預期運作。實際上，當我們透過索引讀取或設定陣列元素的值時，代理物件的 get/set 攔截函數也會執行，因此我們不需要做任何額外的工作，就能夠讓陣列索引的讀取和設定操作是響應式的了。

但對陣列的操作與對普通物件的操作仍然存在不同，下面總結了所有對陣列元素或屬性的「讀取」操作。

- 透過索引取得陣列元素值：arr[0]。

- 取得陣列的長度：arr.length。

- 把陣列作為物件，使用 for...in 循環遍歷。

- 使用 for...of 迭代遍歷陣列。

- 陣列的原型方法，如 concat/join/every/some/find/findIndex/includes 等，以及其他所有不改變原陣列的原型方法。

可以看到，對陣列的讀取操作要比普通物件豐富得多。我們再來看看對陣列元素或屬性的設定操作有哪些。

- 透過索引修改陣列元素值：arr[1] = 3。

- 修改陣列長度：arr.length = 0。

- 陣列的堆疊方法：push/pop/shift/unshift。

- 修改原陣列的原型方法：splice/fill/sort 等。

除了透過陣列索引修改陣列元素值這種基本操作之外，陣列本身還有很多會修改原陣列的原型方法。呼叫這些方法也屬於對陣列的操作，有些方法的操作語義是「讀取」，而有些方法的操作語義是「設定」。因此，當這些操作發生時，也應該正確地建立響應聯繫或觸發響應。

從上面列出的這些對陣列的操作來看，似乎代理陣列的難度要比代理普通物件的難度大很多。但事實並非如此，這是因為陣列本身也是物件，只不過它是異質物件罷了，它與常規物件的差異並不大。因此，大部分用來代理常規物件的程式碼對於陣列也是生效的。接下來，我們就從透過索引讀取或設定陣列的元素值說起。

## 5.7.1 陣列的索引與 `length`

拿本節開頭的例子來說，當透過陣列的索引讀取元素的值時，已經能夠建立響應聯繫了：

```
1   const arr = reactive(['foo'])
2
3   effect(() => {
4     console.log(arr[0]) // 'foo'
5   })
6
7   arr[0] = 'bar' // 能夠觸發響應
```

但透過索引設定陣列的元素值與設定物件的屬性值仍然存在根本上的不同，這是因為陣列物件部署的內部方法 `[[DefineOwnProperty]]` 不同於常規物件。實際上，當我們透過索引設定陣列元素的值時，會執行陣列物件所部署的內部方法 `[[Set]]`，這一步與設定常規物件的屬性值一樣。根據規範可知，內部方法 `[[Set]]` 其實相依於 `[[DefineOwnProperty]]`，到了這裡就展現出了差異。陣列物件所部署的內部方法 `[[DefineOwnProperty]]` 的邏輯定義在規範的 10.4.2.1 節，如圖 5-7 所示。

### 10.4.2.1 [[DefineOwnProperty]] ( *P*, *Desc* )

The [[DefineOwnProperty]] internal method of an Array exotic object *A* takes arguments *P* (a property key) and *Desc* (a Property Descriptor). It performs the following steps when called:

1. Assert: IsPropertyKey(*P*) is **true**.
2. If *P* is **"length"**, then
   a. Return ? ArraySetLength(*A*, *Desc*).
3. Else if *P* is an array index, then
   a. Let *oldLenDesc* be OrdinaryGetOwnProperty(*A*, **"length"**).
   b. Assert: ! IsDataDescriptor(*oldLenDesc*) is **true**.
   c. Assert: *oldLenDesc*.[[Configurable]] is **false**.
   d. Let *oldLen* be *oldLenDesc*.[[Value]].
   e. Assert: *oldLen* is a non-negative integral Number.
   f. Let *index* be ! ToUint32(*P*).
   g. If *index* ≥ *oldLen* and *oldLenDesc*.[[Writable]] is **false**, return **false**.
   h. Let *succeeded* be ! OrdinaryDefineOwnProperty(*A*, *P*, *Desc*).
   i. If *succeeded* is **false**, return **false**.
   j. If *index* ≥ *oldLen*, then
      i. Set *oldLenDesc*.[[Value]] to *index* + $1_F$.
      ii. Let *succeeded* be OrdinaryDefineOwnProperty(*A*, **"length"**, *oldLenDesc*).
      iii. Assert: *succeeded* is **true**.
   k. Return **true**.
4. Return OrdinaryDefineOwnProperty(*A*, *P*, *Desc*).

▲ 圖 5-7　`[[DefineOwnProperty]]` 內部方法的執行流程

圖 5-7 中第 3 步的 j 子步驟描述的內容如下。

　　j. 如果 index >= oldLen，那麼

　　　i. 將 oldLenDesc.[[Value]] 設定為 index + 1。

　　　ii. 讓 succeeded 的值為 OrdinaryDefineOwnProperty(A,"length", oldLenDesc)。

　　　iii. 斷言：succeeded 是 true。

可以看到，規範中明確說明，如果設定的索引值大於陣列當前的長度，那麼要更新陣列的 length 屬性。所以當透過索引設定元素值時，可能會潛在地修改 length 的屬性值。因此在觸發響應時，也應該觸發與 length 屬性相關聯的副作用函數重新執行，如下面的程式碼所示：

```
const arr = reactive(['foo']) // 陣列的原長度為 1

effect(() => {
  console.log(arr.length) // 1
})
// 設定索引 1 的值，會導致陣列的長度變為 2
arr[1] = 'bar'
```

在這段程式碼中，陣列的原長度為 1，並且在副作用函數中存取了 length 屬性。然後設定陣列索引為 1 的元素值，這會導致陣列的長度變為 2，因此應該觸發副作用函數重新執行。但目前的實作還做不到這一點，為了實作目標，我們需要修改 set 攔截函數，如下面的程式碼所示：

```
function createReactive(obj, isShallow = false, isReadonly = false) {
  return new Proxy(obj, {
    // 攔截設定操作
    set(target, key, newVal, receiver) {
      if (isReadonly) {
        console.warn(`屬性 ${key} 是唯讀的`)
        return true
      }
      const oldVal = target[key]
      // 如果屬性不存在，則說明是在新增新的屬性，否則是設定已有屬性
      const type = Array.isArray(target)
        // 如果代理目標是陣列，則檢測被設定的索引值是否小於陣列長度，
        // 如果是，則視作 SET 操作，否則是 ADD 操作
        ? Number(key) < target.length ? 'SET' : 'ADD'
        : Object.prototype.hasOwnProperty.call(target, key) ? 'SET' : 'ADD'

      const res = Reflect.set(target, key, newVal, receiver)
      if (target === receiver.raw) {
        if (oldVal !== newVal && (oldVal === oldVal || newVal === newVal)) {
          trigger(target, key, type)
        }
      }
```

```
24        return res
25      }
26      // 省略其他攔截函數
27  }
```

我們在判斷操作類型時，新增了對陣列類型的判斷。如果代理的目標物件是陣列，那麼對於操作類型的判斷會有所區別。即被設定的索引值如果小於陣列長度，就視作 SET 操作，因為它不會改變陣列長度；如果設定的索引值大於陣列的當前長度，則視作 ADD 操作，因為這會間接地改變陣列的 length 屬性值。有了這些訊息，我們就可以在 trigger 函數中正確地觸發與陣列物件的 length 屬性相關聯的副作用函數重新執行了：

```
1   function trigger(target, key, type) {
2     const depsMap = bucket.get(target)
3     if (!depsMap) return
4     // 省略部分內容
5
6     // 當操作類型為 ADD 並且目標物件是陣列時，應該取出並行執行那些與 length 屬性相關聯的副作用函數
7     if (type === 'ADD' && Array.isArray(target)) {
8       // 取出與 length 相關聯的副作用函數
9       const lengthEffects = depsMap.get('length')
10      // 將這些副作用函數新增到 effectsToRun 中，待執行
11      lengthEffects && lengthEffects.forEach(effectFn => {
12        if (effectFn !== activeEffect) {
13          effectsToRun.add(effectFn)
14        }
15      })
16    }
17
18    effectsToRun.forEach(effectFn => {
19      if (effectFn.options.scheduler) {
20        effectFn.options.scheduler(effectFn)
21      } else {
22        effectFn()
23      }
24    })
25  }
```

但是反過來思考，其實修改陣列的 length 屬性也會潛在地影響陣列元素，例如：

```
1   const arr = reactive(['foo'])
2
3   effect(() => {
4     // 存取陣列的第 0 個元素
5     console.log(arr[0]) // foo
6   })
7   // 將陣列的長度修改為 0，導致第 0 個元素被刪除，因此應該觸發響應
8   arr.length = 0
```

如上面的程式碼所示，在副作用函數內讀取了陣列的第 0 個元素，接著將陣列的 length 屬性修改為 0。我們知道這會間接地影響陣列元素，即所有元素都被刪除，所以應該觸發副作用函數重新執行。然而並非所有對 length 屬性的修改都會影響陣列中的已有元素，拿上例來說，如果我們將 length 屬性設定為 100，這並不會影響第 0 個元素，所以也就不需要觸發副作用函數重新執行。這讓我們意識到，當修改 length 屬性值時，只有那些索引值大於或等於新的 length 屬性值的元素才需要觸發響應。但無論如何，目前的實作還做不到這一點，為了實作目標，我們需要修改 set 攔截函數。在呼叫 trigger 函數觸發響應時，應該把新的屬性值傳遞過去：

```
1  function createReactive(obj, isShallow = false, isReadonly = false) {
2    return new Proxy(obj, {
3      // 攔截設定操作
4      set(target, key, newVal, receiver) {
5        if (isReadonly) {
6          console.warn(`屬性 ${key} 是唯讀的`)
7          return true
8        }
9        const oldVal = target[key]
10
11        const type = Array.isArray(target)
12          ? Number(key) < target.length ? 'SET' : 'ADD'
13          : Object.prototype.hasOwnProperty.call(target, key) ? 'SET' : 'ADD'
14
15        const res = Reflect.set(target, key, newVal, receiver)
16        if (target === receiver.raw) {
17          if (oldVal !== newVal && (oldVal === oldVal || newVal === newVal)) {
18            // 增加第四個參數，即觸發響應的新值
19            trigger(target, key, type, newVal)
20          }
21        }
22
23        return res
24      },
25    })
26  }
```

接著，我們還需要修改 trigger 函數：

```
1  // 為 trigger 函數增加第四個參數，newVal，即新值
2  function trigger(target, key, type, newVal) {
3    const depsMap = bucket.get(target)
4    if (!depsMap) return
5    // 省略其他程式碼
6
7    // 如果操作目標是陣列，並且修改了陣列的 length 屬性
8    if (Array.isArray(target) && key === 'length') {
9      // 對於索引大於或等於新的 length 值的元素，
10     // 需要把所有相關聯的副作用函數取出並新增到 effectsToRun 中待執行
11     depsMap.forEach((effects, key) => {
12       if (key >= newVal) {
```

```
13        effects.forEach(effectFn => {
14          if (effectFn !== activeEffect) {
15            effectsToRun.add(effectFn)
16          }
17        })
18      }
19    })
20  }
21
22  effectsToRun.forEach(effectFn => {
23    if (effectFn.options.scheduler) {
24      effectFn.options.scheduler(effectFn)
25    } else {
26      effectFn()
27    }
28  })
29 }
```

如上面的程式碼所示，為 trigger 函數增加了第四個參數，即觸發響應時的新值。
在本例中，新值指的是新的 length 屬性值，它代表新的陣列長度。接著，我們判斷
操作的目標是否是陣列，如果是，則需要找到所有索引值大於或等於新的 length 值
的元素，然後把與它們相關聯的副作用函數取出並執行。

## 5.7.2 遍歷陣列

既然陣列也是物件，就意味著同樣可以使用 for...in 循環遍歷：

```
1  const arr = reactive(['foo'])
2
3  effect(() => {
4    for (const key in arr) {
5      console.log(key) // 0
6    }
7  })
```

這裡有必要指出一點，我們應該盡量避免使用 for...in 循環遍歷陣列。但既然在語
法上是可行的，那麼當然也需要考慮。前面我們提到，陣列物件和常規物件的不同
僅展現在 [[DefineOwnProperty]] 這個內部方法上，也就是說，使用 for...in 循環遍
歷陣列與遍歷常規物件並無差異，因此同樣可以使用 ownKeys 攔截函數進行攔截。
下面是我們之前實作的 ownKeys 攔截函數：

```
1  function createReactive(obj, isShallow = false, isReadonly = false) {
2    return new Proxy(obj, {
3      // 省略其他攔截函數
4      ownKeys(target) {
5        track(target, ITERATE_KEY)
6        return Reflect.ownKeys(target)
7      }
```

```
8      })
9    }
```

這段程式碼取自前文，當初我們為了追蹤對普通物件的 for...in 操作，人為創造了 ITERATE_KEY 作為追蹤的 key。但這是為了代理普通物件而設計的，對於一個普通物件來說，只有當新增或刪除屬性值時才會影響 for...in 循環的結果。所以當新增或刪除屬性操作發生時，我們需要取出與 ITERATE_KEY 相關聯的副作用函數重新執行。不過，對於陣列來說情況有所不同，我們看看哪些操作會影響 for...in 循環對陣列的遍歷。

- 新增新元素：arr[100] = 'bar'。
- 修改陣列長度：arr.length = 0。

其實，無論是為陣列新增新元素，還是直接修改陣列的長度，本質上都是因為修改了陣列的 length 屬性。一旦陣列的 length 屬性被修改，那麼 for...in 循環對陣列的遍歷結果就會改變，所以在這種情況下我們應該觸發響應。很自然的，我們可以在 ownKeys 攔截函數內，判斷當前操作目標 target 是否是陣列，如果是，則使用 length 作為 key 去建立響應聯繫：

```
1    function createReactive(obj, isShallow = false, isReadonly = false) {
2      return new Proxy(obj, {
3        // 省略其他攔截函數
4        ownKeys(target) {
5          // 如果操作目標 target 是陣列，則使用 length 屬性作為 key 並建立響應聯繫
6          track(target, Array.isArray(target) ? 'length' : ITERATE_KEY)
7          return Reflect.ownKeys(target)
8        }
9      })
10   }
```

這樣無論是為陣列新增新元素，還是直接修改 length 屬性，都能夠正確地觸發響應了：

```
1    const arr = reactive(['foo'])
2
3    effect(() => {
4      for (const key in arr) {
5        console.log(key)
6      }
7    })
8
9    arr[1] = 'bar' // 能夠觸發副作用函數重新執行
10   arr.length = 0 // 能夠觸發副作用函數重新執行
```

講解了使用 for...in 遍歷陣列，接下來我們再看看使用 for...of 遍歷陣列的情況。與 for...in 不同，for...of 是用來遍歷**可迭代物件**（iterable object）的，因此我們需要先搞清楚什麼是可迭代物件。ES2015 為 JavaScript 定義了**迭代協議**（iteration protocol），它不是新的語法，而是一種協議。具體來說，一個物件能否被迭代，取決於該物件或者該物件的原型是否實作了 @@iterator 方法。這裡的 @@[name] 標誌在 ECMAScript 規範裡用來代指 JavaScript 內建的 symbols 值，例如 @@iterator 指的就是 Symbol.iterator 這個值。如果一個物件實作了 Symbol.iterator 方法，那麼這個物件就是可以迭代的，例如：

```
1    const obj = {
2      val: 0,
3      [Symbol.iterator]() {
4        return {
5          next() {
6            return {
7              value: obj.val++,
8              done: obj.val > 10 ? true : false
9            }
10          }
11        }
12      }
13    }
```

該物件實作了 Symbol.iterator 方法，因此可以使用 for...of 循環遍歷它：

```
1    for (const value of obj) {
2      console.log(value)  // 0, 1, 2, 3, 4, 5, 6, 7, 8, 9
3    }
```

陣列內建了 Symbol.iterator 方法的實作，我們可以做一個實驗：

```
1    const arr = [1, 2, 3, 4, 5]
2    // 獲取並呼叫陣列內建的迭代器方法
3    const itr = arr[Symbol.iterator]()
4
5    console.log(itr.next())  // {value: 1, done: false}
6    console.log(itr.next())  // {value: 2, done: false}
7    console.log(itr.next())  // {value: 3, done: false}
8    console.log(itr.next())  // {value: 4, done: false}
9    console.log(itr.next())  // {value: 5, done: false}
10   console.log(itr.next())  // {value: undefined, done: true}
```

可以看到，我們能夠透過將 Symbol.iterator 作為鍵，獲取陣列內建的迭代器方法。然後手動執行迭代器的 next 函數，這樣也可以得到期望的結果。這也是預設情況下陣列可以使用 for...of 遍歷的原因：

```
1    const arr = [1, 2, 3, 4, 5]
2
```

```
3    for (const val of arr) {
4      console.log(val)  // 1, 2, 3, 4, 5
5    }
```

實際上，想要實作對陣列進行 `for...of` 遍歷操作的攔截，關鍵點在於找到 `for...of` 操作相依的基本語義。在規範的 23.1.5.1 節中定義了陣列迭代器的執行流程，如圖 5-8 所示。

**23.1.5.1 CreateArrayIterator ( *array*, *kind* )**

The abstract operation CreateArrayIterator takes arguments *array* and *kind*. This operation is used to create iterator objects for Array methods that return such iterators. It performs the following steps when called:

1. Assert: Type(*array*) is Object.
2. Assert: *kind* is key+value, key, or value.
3. Let *closure* be a new Abstract Closure with no parameters that captures *kind* and *array* and performs the following steps when called:
   a. Let *index* be 0.
   b. Repeat,
      i. If *array* has a [[TypedArrayName]] internal slot, then
         1. If IsDetachedBuffer(*array*.[[ViewedArrayBuffer]]) is **true**, throw a **TypeError** exception.
         2. Let *len* be *array*.[[ArrayLength]].
      ii. Else,
         1. Let *len* be ? LengthOfArrayLike(*array*).
      iii. If *index* ≥ *len*, return **undefined**.
      iv. If *kind* is **key**, perform ? Yield(𝔽(*index*)).
      v. Else,
         1. Let *elementKey* be ! ToString(𝔽(*index*)).
         2. Let *elementValue* be ? Get(*array*, *elementKey*).
         3. If *kind* is **value**, perform ? Yield(*elementValue*).
         4. Else,
            a. Assert: *kind* is key+value.
            b. Perform ? Yield(! CreateArrayFromList(« 𝔽(*index*), *elementValue* »)).
      vi. Set *index* to *index* + 1.
4. Return ! CreateIteratorFromClosure(*closure*, **"%ArrayIteratorPrototype%"**, %ArrayIteratorPrototype%).

▲ 圖 5-8　陣列迭代器的執行流程

圖 5-8 中第 3 步的 b 子步驟所描述的內容如下。

b. 重複以下步驟。

　i. 如果 `array` 有 `[[TypedArrayName]]` 內部槽，那麼

　　1. 如果 `IsDetachedBuffer(array.[[ViewedArrayBuffer]])` 是 `true`，則拋出 `TypeError` 異常。

　　2. 讓 `len` 的值為 `array.[[ArrayLength]]`。

　ii. 否則

　　1. 讓 `len` 的值為 `LengthOfArrayLike(array)`。

　iii. 如果 `index >= len`，則回傳 `undefined`。

　iv. 如果 `kind` 是 `key`，則執行 `? Yield(𝔽(index))`。

　v. 否則

　　1. 讓 `elementKey` 的值為 `! ToString(𝔽(index))`。

2. 讓 elementValue 的值為 ? Get(array, elementKey)。

3. 如果 kind 是 value，執行 ? Yield(elementValue)。

4. 否則

    a. 斷言：kind 是 key + value。

    b. 執行：? Yield(! CreateArrayFromList(« $\mathbb{F}$(index), elementValue »))。

vi. 將 index 設定為 index + 1。

可以看到，陣列迭代器的執行會讀取陣列的 length 屬性。如果迭代的是陣列元素值，還會讀取陣列的索引。其實我們可以提供一個陣列迭代器的模擬實作：

```
1   const arr = [1, 2, 3, 4, 5]
2
3   arr[Symbol.iterator] = function() {
4     const target = this
5     const len = target.length
6     let index = 0
7
8     return {
9       next() {
10        return {
11          value: index < len ? target[index] : undefined,
12          done: index++ >= len
13        }
14      }
15    }
16  }
```

如上面的程式碼所示，我們用自訂的實作覆蓋了陣列內建的迭代器方法，但它仍然能夠正常運作。

這個例子表明，迭代陣列時，只需要在副作用函數與陣列的長度和索引之間建立響應聯繫，就能夠實作響應式的 for...of 迭代：

```
1   const arr = reactive([1, 2, 3, 4, 5])
2
3   effect(() => {
4     for (const val of arr) {
5       console.log(val)
6     }
7   })
8
9   arr[1] = 'bar'    // 能夠觸發響應
10  arr.length = 0    // 能夠觸發響應
```

可以看到，不需要增加任何程式碼就能夠使其正確地運作。這是因為只要陣列的長度和元素值發生改變，副作用函數自然會重新執行。

這裡不得不提的一點是，陣列的 values 方法的回傳值實際上就是陣列內建的迭代器，我們可以驗證這一點：

```
1  console.log(Array.prototype.values === Array.prototype[Symbol.iterator]) // true
```

換句話說，在不增加任何程式碼的情況下，我們也能夠讓陣列的迭代器方法正確地運作：

```
1   const arr = reactive([1, 2, 3, 4, 5])
2
3   effect(() => {
4     for (const val of arr.values()) {
5       console.log(val)
6     }
7   })
8
9   arr[1] = 'bar'   // 能夠觸發響應
10  arr.length = 0   // 能夠觸發響應
```

最後需要指出的是，無論是使用 for...of 迴圈，還是呼叫 values 等方法，它們都會讀取陣列的 Symbol.iterator 屬性。該屬性是一個 symbol 值，為了避免發生意外的錯誤，以及效能上的考慮，我們不應該在副作用函數與 Symbol.iterator 這類 symbol 值之間建立響應聯繫，因此需要修改 get 攔截函數，如以下程式碼所示：

```
1   function createReactive(obj, isShallow = false, isReadonly = false) {
2     return new Proxy(obj, {
3       // 攔截讀取操作
4       get(target, key, receiver) {
5         console.log('get: ', key)
6         if (key === 'raw') {
7           return target
8         }
9
10        // 新增判斷，如果 key 的類型是 symbol ，則不進行追蹤
11        if (!isReadonly && typeof key !== 'symbol') {
12          track(target, key)
13        }
14
15        const res = Reflect.get(target, key, receiver)
16
17        if (isShallow) {
18          return res
19        }
20
21        if (typeof res === 'object' && res !== null) {
22          return isReadonly ? readonly(res) : reactive(res)
23        }
```

```
24
25        return res
26      },
27    })
28  }
```

在呼叫 track 函數進行追蹤之前，需要新增一個判斷條件，即只有當 key 的類型不是 symbol 時才進行追蹤，這樣就避免了上述問題。

## 5.7.3　陣列的查找方法

透過上一節的介紹我們意識到，陣列其實都依賴物件的基本語義。所以大多數情況下，我們不需要做特殊處理即可讓這些方法按預期運作，例如：

```
1  const arr = reactive([1, 2])
2
3  effect(() => {
4    console.log(arr.includes(1)) // 初始輸出 true
5  })
6
7  arr[0] = 3 // 副作用函數重新執行，並輸出 false
```

這是因為 includes 方法為了找到給定的值，它內部會存取陣列的 length 屬性以及陣列的索引，因此當我們修改某個索引指向的元素值後能夠觸發響應。

然而 includes 方法並不總是按照預期運作，舉個例子：

```
1  const obj = {}
2  const arr = reactive([obj])
3
4  console.log(arr.includes(arr[0]))  // false
```

如上面的程式碼所示。我們首先定義一個物件 obj，並將其作為陣列的第一個元素，然後呼叫 reactive 函數為其創立一個響應式物件，接著嘗試呼叫 includes 方法在陣列中進行查找，看看其中是否包含第一個元素。很顯然，這個操作應該回傳 true，但如果你嘗試執行這段程式碼，會發現它回傳了 false。

為什麼會這樣呢？這需要我們去查閱語言規範，看看 includes 方法的執行流程是怎樣的。規範的 23.1.3.13 節提供了 includes 方法的執行流程，如圖 5-9 所示。

When the **includes** method is called, the following steps are taken:

1. Let *O* be ? ToObject(**this value**).
2. Let *len* be ? LengthOfArrayLike(*O*).
3. If *len* is 0, return **false**.
4. Let *n* be ? ToIntegerOrInfinity(*fromIndex*).
5. Assert: If *fromIndex* is **undefined**, then *n* is 0.
6. If *n* is +∞, return **false**.
7. Else if *n* is -∞, set *n* to 0.
8. If *n* ≥ 0, then
    a. Let *k* be *n*.
9. Else,
    a. Let *k* be *len* + *n*.
    b. If *k* < 0, set *k* to 0.
10. Repeat, while *k* < *len*,
    a. Let *elementK* be the result of ? Get(*O*, ! ToString(𝔽(*k*))).
    b. If SameValueZero(*searchElement*, *elementK*) is **true**, return **true**.
    c. Set *k* to *k* + 1.
11. Return **false**.

▲ 圖 5-9　includes 方法的執行流程

圖 5-9 展示了陣列的 includes 方法的執行流程，我們重點注意第 1 步和第 10 步。其中，第 1 步所描述的內容如下。

1. 讓 O 的值為 ? ToObject(this value)。

第 10 步所描述的內容如下。

10. 重複，while 循環（條件 k < len），
    a. 讓 elementK 的值為 ? Get(O, ! ToString(𝔽(k))) 的結果。
    b. 如果 SameValueZero(searchElement, elementK) 是 true，則回傳 true。
    c. 將 k 設定為 k + 1。

這裡我們注意第 1 步，讓 O 的值為 ? ToObject(this value)，這裡的 this 是誰呢？在 arr.includes(arr[0]) 語句中，arr 是代理物件，所以 includes 函數執行時的 this 指向的是代理物件，即 arr。接著我們看第 10.a 步，可以看到 includes 方法會透過索引讀取陣列元素的值，但是這裡的 O 是代理物件 arr。我們知道，透過代理物件來讀取元素值時，如果值仍然是可以被代理的，那麼得到的值就是新的代理物件而非原始物件。下面這段 set 攔截函數內的程式碼可以證明這一點：

```
1    if (typeof res === 'object' && res !== null) {
2      // 如果值可以被代理，則回傳代理物件
3      return isReadonly ? readonly(res) : reactive(res)
4    }
```

知道這些後，我們再回頭看這句程式碼：arr.includes(arr[0])。其中，arr[0] 得到的是一個代理物件，而在 includes 方法內部也會透過 arr 存取陣列元素，從而也得到一個代理物件，問題是這兩個代理物件是不同的。這是因為每次呼叫 reactive 函數時都會建立一個新的代理物件：

```
1   function reactive(obj) {
2     // 每次呼叫 reactive 時，都會建立新的代理物件
3     return createReactive(obj)
4   }
```

即使參數 obj 是相同的，每次呼叫 reactive 函數時，也都會建立新的代理物件。這個問題的解決方案如下所示：

```
1   // 定義一個 Map 實例，儲存原始物件到代理物件的映射
2   const reactiveMap = new Map()
3
4   function reactive(obj) {
5     // 優先透過原始物件 obj 尋找之前建立的代理物件，如果找到了，直接回傳已有的代理物件
6     const existionProxy = reactiveMap.get(obj)
7     if (existionProxy) return existionProxy
8
9     // 否則，建立新的代理物件
10    const proxy = createReactive(obj)
11    // 儲存到 Map 中，從而避免重複建立
12    reactiveMap.set(obj, proxy)
13
14    return proxy
15  }
```

在上面這段程式碼中，我們定義了 reactiveMap，用來儲存原始物件到代理物件的映射。每次呼叫 reactive 函數建立代理物件之前，優先檢查是否已經存在相應的代理物件，如果存在，則直接回傳已有的代理物件，這樣就避免了為同一個原始物件多次建立代理物件的問題。接下來，我們再次執行本節開頭的例子：

```
1   const obj = {}
2   const arr = reactive([obj])
3
4   console.log(arr.includes(arr[0]))  // true
```

可以發現，此時的行為已經符合預期了。

然而，還不能高興得太早，再來看下面的程式碼：

```
1   const obj = {}
2   const arr = reactive([obj])
3
4   console.log(arr.includes(obj))  // false
```

在上面這段程式碼中，我們直接把原始物件作為參數傳遞給 includes 方法，這是很直覺的行為。而從使用者的角度來看，自己明明把 obj 作為陣列的第一個元素了，為什麼在陣列中卻仍然找不到 obj 物件呢？其實原因很簡單，因為 includes 內部的 this 指向的是代理物件 arr，並且在獲取陣列元素時得到的值也是代理物件，所以拿原始物件 obj 去查找一定找不到，因此回傳 false。為此，我們需要重寫陣列的 includes 方法並實作自訂的行為，才能解決這個問題。首先，我們來看如何重寫 includes 方法，如下面的程式碼所示：

```
const arrayInstrumentations = {
  includes: function() {/* ... */}
}

function createReactive(obj, isShallow = false, isReadonly = false) {
  return new Proxy(obj, {
    // 攔截讀取操作
    get(target, key, receiver) {
      console.log('get: ', key)
      if (key === 'raw') {
        return target
      }
      // 如果操作的目標物件是陣列，並且 key 存在於 arrayInstrumentations 上，
      // 那麼回傳定義在 arrayInstrumentations 上的值
      if (Array.isArray(target) && arrayInstrumentations.hasOwnProperty(key)) {
        return Reflect.get(arrayInstrumentations, key, receiver)
      }

      if (!isReadonly && typeof key !== 'symbol') {
        track(target, key)
      }

      const res = Reflect.get(target, key, receiver)

      if (isShallow) {
        return res
      }

      if (typeof res === 'object' && res !== null) {
        return isReadonly ? readonly(res) : reactive(res)
      }

      return res
    },
  })
}
```

在上面這段程式碼中，我們修改了 get 攔截函數，目的是重寫陣列的 includes 方法。具體怎麼做呢？我們知道，arr.includes 可以理解為讀取代理物件 arr 的 includes 屬性，這就會觸發 get 攔截函數，在該函數內檢查 target 是否是陣列，如果是陣列並且讀取的鍵值存在於 arrayInstrumentations 上，則回傳定義在

arrayInstrumentations 物件上相應的值。也就是說,當執行 arr.includes 時,實際執行的是定義在 arrayInstrumentations 上的 includes 函數,這樣就實作了重寫。

接下來,我們就可以自訂 includes 函數了:

```
1   const originMethod = Array.prototype.includes
2   const arrayInstrumentations = {
3     includes: function(...args) {
4       // this 是代理物件,先在代理物件中查找,將結果儲存到 res 中
5       let res = originMethod.apply(this, args)
6
7       if (res === false) {
8         // res 為 false 說明沒找到,透過 this.raw 拿到原始陣列,再去其中查找並更新 res 值
9         res = originMethod.apply(this.raw, args)
10      }
11      // 回傳最終結果
12      return res
13    }
14  }
```

如上面這段程式碼所示,其中 includes 方法內的 this 指向的是代理物件,我們先在代理物件中進行查找,這其實是實作了 arr.include(obj) 的預設行為。如果找不到,透過 this.raw 拿到原始陣列,再去其中查找,最後回傳結果,這樣就解決了上述問題。執行如下測試程式碼:

```
1   const obj = {}
2   const arr = reactive([obj])
3
4   console.log(arr.includes(obj))  // true
```

可以發現,現在程式碼的行為已經符合預期了。

除了 includes 方法之外,還需要做類似處理的陣列方法有 indexOf 和 lastIndexOf,因為它們都屬於根據給定的值回傳查找結果的方法。完整的程式碼如下:

```
1   const arrayInstrumentations = {}
2
3   ;['includes', 'indexOf', 'lastIndexOf'].forEach(method => {
4     const originMethod = Array.prototype[method]
5     arrayInstrumentations[method] = function(...args) {
6       // this 是代理物件,先在代理物件中查找,將結果儲存到 res 中
7       let res = originMethod.apply(this, args)
8
9       if (res === false) {
10        // res 為 false 說明沒找到,透過 this.raw 拿到原始陣列,再去其中查找,並更新 res 值
11        res = originMethod.apply(this.raw, args)
12      }
13      // 回傳最終結果
14      return res
```

```
15      }
16   })
```

## 5.7.4　間接修改陣列長度的原型方法

本節中我們講解如何處理那些會間接修改陣列長度的方法，主要指的是陣列的堆疊方法，例如 push/pop/shift/unshift。除此之外，splice 方法也會間接地修改陣列長度，我們可以查閱規範來證實這一點。以 push 方法為例，規範的 23.1.3.20 節定義了 push 方法的執行流程，如圖 5-10 所示。

When the **push** method is called with zero or more arguments, the following steps are taken:

1. Let $O$ be ? ToObject(**this value**).
2. Let $len$ be ? LengthOfArrayLike($O$).
3. Let $argCount$ be the number of elements in $items$.
4. If $len + argCount > 2^{53} - 1$, throw a **TypeError** exception.
5. For each element $E$ of $items$, do
   a. Perform ? Set($O$, ! ToString($\mathbb{F}(len)$), $E$, **true**).
   b. Set $len$ to $len + 1$.
6. Perform ? Set($O$, **"length"**, $\mathbb{F}(len)$, **true**).
7. Return $\mathbb{F}(len)$.

The **"length"** property of the **push** method is $1_{\mathbb{F}}$.

▲ 圖 5-10　陣列 push 方法的執行流程

圖 5-10 所描述的內容如下。

當呼叫 push 方法並傳遞 0 個或多個參數時，會執行以下步驟。

1. 讓 O 的值為 ? ToObject(this value)。
2. 讓 len 的值為 ? LengthOfArrayLike(O)。
3. 讓 argCount 的值為 items 的元素數量。
4. 如果 len + argCount > $2^{53}$ - 1，則拋出 TypeError 異常。
5. 對於 items 中的每一個元素 E：
   a. 執行 ? Set(O, ! ToString($\mathbb{F}$(len)), E, true)；
   b. 將 len 設定為 len + 1。
6. 執行 ? Set(O, ''length'', $\mathbb{F}$(len), true)。
7. 回傳 $\mathbb{F}$(len)。

由第 2 步和第 6 步可知，當呼叫陣列的 push 方法向陣列中新增元素時，既會讀取陣列的 length 屬性值，也會設定陣列的 length 屬性值。這會導致兩個獨立的副作用函數互相影響。以下面的程式碼為例：

```
 1  const arr = reactive([])
 2  // 第一個副作用函數
 3  effect(() => {
 4    arr.push(1)
 5  })
 6
 7  // 第二個副作用函數
 8  effect(() => {
 9    arr.push(1)
10  })
```

如果你嘗試在瀏覽器中執行上面這段程式碼，會得到堆疊溢出的錯誤（Maximum call stack size exceeded）。

為什麼會這樣呢？我們來詳細分析上面這段程式碼的執行過程。

- 第一個副作用函數執行。在該函數內，呼叫 arr.push 方法向陣列中新增了一個元素。我們知道，呼叫陣列的 push 方法會間接讀取陣列的 length 屬性。所以，當第一個副作用函數執行完畢後，會與 length 屬性建立響應聯繫。

- 接著，第二個副作用函數執行。同樣，它也會與 length 屬性建立響應聯繫。但不要忘記，呼叫 arr.push 方法不僅會間接讀取陣列的 length 屬性，還會間接設定 length 屬性的值。

- 第二個函數內的 arr.push 方法的呼叫設定了陣列的 length 屬性值。於是，響應系統嘗試把與 length 屬性相關聯的副作用函數全部取出並執行，其中就包括第一個副作用函數。問題就出在這裡，可以發現，第二個副作用函數還未執行完畢，就要再次執行第一個副作用函數了。

- 第一個副作用函數再次執行。同樣，這會間接設定陣列的 length 屬性。於是，響應系統又要嘗試把所有與 length 屬性相關聯的副作用函數取出並執行，其中就包含第二個副作用函數。

- 如此循環往復，最終導致呼叫堆疊溢出。

問題的原因是 push 方法的呼叫會間接讀取 length 屬性。所以，只要我們「屏蔽」對 length 屬性的讀取，從而避免在它與副作用函數之間建立響應聯繫，問題就迎刃而解了。這個思路是正確的，因為陣列的 push 方法在語義上是修改操作，而非讀取操作，所以避免建立響應聯繫並不會產生其他副作用。有瞭解決思路後，我們嘗試實作它，這需要重寫陣列的 push 方法，如下面的程式碼所示：

```
1    // 一個標記變數，代表是否進行追蹤。預設值為 true，即允許追蹤
2    let shouldTrack = true
3    // 重寫陣列的 push 方法
4    ;['push'].forEach(method => {
5      // 取得原始 push 方法
6      const originMethod = Array.prototype[method]
7      // 重寫
8      arrayInstrumentations[method] = function(...args) {
9        // 在呼叫原始方法之前，禁止追蹤
10       shouldTrack = false
11       // push 方法的預設行為
12       let res = originMethod.apply(this, args)
13       // 在呼叫原始方法之後，恢復原來的行為，即允許追蹤
14       shouldTrack = true
15       return res
16     }
17   })
```

在這段程式碼中，我們定義了一個標記變數 shouldTrack，它是一個布林值，
代表是否允許追蹤。接著，我們重寫了陣列的 push 方法，利用了前文介紹的
arrayInstrumentations 物件。重寫後的 push 方法保留了預設行為，只不過在執
行預設行為之前，先將標記變數 shouldTrack 的值設定為 false，即禁止追蹤。當
push 方法的預設行為執行完畢後，再將標記變數 shouldTrack 的值還原為 true，代
表允許追蹤。最後，我們還需要修改 track 函數，如下面的程式碼所示：

```
1    function track(target, key) {
2      // 當禁止追蹤時，直接回傳
3      if (!activeEffect || !shouldTrack) return
4      // 省略部分程式碼
5    }
```

可以看到，當標記變數 shouldTrack 的值為 false 時，即禁止追蹤時，track 函數會
直接回傳。這樣，當 push 方法間接讀取 length 屬性值時，由於此時是禁止追蹤的
狀態，所以 length 屬性與副作用函數之間不會建立響應聯繫。這樣就實作了前文提
供的方案。我們再次嘗試執行下面這段測試程式碼：

```
1    const arr = reactive([])
2    // 第一個副作用函數
3    effect(() => {
4      arr.push(1)
5    })
6
7    // 第二個副作用函數
8    effect(() => {
9      arr.push(1)
10   })
```

會發現它能夠正確地運作，並且不會導致呼叫堆疊溢出。

除了 push 方法之外，pop、shift、unshift 以及 splice 等方法都需要做類似的處理。完整的程式碼如下：

```
1   let shouldTrack = true
2   // 重寫陣列的 push、pop、shift、unshift 以及 splice 方法
3   ;['push', 'pop', 'shift', 'unshift', 'splice'].forEach(method => {
4     const originMethod = Array.prototype[method]
5     arrayInstrumentations[method] = function(...args) {
6       shouldTrack = false
7       let res = originMethod.apply(this, args)
8       shouldTrack = true
9       return res
10    }
11  })
```

## 5.8 代理 Set 和 Map

從本節開始，我們將介紹集合類型資料的響應式方案。集合類型包括 Map/Set 以及 WeakMap/WeakSet。使用 Proxy 代理集合類型的資料不同於代理普通物件，因為集合類型資料的操作與普通物件存在很大的不同。下面總結了 Set 和 Map 這兩個資料類型的原型屬性和方法。

Set 類型的原型屬性和方法如下。

- size：回傳集合中元素的數量。

- add(value)：向集合中新增給定的值。

- clear()：清空集合。

- delete(value)：從集合中刪除給定的值。

- has(value)：判斷集合中是否存在給定的值。

- keys()：回傳一個迭代器物件。可用於 for...of 循環，迭代器物件產生的值為集合中的元素值。

- values()：對於 Set 集合類型來說，keys() 與 values() 等價。

- entries()：回傳一個迭代器物件。迭代過程中為集合中的每一個元素產生一個陣列值 [value, value]。

- forEach(callback[, thisArg])：forEach 函數會遍歷集合中的所有元素，並對每一個元素呼叫 callback 函數。forEach 函數接收可選的第二個參數 thisArg，用於指定 callback 函數執行時的 this 值。

Map 類型的原型屬性和方法如下。

- ◪ size：回傳 Map 資料中的鍵值對數量。

- ◪ clear()：清空 Map。

- ◪ delete(key)：刪除指定 key 的鍵值對。

- ◪ has(key)：判斷 Map 中是否存在指定 key 的鍵值對。

- ◪ get(key)：讀取指定 key 對應的值。

- ◪ set(key, value)：為 Map 設定新的鍵值對。

- ◪ keys()：回傳一個迭代器物件。迭代過程中會產生鍵值對的 key 值。

- ◪ values()：回傳一個迭代器物件。迭代過程中會產生鍵值對的 value 值。

- ◪ entries()：回傳一個迭代器物件。迭代過程中會產生由 [key, value] 組成的陣列值。

- ◪ forEach(callback[, thisArg])：forEach 函數會遍歷 Map 資料的所有鍵值對，並對每一個鍵值對呼叫 callback 函數。forEach 函數接收可選的第二個參數 thisArg，用於指定 callback 函數執行時的 this 值。

觀察上述列表可以發現，Map 和 Set 這兩個資料類型的操作方法相似。它們之間最大的不同展現在，Set 類型使用 add(value) 函式新增元素，而 Map 類型使用 set(key, value) 函式設定鍵值對，並且 Map 類型可以使用 get(key) 函式讀取相應的值。既然兩者如此相似，那麼是不是意味著我們可以用相同的處理辦法來實作對它們的代理呢？沒錯，接下來，我們就深入探討如何實作對 Set 和 Map 類型資料的代理。

## 5.8.1　如何代理 Set 和 Map

前文講到，Set 和 Map 類型的資料有特定的屬性和方法用來操作自身。這一點與普通物件不同，如下面的程式碼所示：

```
1   // 普通物件的讀取和設定操作
2   const obj = { foo: 1 }
3   obj.foo // 讀取屬性
4   obj.foo = 2 // 設定屬性
5
6   // 用 get/set 方法操作 Map 資料
7   const map = new Map()
8   map.set('key', 1) // 設定資料
9   map.get('key') // 讀取資料
```

正是因為這些差異的存在，我們不能像代理普通物件那樣代理 Set 和 Map 類型的資料。但整體思路不變，即當讀取操作發生時，應該呼叫 track 函數建立響應聯繫；當設定操作發生時，應該呼叫 trigger 函數觸發響應，例如：

```
1   const proxy = reactive(new Map([['key', 1]]))
2
3   effect(() => {
4     console.log(proxy.get('key')) // 讀取鍵為 key 的值
5   })
6
7   proxy.set('key', 2) // 修改鍵為 key 的值，應該觸發響應
```

當然，這段程式碼展示的效果是我們最終要實作的目標。但在動手實作之前，我們有必要先瞭解關於使用 Proxy 代理 Set 或 Map 類型資料的注意事項。

先來看一段程式碼，如下：

```
1   const s = new Set([1, 2, 3])
2   const p = new Proxy(s, {})
3
4   console.log(p.size) // 報錯 TypeError: Method get Set.prototype.size called on incompatible receiver
```

在這段程式碼中，我們首先定義了一個 Set 類型的資料 s，接著為它建立一個代理物件 p。由於代理的目標物件是 Set 類型，因此我們可以透過讀取它的 p.size 屬性獲取元素的數量。但不幸的是，我們得到了一個錯誤。錯誤訊息的大意是「在不兼容的 receiver 上呼叫了 get Set.prototype.size 方法」。由此我們人概能猜到，size 屬性應該是一個存取器屬性，所以它作為方法被呼叫了。透過查閱規範可以證實這一點，如圖 5-11 所示。

### 24.2.3.9 get Set.prototype.size

Set.prototype.size is an accessor property whose set accessor function is **undefined**. Its get accessor function performs the following steps:

1. Let $S$ be the **this** value.
2. Perform ? RequireInternalSlot($S$, [[SetData]]).
3. Let *entries* be the List that is $S$.[[SetData]].
4. Let *count* be 0.
5. For each element $e$ of *entries*, do
    a. If $e$ is not **empty**, set *count* to *count* + 1.
6. Return $\mathbb{F}$(*count*).

▲ 圖 5-11　Set.prototype.size 屬性的定義

圖 5-11 所描述的內容如下。

Set.prototype.size 是一個存取器屬性，它的 set 存取器函數是 undefined，它的 get
存取器函數會執行以下步驟。

1. 讓 S 的值為 this。

2. 執行 ? RequireInternalSlot(S, [[SetData]])。

3. 讓 entries 的值為 List，即 S.[[SetData]]。

4. 讓 count 的值為 0。

5. 對於 entries 中的每個元素 e，執行：

   a. 如果 e 不是空的，則將 count 設定為 count + 1。

6. 回傳 𝔽(count)。

由此可知，Set.prototype.size 是一個存取器屬性。這裡的關鍵點在第 1 步和第
2 步。根據第 1 步的描述：讓 S 的值為 this。這裡的 this 是誰呢？由於我們是
透過代理物件 p 來讀取 size 屬性的，所以 this 就是代理物件 p。接著在第 2 步
中，呼叫抽象方法 RequireInternalSlot(S, [[SetData]]) 來檢查 S 是否存在內部槽
[[SetData]]。很顯然，代理物件 S 不存在 [[SetData]] 這個內部槽，於是會拋出一
個錯誤，也就是前面例子中得到的錯誤。

為了修復這個問題，我們需要修正存取器屬性的 getter 函數執行時的 this 指向，
如下面的程式碼所示：

```
1   const s = new Set([1, 2, 3])
2   const p = new Proxy(s, {
3     get(target, key, receiver) {
4       if (key === 'size') {
5         // 如果讀取的是 size 屬性
6         // 透過指定第三個參數 receiver 為原始物件 target 從而修復問題
7         return Reflect.get(target, key, target)
8       }
9       // 讀取其他屬性的預設行為
10      return Reflect.get(target, key, receiver)
11    }
12  })
13
14  console.log(s.size) // 3
```

在上面這段程式碼中，我們在建立代理物件時增加了 get 攔截函數。然後檢查讀取
的屬性名稱是不是 size，如果是，則在呼叫 Reflect.get 函數時指定第三個參數為原
始 Set 物件，這樣存取器屬性 size 的 getter 函數在執行時，其 this 指向的就是原
始 Set 物件而非代理物件了。由於原始 Set 物件上存在 [[SetData]] 內部槽，因此
程式得以正確執行。

接著，我們再來嘗試從 Set 中刪除資料，如下面的程式碼所示：

```
1   const s = new Set([1, 2, 3])
2   const p = new Proxy(s, {
3     get(target, key, receiver) {
4       if (key === 'size') {
5         return Reflect.get(target, key, target)
6       }
7       // 讀取其他屬性的預設行為
8       return Reflect.get(target, key, receiver)
9     }
10   }
11 )
12
13 // 呼叫 delete 方法刪除值為 1 的元素
14 // 會得到錯誤 TypeError: Method Set.prototype.delete called on incompatible receiver [object Object]
15 p.delete(1)
```

可以看到，呼叫 p.delete 方法時會得到一個錯誤，這個錯誤與前文講解的存取 p.size 屬性時發生的錯誤非常相似。為了搞清楚問題的原因，我們需要詳細分析當呼叫 p.delete(1) 方法時都發生了什麼。

實際上，讀取 p.size 與讀取 p.delete 是不同的。這是因為 size 是屬性，是一個存取器屬性，而 delete 是一個方法。當讀取 p.size 時，存取器屬性的 getter 函數會立即執行，此時我們可以透過修改 receiver 來改變 getter 函數的 this 的指向。而當讀取 p.delete 時，delete 方法並沒有執行，真正使其執行的語句是 p.delete(1) 這句函數呼叫。因此，無論怎麼修改 receiver，delete 方法執行時的 this 都會指向代理物件 p，而不會指向原始 Set 物件。想要修復這個問題也不難，只需要把 delete 方法與原始資料綁定即可，如以下程式碼所示：

```
1   const s = new Set([1, 2, 3])
2   const p = new Proxy(s, {
3     get(target, key, receiver) {
4       if (key === 'size') {
5         return Reflect.get(target, key, target)
6       }
7       // 將方法與原始資料 target 綁定後回傳
8       return target[key].bind(target)
9     }
10   }
11 )
12
13 // 呼叫 delete 方法刪除值為 1 的元素，正確執行
14 p.delete(1)
```

在上面這段程式碼中，我們使用 target[key].bind(target) 代替了 Reflect.get(target, key, receiver)。可以看到，我們使用 bind 函數將用於操作資料的方法

與原始資料 target 做了綁定。這樣當 p.delete(1) 語句執行時，delete 函數的 this 總是指向原始資料而非代理物件，於是程式碼能夠正確執行。

最後，為了後續講解方便以及程式碼的可擴展性，我們將 new Proxy 也封裝到前文介紹的 createReactive 函數中：

```
1   const reactiveMap = new Map()
2   // reactive 函數與之前相比沒有變化
3   function reactive(obj) {
4     const proxy = createReactive(obj)
5
6     const existionProxy = reactiveMap.get(obj)
7     if (existionProxy) return existionProxy
8
9     reactiveMap.set(obj, proxy)
10
11    return proxy
12  }
13  // 在 createReactive 裡封裝用於代理 Set/Map 類型資料的邏輯
14  function createReactive(obj, isShallow = false, isReadonly = false) {
15    return new Proxy(obj, {
16      get(target, key, receiver) {
17        if (key === 'size') {
18          return Reflect.get(target, key, target)
19        }
20
21        return target[key].bind(target)
22      }
23    })
24  }
```

這樣，我們就可以很簡單地建立代理資料了：

```
1   const p = reactive(new Set([1, 2, 3]))
2   console.log(p.size) // 3
```

## 5.8.2 建立響應聯繫

瞭解了為 Set 和 Map 類型資料建立代理時的注意事項之後，我們就可以著手實作 Set 類型資料的響應式方案了。其實思路並不複雜，以下面的程式碼為例：

```
1   const p = reactive(new Set([1, 2, 3]))
2
3   effect(() => {
4     // 在副作用函數內讀取 size 屬性
5     console.log(p.size)
6   })
7   // 新增值為 1 的元素，應該觸發響應
8   p.add(1)
```

這段程式碼展示了響應式 Set 類型資料的運作方式。首先，在副作用函數內讀取了 p.size 屬性；接著，呼叫 p.add 函數向集合中新增資料。由於這個行為會間接改變集合的 size 屬性值，所以我們期望副作用函數會重新執行。為了實作這個目標，我們需要在存取 size 屬性時呼叫 track 函數進行相依追蹤，然後在 add 方法執行時呼叫 trigger 函數觸發響應。下面的程式碼展示了如何進行相依追蹤：

```
1   function createReactive(obj, isShallow = false, isReadonly = false) {
2     return new Proxy(obj, {
3       get(target, key, receiver) {
4         if (key === 'size') {
5           // 呼叫 track 函數建立響應聯繫
6           track(target, ITERATE_KEY)
7           return Reflect.get(target, key, target)
8         }
9
10        return target[key].bind(target)
11      }
12    })
13  }
```

可以看到，當讀取 size 屬性時，只需要呼叫 track 函數建立響應聯繫即可。這裡需要注意的是，響應聯繫需要建立在 ITERATE_KEY 與副作用函數之間，這是因為任何新增、刪除操作都會影響 size 屬性。接著，我們來看如何觸發響應。當呼叫 add 方法向集合中新增新元素時，應該怎麼觸發響應呢？很顯然，這需要我們實作一個自訂的 add 方法才行，如以下程式碼所示：

```
1   // 定義一個物件，將自訂的 add 方法定義到該物件下
2   const mutableInstrumentations = {
3     add(key) {/* ... */}
4   }
5
6   function createReactive(obj, isShallow = false, isReadonly = false) {
7     return new Proxy(obj, {
8       get(target, key, receiver) {
9         // 如果讀取的是 raw 屬性，則回傳原始資料 target
10        if (key === 'raw') return target
11        if (key === 'size') {
12          track(target, ITERATE_KEY)
13          return Reflect.get(target, key, target)
14        }
15        // 回傳定義在 mutableInstrumentations 物件下的方法
16        return mutableInstrumentations[key]
17      }
18    })
19  }
```

首先，定義一個物件 mutableInstrumentations，我們會將所有自訂的實作方法都定義到該物件下，例如 mutableInstrumentations.add 方法。然後，在 get 攔截函數內

回傳定義在 mutableInstrumentations 物件中的方法。這樣，當透過 p.add 獲取方法時，得到的就是我們自訂的 mutableInstrumentations.add 方法了。有了自訂的實作方法後，就可以在其中呼叫 trigger 函數觸發響應了：

```
1    // 定義一個物件，將自訂的 add 方法定義到該物件下
2    const mutableInstrumentations = {
3      add(key) {
4        // this 仍然指向的是代理物件，透過 raw 屬性獲取原始資料
5        const target = this.raw
6        // 透過原始資料執行 add 方法新增具體的值，
7        // 注意，這裡不再需要 .bind 了，因為是直接透過 target 呼叫並執行的
8        const res = target.add(key)
9        // 呼叫 trigger 函數觸發響應，並指定操作類型為 ADD
10       trigger(target, key, 'ADD')
11       // 回傳操作結果
12       return res
13     }
14   }
```

如上面的程式碼所示，自訂的 add 函數內的 this 仍然指向代理物件，所以需要透過 this.raw 獲取原始資料。有了原始資料後，就可以透過它呼叫 target.add 方法，這樣就不再需要 .bind 綁定了。待新增操作完成後，呼叫 trigger 函數觸發響應。需要注意的是，我們指定了操作類型為 ADD，這一點很重要。還記得 trigger 函數的實作嗎？我們來回顧一下，如下面的程式碼片段所示：

```
1    function trigger(target, key, type, newVal) {
2      const depsMap = bucket.get(target)
3      if (!depsMap) return
4      const effects = depsMap.get(key)
5
6      // 省略無關內容
7
8      // 當操作類型 type 為 ADD 時，會取出與 ITERATE_KEY 相關聯的副作用函數並執行
9      if (type === 'ADD' || type === 'DELETE') {
10       const iterateEffects = depsMap.get(ITERATE_KEY)
11       iterateEffects && iterateEffects.forEach(effectFn => {
12         if (effectFn !== activeEffect) {
13           effectsToRun.add(effectFn)
14         }
15       })
16     }
17
18     effectsToRun.forEach(effectFn => {
19       if (effectFn.options.scheduler) {
20         effectFn.options.scheduler(effectFn)
21       } else {
22         effectFn()
23       }
24     })
25   }
```

當操作類型是 ADD 或 DELETE 時，會取出與 ITERATE_KEY 相關聯的副作用函數並執行，這樣就可以觸發透過讀取 size 屬性所收集的副作用函數來執行了。

當然，如果呼叫 add 方法新增的元素已經存在於 Set 集合中了，就不再需要觸發響應了，這樣做對效能更加友好，因此，我們可以對程式碼做如下最佳化：

```
const mutableInstrumentations = {
  add(key) {
    const target = this.raw
    // 先判斷值是否已經存在
    const hadKey = target.has(key)
    // 只有在值不存在的情況下，才需要觸發響應
    if (!hadKey) {
      const res = target.add(key)
      trigger(target, key, 'ADD')
    }
    return res
  }
}
```

在上面這段程式碼中，我們先呼叫 target.has 方法判斷值是否已經存在，只有在值不存在的情況下才需要觸發響應。

在此基礎上，我們可以按照類似的思路輕鬆地實作 delete 方法：

```
const mutableInstrumentations = {
  delete(key) {
    const target = this.raw
    const hadKey = target.has(key)
    const res = target.delete(key)
    // 當要刪除的元素確實存在時，才觸發響應
    if (hadKey) {
      trigger(target, key, 'DELETE')
    }
    return res
  }
}
```

如上面的程式碼所示，與 add 方法的區別在於，delete 方法只有在要刪除的元素確實在集合中存在時，才需要觸發響應，這一點恰好與 add 方法相反。

## 5.8.3 避免污染原始資料

本節中我們借助 Map 類型資料的 set 和 get 這兩個方法來講解什麼是「避免污染原始資料」及其原因。

Map 資料類型擁有 get 和 set 這兩個方法，當呼叫 get 方法讀取資料時，需要呼叫 track 函數追蹤相依建立響應聯繫；當呼叫 set 方法設定資料時，需要呼叫 trigger 方法觸發響應。如下面的程式碼所示：

```
1   const p = reactive(new Map([['key', 1]]))
2
3   effect(() => {
4     console.log(p.get('key'))
5   })
6
7   p.set('key', 2) // 觸發響應
```

其實想要實作上面這段程式碼所展示的功能並不難，因為我們已經有了實作 add 、 delete 等方法的經驗。下面是 get 方法的具體實作：

```
1   const mutableInstrumentations = {
2     get(key) {
3       // 獲取原始物件
4       const target = this.raw
5       // 判斷讀取的 key 是否存在
6       const had = target.has(key)
7       // 追蹤依賴，建立響應聯繫
8       track(target, key)
9       // 如果存在，則回傳結果。這裡要注意的是，如果得到的結果 res 仍然是可代理的資料，
10      // 則要回傳使用 reactive 包裝後的響應式資料
11      if (had) {
12        const res = target.get(key)
13        return typeof res === 'object' ? reactive(res) : res
14      }
15    }
16  }
```

如上面的程式碼及註解所示，整體思路非常清晰。這裡有一點需要注意，在非淺響應的情況下，如果得到的資料仍然可以被代理，那麼要呼叫 reactive(res) 將資料轉換成響應式資料後回傳。在淺響應模式下，就不需要這一步了。由於前文講解過如何實作淺響應，因此這裡不再詳細討論。

接著，我們來討論 set 方法的實作。簡單來說，當 set 方法被呼叫時，需要呼叫 trigger 方法觸發響應。只不過在觸發響應的時候，需要區分操作的類型是 SET 還是 ADD，如下面的程式碼所示：

```
1   const mutableInstrumentations = {
2     set(key, value) {
3       const target = this.raw
4       const had = target.has(key)
5       // 獲取舊值
6       const oldValue = target.get(key)
7       // 設定新值
8       target.set(key, value)
```

```
9      // 如果不存在，則說明是 ADD 類型的操作，意味著新增
10     if (!had) {
11       trigger(target, key, 'ADD')
12     } else if (oldValue !== value || (oldValue === oldValue && value === value)) {
13       // 如果不存在，並且值變了，則是 SET 類型的操作，意味著修改
14       trigger(target, key, 'SET')
15     }
16   }
17 }
```

這段程式碼的關鍵點在於，我們需要判斷設定的 key 是否存在，以便區分不同的操作類型。我們知道，對於 SET 類型和 ADD 類型的操作來說，它們最終觸發的副作用函數是不同的。因為 ADD 類型的操作會對資料的 size 屬性產生影響，所以任何依賴 size 屬性的副作用函數都需要在 ADD 類型的操作發生時重新執行。

上面提供的 set 函數的實作能夠正常運作，但它仍然存在問題，即 set 方法會污染原始資料。這是什麼意思呢？來看下面的程式碼：

```
1  // 原始 Map 物件 m
2  const m = new Map()
3  // p1 是 m 的代理物件
4  const p1 = reactive(m)
5  // p2 是另外一個代理物件
6  const p2 = reactive(new Map())
7  // 為 p1 設定一個鍵值對，值是代理物件 p2
8  p1.set('p2', p2)
9
10 effect(() => {
11   // 注意，這裡我們透過原始資料 m 讀取 p2
12   console.log(m.get('p2').size)
13 })
14 // 注意，這裡我們透過原始資料 m 為 p2 設定一個鍵值對 foo --> 1
15 m.get('p2').set('foo', 1)
```

在這段程式碼中，我們首先建立了一個原始 Map 物件 m，p1 是物件 m 的代理物件，接著建立另外一個代理物件 p2，並將其作為值設定給 p1，即 p1.set('p2', p2)。接下來問題出現了，在副作用函數中，我們透過原始資料 m 來讀取資料值，然後又透過原始資料 m 設定資料值，此時發現副作用函數重新執行了。這其實不是我們所期望的行為，因為原始資料不應該具有響應式資料的能力，否則就意味著使用者既可以操作原始資料，又能夠操作響應式資料，這樣一來程式碼就亂套了。

那麼，導致問題的原因是什麼呢？其實很簡單，觀察我們前面實作的 set 方法：

```
1  const mutableInstrumentations = {
2    set(key, value) {
3      const target = this.raw
4      const had = target.has(key)
5      const oldValue = target.get(key)
```

```
6          // 我們把 value 原封不動地設定到原始資料上
7          target.set(key, value)
8          if (!had) {
9            trigger(target, key, 'ADD')
10         } else if (oldValue !== value || (oldValue === oldValue && value === value)) {
11           trigger(target, key, 'SET')
12         }
13      }
14    }
```

在 set 方法內，我們把 value 直接設定到了原始資料 target 上。如果 value 是響應式資料，就意味著設定到原始物件上的也是響應式資料，我們把**響應式資料設定到原始資料上的行為稱為資料污染**。

要解決資料污染也不難，只需要在呼叫 target.set 函數設定值之前對值進行檢查即可：只要發現即將要設定的值是響應式資料，那麼就透過 raw 屬性獲取原始資料，再把原始資料設定到 target 上，如下面的程式碼所示：

```
1    const mutableInstrumentations = {
2      set(key, value) {
3        const target = this.raw
4        const had = target.has(key)
5
6        const oldValue = target.get(key)
7        // 獲取原始資料，由於 value 本身可能已經是原始資料，所以此時 value.raw 不存在，則直接使用 value
8        const rawValue = value.raw || value
9        target.set(key, rawValue)
10
11       if (!had) {
12         trigger(target, key, 'ADD')
13       } else if (oldValue !== value || (oldValue === oldValue && value === value)) {
14         trigger(target, key, 'SET')
15       }
16     }
17   }
```

現在的實作已經不會造成資料污染了。不過，細心觀察上面的程式碼，會發現新的問題。我們一直使用 raw 屬性來讀取原始資料是有缺陷的，因為它可能與使用者自訂的 raw 屬性衝突，所以在一個嚴謹的程式碼中，我們需要使用唯一的標識來作為讀取原始資料的鍵，例如使用 Symbol 類型來代替。

本節中，我們透過 Map 類型資料的 set 方法講解了關於避免污染原始資料的問題。其實除了 set 方法需要避免污染原始資料之外，Set 類型的 add 方法、普通物件的寫值操作，還有為陣列新增元素的方法等，都需要做類似的處理。

## 5.8.4 處理 forEach

集合類型的 forEach 方法類似於陣列的 forEach 方法，我們先來看看它是如何運作的：

```
1   const m = new Map([
2     [{ key: 1 }, { value: 1 }]
3   ])
4
5   effect(() => {
6     m.forEach(function (value, key, m) {
7       console.log(value) // { value: 1 }
8       console.log(key) // { key: 1 }
9     })
10  })
```

以 Map 為例，forEach 方法接收一個回呼函數作為參數，該回呼函數會在 Map 的每個鍵值對上被呼叫。回呼函數接收三個參數，分別是值、鍵以及原始 Map 物件。如上面的程式碼所示，我們可以使用 forEach 方法遍歷 Map 資料的每一組鍵值對。

遍歷操作只與鍵值對的數量有關，因此任何會修改 Map 物件鍵值對數量的操作都應該觸發副作用函數重新執行，例如 delete 和 add 方法等。所以當 forEach 函數被呼叫時，我們應該讓副作用函數與 ITERATE_KEY 建立響應聯繫，如下面的程式碼所示：

```
1   const mutableInstrumentations = {
2     forEach(callback) {
3       // 取得原始資料
4       const target = this.raw
5       // 與 ITERATE_KEY 建立響應聯繫
6       track(target, ITERATE_KEY)
7       // 透過原始資料呼叫 forEach 方法，並把 callback 傳遞過去
8       target.forEach(callback)
9     }
10  }
```

這樣我們就實作了對 forEach 操作的追蹤，可以使用下面的程式碼進行測試：

```
1   const p = reactive(new Map([
2     [{ key: 1 }, { value: 1 }]
3   ]))
4
5   effect(() => {
6     p.forEach(function (value, key) {
7       console.log(value) // { value: 1 }
8       console.log(key) // { key: 1 }
9     })
10  })
11
12  // 能夠觸發響應
13  p.set({ key: 2 }, { value: 2 })
```

可以發現，這段程式碼能夠按照預期運作。然而，上面提供的 forEach 函數仍然存在缺陷，我們在自訂實作的 forEach 方法內，透過原始資料呼叫了原生的 forEach 方法，即

```
1   // 透過原始資料呼叫 forEach 方法，並把 callback 傳遞過去
2   target.forEach(callback)
```

這意味著，傳遞給 callback 回呼函數的參數將是非響應式資料。這導致下面的程式碼不能按預期運作：

```
1   const key = { key: 1 }
2   const value = new Set([1, 2, 3])
3   const p = reactive(new Map([
4     [key, value]
5   ]))
6
7   effect(() => {
8     p.forEach(function (value, key) {
9       console.log(value.size) // 3
10    })
11  })
12
13  p.get(key).delete(1)
```

在上面這段程式碼中，響應式資料 p 有一個鍵值對，其中鍵是普通物件 { key: 1 }，值是 Set 類型的原始資料 new Set([1, 2, 3])。接著，我們在副作用函數中使用 forEach 方法遍歷 p，並在回呼函數中讀取 value.size。最後，我們嘗試刪除 Set 類型資料中值為 1 的元素，卻發現沒能觸發副作用函數重新執行。導致問題的原因就是上面曾提到的，當透過 value.size 讀取 size 屬性時，這裡的 value 是原始資料，即 new Set([1, 2, 3])，而非響應式資料，因此無法建立響應聯繫。但這其實不符合直覺，因為 reactive 本身是深響應，forEach 方法的回呼函數所接收到的參數也應該是響應式資料才對。為了解決這個問題，我們需要對現有實作做一些修改，如下面的程式碼所示：

```
1   const mutableInstrumentations = {
2     forEach(callback) {
3       // wrap 函數用來把可代理的值轉換為響應式資料
4       const wrap = (val) => typeof val === 'object' ? reactive(val) : val
5       const target = this.raw
6       track(target, ITERATE_KEY)
7       // 透過 target 呼叫原始 forEach 方法進行遍歷
8       target.forEach((v, k) => {
9         // 手動呼叫 callback，用 wrap 函數包裹 value 和 key 後再傳給 callback，這樣就實作了深響應
10        callback(wrap(v), wrap(k), this)
11      })
12    }
13  }
```

153

其實思路很簡單，既然 callback 函數的參數不是響應式的，那就將它轉換成響應式的。所以在上面的程式碼中，我們又對 callback 函數的參數做了一層包裝，即把傳遞給 callback 函數的參數包裝成響應式的。此時，如果再次嘗試執行前文提供的例子，會發現它能夠按預期運作了。

最後，出於嚴謹性，我們還需要做一些補充。因為 forEach 函數除了接收 callback 作為參數之外，它還接收第二個參數，該參數可以用來指定 callback 函數執行時的 this 值。更加完善的實作如下所示：

```
1   const mutableInstrumentations = {
2     // 接收第二個參數
3     forEach(callback, thisArg) {
4       const wrap = (val) => typeof val === 'object' ? reactive(val) : val
5       const target = this.raw
6       track(target, ITERATE_KEY)
7
8       target.forEach((v, k) => {
9         // 透過 .call 呼叫 callback，並傳遞 thisArg
10        callback.call(thisArg, wrap(v), wrap(k), this)
11      })
12    }
13  }
```

至此，我們的工作仍然沒有完成。現在我們知道，無論是使用 for...in 循環遍歷一個物件，還是使用 forEach 循環遍歷一個集合，它們的響應聯繫都是建立在 ITERATE_KEY 與副作用函數之間的。然而，使用 for...in 來遍歷物件與使用 forEach 遍歷集合之間存在本質的不同。具體展現在，當使用 for...in 循環遍歷物件時，它只關心物件的鍵，而不關心物件的值，如以下程式碼所示：

```
1   effect(() => {
2     for (const key in obj) {
3       console.log(key)
4     }
5   })
```

只有當新增、刪除物件的 key 時，才需要重新執行副作用函數。所以我們在 trigger 函數內判斷操作類型是否是 ADD 或 DELETE，進而知道是否需要觸發那些與 ITERATE_KEY 相關聯的副作用函數重新執行。對於 SET 類型的操作來說，因為它不會改變一個物件的鍵的數量，所以當 SET 類型的操作發生時，不需要觸發副作用函數重新執行。

但這個規則不適用於 Map 類型的 forEach 遍歷，如以下程式碼所示：

```
1   const p = reactive(new Map([
2     ['key', 1]
```

```
3    ]))
4
5    effect(() => {
6      p.forEach(function (value, key) {
7        // forEach 循環不僅關心集合的鍵，還關心集合的值
8        console.log(value) // 1
9      })
10   })
11
12   p.set('key', 2) // 即使操作類型是 SET，也應該觸發響應
```

當使用 forEach 遍歷 Map 類型的資料時，它既關心鍵，又關心值。這意味著，當呼叫 p.set('key', 2) 修改值的時候，也應該觸發副作用函數重新執行，即使它的操作類型是 SET。因此，我們應該修改 trigger 函數的程式碼來彌補這個缺陷：

```
1    function trigger(target, key, type, newVal) {
2      console.log('trigger', key)
3      const depsMap = bucket.get(target)
4      if (!depsMap) return
5      const effects = depsMap.get(key)
6
7      const effectsToRun = new Set()
8      effects && effects.forEach(effectFn => {
9        if (effectFn !== activeEffect) {
10         effectsToRun.add(effectFn)
11       }
12     })
13
14     if (
15       type === 'ADD' ||
16       type === 'DELETE' ||
17       // 如果操作類型是 SET，並且目標物件是 Map 類型的資料，
18       // 也應該觸發那些與 ITERATE_KEY 相關聯的副作用函數重新執行
19       (
20         type === 'SET' &&
21         Object.prototype.toString.call(target) === '[object Map]'
22       )
23     ) {
24       const iterateEffects = depsMap.get(ITERATE_KEY)
25       iterateEffects && iterateEffects.forEach(effectFn => {
26         if (effectFn !== activeEffect) {
27           effectsToRun.add(effectFn)
28         }
29       })
30     }
31
32     // 省略部分內容
33
34     effectsToRun.forEach(effectFn => {
35       if (effectFn.options.scheduler) {
36         effectFn.options.scheduler(effectFn)
37       } else {
38         effectFn()
```

```
39       }
40     })
41   }
```

如上面的程式碼所示，我們增加了一個判斷條件：如果操作的目標物件是 `Map` 類型的，則 `SET` 類型的操作也應該觸發那些與 `ITERATE_KEY` 相關聯的副作用函數重新執行。

## 5.8.5 迭代器方法

接下來，我們討論關於集合類型的迭代器方法，實際上前面講解如何攔截 `for...of` 循環遍歷陣列的時候介紹過迭代器的相關知識。集合類型有三個迭代器方法：

- ☑ entries
- ☑ keys
- ☑ values

呼叫這些方法會得到相應的迭代器，並且可以使用 `for...of` 進行循環迭代，例如：

```
1   const m = new Map([
2     ['key1', 'value1'],
3     ['key2', 'value2']
4   ])
5
6   for (const [key, value] of m.entries()) {
7     console.log(key, value)
8   }
9   // 輸出：
10  // key1 value1
11  // key2 value2
```

另外，由於 `Map` 或 `Set` 類型本身部署了 `Symbol.iterator` 方法，因此它們可以使用 `for...of` 進行迭代：

```
1   for (const [key, value] of m {
2     console.log(key, value)
3   }
4   // 輸出：
5   // key1 value1
6   // key2 value2
```

當然，我們也可以呼叫迭代器函數取得迭代器物件後，手動呼叫迭代器物件的 `next` 方法獲取對應的值：

```
1   const itr = m[Symbol.iterator]()
2   console.log(itr.next())  // { value: ['key1', 'value1'], done: false }
```

```
3    console.log(itr.next())  // { value: ['key2', 'value2'], done: false }
4    console.log(itr.next())  // { value: undefined, done: true }
```

實際上，m[Symbol.iterator] 與 m.entries 是等價的：

```
1    console.log(m[Symbol.iterator] === m.entries) // true
```

這就是為什麼上例中使用 for...of 循環迭代 m.entries 和 m 會得到同樣的結果。

理解了這些內容後，我們就可以嘗試實作對迭代器方法的代理了。不過在這之前，不妨做一些嘗試，看看會發生什麼，如以下程式碼所示：

```
1    const p = reactive(new Map([
2      ['key1', 'value1'],
3      ['key2', 'value2']
4    ]))
5
6    effect(() => {
7      // TypeError: p is not iterable
8      for (const [key, value] of p) {
9        console.log(key, value)
10     }
11   })
12
13   p.set('key3', 'value3')
```

在這段程式碼中，我們首先建立一個代理物件 p，接著嘗試使用 for...of 循環遍歷它，卻得到了一個錯誤：「p 是不可迭代的」。我們知道一個物件能否迭代，取決於該物件是否實作了迭代協議，如果一個物件正確地實作了 Symbol.iterator 方法，那麼它就是可迭代的。很顯然，代理物件 p 沒有實作 Symbol.iterator 方法，因此我們得到了上面的錯誤。

但實際上，當我們使用 for...of 循環迭代一個代理物件時，內部會試圖從代理物件 p 上讀取 p[Symbol.iterator] 屬性，這個操作會觸發 get 攔截函數，所以我們仍然可以把 Symbol.iterator 方法的實作放到 mutableInstrumentations 中，如以下程式碼所示：

```
1    const mutableInstrumentations = {
2      [Symbol.iterator]() {
3        // 獲取原始資料 target
4        const target = this.raw
5        // 獲取原始迭代器方法
6        const itr = target[Symbol.iterator]()
7        // 將其回傳
8        return itr
9      }
10   }
```

實作很簡單，不過是把原始的迭代器物件回傳而已，這樣就能夠使用 `for...of` 循環迭代代理物件 p 了，然而事情不可能這麼簡單。在 5.8.4 節中講解 forEach 方法時我們提到過，傳遞給 `callback` 的參數是包裝後的響應式資料，如：

```
1   p.forEach((value, key) => {
2     // value 和 key 如果可以被代理，那麼它們就是代理物件，即響應式資料
3   })
```

同理，使用 `for...of` 循環迭代集合時，如果迭代產生的值也是可以被代理的，那麼也應該將其包裝成響應式資料，例如：

```
1   for (const [key, value] of p) {
2     // 期望 key 和 value 是響應式資料
3   }
```

因此，我們需要修改程式碼：

```
1   const mutableInstrumentations = {
2     [Symbol.iterator]() {
3       // 獲取原始資料 target
4       const target = this.raw
5       // 獲取原始迭代器方法
6       const itr = target[Symbol.iterator]()
7
8       const wrap = (val) => typeof val === 'object' && val !== null ? reactive(val) : val
9
10      // 回傳自訂的迭代器
11      return {
12        next() {
13          // 呼叫原始迭代器的 next 方法獲取 value 和 done
14          const { value, done } = itr.next()
15          return {
16            // 如果 value 不是 undefined ，則對其進行包裝
17            value: value ? [wrap(value[0]), wrap(value[1])] : value,
18            done
19          }
20        }
21      }
22    }
23  }
```

如以上程式碼所示，為了實作對 key 和 value 的包裝，我們需要自訂實作的迭代器，在其中呼叫原始迭代器獲取值 value 以及代表是否結束的 done。如果值 value 不為 undefined，則對其進行包裝，最後回傳包裝後的代理物件，這樣當使用 `for...of` 循環進行迭代時，得到的值就會是響應式資料了。

最後，為了追蹤 for...of 對資料的迭代操作，我們還需要呼叫 track 函數，讓副作用函數與 ITERATE_KEY 建立聯繫：

```
1   const mutableInstrumentations = {
2     [Symbol.iterator]() {
3       const target = this.raw
4       const itr = target[Symbol.iterator]()
5
6       const wrap = (val) => typeof val === 'object' && val !== null ? reactive(val) : val
7
8       // 呼叫 track 函數建立響應聯繫
9       track(target, ITERATE_KEY)
10
11      return {
12        next() {
13          const { value, done } = itr.next()
14          return {
15            value: value ? [wrap(value[0]), wrap(value[1])] : value,
16            done
17          }
18        }
19      }
20    }
21  }
```

由於迭代操作與集合中元素的數量有關，所以只要集合的 size 發生變化，就應該觸發迭代操作重新執行。因此，我們在呼叫 track 函數時讓 ITERATE_KEY 與副作用函數建立聯繫。完成這一步後，集合的響應式資料功能就相對完整了，我們可以透過如下程式碼測試一下：

```
1   const p = reactive(new Map([
2     ['key1', 'value1'],
3     ['key2', 'value2']
4   ]))
5
6   effect(() => {
7     for (const [key, value] of p) {
8       console.log(key, value)
9     }
10  })
11
12  p.set('key3', 'value3') // 能夠觸發響應
```

前面我們說過，由於 p.entries 與 p[Symbol.iterator] 等價，所以我們可以使用同樣的程式碼來實作對 p.entries 函數的攔截，如以下程式碼所示：

```
1   const mutableInstrumentations = {
2     // 共用 iterationMethod 方法
3     [Symbol.iterator]: iterationMethod,
4     entries: iterationMethod
5   }
```

```
6    // 抽離為獨立的函數，便於再度利用
7    function iterationMethod() {
8      const target = this.raw
9      const itr = target[Symbol.iterator]()
10
11     const wrap = (val) => typeof val === 'object' ? reactive(val) : val
12
13     track(target, ITERATE_KEY)
14
15     return {
16       next() {
17         const { value, done } = itr.next()
18         return {
19           value: value ? [wrap(value[0]), wrap(value[1])] : value,
20           done
21         }
22       }
23     }
24   }
```

但當你嘗試執行程式碼使用 for...of 進行迭代時，會得到一個錯誤：

```
1    // TypeError: p.entries is not a function or its return value is not iterable
2    for (const [key, value] of p.entries()) {
3      console.log(key, value)
4    }
```

錯誤的大意是 p.entries 的回傳值不是一個可迭代物件。很顯然，p.entries 函數的回傳值是一個物件，該物件帶有 next 方法，但不具有 Symbol.iterator 方法，因此它確實不是一個可迭代物件。這裡是經常出錯的地方，大家切勿把可迭代協議與迭代器協議搞混。可迭代協議指的是一個物件實作了 Symbol.iterator 方法，而迭代器協議指的是一個物件實作了 next 方法。但一個物件可以同時實作可迭代協議和迭代器協議，例如：

```
1    const obj = {
2      // 迭代器協議
3      next() {
4        // ...
5      }
6      // 可迭代協議
7      [Symbol.iterator]() {
8        return this
9      }
10   }
```

所以解決問題的方法也自然而然地出現了：

```
1    // 抽離為獨立的函數，便於重新使用
2    function iterationMethod() {
3      const target = this.raw
```

```
4      const itr = target[Symbol.iterator]()
5
6      const wrap = (val) => typeof val === 'object' ? reactive(val) : val
7
8      track(target, ITERATE_KEY)
9
10     return {
11       next() {
12         const { value, done } = itr.next()
13         return {
14           value: value ? [wrap(value[0]), wrap(value[1])] : value,
15           done
16         }
17       }
18       // 實作可迭代協議
19       [Symbol.iterator]() {
20         return this
21       }
22     }
23   }
```

現在一切都能正常運作了。

## 5.8.6 values 與 keys 方法

values 方法的實作與 entries 方法類似，不同的是，當使用 for...of 迭代 values 時，得到的僅僅是 Map 資料的值，而非鍵值對：

```
1    for (const value of p.values()) {
2      console.log(value)
3    }
```

values 方法的實作如下：

```
1    const mutableInstrumentations = {
2      // 共用 iterationMethod 方法
3      [Symbol.iterator]: iterationMethod,
4      entries: iterationMethod,
5      values: valuesIterationMethod
6    }
7
8    function valuesIterationMethod() {
9      // 獲取原始資料 target
10     const target = this.raw
11     // 透過 target.values 獲取原始迭代器方法
12     const itr = target.values()
13
14     const wrap = (val) => typeof val === 'object' ? reactive(val) : val
15
16     track(target, ITERATE_KEY)
17
```

```
18      // 將其回傳
19      return {
20        next() {
21          const { value, done } = itr.next()
22          return {
23            // value 是值，而非鍵值對，所以只需要包裝 value 即可
24            value: wrap(value),
25            done
26          }
27        },
28        [Symbol.iterator]() {
29          return this
30        }
31      }
32    }
```

其中，`valuesIterationMethod` 與 `iterationMethod` 這兩個方法有兩點區別：

▣ `iterationMethod` 透過 `target[Symbol.iterator]` 獲取迭代器物件，而 `valuesIterationMethod` 透過 `target.values` 獲取迭代器物件；

▣ `iterationMethod` 處理的是鍵值對，即 `[wrap(value[0]), wrap(value[1])]`，而 `valuesIterationMethod` 只處理值，即 `wrap(value)`。

由於它們的大部分邏輯相同，所以我們可以將它們封裝到一個可複用的函數中。但為了便於理解，這裡仍然將它們設計為兩個獨立的函數來實作。

`keys` 方法與 `values` 方法非常類似，不同點在於，前者處理的是鍵而非值。因此，我們只需要修改 `valuesIterationMethod` 方法中的一行程式碼，即可實作對 `keys` 方法的代理。把下面這句程式碼：

```
1    const itr = target.values()
```

替換成：

```
1    const itr = target.keys()
```

這麼做的確能夠達到目的，但如果我們嘗試執行如下測試程式，就會發現存在缺陷：

```
1    const p = reactive(new Map([
2      ['key1', 'value1'],
3      ['key2', 'value2']
4    ]))
5
6    effect(() => {
7      for (const value of p.keys()) {
8        console.log(value) // key1 key2
9      }
```

```
10    })
11
12    p.set('key2', 'value3') // 這是一個 SET 類型的操作，它修改了 key2 的值
```

在 上 面 這 段 程 式 碼 中 ， 我 們 使 用 for...of 循 環 來 遍 歷 p.keys ， 然 後 呼 叫
p.set('key2', 'value3') 修改鍵為 key2 的值。在這個過程中，Map 類型資料的所有
鍵都沒有發生變化，仍然是 key1 和 key2，所以在理想情況下，副作用函數不應該
執行。但如果你嘗試執行上面範例，會發現副作用函數仍然重新執行了。

這是因為，我們對 Map 類型的資料進行了特殊處理。前文提到，即使操作類型為
SET，也會觸發那些與 ITERATE_KEY 相關聯的副作用函數重新執行，trigger 函數的
程式碼可以證明這一點：

```
1    function trigger(target, key, type, newVal) {
2      // 省略其他程式碼
3
4      if (
5        type === 'ADD' ||
6        type === 'DELETE' ||
7        // 即使是 SET 類型的操作，也會觸發那些與 ITERATE_KEY 相關聯的副作用函數重新執行
8        (
9          type === 'SET' &&
10         Object.prototype.toString.call(target) === '[object Map]'
11       )
12     ) {
13       const iterateEffects = depsMap.get(ITERATE_KEY)
14       iterateEffects && iterateEffects.forEach(effectFn => {
15         if (effectFn !== activeEffect) {
16           effectsToRun.add(effectFn)
17         }
18       })
19     }
20
21     // 省略其他程式碼
22   }
```

這對於 values 或 entries 等方法來說是必需的，但對於 keys 方法來說則沒有必要，
因為 keys 方法只關心 Map 類型資料的鍵的變化，而不關心值的變化。

解決辦法很簡單，如以下程式碼所示：

```
1    const MAP_KEY_ITERATE_KEY = Symbol()
2
3    function keysIterationMethod() {
4      // 獲取原始資料 target
5      const target = this.raw
6      // 獲取原始迭代器方法
7      const itr = target.keys()
8
```

```
9     const wrap = (val) => typeof val === 'object' ? reactive(val) : val
10
11    // 呼叫 track 函數追蹤依賴，在副作用函數與 MAP_KEY_ITERATE_KEY 之間建立響應聯繫
12    track(target, MAP_KEY_ITERATE_KEY)
13
14    // 將其回傳
15    return {
16      next() {
17        const { value, done } = itr.next()
18        return {
19          value: wrap(value),
20          done
21        }
22      },
23      [Symbol.iterator]() {
24        return this
25      }
26    }
27  }
```

在上面這段程式碼中，當呼叫 track 函數追蹤依賴時，我們使用 MAP_KEY_ITERATE_KEY 代替了 ITERATE_KEY。其中 MAP_KEY_ITERATE_KEY 與 ITERATE_KEY 類似，是一個新的 Symbol 類型，用來作為抽象的鍵。這樣就實作了依賴收集的分離，即 values 和 entries 等方法仍然依賴 ITERATE_KEY，而 keys 方法則依賴 MAP_KEY_ITERATE_KEY。當 SET 類型的操作只會觸發與 ITERATE_KEY 相關聯的副作用函數重新執行時，自然就會忽略那些與 MAP_KEY_ITERATE_KEY 相關聯的副作用函數。但當 ADD 和 DELETE 類型的操作發生時，除了觸發與 ITERATE_KEY 相關聯的副作用函數重新執行之外，還需要觸發與 MAP_KEY_ITERATE_KEY 相關聯的副作用函數重新執行，因此我們需要修改 trigger 函數的程式碼，如下所示：

```
1   function trigger(target, key, type, newVal) {
2     // 省略其他程式碼
3
4     if (
5       // 操作類型為 ADD 或 DELETE
6       (type === 'ADD' || type === 'DELETE') &&
7       // 並且是 Map 類型的資料
8       Object.prototype.toString.call(target) === '[object Map]'
9     ) {
10      // 則取出那些與 MAP_KEY_ITERATE_KEY 相關聯的副作用函數並執行
11      const iterateEffects = depsMap.get(MAP_KEY_ITERATE_KEY)
12      iterateEffects && iterateEffects.forEach(effectFn => {
13        if (effectFn !== activeEffect) {
14          effectsToRun.add(effectFn)
15        }
16      })
17    }
18
```

```
19      // 省略其他程式碼
20    }
```

這樣，就能夠避免不必要的更新了：

```
1   const p = reactive(new Map([
2     ['key1', 'value1'],
3     ['key2', 'value2']
4   ]))
5
6   effect(() => {
7     for (const value of p.keys()) {
8       console.log(value)
9     }
10  })
11
12  p.set('key2', 'value3') // 不會觸發響應
13  p.set('key3', 'value3') // 能夠觸發響應
```

## 5.9 總結

在本章中，我們首先介紹了 Proxy 與 Reflect。Vue.js 3 的響應式資料是基於 Proxy 實作的，Proxy 可以為其他物件建立一個代理物件。所謂代理，指的是對一個物件**基本語義**的代理。它允許我們**攔截**並**重新定義**對一個物件的基本操作。在實作代理的過程中，我們遇到了存取器屬性的 this 指向問題，這需要使用 Reflect.* 方法並指定正確的 receiver 來解決。

然後我們詳細討論了 JavaScript 中物件的概念，以及 Proxy 的運作原理。在 ECMAScript 規範中，JavaScript 中有兩種物件，其中一種叫作常規物件，另一種叫作異質物件。滿足以下三點要求的物件就是常規物件：

- ☑ 對於表 5-1 提供的內部方法，必須使用規範 10.1.x 節提供的定義實作；
- ☑ 對於內部方法 [[Call]]，必須使用規範 10.2.1 節提供的定義實作；
- ☑ 對於內部方法 [[Construct]]，必須使用規範 10.2.2 節提供的定義實作。

而所有不符合這三點要求的物件都是異質物件。一個物件是函數還是其他物件，是由部署在該物件上的內部方法和內部槽決定的。

接著，我們討論了關於物件 Object 的代理。代理物件的本質，就是查閱規範並找到可攔截的基本操作的方法。有一些操作並不是基本操作，而是複合操作，這需要我們查閱規範瞭解它們都依賴哪些基本操作，從而透過基本操作的攔截方法間接地處理複合操作。我們還詳細分析了新增、修改、刪除屬性對 for...in 操作的影響，其

中新增和刪除屬性都會影響 for...in 循環的執行次數,所以當這些操作發生時,需要觸發與 ITERATE_KEY 相關聯的副作用函數重新執行。而修改屬性值則不影響 for...in 循環的執行次數,因此無須處理。我們還討論了如何合理地觸發副作用函數重新執行,包括對 NaN 的處理,以及存取原型鏈上的屬性導致的副作用函數重新執行兩次的問題。對於 NaN,我們主要注意的是 NaN === NaN 永遠等於 false。對於原型鏈屬性問題,需要我們查閱規範定位問題的原因。由此可見,想要基於 Proxy 實作一個相對完善的響應系統,免不了去暸解 ECMAScript 規範。

而後,我們討論了深響應與淺響應,以及深唯讀與淺唯讀。這裡的深和淺指的是物件的層級,淺響應(或唯讀)代表僅代理一個物件的第一層屬性,即只有物件的第一層屬性值是響應(或唯讀)的。深響應(或唯讀)則恰恰相反,為了實作深響應(或唯讀),我們需要在回傳屬性值之前,對值做一層包裝,將其包裝為響應式(或唯讀)資料後再回傳。

之後,我們討論了關於陣列的代理。陣列是一個異質物件,因為陣列物件部署的內部方法 [[DefineOwnProperty]] 不同於常規物件。透過索引為陣列設定新的元素,可能會間接地改變陣列 length 屬性的值。對應地,修改陣列 length 屬性的值,也可能會間接影響陣列中的已有元素。所以在觸發響應的時候需要額外注意。我們還討論了如何攔截 for...in 和 for...of 對陣列的遍歷操作。使用 for...in 循環遍歷陣列與遍歷普通物件區別不大,唯一需要注意的是,當追蹤 for...in 操作時,應該使用陣列的 length 作為追蹤的 key。for...of 基於迭代協議運作,陣列內建了 Symbol.iterator 方法。根據規範的 23.1.5.1 節可知,陣列迭代器執行時,會讀取陣列的 length 屬性或陣列的索引。因此,我們不需要做其他額外的處理,就能夠實作對 for...of 迭代的響應式支援。

我們還討論了陣列的搜尋方法。如 includes、indexOf 以及 lastIndexOf 等。對於陣列元素的搜尋,需要注意的一點是,使用者既可能使用代理物件進行搜尋,也可能使用原始物件進行搜尋。為了支援這兩種形式,我們需要重寫陣列的搜尋方法。原理很簡單,當使用者使用這些方法搜尋元素時,我們可以先去代理物件中搜尋,如果找不到,再去原始陣列中搜尋。

我們還介紹了會間接修改陣列長度的原型方法,即 push、pop、shift、unshift 以及 splice 等方法。呼叫這些方法會間接地讀取和設定陣列的 length 屬性,因此,在不同的副作用函數內對同一個陣列執行上述方法,會導致多個副作用函數之間循環呼叫,最終導致呼叫堆疊溢出。為了解決這個問題,我們使用一個標記變數 shouldTrack 來代表是否允許進行追蹤,然後重寫了上述這些方法,目的是,當這些方法間接讀取 length 屬性值時,我們會先將 shouldTrack 的值設定為 false,即禁止追蹤。這樣就可以斷開 length 屬性與副作用函數之間的響應聯繫，從而避免循環呼叫導致的呼叫堆疊溢出。

最後，我們討論了關於集合類型資料的響應式方案。集合類型指 Set、Map、WeakSet 以及 WeakMap。我們討論了使用 Proxy 為集合類型建立代理物件的一些注意事項。集合類型不同於普通物件，它有特定的資料操作方法。當使用 Proxy 代理集合類型的資料時要格外注意，例如，集合類型的 size 屬性是一個存取器屬性，當透過代理物件讀取 size 屬性時，由於代理物件本身並沒有部署 [[SetData]] 這樣的內部槽，所以會發生錯誤。另外，透過代理物件執行集合類型的操作方法時，要注意這些方法執行時的 this 指向，我們需要在 get 攔截函數內透過 .bind 函數為這些方法綁定正確的 this 值。我們還討論了集合類型響應式資料的實作。我們需要透過「重寫」集合方法的方式來實作自訂的能力，當 Set 集合的 add 方法執行時，需要呼叫 trigger 函數觸發響應。我們也討論了關於「資料污染」的問題。資料污染指的是不小心將響應式資料新增到原始資料中，它導致使用者可以透過原始資料執行響應式相關操作，這不是我們所期望的。為了避免這類問題發生，我們透過響應式資料的 raw 屬性來讀取對應的原始資料，後續操作使用原始資料就可以了。我們還討論了關於集合類型的遍歷，即 forEach 方法。集合的 forEach 方法與物件的 for...in 遍歷類似，最大的不同展現在，當使用 for...in 遍歷物件時，我們只關心物件的鍵是否變化，而不關心值；但使用 forEach 遍歷集合時，我們既關心鍵的變化，也關心值的變化。

# 第 6 章 | 原始值的響應式方案

在第 5 章中，我們討論了非原始值的響應式方案，本章我們將討論原始值的響應式方案。原始值指的是 Boolean、Number、BigInt、String、Symbol、undefined 和 null 等類型的值。在 JavaScript 中，原始值是按值傳遞的，而非按引用傳遞。這意味著，如果一個函數接收原始值作為參數，那麼形式參數與引數之間沒有引用關係，它們是兩個完全獨立的值，對形式參數的修改不會影響引數。另外，JavaScript 中的 Proxy 無法提供對原始值的代理，因此想要將原始值變成響應式資料，就必須對其做一層包裝，也就是我們接下來要介紹的 ref。

## 6.1 引入 ref 的概念

由於 Proxy 的代理目標必須是非原始值，所以我們沒有任何手段攔截對原始值的操作，例如：

```
1    let str = 'vue'
2    // 無法攔截對值的修改
3    str = 'vue3'
```

對於這個問題，我們能夠想到的唯一辦法是，使用一個非原始值去「包裹」原始值，例如使用一個物件包裹原始值：

```
1    const wrapper = {
2      value: 'vue'
3    }
4    // 可以使用 Proxy 代理 wrapper，間接實作對原始值的攔截
5    const name = reactive(wrapper)
6    name.value // vue
7    // 修改值可以觸發響應
8    name.value = 'vue3'
```

但這樣做會導致兩個問題：

- ▣ 使用者為了建立一個響應式的原始值，不得不順帶建立一個包裹物件；
- ▣ 包裹物件由使用者定義，而這意味著不規範。使用者可以隨意命名，例如 wrapper.value、wrapper.val 都是可以的。

為了解決這兩個問題，我們可以封裝一個函數，將包裹物件的建立工作都封裝到該函數中：

```
1    // 封裝一個 ref 函數
2    function ref(val) {
3      // 在 ref 函數內部建立包裹物件
4      const wrapper = {
5        value: val
6      }
7      // 將包裹物件變成響應式資料
8      return reactive(wrapper)
9    }
```

如上面的程式碼所示，我們把建立 wrapper 物件的工作封裝到 ref 函數內部，然後使用 reactive 函數將包裹物件變成響應式資料並回傳。這樣我們就解決了上述兩個問題。執行如下測試程式碼：

```
1    // 建立原始值的響應式資料
2    const refVal = ref(1)
3
4    effect(() => {
5      // 在副作用函數內透過 value 屬性讀取原始值
6      console.log(refVal.value)
7    })
8    // 修改值能夠觸發副作用函數重新執行
9    refVal.value = 2
```

上面這段程式碼能夠按照預期運作。現在是否一切都完美了呢？並不是，接下來我們面臨的第一個問題是，如何區分 refVal 到底是原始值的包裹物件，還是一個非原始值的響應式資料，如以下程式碼所示：

```
1    const refVal1 = ref(1)
2    const refVal2 = reactive({ value: 1 })
```

思考一下，這段程式碼中的 refVal1 和 refVal2 有什麼區別呢？從我們的實作來看，它們沒有任何區別。但是，我們有必要區分一個資料到底是不是 ref，因為這涉及下文講解的自動跳脫 ref 能力。

想要區分一個資料是否是 ref 很簡單，怎麼做呢？如下面的程式碼所示：

```
1    function ref(val) {
2      const wrapper = {
3        value: val
4      }
5      // 使用 Object.defineProperty 在 wrapper 物件上定義一個不可列舉的屬性 __v_isRef，並且值為 true
6      Object.defineProperty(wrapper, '__v_isRef', {
7        value: true
8      })
```

```
 9    return reactive(wrapper)
10  }
```

我們使用 `Object.defineProperty` 為包裹物件 `wrapper` 定義了一個不可列舉且不可寫的屬性 `__v_isRef`，它的值為 `true`，代表這個物件是一個 `ref`，而非普通物件。這樣我們就可以透過檢查 `__v_isRef` 屬性來判斷一個資料是否是 `ref` 了。

## 6.2 響應遺失問題

`ref` 除了能夠用於原始值的響應式方案之外，還能用來解決響應遺失問題。首先，我們來看什麼是響應遺失問題。在撰寫 Vue.js 組件時，我們通常要把資料暴露到模板中使用，例如：

```
 1  export default {
 2    setup() {
 3      // 響應式資料
 4      const obj = reactive({ foo: 1, bar: 2 })
 5
 6      // 將資料暴露到模板中
 7      return {
 8        ...obj
 9      }
10    }
11  }
```

接著，我們就可以在模板中讀取從 `setup` 中暴露出來的資料：

```
 1  <template>
 2    <p>{{ foo }} / {{ bar }}</p>
 3  </template>
```

然而，這麼做會導致響應遺失。其表現是，當我們修改響應式資料的值時，不會觸發重新渲染：

```
 1  export default {
 2    setup() {
 3      // 響應式資料
 4      const obj = reactive({ foo: 1, bar: 2 })
 5
 6      // 1s 後修改響應式資料的值，不會觸發重新渲染
 7      setTimeout(() => {
 8        obj.foo = 100
 9      }, 1000)
10
11      return {
12        ...obj
```

```
13        }
14      }
15    }
```

為什麼會導致響應遺失呢？這是由展開運算子（...）導致的。實際上，下面這段程式碼：

```
1    return {
2      ...obj
3    }
```

等於：

```
1    return {
2      foo: 1,
3      bar: 2
4    }
```

可以發現，這其實就是回傳了一個普通物件，它不具有任何響應式能力。把一個普通物件暴露到模板中使用，是不會在渲染函數與響應式資料之間建立響應聯繫的。所以當我們嘗試在一個定時器中修改 obj.foo 的值時，不會觸發重新渲染。我們可以用另一種方式來描述響應遺失問題：

```
1    // obj 是響應式資料
2    const obj = reactive({ foo: 1, bar: 2 })
3
4    // 將響應式資料展開到一個新的物件 newObj
5    const newObj = {
6      ...obj
7    }
8
9    effect(() => {
10     // 在副作用函數內透過新的物件 newObj 讀取 foo 屬性值
11     console.log(newObj.foo)
12   })
13
14   // 很顯然，此時修改 obj.foo 並不會觸發響應
15   obj.foo = 100
```

如上面的程式碼所示，首先建立一個響應式的資料 obj，然後使用展開運算子得到一個新的物件 newObj，它是一個普通物件，不具有響應能力。這裡的關鍵點在於，副作用函數內讀取的是普通物件 newObj，它沒有任何響應能力，所以當我們嘗試修改 obj.foo 的值時，不會觸發副作用函數重新執行。

如何解決這個問題呢？換句話說，有沒有辦法能夠幫助我們實作：在副作用函數內，即使透過普通物件 newObj 來存取屬性值，也能夠建立響應聯繫？其實是可以的，程式碼如下：

```
1    // obj 是響應式資料
2    const obj = reactive({ foo: 1, bar: 2 })
3
4    // newObj 物件下具有與 obj 物件同名的屬性，並且每個屬性值都是一個物件，
5    // 該物件具有一個存取器屬性 value，當讀取 value 的值時，其實讀取的是 obj 物件下相應的屬性值
6    const newObj = {
7      foo: {
8        get value() {
9          return obj.foo
10        }
11      },
12      bar: {
13        get value() {
14          return obj.bar
15        }
16      }
17    }
18
19    effect(() => {
20      // 在副作用函數內透過新的物件 newObj 讀取 foo 屬性值
21      console.log(newObj.foo.value)
22    })
23
24    // 這時能夠觸發響應了
25    obj.foo = 100
```

在上面這段程式碼中，我們修改了 newObj 物件的實作方式。可以看到，在現在的 newObj 物件下，具有與 obj 物件同名的屬性，而且每個屬性的值都是一個物件，例如 foo 屬性的值是：

```
1    {
2      get value() {
3        return obj.foo
4      }
5    }
```

該物件有一個存取器屬性 value，當讀取 value 的值時，最終讀取的是響應式資料 obj 下的同名屬性值。也就是說，當在副作用函數內讀取 newObj.foo 時，等於間接讀取了 obj.foo 的值。這樣響應式資料自然能夠與副作用函數建立響應聯繫。於是，當我們嘗試修改 obj.foo 的值時，能夠觸發副作用函數重新執行。

觀察 newObj 物件，可以發現它的結構存在相似之處：

```
1   const newObj = {
2     foo: {
3       get value() {
4         return obj.foo
5       }
6     },
7     bar: {
8       get value() {
9         return obj.bar
10      }
11    }
12  }
```

foo 和 bar 這兩個屬性的結構非常像，這啟發我們將這種結構抽象出來並封裝成函數，如下面的程式碼所示：

```
1   function toRef(obj, key) {
2     const wrapper = {
3       get value() {
4         return obj[key]
5       }
6     }
7
8     return wrapper
9   }
```

toRef 函數接收兩個參數，第一個參數 obj 是一個響應式資料，第二個參數是 obj 物件的一個鍵。該函數會回傳一個類似於 ref 結構的 wrapper 物件。有了 toRef 函數後，我們就可以重新實作 newObj 物件了：

```
1   const newObj = {
2     foo: toRef(obj, 'foo'),
3     bar: toRef(obj, 'bar')
4   }
```

可以看到，程式碼變得非常簡潔。但如果響應式資料 obj 的鍵非常多，我們還是要花費很大力氣來做這一層轉換。為此，我們可以封裝 toRefs 函數，來批量地完成轉換：

```
1   function toRefs(obj) {
2     const ret = {}
3     // 使用 for...in 循環遍歷物件
4     for (const key in obj) {
5       // 逐個呼叫 toRef 完成轉換
6       ret[key] = toRef(obj, key)
7     }
8     return ret
9   }
```

現在，我們只需要一步操作即可完成對一個物件的轉換：

```
1    const newObj = { ...toRefs(obj) }
```

可以使用如下程式碼進行測試：

```
1    const obj = reactive({ foo: 1, bar: 2 })
2
3    const newObj = { ...toRefs(obj) }
4    console.log(newObj.foo.value) // 1
5    console.log(newObj.bar.value) // 2
```

現在，響應遺失問題就被我們徹底解決了。解決問題的思路是，將響應式資料轉換成類似於 ref 結構的資料。但為了概念上的統一，我們會將透過 toRef 或 toRefs 轉換後得到的結果視為真正的 ref 資料，為此我們需要為 toRef 函數增加一段程式碼：

```
1    function toRef(obj, key) {
2      const wrapper = {
3        get value() {
4          return obj[key]
5        }
6      }
7      // 定義 __v_isRef 屬性
8      Object.defineProperty(wrapper, '__v_isRef', {
9        value: true
10     })
11
12     return wrapper
13   }
```

可以看到，我們使用 Object.defineProperty 函數為 wrapper 物件定義了 __v_isRef 屬性。這樣，toRef 函數的回傳值就是真正意義上的 ref 了。透過上述講解我們能注意到，ref 的作用不僅僅是實作原始值的響應式方案，它還用來解決響應遺失問題。

但上文中實作的 toRef 函數存在缺陷，即透過 toRef 函數建立的 ref 是唯讀的，如下面的程式碼所示：

```
1    const obj = reactive({ foo: 1, bar: 2 })
2    const refFoo = toRef(obj, 'foo')
3
4    refFoo.value = 100 // 無效
```

這是因為 toRef 回傳的 wrapper 物件的 value 屬性只有 getter，沒有 setter。為了功能的完整性，我們應該為它加上 setter 函數，所以最終的實作如下：

```
1    function toRef(obj, key) {
2      const wrapper = {
```

```
3      get value() {
4        return obj[key]
5      },
6      // 允許設定值
7      set value(val) {
8        obj[key] = val
9      }
10   }
11
12   Object.defineProperty(wrapper, '__v_isRef', {
13     value: true
14   })
15
16   return wrapper
17 }
```

可以看到，當設定 value 屬性的值時，最終設定的是響應式資料的同名屬性的值，這樣就能正確地觸發響應了。

## 6.3　自動脫 ref

toRefs 函數的確解決了響應遺失問題，但同時也帶來了新的問題。由於 toRefs 會把響應式資料的第一層屬性值轉換為 ref，因此必須透過 value 屬性讀取值，如以下程式碼所示：

```
1  const obj = reactive({ foo: 1, bar: 2 })
2  obj.foo // 1
3  obj.bar // 2
4
5  const newObj = { ...toRefs(obj) }
6  // 必須使用 value 讀取值
7  newObj.foo.value // 1
8  newObj.bar.value // 2
```

這其實增加了使用者的心智負擔，因為通常情況下使用者是在模板中讀取資料的，例如：

```
1  <p>{{ foo }} / {{ bar }}</p>
```

使用者肯定不希望撰寫下面這樣的程式碼：

```
1  <p>{{ foo.value }} / {{ bar.value }}</p>
```

因此，我們需要自動跳脫 ref 的能力。所謂自動脫 ref，指的是屬性的讀取行為，即如果讀取的屬性是一個 ref，則直接將該 ref 對應的 value 屬性值回傳，例如：

```
1  newObj.foo // 1
```

可以看到，即使 newObj.foo 是一個 ref，也無須透過 newObj.foo.value 來讀取它的值。要實作此功能，需要使用 Proxy 為 newObj 建立一個代理物件，透過代理來實作最終目標，這時就用到了上文中介紹的 ref 標識，即 __v_isRef 屬性，如下面的程式碼所示：

```
1  function proxyRefs(target) {
2    return new Proxy(target, {
3      get(target, key, receiver) {
4        const value = Reflect.get(target, key, receiver)
5        // 自動跳脫 ref 實作：如果讀取的值是 ref，則回傳它的 value 屬性值
6        return value.__v_isRef ? value.value : value
7      }
8    })
9  }
10
11 // 呼叫 proxyRefs 函數建立代理
12 const newObj = proxyRefs({ ...toRefs(obj) })
```

在上面這段程式碼中，我們定義了 proxyRefs 函數，該函數接收一個物件作為參數，並回傳該物件的代理物件。代理物件的作用是攔截 get 操作，當讀取的屬性是一個 ref 時，則直接回傳該 ref 的 value 屬性值，這樣就實作了自動脫 ref：

```
1  console.log(newObj.foo) // 1
2  console.log(newObj.bar) // 2
```

實際上，我們在撰寫 Vue.js 組件時，組件中的 setup 函數所回傳的資料會傳遞給 proxyRefs 函數進行處理：

```
1  const MyComponent = {
2    setup() {
3      const count = ref(0)
4
5      // 回傳的這個物件會傳遞給 proxyRefs
6      return { count }
7    }
8  }
```

這也是為什麼我們可以在模板直接讀取一個 ref 的值，而無須透過 value 屬性來讀取：

```
1  <p>{{ count }}</p>
```

既然讀取屬性的值有自動跳脫 ref 的能力，相對地，設定屬性的值也應該有自動為 ref 設定值的能力，例如：

```
1  newObj.foo = 100 // 應該生效
```

實作此功能很簡單，只需要新增對應的 set 攔截函數即可：

```
1   function proxyRefs(target) {
2     return new Proxy(target, {
3       get(target, key, receiver) {
4         const value = Reflect.get(target, key, receiver)
5         return value.__v_isRef ? value.value : value
6       },
7       set(target, key, newValue, receiver) {
8         // 透過 target 讀取真實值
9         const value = target[key]
10        // 如果值是 Ref，則設定其對應的 value 屬性值
11        if (value.__v_isRef) {
12          value.value = newValue
13          return true
14        }
15        return Reflect.set(target, key, newValue, receiver)
16      }
17    })
18  }
```

如上面的程式碼所示，我們為 proxyRefs 函數回傳的代理物件新增了 set 攔截函數。如果設定的屬性是一個 ref，則間接設定該 ref 的 value 屬性的值即可。

實際上，自動跳脫 ref 不僅存在於上述情況。在 Vue.js 中， reactive 函數也有自動跳脫 ref 的能力，如以下程式碼所示：

```
1   const count = ref(0)
2   const obj = reactive({ count })
3
4   obj.count // 0
```

可以看到，obj.count 本應該是一個 ref，但由於自動跳脫 ref 能力的存在，使得我們無須透過 value 屬性即可讀取 ref 的值。這麼設計旨在減輕使用者的心智負擔，因為在大部分情況下，使用者並不知道一個值到底是不是 ref。有了自動跳脫 ref 的能力後，使用者在模板中使用響應式資料時，將不再需要關心哪些是 ref，哪些不是 ref。

## 6.4　總結

在本章中，我們首先介紹了 ref 的概念。ref 本質上是一個「包裹物件」。因為 JavaScript 的 Proxy 無法提供對原始值的代理，所以我們需要使用一層物件作為包裹，間接實作原始值的響應式方案。由於「包裹物件」本質上與普通物件沒有任何區別，因此為了區分 ref 與普通響應式物件，我們還為「包裹物件」定義了一個值為 true 的屬性，即 __v_isRef，用它作為 ref 的標識。

ref 除了能夠用於原始值的響應式方案之外，還能用來解決響應遺失問題。為了解決該問題，我們實作了 toRef 以及 toRefs 這兩個函數。它們本質上是對響應式資料做了一層包裝，或者叫作「存取代理」。

最後，我們講解了自動跳脫 ref 的能力。為了減輕使用者的心智負擔，我們自動對暴露到模板中的響應式資料進行跳脫 ref 處理。這樣，使用者在模板中使用響應式資料時，就無須關心一個值是不是 ref 了。

# 第三篇

# 渲染器

第 7 章　渲染器的設計

第 8 章　載入與更新

第 9 章　簡單 Diff 演算法

第 10 章　雙端 Diff 演算法

第 11 章　快速 Diff 演算法

# 第 7 章 渲染器的設計

在第 3 章中，我們初步討論了虛擬 DOM 和渲染器的運作原理，並嘗試撰寫了一個微型的渲染器。從本章開始，我們將詳細討論渲染器的實作細節。在這個過程中，你將認識到渲染器是 Vue.js 中非常重要的一部分。在 Vue.js 中，很多功能依賴渲染器來實作，例如 Transition 組件、Teleport 組件、Suspense 組件，以及 template ref 和自訂指令等。

另外，渲染器也是框架效能的核心，渲染器的實作直接影響框架的效能。Vue.js 3 的渲染器不僅僅包含傳統的 Diff 演算法，它還獨創了快捷路徑的更新方式，能夠充分利用編譯器提供的訊息，大大提升了更新效能。

渲染器的程式碼量非常龐大，需要合理的架構設計來保證可維護性，不過它的實作思路並不複雜。接下來，我們就從討論渲染器如何與響應系統結合開始，逐步實作一個完整的渲染器。

## 7.1 渲染器與響應系統的結合

顧名思義，渲染器是用來執行渲染任務的。在瀏覽器平台上，用它來渲染其中的實體 DOM 元素。渲染器不僅能夠渲染實體 DOM 元素，它還是框架跨平台能力的關鍵。因此，在設計渲染器的時候一定要考慮好可自訂的能力。

本節，我們暫時將渲染器限定在 DOM 平台。既然渲染器用來渲染實體 DOM 元素，那麼嚴格來說，下面的函數就是一個合格的渲染器：

```
1  function renderer(domString, container) {
2    container.innerHTML = domString
3  }
```

我們可以如下所示使用它：

```
1  renderer('<h1>Hello</h1>', document.getElementById('app'))
```

如果頁面中存在 id 為 app 的 DOM 元素，那麼上面的程式碼就會將 `<h1>hello</h1>` 插入到該 DOM 元素內。

當然，我們不僅可以渲染靜態的字串，還可以渲染動態拼接的 HTML 內容，如下所示：

```
1    let count = 1
2    renderer(`<h1>${count}</h1>`, document.getElementById('app'))
```

這樣，最終渲染出來的內容將會是 `<h1>1</h1>`。注意上面這段程式碼中的變數 count，如果它是一個響應式資料，會怎麼樣呢？這讓我們聯想到副作用函數和響應式資料。利用響應系統，我們可以讓整個渲染過程自動化：

```
1    const count = ref(1)
2
3    effect(() => {
4      renderer(`<h1>${count.value}</h1>`, document.getElementById('app'))
5    })
6
7    count.value++
```

在這段程式碼中，我們首先定義了一個響應式資料 count，它是一個 ref，然後在副作用函數內呼叫 renderer 函數執行渲染。副作用函數執行完畢後，會與響應式資料建立響應聯繫。當我們修改 count.value 的值時，副作用函數會重新執行，完成重新渲染。所以上面的程式碼執行完畢後，最終渲染到頁面的內容是 `<h1>2</h1>`。

這就是響應系統和渲染器之間的關係。我們利用響應系統的能力，自動呼叫渲染器完成頁面的渲染和更新。這個過程與渲染器的具體實作無關，在上面提供的渲染器的實作中，僅僅設定了元素的 innerHTML 內容。

從本章開始，我們將使用 @vue/reactivity 套件提供的響應式 API 進行講解。關於 @vue/reactivity 的實作原理，第二篇已有講解。@vue/reactivity 提供了 IIFE 模組格式，因此我們可以直接透過 `<script>` 標籤引用到頁面中使用：

```
1    <script src="https://unpkg.com/@vue/reactivity@3.0.5/dist/reactivity.global.js"></script>
```

它暴露的全局 API 名叫 VueReactivity，因此上述內容的完整程式碼如下：

```
1    const { effect, ref } = VueReactivity
2
3    function renderer(domString, container) {
4      container.innerHTML = domString
5    }
6
7    const count = ref(1)
8
9    effect(() => {
10     renderer(`<h1>${count.value}</h1>`, document.getElementById('app'))
11   })
```

```
12
13    count.value++
```

可以看到，我們透過 VueReactivity 得到了 effect 和 ref 這兩個 API。

## 7.2 渲染器的基本概念

理解渲染器所涉及的基本概念，有利於理解後續內容。因此，本節我們會介紹渲染器所涉及的術語及其涵義，並透過程式碼來舉例說明。

我們通常使用英文 renderer 來表達「渲染器」。千萬不要把 renderer 和 render 弄混了，前者代表渲染器，而後者是動詞，表示「渲染」。渲染器的作用是把虛擬 DOM 渲染為特定平台上的真實元素。在瀏覽器平台上，渲染器會把虛擬 DOM 渲染為實體 DOM 元素。

虛擬 DOM 通常用英文 virtual DOM 來表達，有時會簡寫成 vdom。虛擬 DOM 和實體 DOM 的結構一樣，都是由一個個節點組成的樹型結構。所以，我們經常能聽到「虛擬節點」這樣的詞，即 virtual node，有時會簡寫成 vnode。虛擬 DOM 是樹型結構，這棵樹中的任何一個 vnode 節點都可以是一棵子樹，因此 vnode 和 vdom 有時可以替換使用。為了避免造成困惑，在本書中將統一使用 vnode。

渲染器把虛擬 DOM 節點渲染為實體 DOM 節點的過程叫作**載入**，通常用英文 mount 來表達。例如 Vue.js 組件中的 mounted 鉤子就會在載入完成時觸發。這就意味著，在 mounted 鉤子中可以讀取實體 DOM 元素。理解這些名詞有助於我們更好地理解框架的 API 設計。

那麼，渲染器把實體 DOM 載入到哪裡呢？其實渲染器並不知道應該把實體 DOM 載入到哪裡。因此，渲染器通常需要接收一個載入點作為參數，用來指定具體的載入位置。這裡的「載入點」其實就是一個 DOM 元素，渲染器會把該 DOM 元素作為容器元素，並把內容渲染到其中。我們通常用英文 container 來表達容器。

上文分別闡述了渲染器、虛擬 DOM（或虛擬節點）、載入以及容器等概念。為了便於理解，下面舉例說明：

```
1    function createRenderer() {
2      function render(vnode, container) {
3        // ...
4      }
5
6      return render
7    }
```

如上面的程式碼所示，其中 createRenderer 函數用來建立一個渲染器。呼叫 createRenderer 函數會得到一個 render 函數，該 render 函數會以 container 為載入點，將 vnode 渲染為實體 DOM 並新增到該載入點下。

你可能會對這段程式碼產生疑惑，如為什麼需要 createRenderer 函數？直接定義 render 不就好了嗎？其實不然，正如上文提到的，渲染器與渲染是不同的。渲染器是更加廣泛的概念，它包含渲染。渲染器不僅可以用來渲染，還可以用來啟用已有的 DOM 元素，這個過程通常發生在同構渲染的情況下，如以下程式碼所示：

```
1  function createRenderer() {
2    function render(vnode, container) {
3      // ...
4    }
5
6    function hydrate(vnode, container) {
7      // ...
8    }
9
10   return {
11     render,
12     hydrate
13   }
14 }
```

可以看到，當呼叫 createRenderer 函數建立渲染器時，渲染器不僅包含 render 函數，還包含 hydrate 函數。關於 hydrate 函數，介紹伺服端渲染時會詳細講解。這個例子說明，渲染器的內容非常廣泛，而用來把 vnode 渲染為實體 DOM 的 render 函數只是其中一部分。實際上，在 Vue.js 3 中，甚至連建立應用的 createApp 函數也是渲染器的一部分。

有了渲染器，我們就可以用它來執行渲染任務了，如下面的程式碼所示：

```
1  const renderer = createRenderer()
2  // 首次渲染
3  renderer.render(vnode, document.querySelector('#app'))
```

在上面這段程式碼中，我們首先呼叫 createRenderer 函數建立一個渲染器，接著呼叫渲染器的 renderer.render 函數執行渲染。當首次呼叫 renderer.render 函數時，只需要建立新的 DOM 元素即可，這個過程只涉及載入。

而當多次在同一個 container 上呼叫 renderer.render 函數進行渲染時，渲染器除了要執行載入動作外，還要執行更新動作。例如：

```
1  const renderer = createRenderer()
2  // 首次渲染
3  renderer.render(oldVNode, document.querySelector('#app'))
```

```
4    // 第二次渲染
5    renderer.render(newVNode, document.querySelector('#app'))
```

如上面的程式碼所示，由於首次渲染時已經把 oldVNode 渲染到 container 內了，所以當再次呼叫 renderer.render 函數並嘗試渲染 newVNode 時，就不能簡單地執行載入動作了。在這種情況下，渲染器會使用 newVNode 與上一次渲染的 oldVNode 進行比較，試圖找到並更新變更點。這個過程叫作「程式修補」（或更新），英文通常用 patch 來表達。但實際上，載入動作本身也可以看作一種特殊的程式修補，它的特殊之處在於舊的 vnode 是不存在的。所以我們不必過於執著「載入」和「程式修補」這兩個概念。程式碼範例如下：

```
1    function createRenderer() {
2      function render(vnode, container) {
3        if (vnode) {
4          // 新 vnode 存在，將其與舊 vnode 一起傳遞給 patch 函數，進行程式修補
5          patch(container._vnode, vnode, container)
6        } else {
7          if (container._vnode) {
8            // 舊 vnode 存在，且新 vnode 不存在，說明是卸載（unmount）操作
9            // 只需要將 container 內的 DOM 清空即可
10           container.innerHTML = ''
11         }
12       }
13       // 把 vnode 儲存到 container._vnode 下，即後續渲染中的舊 vnode
14       container._vnode = vnode
15     }
16
17     return {
18       render
19     }
20   }
```

上面這段程式碼提供了 render 函數的基本實作。我們可以配合下面的程式碼分析其執行流程，從而更好地理解 render 函數的實作思路。假設我們連續三次呼叫 renderer.render 函數來執行渲染：

```
1    const renderer = createRenderer()
2
3    // 首次渲染
4    renderer.render(vnode1, document.querySelector('#app'))
5    // 第二次渲染
6    renderer.render(vnode2, document.querySelector('#app'))
7    // 第三次渲染
8    renderer.render(null, document.querySelector('#app'))
```

- 在首次渲染時，渲染器會將 vnode1 渲染為實體 DOM。渲染完成後，vnode1 會儲存到容器元素的 container._vnode 屬性中，它會在後續渲染中作為舊 vnode 使用。

- 在第二次渲染時，舊 vnode 存在，此時渲染器會把 vnode2 作為新 vnode，並將新舊 vnode 一同傳遞給 patch 函數進行程式修補。

- 在第三次渲染時，新 vnode 的值為 null，即什麼都不渲染。但此時容器中渲染的是 vnode2 所描述的內容，所以渲染器需要清空容器。從上面的程式碼中可以看出，我們使用 container.innerHTML = '' 來清空容器。需要注意的是，這樣清空容器是有問題的，不過這裡我們暫時使用它來達到目的。

另外，在上面提供的程式碼中，我們注意到 patch 函數的簽名，如下：

```
1    patch(container._vnode, vnode, container)
```

我們並沒有提供 patch 的具體實作，但從上面的程式碼中，仍然可以窺探 patch 函數的部分細節。實際上，patch 函數是整個渲染器的核心入口，它承載了最重要的渲染邏輯，我們會花費大量篇幅來詳細講解它，但這裡仍有必要對它做一些初步的解釋。patch 函數至少接收三個參數：

```
1    function patch(n1, n2, container) {
2      // ...
3    }
```

- 第一個參數 n1：舊 vnode。
- 第二個參數 n2：新 vnode。
- 第三個參數 container：容器。

在首次渲染時，容器元素的 container._vnode 屬性是不存在的，即 undefined。這意味著，在首次渲染時傳遞給 patch 函數的第一個參數 n1 也是 undefined。這時，patch 函數會執行載入動作，它會忽略 n1，並直接將 n2 所描述的內容渲染到容器中。從這一點可以看出，patch 函數不僅可以用來完成程式修補，也可以用來執行載入。

## 7.3 自訂渲染器

正如我們一直強調的，渲染器不僅能夠把虛擬 DOM 渲染為瀏覽器平台上的實體 DOM。透過將渲染器設計為可配置的「通用」渲染器，即可實作渲染到任意目標平台上。本節我們將以瀏覽器作為渲染的目標平台，撰寫一個渲染器，在這個過程中，看看哪些內容是可以抽象的，然後透過抽象，將瀏覽器特定的 API 抽離，這樣就可以使得渲染器的核心不依賴於瀏覽器。在此基礎上，我們再為那些被抽離的 API 提供可配置的接口，即可實作渲染器的跨平台能力。

我們從渲染一個普通的 `<h1>` 標籤開始。可以使用如下 vnode 物件來描述一個 `<h1>` 標籤：

```
const vnode = {
  type: 'h1',
  children: 'hello'
}
```

觀察上面的 vnode 物件。我們使用 type 屬性來描述一個 vnode 的類型，不同類型的 type 屬性值可以描述多種類型的 vnode。當 type 屬性是字串類型值時，可以認為它描述的是普通標籤，並使用該 type 屬性的字串值作為標籤的名稱。對於這樣一個 vnode，我們可以使用 render 函數渲染它，如下面的程式碼所示：

```
const vnode = {
  type: 'h1',
  children: 'hello'
}
// 建立一個渲染器
const renderer = createRenderer()
// 呼叫 render 函數渲染該 vnode
renderer.render(vnode, document.querySelector('#app'))
```

為了完成渲染工作，我們需要補充 patch 函數：

```
function createRenderer() {
  function patch(n1, n2, container) {
    // 在這裡撰寫渲染邏輯
  }

  function render(vnode, container) {
    if (vnode) {
      patch(container._vnode, vnode, container)
    } else {
      if (container._vnode) {
        container.innerHTML = ''
      }
    }
    container._vnode = vnode
```

```
15      }
16
17      return {
18        render
19      }
20    }
```

如上面的程式碼所示，我們將 patch 函數也撰寫在 createRenderer 函數內。在後續的講解中，如果沒有特殊聲明，我們撰寫的函數都定義在 createRenderer 函數內。

patch 函數的程式碼如下：

```
1    function patch(n1, n2, container) {
2      // 如果 n1 不存在，意味著載入，則呼叫 mountElement 函數完成載入
3      if (!n1) {
4        mountElement(n2, container)
5      } else {
6        // n1 存在，意味著程式修補，暫時省略
7      }
8    }
```

在上面這段程式碼中，第一個參數 n1 代表舊 vnode，第二個參數 n2 代表新 vnode。當 n1 不存在時，意味著沒有舊 vnode，此時只需要執行載入即可。這裡我們呼叫 mountElement 完成載入，它的實作如下：

```
1    function mountElement(vnode, container) {
2      // 建立 DOM 元素
3      const el = document.createElement(vnode.type)
4      // 處理子節點，如果子節點是字串，代表元素具有文本節點
5      if (typeof vnode.children === 'string') {
6        // 因此只需要設定元素的 textContent 屬性即可
7        el.textContent = vnode.children
8      }
9      // 將元素新增到容器中
10      container.appendChild(el)
11    }
```

上面這段程式碼我們並不陌生，第 3 章曾初步講解過渲染器的相關內容。首先呼叫 document.createElement 函數，以 vnode.type 的值作為標籤名稱建立新的 DOM 元素。接著處理 vnode.children，如果它的值是字串類型，則代表該元素具有文本子節點，這時只需要設定元素的 textContent 即可。最後呼叫 appendChild 函數將新建立的 DOM 元素新增到容器元素內。這樣，我們就完成了一個 vnode 的載入。

載入一個普通標籤元素的工作已經完成。接下來，我們分析這段程式碼存在的問題。我們的目標是設計一個不依賴於瀏覽器平台的通用渲染器，但很明顯，mountElement 函數內呼叫了大量依賴於瀏覽器的 API，例如 document.

createElement、el.textContent 以及 appendChild 等。想要設計通用渲染器，第一步要做的就是將這些瀏覽器特有的 API 抽離。怎麼做呢？我們可以將這些操作 DOM 的 API 作為配置項目，該配置項目可以作為 createRenderer 函數的參數，如下面的程式碼所示：

```
1   // 在建立 renderer 時傳入配置項目
2   const renderer = createRenderer({
3     // 用於建立元素
4     createElement(tag) {
5       return document.createElement(tag)
6     },
7     // 用於設定元素的文本節點
8     setElementText(el, text) {
9       el.textContent = text
10    },
11    // 用於在給定的 parent 下新增指定元素
12    insert(el, parent, anchor = null) {
13      parent.insertBefore(el, anchor)
14    }
15  })
```

可以看到，我們把用於操作 DOM 的 API 封裝為一個物件，並把它傳遞給 createRenderer 函數。這樣，在 mountElement 等函數內就可以透過配置項目來取得操作 DOM 的 API 了：

```
1   function createRenderer(options) {
2
3     // 透過 options 得到操作 DOM 的 API
4     const {
5       createElement,
6       insert,
7       setElementText
8     } = options
9
10    // 在這個作用域內定義的函數都可以存取那些 API
11    function mountElement(vnode, container) {
12      // ...
13    }
14
15    function patch(n1, n2, container) {
16      // ...
17    }
18
19    function render(vnode, container) {
20      // ...
21    }
22
23    return {
24      render
25    }
26  }
```

接著，我們就可以使用從配置項目中取得的 API 重新實作 mountElement 函數：

```
1   function mountElement(vnode, container) {
2     // 呼叫 createElement 函數建立元素
3     const el = createElement(vnode.type)
4     if (typeof vnode.children === 'string') {
5       // 呼叫 setElementText 設定元素的文本節點
6       setElementText(el, vnode.children)
7     }
8     // 呼叫 insert 函數將元素插入到容器內
9     insert(el, container)
10  }
```

如上面的程式碼所示，重構後的 mountElement 函數在功能上沒有任何變化。不同的是，它不再直接依賴於瀏覽器的特有 API 了。這意味著，只要傳入不同的配置項目，就能夠完成非瀏覽器環境下的渲染工作。為了展示這一點，我們可以實作一個用來輸出渲染器操作流程的自訂渲染器，如下面的程式碼所示：

```
1   const renderer = createRenderer({
2     createElement(tag) {
3       console.log(`建立元素 ${tag}`)
4       return { tag }
5     },
6     setElementText(el, text) {
7       console.log(`設定 ${JSON.stringify(el)} 的文本內容：${text}`)
8       el.textContent = text
9     },
10    insert(el, parent, anchor = null) {
11      console.log(`將 ${JSON.stringify(el)} 新增到 ${JSON.stringify(parent)} 下`)
12      parent.children = el
13    }
14  })
```

觀察上面的程式碼，在呼叫 createRenderer 函數建立 renderer 時，傳入了不同的配置項目。在 createElement 內，我們不再呼叫瀏覽器的 API，而是僅僅回傳一個物件 { tag }，並將其作為建立出來的「DOM 元素」。同樣，在 setElementText 以及 insert 函數內，我們也沒有呼叫瀏覽器相關的 API，而是自訂了一些邏輯，並輸出訊息到控制台。這樣，我們就實作了一個自訂渲染器，可以用下面這段程式碼來檢測它的能力：

```
1   const vnode = {
2     type: 'h1',
3     children: 'hello'
4   }
5   // 使用一個物件模擬載入點
6   const container = { type: 'root' }
7   renderer2.render(vnode, container)
```

需要指出的是，由於上面實作的自訂渲染器不依賴瀏覽器特有的 API，所以這段程式碼不僅可以在瀏覽器中執行，還可以在 Node.js 中執行。圖 7-1 提供了在瀏覽器中的執行結果。

▲ 圖 7-1　渲染器的執行結果

現在，我們對自訂渲染器有了更深刻的認識了。自訂渲染器並不是「黑魔法」，它只是透過抽象的手段，讓核心程式碼不再依賴平台特有的 API，再透過支援個性化配置的能力來實作跨平台。

## 7.4　總結

在本章中，我們首先介紹了渲染器與響應系統的關係。利用響應系統的能力，我們可以做到，當響應式資料變化時自動完成頁面更新（或重新渲染）。同時我們注意到，這與渲染器的具體實作無關。我們實作了一個極簡的渲染器，它只能利用 innerHTML 屬性將給定的 HTML 標籤內容設定到容器中。

接著，我們討論了與渲染器相關的基本名詞和概念。渲染器的作用是把虛擬 DOM 渲染為特定平台上的真實元素，我們用英文 renderer 來表達渲染器。虛擬 DOM 通常用英文 virtual DOM 來表達，有時會簡寫成 vdom 或 vnode。渲染器會執行載入和程式修補操作，對於新的元素，渲染器會將它載入到容器內；對於新舊 vnode 都存在的情況，渲染器則會執行程式修補操作，即對比新舊 vnode，只更新變化的內容。

最後，我們討論了自訂渲染器的實作。在瀏覽器平台上，渲染器可以利用 DOM API 完成 DOM 元素的建立、修改和刪除。為了讓渲染器不直接依賴瀏覽器平台特有的 API，我們將這些用來建立、修改和刪除元素的操作抽象成可配置的物件。使用者可以在呼叫 createRenderer 函數建立渲染器的時候指定自訂的配置物件，從而實作自訂的行為。我們還實作了一個用來輸出渲染器操作流程的自訂渲染器，它不僅可以在瀏覽器中執行，還可以在 Node.js 中執行。

# 第 8 章 | 載入與更新

在第 7 章中，我們主要介紹了渲染器的基本概念和整體架構。本章，我們將講解渲染器的核心功能：載入與更新。

## 8.1 載入子節點和元素的屬性

第 7 章提到，當 `vnode.children` 的值是字串類型時，會把它設定為元素的文本內容。一個元素除了具有文本子節點外，還可以包含其他元素子節點，並且子節點可以是很多個。為了描述元素的子節點，我們需要將 `vnode.children` 定義為陣列：

```
1  const vnode = {
2    type: 'div',
3    children: [
4      {
5        type: 'p',
6        children: 'hello'
7      }
8    ]
9  }
```

上面這段程式碼描述的是「一個 `div` 標籤具有一個子節點，且子節點是 `p` 標籤」。可以看到，`vnode.children` 是一個陣列，它的每一個元素都是一個獨立的虛擬節點物件。這樣就形成了樹型結構，即虛擬 DOM 樹。

為了完成子節點的渲染，我們需要修改 `mountElement` 函數，如下面的程式碼所示：

```
1   function mountElement(vnode, container) {
2     const el = createElement(vnode.type)
3     if (typeof vnode.children === 'string') {
4       setElementText(el, vnode.children)
5     } else if (Array.isArray(vnode.children)) {
6       // 如果 children 是陣列，則遍歷每一個子節點，並呼叫 patch 函數載入它們
7       vnode.children.forEach(child => {
8         patch(null, child, el)
9       })
10    }
11    insert(el, container)
12  }
```

在上面這段程式碼中，我們增加了新的判斷分支。使用 `Array.isArray` 函數判斷 `vnode.children` 是否是陣列，如果是陣列，則循環遍歷它，並調 `patch` 函數載入陣列中的虛擬節點。在載入子節點時，需要注意以下兩點。

- 傳遞給 `patch` 函數的第一個參數是 `null`。因為是載入階段，沒有舊 `vnode`，所以只需要傳遞 `null` 即可。這樣，當 `patch` 函數執行時，就會遞迴地呼叫 `mountElement` 函數完成載入。

- 傳遞給 `patch` 函數的第三個參數是載入點。由於我們正在載入的子元素是 `div` 標籤的子節點，所以需要把剛剛建立的 `div` 元素作為載入點，這樣才能保證這些子節點載入到正確位置。

完成了子節點的載入後，我們再來看看如何用 `vnode` 描述一個標籤的屬性，以及如何渲染這些屬性。我們知道，HTML 標籤有很多屬性，其中有些屬性是通用的，例如 `id`、`class` 等，而有些屬性是特定元素才有的，例如 `form` 元素的 `action` 屬性。實際上，渲染一個元素的屬性比想像中要複雜，不過我們仍然秉承一切從簡的原則，先來看看最基本的屬性處理。

為了描述元素的屬性，我們需要為虛擬 DOM 定義新的 `vnode.props` 欄位，如下面的程式碼所示：

```
1  const vnode = {
2    type: 'div',
3    // 使用 props 描述 個元素的屬性
4    props: {
5      id: 'foo'
6    },
7    children: [
8      {
9        type: 'p',
10       children: 'hello'
11     }
12   ]
13 }
```

`vnode.props` 是一個物件，它的鍵代表元素的屬性名稱，它的值代表對應屬性的值。這樣，我們就可以透過遍歷 `props` 物件的方式，把這些屬性渲染到對應的元素上，如下面的程式碼所示：

```
1  function mountElement(vnode, container) {
2    const el = createElement(vnode.type)
3    // 省略 children 的處理
4
5    // 如果 vnode.props 存在才處理它
6    if (vnode.props) {
7      // 遍歷 vnode.props
```

```
8        for (const key in vnode.props) {
9          // 呼叫 setAttribute 將屬性設定到元素上
10         el.setAttribute(key, vnode.props[key])
11       }
12     }
13
14     insert(el, container)
15   }
```

在這段程式碼中，我們首先檢查了 vnode.props 欄位是否存在，如果存在則遍歷它，並呼叫 setAttribute 函數將屬性設定到元素上。實際上，除了使用 setAttribute 函數為元素設定屬性之外，還可以透過 DOM 物件直接設定：

```
1  function mountElement(vnode, container) {
2    const el = createElement(vnode.type)
3    // 省略 children 的處理
4
5    if (vnode.props) {
6      for (const key in vnode.props) {
7        // 直接設定
8        el[key] = vnode.props[key]
9      }
10   }
11
12   insert(el, container)
13 }
```

在這段程式碼中，我們沒有選擇使用 setAttribute 函數，而是直接將屬性設定在 DOM 物件上，即 el[key] = vnode.props[key]。實際上，無論是使用 setAttribute 函數，還是直接操作 DOM 物件，都存在缺陷。如前所述，為元素設定屬性比想像中要複雜得多。不過，在討論具體有哪些缺陷之前，我們有必要先搞清楚兩個重要的概念：HTML Attributes 和 DOM Properties。

## 8.2 HTML Attributes 與 DOM Properties

理解 HTML Attributes 和 DOM Properties 之間的差異和關聯非常重要，這能夠幫助我們合理地設計虛擬節點的結構，更是正確地為元素設定屬性的關鍵。

我們從最基本的 HTML 說起。提供如下 HTML 程式碼：

```
1  <input id="my-input" type="text" value="foo" />
```

HTML Attributes 指的就是定義在 HTML 標籤上的屬性，這裡指的就是 id="my-input"、type="text" 和 value="foo"。當瀏覽器解析這段 HTML 程式碼後，會建

立一個與之相符的 DOM 元素物件，我們可以透過 JavaScript 程式碼來讀取該 DOM 物件：

```
1    const el = document.querySelector('#my-input')
```

這個 DOM 物件會包含很多**屬性**（properties），如圖 8-1 所示。

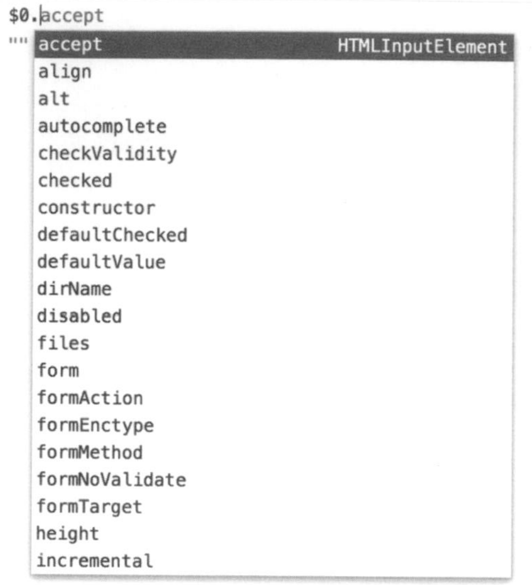

```
$0.accept
""   accept                              HTMLInputElement
     align
     alt
     autocomplete
     checkValidity
     checked
     constructor
     defaultChecked
     defaultValue
     dirName
     disabled
     files
     form
     formAction
     formEnctype
     formMethod
     formNoValidate
     formTarget
     height
     incremental
```

▲ 圖 8-1　DOM 物件下的屬性

這些屬性就是所謂的 DOM Properties。很多 HTML Attributes 在 DOM 物件上有與之同名的 DOM Properties，例如 id="my-input" 對應 el.id，type="text" 對應 el.type，value="foo" 對應 el.value 等。但 DOM Properties 與 HTML Attributes 的名字不總是一模一樣的，例如：

```
1    <div class="foo"></div>
```

class="foo" 對應的 DOM Properties 則是 el.className。另外，並不是所有 HTML Attributes 都有與之對應的 DOM Properties，例如：

```
1    <div aria-valuenow="75"></div>
```

aria-* 類的 HTML Attributes 就沒有與之對應的 DOM Properties。

類似地，也不是所有 DOM Properties 都有與之對應的 HTML Attributes，例如可以用 el.textContent 來設定元素的文本內容，但並沒有與之對應的 HTML Attributes 來完成同樣的工作。

HTML Attributes 的值與 DOM Properties 的值之間是有關聯的，例如下面的 HTML 片段：

```
1    <div id="foo"></div>
```

這個片段描述了一個具有 id 屬性的 div 標籤。其中，id="foo" 對應的 DOM Properties 是 el.id，並且值為字串 'foo'。我們把這種 HTML Attributes 與 DOM Properties 具有相同名稱（即 id）的屬性看作直接映射。但並不是所有 HTML Attributes 與 DOM Properties 之間都是直接映射的關係，例如：

```
1    <input value="foo" />
```

這是一個具有 value 屬性的 input 標籤。如果使用者沒有修改文本框的內容，那麼透過 el.value 讀取對應的 DOM Properties 的值就是字串 'foo'。而如果使用者修改了文本框的值，那麼 el.value 的值就是當前文本框的值。例如，使用者將文本框的內容修改為 'bar'，那麼：

```
1    console.log(el.value) // 'bar'
```

但如果執行下面的程式碼，會發生「奇怪」的現象：

```
1    console.log(el.getAttribute('value')) // 仍然是 'foo'
2    console.log(el.value) // 'bar'
```

可以發現，使用者對文本框內容的修改並不會影響 el.getAttribute('value') 的回傳值，這個現象蘊含著 HTML Attributes 所代表的意義。實際上，HTML Attributes 的作用是設定與之對應的 DOM Properties 的初始值。一旦值改變，那麼 DOM Properties 始終儲存著當前值，而透過 getAttribute 函數得到的仍然是初始值。

但我們仍然可以透過 el.defaultValue 來存取初始值，如下面的程式碼所示：

```
1    el.getAttribute('value') // 仍然是 'foo'
2    el.value // 'bar'
3    el.defaultValue // 'foo'
```

這說明一個 HTML Attributes 可能關聯多個 DOM Properties。例如在上例中，value="foo" 與 el.value 和 el.defaultValue 都有關聯。

雖然我們可以認為 HTML Attributes 是用來設定與之對應的 DOM Properties 的初始值的，但有些值是受限制的，就好像瀏覽器內部做了預設值校驗。如果你透過 HTML Attributes 提供的預設值不合法，那麼瀏覽器會使用內建的合法值作為對應 DOM Properties 的預設值，例如：

```
1    <input type="foo" />
```

我們知道，為 `<input/>` 標籤的 `type` 屬性指定字串 `'foo'` 是不合法的，因此瀏覽器會矯正這個不合法的值。所以當我們嘗試讀取 `el.type` 時，得到的其實是矯正後的值，即字串 `'text'`，而非字串 `'foo'`：

```
1    console.log(el.type) // 'text'
```

從上述分析來看，HTML Attributes 與 DOM Properties 之間的關係很複雜，但其實我們只需要記住一個核心原則即可：**HTML Attributes 的作用是設定與之對應的 DOM Properties 的初始值。**

## 8.3 正確地設定元素屬性

上一節我們詳細討論了 HTML Attributes 和 DOM Properties 相關的內容，因為 HTML Attributes 和 DOM Properties 會影響 DOM 屬性的新增方式。對於普通的 HTML 檔案來說，當瀏覽器解析 HTML 程式碼後，會自動分析 HTML Attributes 並設定合適的 DOM Properties。但使用者撰寫在 Vue.js 的單檔案組件中的模板不會被瀏覽器解析，這意味著，原本需要瀏覽器來完成的工作，現在需要框架來完成。

我們以禁用的按鈕為例，如下面的 HTML 程式碼所示：

```
1    <button disabled>Button</button>
```

瀏覽器在解析這段 HTML 程式碼時，發現這個按鈕存在一個叫作 `disabled` 的 HTML Attributes，於是瀏覽器會將該按鈕設定為禁用狀態，並將它的 `el.disabled` 這個 DOM Properties 的值設定為 `true`，這一切都是瀏覽器幫我們處理好的。但同樣的程式碼如果出現在 Vue.js 的模板中，則情況會有所不同。首先，這個 HTML 模板會被編譯成 vnode，它等於：

```
1    const button = {
2      type: 'button',
3      props: {
4        disabled: ''
5      }
6    }
```

注意，這裡的 `props.disabled` 的值是空字串，如果在渲染器中呼叫 `setAttribute` 函數設定屬性，則相當於：

```
1   el.setAttribute('disabled', '')
```

這麼做的確沒問題，瀏覽器會將按鈕禁用。但考慮如下模板：

```
1   <button :disabled="false">Button</button>
```

它對應的 vnode 為：

```
1   const button = {
2     type: 'button',
3     props: {
4       disabled: false
5     }
6   }
```

使用者的本意是「不禁用」按鈕，但如果渲染器仍然使用 `setAttribute` 函數設定屬性值，則會產生意外的效果，即按鈕被禁用了：

```
1   el.setAttribute('disabled', false)
```

在瀏覽器中執行上面這句程式碼，我們發現瀏覽器仍然將按鈕禁用了。這是因為使用 `setAttribute` 函數設定的值總是會被字串化，所以上面這句程式碼等於：

```
1   el.setAttribute('disabled', 'false')
```

對於按鈕來說，它的 `el.disabled` 屬性值是布林類型的，並且它不關心具體的 HTML Attributes 的值是什麼，只要 `disabled` 屬性存在，按鈕就會被禁用。所以我們發現，渲染器不應該總是使用 `setAttribute` 函數將 `vnode.props` 物件中的屬性設定到元素上。那麼應該怎麼辦呢？一個很自然的思路是，我們可以優先設定 DOM Properties，例如：

```
1   el.disabled = false
```

這樣是可以正確運作的，但又帶來了新的問題。還是以上面提供的模板為例：

```
1   <button disabled>Button</button>
```

這段模板對應的 vnode 是：

```
1   const button = {
2     type: 'button',
3     props: {
4       disabled: ''
```

```
5     }
6   }
```

我們注意到，在模板經過編譯後得到的 vnode 物件中，props.disabled 的值是一個空字串。如果直接用它設定元素的 DOM Properties，那麼相當於：

```
1   el.disabled = ''
```

由於 el.disabled 是布林類型的值，所以當我們嘗試將它設定為空字串時，瀏覽器會將它的值矯正為布林類型的值，即 false。所以上面這句程式碼的執行結果等於：

```
1   el.disabled = false
```

這違背了使用者的本意，因為使用者希望禁用按鈕，而 el.disabled = false 則是不禁用的意思。

這麼看來，無論是使用 setAttribute 函數，還是直接設定元素的 DOM Properties，都存在缺陷。要徹底解決這個問題，我們只能做特殊處理，即優先設定元素的 DOM Properties，但當值為空字串時，要手動將值矯正為 true。只有這樣，才能保證程式碼的行為符合預期。下面的 mountElement 函數提供了具體的實作：

```
1    function mountElement(vnode, container) {
2      const el = createElement(vnode.type)
3      // 省略 children 的處理
4
5      if (vnode.props) {
6        for (const key in vnode.props) {
7          // 用 in 操作子判斷 key 是否存在對應的 DOM Properties
8          if (key in el) {
9            // 獲取該 DOM Properties 的類型
10           const type = typeof el[key]
11           const value = vnode.props[key]
12           // 如果是布林類型，並且 value 是空字串，則將值矯正為 true
13           if (type === 'boolean' && value === '') {
14             el[key] = true
15           } else {
16             el[key] = value
17           }
18         } else {
19           // 如果要設定的屬性沒有對應的 DOM Properties ，則使用 setAttribute 函數設定屬性
20           el.setAttribute(key, vnode.props[key])
21         }
22       }
23     }
24
25     insert(el, container)
26   }
```

如上面的程式碼所示，我們檢查每一個 vnode.props 中的屬性，看看是否存在對應的 DOM Properties，如果存在，則優先設定 DOM Properties。同時，我們對布林類型的 DOM Properties 做了值的矯正，即當要設定的值為空字串時，將其矯正為布林值 true。當然，如果 vnode.props 中的屬性不具有對應的 DOM Properties，則仍然使用 setAttribute 函數完成屬性的設定。

但上面提供的實作仍然存在問題，因為有一些 DOM Properties 是唯讀的，如以下程式碼所示：

```
1   <form id="form1"></form>
2   <input form="form1" />
```

在這段程式碼中，我們為 <input/> 標籤設定了 form 屬性（HTML Attributes）。它對應的 DOM Properties 是 el.form，但 el.form 是唯讀的，因此我們只能夠透過 setAttribute 函數來設定它。這就需要我們修改現有的邏輯：

```
1   function shouldSetAsProps(el, key, value) {
2     // 特殊處理
3     if (key === 'form' && el.tagName === 'INPUT') return false
4     // 兜底
5     return key in el
6   }
7
8   function mountElement(vnode, container) {
9     const el = createElement(vnode.type)
10    // 省略 children 的處理
11
12    if (vnode.props) {
13      for (const key in vnode.props) {
14        const value = vnode.props[key]
15        // 使用 shouldSetAsProps 函數判斷是否應該作為 DOM Properties 設定
16        if (shouldSetAsProps(el, key, value)) {
17          const type = typeof el[key]
18          if (type === 'boolean' && value === '') {
19            el[key] = true
20          } else {
21            el[key] = value
22          }
23        } else {
24          el.setAttribute(key, value)
25        }
26      }
27    }
28
29    insert(el, container)
30  }
```

如上面的程式碼所示，為了程式碼的可讀性，我們取得了一個 shouldSetAsProps 函數。該函數會回傳一個布林值，代表屬性是否應該作為 DOM Properties 被設定。如果回傳 true，則代表應該作為 DOM Properties 被設定，否則應該使用 setAttribute 函數來設定。在 shouldSetAsProps 函數內，我們對 <input form="xxx" /> 進行特殊處理，即 <input/> 標籤的 form 屬性必須使用 setAttribute 函數來設定。實際上，不僅僅是 <input/> 標籤，所有表單元素都具有 form 屬性，它們都應該作為 HTML Attributes 被設定。

當然，<input form="xxx"/> 是一個特殊的例子，還有一些其他類似於這種需要特殊處理的情況。我們不會列舉所有情況並一一講解，因為掌握處理問題的思路更加重要。另外，我們也不可能把所有需要特殊處理的地方都記住，更何況有時我們根本不知道在什麼情況下才需要特殊處理。所以，上述解決方案本質上是經驗之談。不要懼怕寫出不完美的程式碼，只要在後續迭代過程中「見招拆招」，程式碼就會變得越來越完善，框架也會變得越來越健壯。

最後，我們需要把屬性的設定也變成與平台無關，因此需要把屬性設定相關操作也取得到渲染器選項中，如下面的程式碼所示：

```
const renderer = createRenderer({
  createElement(tag) {
    return document.createElement(tag)
  },
  setElementText(el, text) {
    el.textContent = text
  },
  insert(el, parent, anchor = null) {
    parent.insertBefore(el, anchor)
  },
  // 將屬性設定相關操作封裝到 patchProps 函數中，並作為渲染器選項傳遞
  patchProps(el, key, prevValue, nextValue) {
    if (shouldSetAsProps(el, key, nextValue)) {
      const type = typeof el[key]
      if (type === 'boolean' && nextValue === '') {
        el[key] = true
      } else {
        el[key] = nextValue
      }
    } else {
      el.setAttribute(key, nextValue)
    }
  }
})
```

而在 `mountElement` 函數中，只需要呼叫 `patchProps` 函數，並為其傳遞相關參數即可：

```
1  function mountElement(vnode, container) {
2    const el = createElement(vnode.type)
3    if (typeof vnode.children === 'string') {
4      setElementText(el, vnode.children)
5    } else if (Array.isArray(vnode.children)) {
6      vnode.children.forEach(child => {
7        patch(null, child, el)
8      })
9    }
10
11   if (vnode.props) {
12     for (const key in vnode.props) {
13       // 呼叫 patchProps 函數即可
14       patchProps(el, key, null, vnode.props[key])
15     }
16   }
17
18   insert(el, container)
19 }
```

這樣，我們就把屬性相關的渲染邏輯從渲染器的核心中抽離了出來。

## 8.4 class 的處理

在上一節中，我們講解了如何正確地把 vnode.props 中定義的屬性設定到 DOM 元素上。但在 Vue.js 中，仍然有一些屬性需要特殊處理，比如 class 屬性。為什麼需要對 class 屬性進行特殊處理呢？這是因為 Vue.js 對 class 屬性做了增強。在 Vue.js 中為元素設定類別名稱有以下幾種方式。

方式一：指定 class 為一個字串值。

```
1  <p class="foo bar"></p>
```

這段模板對應的 vnode 是：

```
1  const vnode = {
2    type: 'p',
3    props: {
4      class: 'foo bar'
5    }
6  }
```

方式二：指定 class 為一個物件值。

```
1  <p :class="cls"></p>
```

假設物件 cls 的內容如下：

```
1  const cls = { foo: true, bar: false }
```

那麼，這段模板對應的 vnode 是：

```
1  const vnode = {
2    type: 'p',
3    props: {
4      class: { foo: true, bar: false }
5    }
6  }
```

方式三：class 是包含上述兩種類型的陣列。

```
1  <p :class="arr"></p>
```

這個陣列可以是字串值與物件值的組合：

```
1  const arr = [
2    // 字串
3    'foo bar',
4    // 物件
5    {
6      baz: true
7    }
8  ]
```

那麼，這段模板對應的 vnode 是：

```
1  const vnode = {
2    type: 'p',
3    props: {
4      class: [
5        'foo bar',
6        { baz: true }
7      ]
8    }
9  }
```

可以看到，因為 class 的值可以是多種類型，所以我們必須在設定元素的 class 之前將值歸一化為統一的字串形式，再把該字串作為元素的 class 值去設定。因此，我們需要封裝 normalizeClass 函數，用它來將不同類型的 class 值正常化為字串，例如：

```
1  const vnode = {
2    type: 'p',
3    props: {
4      // 使用 normalizeClass 函數對值進行序列化
5      class: normalizeClass([
```

```
6            'foo bar',
7            { baz: true }
8          ])
9      }
10   }
```

最後的結果等於：

```
1   const vnode = {
2     type: 'p',
3     props: {
4       // 序列化後的結果
5       class: 'foo bar baz'
6     }
7   }
```

至於 normalizeClass 函數的實作，這裡我們不會做詳細講解，因為它本質上就是一個資料結構轉換的小演算法，實作起來並不複雜。

假設現在我們已經能夠對 class 值進行正常化了。接下來，我們將討論如何將正常化後的 class 值設定到元素上。其實，我們目前實作的渲染器已經能夠完成 class 的渲染了。觀察前文中函數的程式碼，由於 class 屬性對應的 DOM Properties 是 el.className，所以表達式 'class' in el 的值將會是 false，因此，patchProps 函數會使用 setAttribute 函數來完成 class 的設定。但是我們知道，在瀏覽器中為一個元素設定 class 有三種方式，即使用 setAttribute、el.className 或 el.classList。那麼哪一種方法的效能更好呢？圖 8-2 對比了這三種方式為元素設定 1000 次 class 的效能。

| Test name | Executions per second |
|---|---|
| el.className | 9637.7 Ops/sec |
| el.setAttribute | 4761.1 Ops/sec |
| classList | 5969.4 Ops/sec |

▲ 圖 8-2　el.className、setAttribute 和 el.classList 的效能比較

可以看到，`el.className` 的效能最佳。因此，我們需要調整 `patchProps` 函數的實作，如下面的程式碼所示：

```
1   const renderer = createRenderer({
2     // 省略其他選項
3
4     patchProps(el, key, prevValue, nextValue) {
5       // 對 class 進行特殊處理
6       if (key === 'class') {
7         el.className = nextValue || ''
8       } else if (shouldSetAsProps(el, key, nextValue)) {
9         const type = typeof el[key]
10        if (type === 'boolean' && nextValue === '') {
11          el[key] = true
12        } else {
13          el[key] = nextValue
14        }
15      } else {
16        el.setAttribute(key, nextValue)
17      }
18    }
19  })
```

從上面的程式碼中可以看到，我們對 class 進行了特殊處理，即使用 `el.className` 代替 `setAttribute` 函數。其實除了 class 屬性之外，Vue.js 對 style 屬性也做了增強，所以我們也需要對 style 做類似的處理。

透過對 class 的處理，我們能夠意識到，`vnode.props` 物件中定義的屬性值的類型並不總是與 DOM 元素屬性的資料結構保持一致，這取決於上層 API 的設計。Vue.js 允許物件類型的值作為 class 是為了方便開發者，在底層的實作上，必然需要對值進行正常化後再使用。另外，正常化值的過程是有代價的，如果需要進行大量的正常化操作，則會消耗更多效能。

## 8.5 卸載操作

前文主要討論了載入操作。接下來，我們將會討論卸載操作。卸載操作發生在更新階段，更新指的是，在初次載入完成之後，後續渲染會觸發更新，如下面的程式碼所示：

```
1   // 初次載入
2   renderer.render(vnode, document.querySelector('#app'))
3   // 再次載入新 vnode，將觸發更新
4   renderer.render(newVNode, document.querySelector('#app'))
```

更新的情況有幾種，我們逐個來看。當後續呼叫 render 函數渲染空內容（即 null）時，如下面的程式碼所示：

```
1    // 初次載入
2    renderer.render(vnode, document.querySelector('#app'))
3    // 新 vnode 為 null，意味著卸載之前渲染的內容
4    renderer.render(null, document.querySelector('#app'))
```

首次載入完成後，後續渲染時如果傳遞了 null 作為新 vnode，則意味著什麼都不渲染，這時我們需要卸載之前渲染的內容。回顧前文實作的 render 函數，如下：

```
1    function render(vnode, container) {
2      if (vnode) {
3        patch(container._vnode, vnode, container)
4      } else {
5        if (container._vnode) {
6          // 卸載，清空容器
7          container.innerHTML = ''
8        }
9      }
10     container._vnode = vnode
11   }
```

可以看到，當 vnode 為 null，並且容器元素的 container._vnode 屬性存在時，我們直接透過 innerHTML 清空容器。但這麼做是不嚴謹的，原因有三點。

- ☑ 容器的內容可能是由某個或多個組件渲染的，當卸載操作發生時，應該正確地呼叫這些組件的 beforeUnmount、unmounted 等生命週期函數。

- ☑ 即使內容不是由組件渲染的，有的元素存在自訂指令，我們應該在卸載操作發生時正確執行對應的指令鉤子函數。

- ☑ 使用 innerHTML 清空容器元素內容的另一個缺陷是，它不會移除綁定在 DOM 元素上的事件處理函數。

正如上述三點原因，我們不能簡單地使用 innerHTML 來完成卸載操作。正確的卸載方式是，根據 vnode 物件獲取與其相關聯的實體 DOM 元素，然後使用原生 DOM 操作方法將該 DOM 元素移除。為此，我們需要在 vnode 與實體 DOM 元素之間建立聯繫，修改 mountElement 函數，如下面的程式碼所示：

```
1    function mountElement(vnode, container) {
2      // 讓 vnode.el 引用實體 DOM 元素
3      const el = vnode.el = createElement(vnode.type)
4      if (typeof vnode.children === 'string') {
5        setElementText(el, vnode.children)
6      } else if (Array.isArray(vnode.children)) {
7        vnode.children.forEach(child => {
8          patch(null, child, el)
```

```
 9        })
10      }
11
12      if (vnode.props) {
13        for (const key in vnode.props) {
14          patchProps(el, key, null, vnode.props[key])
15        }
16      }
17
18      insert(el, container)
19    }
```

可以看到，當我們呼叫 createElement 函數建立實體 DOM 元素時，會把實體 DOM 元素賦值給 vnode.el 屬性。這樣，在 vnode 與實體 DOM 元素之間就建立了聯繫，我們可以透過 vnode.el 來獲取該虛擬節點對應的實體 DOM 元素。有了這些，當卸載操作發生的時候，只需要根據虛擬節點物件 vnode.el 取得實體 DOM 元素，再將其從父元素中移除即可：

```
 1    function render(vnode, container) {
 2      if (vnode) {
 3        patch(container._vnode, vnode, container)
 4      } else {
 5        if (container._vnode) {
 6          // 根據 vnode 獲取要卸載的實體 DOM 元素
 7          const el = container._vnode.el
 8          // 獲取 el 的父元素
 9          const parent = el.parentNode
10          // 呼叫 removeChild 移除元素
11          if (parent) parent.removeChild(el)
12        }
13      }
14      container._vnode = vnode
15    }
```

如上面的程式碼所示，其中 container._vnode 代表舊 vnode，即要被卸載的 vnode。然後透過 container._vnode.el 取得實體 DOM 元素，並呼叫 removeChild 函數將其從父元素中移除即可。

由於卸載操作是比較常見且基本的操作，所以我們應該將它封裝到 unmount 函數中，以便後續程式碼可以重複使用它，如下面的程式碼所示：

```
 1    function unmount(vnode) {
 2      const parent = vnode.el.parentNode
 3      if (parent) {
 4        parent.removeChild(vnode.el)
 5      }
 6    }
```

unmount 函數接收一個虛擬節點作為參數，並將該虛擬節點對應的實體 DOM 元素從父元素中移除。現在 unmount 函數的程式碼還非常簡單，後續我們會慢慢充實它，讓它變得更加完善。有了 unmount 函數後，就可以直接在 render 函數中呼叫它來完成卸載任務了：

```
function render(vnode, container) {
  if (vnode) {
    patch(container._vnode, vnode, container)
  } else {
    if (container._vnode) {
      // 呼叫 unmount 函數卸載 vnode
      unmount(container._vnode)
    }
  }
  container._vnode = vnode
}
```

最後，將卸載操作封裝到 unmount 中，還能夠帶來兩點額外的好處。

- 在 unmount 函數內，我們有機會呼叫綁定在 DOM 元素上的指令鉤子函數，例如 before-Unmount、unmounted 等。
- 當 unmount 函數執行時，我們有機會檢測虛擬節點 vnode 的類型。如果該虛擬節點描述的是組件，則我們有機會呼叫組件相關的生命週期函數。

## 8.6 區分 vnode 的類型

在上一節中我們瞭解到，當後續呼叫 render 函數渲染空內容（即 null）時，會執行卸載操作。如果在後續渲染時，為 render 函數傳遞了新的 vnode，則不會進行卸載操作，而是會把新舊 vnode 都傳遞給 patch 函數進行程式修補操作。回顧前文實作的 patch 函數，如下面的程式碼所示：

```
function patch(n1, n2, container) {
  if (!n1) {
    mountElement(n2, container)
  } else {
    // 更新
  }
}
```

其中，patch 函數的兩個參數 n1 和 n2 分別代表舊 vnode 與新 vnode。如果舊 vnode 存在，則需要在新舊 vnode 之間進行程式修補。但在具體執行程式修補操作之前，我們需要保證新舊 vnode 所描述的內容相同。這是什麼意思呢？舉個例子，假設初次渲染的 vnode 是一個 p 元素：

```
1  const vnode = {
2    type: 'p'
3  }
4  renderer.render(vnode, document.querySelector('#app'))
```

後續又渲染了一個 input 元素：

```
1  const vnode = {
2    type: 'input'
3  }
4  renderer.render(vnode, document.querySelector('#app'))
```

這就會造成新舊 vnode 所描述的內容不同，即 vnode.type 屬性的值不同。對於上例來說，p 元素和 input 元素之間不存在程式修補的意義，因為對於不同的元素來說，每個元素都有特有的屬性，例如：

```
1  <p id="foo" />
2  <!-- type 屬性是 input 標籤特有的，p 標籤則沒有該屬性 -->
3  <input type="submit" />
```

在這種情況下，正確的更新操作是，先將 p 元素卸載，再將 input 元素載入到容器中。因此我們需要調整 patch 函數的程式碼：

```
1  function patch(n1, n2, container) {
2    // 如果 n1 存在，則對比 n1 和 n2 的類型
3    if (n1 && n1.type !== n2.type) {
4      // 如果新舊 vnode 的類型不同，則直接將舊 vnode 卸載
5      unmount(n1)
6      n1 = null
7    }
8
9    if (!n1) {
10     mountElement(n2, container)
11   } else {
12     // 更新
13   }
14 }
```

如上面的程式碼所示，在真正執行更新操作之前，我們優先檢查新舊 vnode 所描述的內容是否相同，如果不同，則直接呼叫 unmount 函數將舊 vnode 卸載。這裡需要注意的是，卸載完成後，我們應該將參數 n1 的值重置為 null，這樣才能保證後續載入操作正確執行。

即使新舊 vnode 描述的內容相同，我們仍然需要進一步確認它們的類型是否相同。我們知道，一個 vnode 可以用來描述普通標籤，也可以用來描述組件，還可以用來描述 Fragment 等。對於不同類型的 vnode，我們需要提供不同的載入或程式修補的

處理方式。所以，我們需要繼續修改 patch 函數的程式碼以滿足需求，如下面的程式碼所示：

```
1   function patch(n1, n2, container) {
2     if (n1 && n1.type !== n2.type) {
3       unmount(n1)
4       n1 = null
5     }
6     // 程式碼執行到這裡，證明 n1 和 n2 所描述的內容相同
7     const { type } = n2
8     // 如果 n2.type 的值是字串類型，則它描述的是普通標籤元素
9     if (typeof type === 'string') {
10      if (!n1) {
11        mountElement(n2, container)
12      } else {
13        patchElement(n1, n2)
14      }
15    } else if (typeof type === 'object') {
16      // 如果 n2.type 的值的類型是物件，則它描述的是組件
17    } else if (type === 'xxx') {
18      // 處理其他類型的 vnode
19    }
20  }
```

實際上，在前文的講解中，我們一直假設 vnode 的類型是普通標籤元素。但嚴謹的做法是根據 vnode.type 進一步確認它們的類型是什麼，從而使用相應的處理函數進行處理。例如，如果 vnode.type 的值是字串類型，則它描述的是普通標籤元素，這時我們會呼叫 mountElement 或 patchElement 完成載入和更新操作；如果 vnode.type 的值的類型是物件，則它描述的是組件，這時我們會呼叫與組件相關的載入和更新方法。

## 8.7　事件的處理

本節我們將討論如何處理事件，包括如何在虛擬節點中描述事件，如何把事件新增到 DOM 元素上，以及如何更新事件。

我們先來解決第一個問題，即如何在虛擬節點中描述事件。事件可以視作一種特殊的屬性，因此我們可以約定，在 vnode.props 物件中，凡是以字串 on 開頭的屬性都視作事件。例如：

```
1   const vnode = {
2     type: 'p',
3     props: {
4       // 使用 onXxx 描述事件
5       onClick: () => {
6         alert('clicked')
```

```
 7       }
 8     },
 9     children: 'text'
10   }
```

解決了事件在虛擬節點層面的描述問題後，我們再來看看如何將事件新增到 DOM 元素上。這非常簡單，只需要在 patchProps 中呼叫 addEventListener 函數來綁定事件即可，如下面的程式碼所示：

```
 1   patchProps(el, key, prevValue, nextValue) {
 2     // 匹配以 on 開頭的屬性，視其為事件
 3     if (/^on/.test(key)) {
 4       // 根據屬性名稱得到對應的事件名稱，例如 onClick ---> click
 5       const name = key.slice(2).toLowerCase()
 6       // 綁定事件，nextValue 為事件處理函數
 7       el.addEventListener(name, nextValue)
 8     } else if (key === 'class') {
 9       // 省略部分程式碼
10     } else if (shouldSetAsProps(el, key, nextValue)) {
11       // 省略部分程式碼
12     } else {
13       // 省略部分程式碼
14     }
15   }
```

那麼，更新事件要如何處理呢？按照一般的思路，我們需要先移除之前新增的事件處理函數，然後再將新的事件處理函數綁定到 DOM 元素上，如下面的程式碼所示：

```
 1   patchProps(el, key, prevValue, nextValue) {
 2     if (/^on/.test(key)) {
 3       const name = key.slice(2).toLowerCase()
 4       // 移除上一次綁定的事件處理函數
 5       prevValue && el.removeEventListener(name, prevValue)
 6       // 綁定新的事件處理函數
 7       el.addEventListener(name, nextValue)
 8     } else if (key === 'class') {
 9       // 省略部分程式碼
10     } else if (shouldSetAsProps(el, key, nextValue)) {
11       // 省略部分程式碼
12     } else {
13       // 省略部分程式碼
14     }
15   }
```

這麼做程式碼能夠按照預期運作，但其實還有一種效能更好的方式來完成事件更新。在綁定事件時，我們可以綁定一個偽造的事件處理函數 invoker，然後把真正的事件處理函數設定為 invoker.value 屬性的值。這樣當更新事件的時候，我們將不再需要呼叫 removeEventListener 函數來移除上一次綁定的事件，只需要更新 invoker.value 的值即可，如下面的程式碼所示：

```
1   patchProps(el, key, prevValue, nextValue) {
2     if (/^on/.test(key)) {
3       // 獲取為該元素偽造的事件處理函數 invoker
4       let invoker = el._vei
5       const name = key.slice(2).toLowerCase()
6       if (nextValue) {
7         if (!invoker) {
8           // 如果沒有 invoker，則將一個偽造的 invoker 暫存到 el._vei 中
9           // vei 是 vue event invoker 的首字母縮寫
10          invoker = el._vei = (e) => {
11            // 當偽造的事件處理函數執行時，會執行真正的事件處理函數
12            invoker.value(e)
13          }
14          // 將真正的事件處理函數賦值給 invoker.value
15          invoker.value = nextValue
16          // 綁定 invoker 作為事件處理函數
17          el.addEventListener(name, invoker)
18        } else {
19          // 如果 invoker 存在，意味著更新，並且只需要更新 invoker.value 的值即可
20          invoker.value = nextValue
21        }
22      } else if (invoker) {
23        // 新的事件綁定函數不存在，且之前綁定的 invoker 存在，則移除綁定
24        el.removeEventListener(name, invoker)
25      }
26    } else if (key === 'class') {
27      // 省略部分程式碼
28    } else if (shouldSetAsProps(el, key, nextValue)) {
29      // 省略部分程式碼
30    } else {
31      // 省略部分程式碼
32    }
33  }
```

觀察上面的程式碼，事件綁定主要分為兩個步驟。

- 先從 el._vei 中讀取對應的 invoker，如果 invoker 不存在，則將偽造的 invoker 作為事件處理函數，並將它暫存到 el._vei 屬性中。

- 把真正的事件處理函數賦值給 invoker.value 屬性，然後把偽造的 invoker 函數作為事件處理函數綁定到元素上。可以看到，當事件觸發時，實際上執行的是偽造的事件處理函數，在其內部間接執行了真正的事件處理函數 invoker.value(e)。

當更新事件時，由於 el._vei 已經存在了，所以我們只需要將 invoker.value 的值修改為新的事件處理函數即可。這樣，在更新事件時可以避免一次 removeEventListener 函數的呼叫，從而提升了效能。實際上，偽造的事件處理函數的作用不止於此，它還能解決事件冒泡與事件更新之間相互影響的問題，下文會詳細講解。

但目前的實作仍然存在問題。現在我們將事件處理函數暫存在 `el._vei` 屬性中,問題是,在同一時刻只能暫存一個事件處理函數。這意味著,如果一個元素同時綁定了多種事件,將會出現事件覆蓋的現象。例如同時給元素綁定 `click` 和 `contextmenu` 事件:

```
const vnode = {
  type: 'p',
  props: {
    onClick: () => {
      alert('clicked')
    },
    onContextmenu: () => {
      alert('contextmenu')
    }
  },
  children: 'text'
}
renderer.render(vnode, document.querySelector('#app'))
```

當渲染器嘗試渲染這上面程式碼中提供的 `vnode` 時,會先綁定 `click` 事件,然後再綁定 `contextmenu` 事件。後綁定的 `contextmenu` 事件的處理函數將覆蓋先綁定的 `click` 事件的處理函數。為了解決事件覆蓋的問題,我們需要重新設計 `el._vei` 的資料結構。我們應該將 `el._vei` 設計為一個物件,它的鍵是事件名稱,它的值則是對應的事件處理函數,這樣就不會發生事件覆蓋的現象了,如下面的程式碼所示:

```
patchProps(el, key, prevValue, nextValue) {
  if (/^on/.test(key)) {
    // 定義 el._vei 為一個物件,存在事件名稱到事件處理函數的映射
    const invokers = el._vei || (el._vei = {})
    // 根據事件名稱獲取 invoker
    let invoker = invokers[key]
    const name = key.slice(2).toLowerCase()
    if (nextValue) {
      if (!invoker) {
        // 將事件處理函數暫存到 el._vei[key] 下,避免覆蓋
        invoker = el._vei[key] = (e) => {
          invoker.value(e)
        }
        invoker.value = nextValue
        el.addEventListener(name, invoker)
      } else {
        invoker.value = nextValue
      }
    } else if (invoker) {
      el.removeEventListener(name, invoker)
    }
  } else if (key === 'class') {
    // 省略部分程式碼
  } else if (shouldSetAsProps(el, key, nextValue)) {
    // 省略部分程式碼
```

```
26      } else {
27        // 省略部分程式碼
28      }
29    }
```

另外，一個元素不僅可以綁定多種類型的事件，對於同一類型的事件而言，還可以綁定多個事件處理函數。我們知道，在原生 DOM 程式碼中，當多次呼叫 addEventListener 函數為元素綁定同一類型的事件時，多個事件處理函數可以共存，例如：

```
1    el.addEventListener('click', fn1)
2    el.addEventListener('click', fn2)
```

當點擊元素時，事件處理函數 fn1 和 fn2 都會執行。因此，為了描述同一個事件的多個事件處理函數，我們需要調整 vnode.props 物件中事件的資料結構，如下面的程式碼所示：

```
1    const vnode = {
2      type: 'p',
3      props: {
4        onClick: [
5          // 第一個事件處理函數
6          () => {
7            alert('clicked 1')
8          },
9          // 第二個事件處理函數
10         () => {
11           alert('clicked 2')
12         }
13       ]
14     },
15     children: 'text'
16   }
17   renderer.render(vnode, document.querySelector('#app'))
```

在上面這段程式碼中，我們使用一個陣列來描述事件，陣列中的每個元素都是一個獨立的事件處理函數，並且這些事件處理函數都能夠正確地綁定到對應元素上。為了實作此功能，我們需要修改 patchProps 函數中事件處理相關的程式碼，如下面的程式碼所示：

```
1    patchProps(el, key, prevValue, nextValue) {
2      if (/^on/.test(key)) {
3        const invokers = el._vei || (el._vei = {})
4        let invoker = invokers[key]
5        const name = key.slice(2).toLowerCase()
6        if (nextValue) {
7          if (!invoker) {
8            invoker = el._vei[key] = (e) => {
```

```
9              // 如果 invoker.value 是陣列，則遍歷它並逐個呼叫事件處理函數
10             if (Array.isArray(invoker.value)) {
11               invoker.value.forEach(fn => fn(e))
12             } else {
13               // 否則直接作為函數呼叫
14               invoker.value(e)
15             }
16           }
17           invoker.value = nextValue
18           el.addEventListener(name, invoker)
19         } else {
20           invoker.value = nextValue
21         }
22       } else if (invoker) {
23         el.removeEventListener(name, invoker)
24       }
25     } else if (key === 'class') {
26       // 省略部分程式碼
27     } else if (shouldSetAsProps(el, key, nextValue)) {
28       // 省略部分程式碼
29     } else {
30       // 省略部分程式碼
31     }
32   }
```

在這段程式碼中，我們修改了 invoker 函數的實作。當 invoker 函數執行時，在呼叫真正的事件處理函數之前，要先檢查 invoker.value 的資料結構是否是陣列，如果是陣列則遍歷它，並逐個呼叫定義在陣列中的事件處理函數。

## 8.8 事件冒泡與更新時機問題

在上一節中，我們介紹了基本的事件處理。本節我們將討論事件冒泡（Bubbling - 從啟動事件的元素節點開始，逐層往上傳遞，直到整個網頁的根節點）與更新時機相結合所導致的問題。為了更清晰地描述問題，我們需要建構一個小例子：

```
1  const { effect, ref } = VueReactivity
2
3  const bol = ref(false)
4
5  effect(() => {
6    // 建立 vnode
7    const vnode = {
8      type: 'div',
9      props: bol.value ? {
10       onClick: () => {
11         alert(' 父元素 clicked')
12       }
```

```
13        } : {},
14      children: [
15        {
16          type: 'p',
17          props: {
18            onClick: () => {
19              bol.value = true
20            }
21          },
22          children: 'text'
23        }
24      ]
25    }
26    // 渲染 vnode
27    renderer.render(vnode, document.querySelector('#app'))
28  })
```

這個例子比較複雜。在上面這段程式碼中，我們建立一個響應式資料 bol，它是一個 ref，初始值為 false。接著，建立了一個 effect，並在副作用函數內呼叫 renderer.render 函數來渲染 vnode。這裡的重點在於該 vnode 物件，它描述了一個 div 元素，並且該 div 元素具有一個 p 元素作為子節點。我們再來詳細看看 div 元素以及 p 元素的特點。

■ div 元素

　　它的 props 物件的值是由一個三元表達式決定的。在首次渲染時，由於 bol.value 的值為 false，所以它的 props 的值是一個空物件。

■ p 元素

　　它具有 click 點擊事件，並且當點擊它時，事件處理函數會將 bol.value 的值設定為 true。

結合上述特點，我們來思考一個問題：當首次渲染完成後，用滑鼠點擊 p 元素，會觸發父級 div 元素的 click 事件的事件處理函數執行嗎？

答案其實很明顯，在首次渲染完成之後，由於 bol.value 的值為 false，所以渲染器並不會為 div 元素綁定點擊事件。當用滑鼠點擊 p 元素時，即使 click 事件可以從 p 元素冒泡到父級 div 元素，但由於 div 元素沒有綁定 click 事件的事件處理函數，所以什麼都不會發生。但事實是，當你嘗試執行上面這段程式碼並點擊 p 元素時，會發現父級 div 元素的 click 事件的事件處理函數竟然執行了。為什麼會發生如此奇怪的現象呢？這其實與更新機制有關，我們來分析一下當點擊 p 元素時，到底發生了什麼。

當點擊 p 元素時，綁定到它身上的 click 事件處理函數會執行，於是 bol.value 的值被改為 true。接下來的一步非常關鍵，由於 bol 是一個響應式資料，所以當它的值發生變化時，會觸發副作用函數重新執行。由於此時的 bol.value 已經變成了 true，所以在更新階段，渲染器會為父級 div 元素綁定 click 事件處理函數。當更新完成之後，點擊事件才從 p 元素冒泡到父級 div 元素。由於此時 div 元素已經綁定了 click 事件的處理函數，因此就發生了上述奇怪的現象。圖 8-3 提供了當點擊 p 元素後，整個更新和事件觸發的流程圖。

根據圖 8-3 我們能夠發現，之所以會出現上述奇怪的現象，是因為更新操作發生在事件冒泡之前，即**為 div 元素綁定事件處理函數發生在事件冒泡之前**。那如何避免這個問題呢？一個很自然的想法是，能否將綁定事件的動作挪到事件冒泡之後？但這個想法不可靠，因為我們無法知道事件冒泡是否完成，以及完成到什麼程度。你可能會想，Vue.js 的更新難道不是在一個非同步的微任務佇列中進行的嗎？那是不是自然能夠避免這個問題了呢？其實不然，換句話說，微任務會穿插在由事件冒泡觸發的多個事件處理函數之間被執行。因此，即使把綁定事件的動作放到微任務中，也無法避免這個問題。

那應該如何解決呢？其實，仔細觀察圖 8-3 就會發現，觸發事件的時間與綁定事件的時間之間是有聯繫的，如圖 8-4 所示。

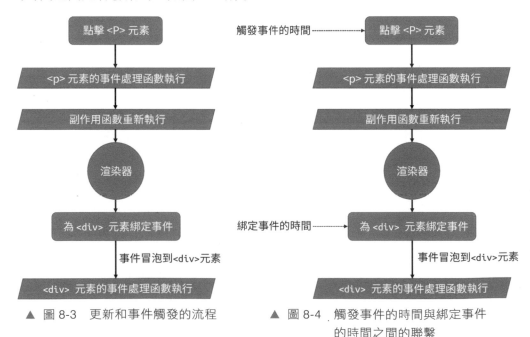

▲ 圖 8-3　更新和事件觸發的流程　　　▲ 圖 8-4　觸發事件的時間與綁定事件的時間之間的聯繫

由圖 8-4 可以發現，事件觸發的時間要早於事件處理函數被綁定的時間。這意味著當一個事件觸發時，目標元素上還沒有綁定相關的事件處理函數，我們可以根據這個特點來解決問題：**屏蔽所有綁定時間晚於事件觸發時間的事件處理函數的執行**。基於此，我們可以調整 patchProps 函數中關於事件的程式碼，如下：

```
patchProps(el, key, prevValue, nextValue) {
  if (/^on/.test(key)) {
    const invokers = el._vei || (el._vei = {})
    let invoker = invokers[key]
    const name = key.slice(2).toLowerCase()
    if (nextValue) {
      if (!invoker) {
        invoker = el._vei[key] = (e) => {
          // e.timeStamp 是事件發生的時間
          // 如果事件發生的時間早於事件處理函數綁定的時間，則不執行事件處理函數
          if (e.timeStamp < invoker.attached) return
          if (Array.isArray(invoker.value)) {
            invoker.value.forEach(fn => fn(e))
          } else {
            invoker.value(e)
          }
        }
        invoker.value = nextValue
        // 新增 invoker.attached 屬性，儲存事件處理函數被綁定的時間
        invoker.attached = performance.now()
        el.addEventListener(name, invoker)
      } else {
        invoker.value = nextValue
      }
    } else if (invoker) {
      el.removeEventListener(name, invoker)
    }
  } else if (key === 'class') {
    // 省略部分程式碼
  } else if (shouldSetAsProps(el, key, nextValue)) {
    // 省略部分程式碼
  } else {
    // 省略部分程式碼
  }
}
```

如上面的程式碼所示，我們在原來的基礎上只新增了兩行程式碼。首先，我們為偽造的事件處理函數新增了 `invoker.attached` 屬性，用來儲存事件處理函數被綁定的時間。然後，在 `invoker` 執行的時候，透過事件物件的 `e.timeStamp` 獲取事件發生的時間。最後，比較兩者，如果事件處理函數被綁定的時間晚於事件發生的時間，則不執行該事件處理函數。

這裡有必要指出的是，在關於時間的儲存和比較方面，我們使用的是高精度時間，即 `performance.now`。但根據瀏覽器的不同，`e.timeStamp` 的值也會有所不同。它既可能是高精度時間，也可能是非高精度時間。因此，嚴格來講，這裡需要做兼容處理。不過在 Chrome 49、Firefox 54、Opera 36 以及之後的版本中，`e.timeStamp` 的值都是高精度時間。

## 8.9 更新子節點

前幾節我們講解了元素屬性的更新，包括普通標籤屬性和事件。接下來，我們將討論如何更新元素的子節點。首先，回顧一下元素的子節點是如何被載入的，如下面 `mountElement` 函數的程式碼所示：

```
 1   function mountElement(vnode, container) {
 2     const el = vnode.el = createElement(vnode.type)
 3
 4     // 載入子節點，首先判斷 children 的類型
 5     // 如果是字串類型，說明是文本子節點
 6     if (typeof vnode.children === 'string') {
 7       setElementText(el, vnode.children)
 8     } else if (Array.isArray(vnode.children)) {
 9       // 如果是陣列，說明是多個子節點
10       vnode.children.forEach(child => {
11         patch(null, child, el)
12       })
13     }
14
15     if (vnode.props) {
16       for (const key in vnode.props) {
17         patchProps(el, key, null, vnode.props[key])
18       }
19     }
20
21     insert(el, container)
22   }
```

在載入子節點時，首先要區分其類型：

- ☑ 如果 `vnode.children` 是字串，則說明元素具有文本子節點；
- ☑ 如果 `vnode.children` 是陣列，則說明元素具有多個子節點。

這裡需要思考的是，為什麼要區分子節點的類型呢？其實這是一個規範性的問題，因為只有子節點的類型是規範化的，才有利於我們撰寫更新邏輯。因此，在具體討論如何更新子節點之前，我們有必要先規範化 `vnode.children`。那應該設定怎樣的規範呢？為了搞清楚這個問題，我們需要先搞清楚在一個 HTML 頁面中，元素的子節點都有哪些情況，如下面的 HTML 程式碼所示：

```
1  <!-- 沒有子節點 -->
2  <div></div>
3  <!-- 文本子節點 -->
4  <div>Some Text</div>
5  <!-- 多個子節點 -->
6  <div>
7    <p/>
8    <p/>
9  </div>
```

對於一個元素來說，它的子節點無非有以下三種情況。

- 沒有子節點，此時 vnode.children 的值為 null。
- 具有文本子節點，此時 vnode.children 的值為字串，代表文本的內容。
- 其他情況，無論是單個元素子節點，還是多個子節點（可能是文本和元素的混合），都可以用陣列來表示。

如下面的程式碼所示：

```
1   // 沒有子節點
2   vnode = {
3     type: 'div',
4     children: null
5   }
6   // 文本子節點
7   vnode = {
8     type: 'div',
9     children: 'Some Text'
10  }
11  // 其他情況，子節點使用陣列表示
12  vnode = {
13    type: 'div',
14    children: [
15      { type: 'p' },
16      'Some Text'
17    ]
18  }
```

現在，我們已經規範化了 vnode.children 的類型。既然一個 vnode 的子節點可能有三種情況，那麼當渲染器執行更新時，新舊子節點都分別是三種情況之一。所以，我們可以總結出更新子節點時全部九種可能，如圖 8-5 所示。

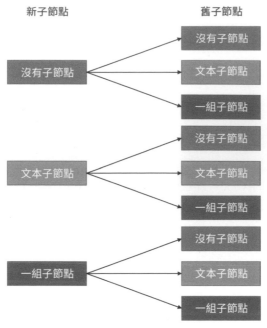

新子節點　　　　　　　　　　　　　舊子節點

沒有子節點

文本子節點

一組子節點

沒有子節點

文本子節點

一組子節點

沒有子節點

文本子節點

一組子節點

沒有子節點

文本子節點

一組子節點

▲ 圖 8-5　新舊子節點的關係

但落實到程式碼，我們會發現其實並不需要完全覆蓋這九種可能。接下來我們就開始著手實作，如下面 patchElement 函數的程式碼所示：

```
1    function patchElement(n1, n2) {
2      const el = n2.el = n1.el
3      const oldProps = n1.props
4      const newProps = n2.props
5      // 第一步：更新 props
6      for (const key in newProps) {
7        if (newProps[key] !== oldProps[key]) {
8          patchProps(el, key, oldProps[key], newProps[key])
9        }
10     }
11     for (const key in oldProps) {
12       if (!(key in newProps)) {
13         patchProps(el, key, oldProps[key], null)
14       }
15     }
16
17     // 第二步：更新 children
18     patchChildren(n1, n2, el)
19   }
```

如上面的程式碼所示，更新子節點是對一個元素進行程式修補的最後一步操作。我們將它封裝到 patchChildren 函數中，並將新舊 vnode 以及當前正在被程式修補的 DOM 元素 el 作為參數傳遞給它。

patchChildren 函數的實作如下：

```
1   function patchChildren(n1, n2, container) {
2     // 判斷新子節點的類型是否是文本節點
3     if (typeof n2.children === 'string') {
4       // 舊子節點的類型有三種可能：沒有子節點、文本子節點以及一組子節點
5       // 只有當舊子節點為一組子節點時，才需要逐個卸載，其他情況下什麼都不需要做
6       if (Array.isArray(n1.children)) {
7         n1.children.forEach((c) => unmount(c))
8       }
9       // 最後將新的文本節點內容設定給容器元素
10      setElementText(container, n2.children)
11    }
12  }
```

如上面這段程式碼所示，首先，我們檢測新子節點的類型是否是文本節點，如果是，則還要檢查舊子節點的類型。舊子節點的類型可能有三種情況，分別是：沒有子節點、文本子節點或一組子節點。如果沒有舊子節點或者舊子節點的類型是文本子節點，那麼只需要將新的文本內容設定給容器元素即可；如果舊子節點存在，並且不是文本子節點，則說明它的類型是　組子節點。這時我們需要循環遍歷它們，並逐個呼叫 unmount 函數進行卸載。

如果新子節點的類型不是文本子節點，我們需要再新增一個判斷分支，判斷它是否是一組子節點，如下面的程式碼所示：

```
1   function patchChildren(n1, n2, container) {
2     if (typeof n2.children === 'string') {
3       // 省略部分程式碼
4     } else if (Array.isArray(n2.children)) {
5       // 說明新子節點是一組子節點
6
7       // 判斷舊子節點是否也是一組子節點
8       if (Array.isArray(n1.children)) {
9         // 程式碼執行到這裡，則說明新舊子節點都是一組子節點，這裡涉及核心的 Diff 演算法
10      } else {
11        // 此時：
12        // 舊子節點要嘛是义本子節點，要嘛不存在
13        // 但無論哪種情況，我們都只需要將容器清空，然後將新的一組子節點逐個載入
14        setElementText(container, '')
15        n2.children.forEach(c => patch(null, c, container))
16      }
17    }
18  }
```

在上面這段程式碼中，我們新增了對 n2.children 類型的判斷：檢測它是否是一組子節點，如果是，接著再檢查舊子節點的類型。同樣，舊子節點也有三種可能：沒有子節點、文本子節點和一組子節點。對於沒有舊子節點或者舊子節點是文本子節點的情況，我們只需要將容器元素清空，然後逐個將新的一組子節點載入到容器中

即可。如果舊子節點也是一組子節點，則涉及新舊兩組子節點的比對，這裡就涉及我們常說的 Diff 演算法。但由於我們目前還沒有講解 Diff 演算法的運作方式，因此可以暫時用一種相對傻瓜式的方法來保證功能可用。這個方法很簡單，即把舊的一組子節點全部卸載，再將新的一組子節點全部載入，如下面的程式碼所示：

```
1   function patchChildren(n1, n2, container) {
2     if (typeof n2.children === 'string') {
3       if (Array.isArray(n1.children)) {
4         n1.children.forEach((c) => unmount(c))
5       }
6       setElementText(container, n2.children)
7     } else if (Array.isArray(n2.children)) {
8       if (Array.isArray(n1.children)) {
9         // 將舊的一組子節點全部卸載
10        n1.children.forEach(c => unmount(c))
11        // 再將新的一組子節點全部載入到容器中
12        n2.children.forEach(c => patch(null, c, container))
13      } else {
14        setElementText(container, '')
15        n2.children.forEach(c => patch(null, c, container))
16      }
17    }
18  }
```

這樣做雖然能夠實作需求，但並不是最佳解，我們將在下一章講解如何使用 Diff 演算法有效地更新兩組子節點。現在，對於新子節點來說，還剩下最後一種情況，即新子節點不存在，如下面的程式碼所示：

```
1   function patchChildren(n1, n2, container) {
2     if (typeof n2.children === 'string') {
3       if (Array.isArray(n1.children)) {
4         n1.children.forEach((c) => unmount(c))
5       }
6       setElementText(container, n2.children)
7     } else if (Array.isArray(n2.children)) {
8       if (Array.isArray(n1.children)) {
9         //
10      } else {
11        setElementText(container, '')
12        n2.children.forEach(c => patch(null, c, container))
13      }
14    } else {
15      // 程式碼執行到這裡，說明新子節點不存在
16      // 舊子節點是一組子節點，只需逐個卸載即可
17      if (Array.isArray(n1.children)) {
18        n1.children.forEach(c => unmount(c))
19      } else if (typeof n1.children === 'string') {
20        // 舊子節點是文本子節點，清空內容即可
21        setElementText(container, '')
22      }
23      // 如果也沒有舊子節點，那麼什麼都不需要做
```

```
24      }
25    }
```

可以看到，如果程式碼走到了 else 分支，則說明新子節點不存在。這時，對於舊子節點來說仍然有三種可能：沒有子節點、文本子節點以及一組子節點。如果舊子節點也不存在，則什麼都不需要做；如果舊子節點是一組子節點，則逐個卸載即可；如果舊的子節點是文本子節點，則清空文本內容即可。

## 8.10 文本節點和註解節點

在前面的章節中，我們只講解了一種類型的 vnode，即用於描述普通標籤的 vnode，如下面的程式碼所示：

```
1    const vnode = {
2      type: 'div'
3    }
```

我們用 vnode.type 來描述元素的名稱，它是一個字串類型的值。

接下來，我們討論如何用虛擬 DOM 描述更多類型的實體 DOM。其中最常見的兩種節點類型是文本節點和註解節點，如下面的 HTML 程式碼所示：

```
1    <div><!-- 註解節點 --> 我是文本節點 </div>
```

\<div\> 是元素節點，它包含一個註解節點和一個文本節點。那麼，如何使用 vnode 描述註解節點和文本節點呢？

我們知道，vnode.type 屬性能夠代表一個 vnode 的類型。如果 vnode.type 的值是字串類型，則代表它描述的是普通標籤，並且該值就代表標籤的名稱。但註解節點與文本節點不同於普通標籤節點，它們不具有標籤名稱，所以我們需要人為創造一些唯一的標識，並將其作為註解節點和文本節點的 type 屬性值，如下面的程式碼所示：

```
1    // 文本節點的 type 標識
2    const Text = Symbol()
3    const newVNode = {
4      // 描述文本節點
5      type: Text,
6      children: ' 我是文本內容 '
7    }
8
9    // 註解節點的 type 標識
10   const Comment = Symbol()
11   const newVNode = {
```

```
12      // 描述註解節點
13      type: Comment,
14      children: ' 我是註解內容 '
15    }
```

可以看到，我們分別為文本節點和註解節點建立了 symbol 類型的值，並將其作為 vnode.type 屬性的值。這樣就能夠用 vnode 來描述文本節點和註解節點了。由於文本節點和註解節點只關心文本內容，所以我們用 vnode.children 來儲存它們對應的文本內容。

有了用於描述文本節點和註解節點的 vnode 物件後，我們就可以使用渲染器來渲染它們了，如下面的程式碼所示：

```
1    function patch(n1, n2, container) {
2      if (n1 && n1.type !== n2.type) {
3        unmount(n1)
4        n1 = null
5      }
6
7      const { type } = n2
8
9      if (typeof type === 'string') {
10       if (!n1) {
11         mountElement(n2, container)
12       } else {
13         patchElement(n1, n2)
14       }
15     } else if (type === Text) { // 如果新 vnode 的類型是 Text，則說明該 vnode 描述的是文本節點
16       // 如果沒有舊節點，則進行載入
17       if (!n1) {
18         // 使用 createTextNode 建立文本節點
19         const el = n2.el = document.createTextNode(n2.children)
20         // 將文本節點插入到容器中
21         insert(el, container)
22       } else {
23         // 如果舊 vnode 存在，只需要使用新文本節點的文本內容更新舊文本節點即可
24         const el = n2.el = n1.el
25         if (n2.children !== n1.children) {
26           el.nodeValue = n2.children
27         }
28       }
29     }
30   }
```

觀察上面這段程式碼，我們增加了一個判斷條件，即判斷表達式 type === Text 是否成立，如果成立，則說明要處理的節點是文本節點。接著，還需要判斷舊的虛擬節點（n1）是否存在，如果不存在，則直接載入新的虛擬節點（n2）。這裡我們使用 createTextNode 函數來建立文本節點，並將它插入到容器元素中。如果舊的虛擬節

點（n1）存在，則需要更新文本內容，這裡我們使用文本節點的 nodeValue 屬性完成文本內容的更新。

另外，從上面的程式碼中我們還能注意到，patch 函數依賴瀏覽器平台特有的 API，即 createTextNode 和 el.nodeValue。為了保證渲染器核心的跨平台能力，我們需要將這兩個操作 DOM 的 API 封裝到渲染器的選項中，如下面的程式碼所示：

```
const renderer = createRenderer({
  createElement(tag) {
    // 省略部分程式碼
  },
  setElementText(el, text) {
    // 省略部分程式碼
  },
  insert(el, parent, anchor = null) {
    // 省略部分程式碼
  },
  createText(text) {
    return document.createTextNode(text)
  },
  setText(el, text) {
    el.nodeValue = text
  },
  patchProps(el, key, prevValue, nextValue) {
    // 省略部分程式碼
  }
})
```

在上面這段程式碼中，我們在呼叫 createRenderer 函數建立渲染器時，傳遞的選項參數中封裝了 createText 函數和 setText 函數。這兩個函數分別用來建立文本節點和設定文本節點的內容。我們可以用這兩個函數替換渲染器核心程式碼中所依賴的瀏覽器特有的 API，如下面的程式碼所示：

```
function patch(n1, n2, container) {
  if (n1 && n1.type !== n2.type) {
    unmount(n1)
    n1 = null
  }

  const { type } = n2

  if (typeof type === 'string') {
    if (!n1) {
      mountElement(n2, container)
    } else {
      patchElement(n1, n2)
    }
  } else if (type === Text) {
    if (!n1) {
      // 呼叫 createText 函數建立文本節點
```

```
18        const el = n2.el = createText(n2.children)
19        insert(el, container)
20      } else {
21        const el = n2.el = n1.el
22        if (n2.children !== n1.children) {
23          // 呼叫 setText 函數更新文本節點的內容
24          setText(el, n2.children)
25        }
26      }
27    }
28  }
```

註解節點的處理方式與文本節點的處理方式類似。不同的是，我們需要使用 document.createComment 函數建立註解節點元素。

## 8.11 Fragment

Fragment（片斷）是 Vue.js 3 中新增的一個 vnode 類型。在具體討論 Fragment 的實作之前，我們有必要先瞭解為什麼需要 Fragment。請思考這樣的情況，假設我們要封裝一組列表組件：

```
1  <List>
2    <Items />
3  </List>
```

整體由兩個組件構成，即 <List> 組件和 <Items> 組件。其中 <List> 組件會渲染一個 <ul> 標籤作為包裹層：

```
1  <!-- List.vue -->
2  <template>
3    <ul>
4      <slot />
5    </ul>
6  </template>
```

而 <Items> 組件負責渲染一組 <li> 列表：

```
1  <!-- Items.vue -->
2  <template>
3    <li>1</li>
4    <li>2</li>
5    <li>3</li>
6  </template>
```

這在 Vue.js 2 中是無法實作的。在 Vue.js 2 中，組件的模板不允許存在多個根節點。這意味著，一個 <Items> 組件最多只能渲染一個 <li> 標籤：

```
1  <!-- Item.vue -->
2  <template>
3    <li>1</li>
4  </template>
```

因此在 Vue.js 2 中，我們通常需要配合 v-for 指令來達到目的：

```
1  <List>
2    <Items v-for="item in list" />
3  </List>
```

類似的組合還有 <select> 標籤與 <option> 標籤。

而 Vue.js 3 支援多根節點模板，所以不存在上述問題。那麼，Vue.js 3 是如何用 vnode 來描述多根節點模板的呢？答案是，使用 Fragment，如下面的程式碼所示：

```
1  const Fragment = Symbol()
2  const vnode = {
3    type: Fragment,
4    children: [
5      { type: 'li', children: 'text 1' },
6      { type: 'li', children: 'text 2' },
7      { type: 'li', children: 'text 3' }
8    ]
9  }
```

與文本節點和註解節點類似，片段也沒有所謂的標籤名稱，因此我們也需要為片段建立唯一標識，即 Fragment。對於 Fragment 類型的 vnode 來說，它的 children 儲存的內容就是模板中所有根節點。有了 Fragment 後，我們就可以用它來描述 Items.vue 組件的模板了：

```
1  <!-- Items.vue -->
2  <template>
3    <li>1</li>
4    <li>2</li>
5    <li>3</li>
6  </template>
```

這段模板對應的虛擬節點是：

```
1  const vnode = {
2    type: Fragment,
3    children: [
4      { type: 'li', children: '1' },
5      { type: 'li', children: '2' },
6      { type: 'li', children: '3' }
7    ]
8  }
```

類似地，對於如下模板：

```
1  <List>
2    <Items />
3  </List>
```

我們可以用下面這個虛擬節點來描述它：

```
1  const vnode = {
2    type: 'ul',
3    children: [
4      {
5        type: Fragment,
6        children: [
7          { type: 'li', children: '1' },
8          { type: 'li', children: '2' },
9          { type: 'li', children: '3' }
10       ]
11     }
12   ]
13 }
```

可以看到，`vnode.children` 陣列包含一個類型為 Fragment 的虛擬節點。

當渲染器渲染 Fragment 類型的虛擬節點時，由於 Fragment 本身並不會渲染任何內容，所以渲染器只會渲染 Fragment 的子節點，如下面的程式碼所示：

```
1  function patch(n1, n2, container) {
2    if (n1 && n1.type !== n2.type) {
3      unmount(n1)
4      n1 = null
5    }
6
7    const { type } = n2
8
9    if (typeof type === 'string') {
10     // 省略部分程式碼
11   } else if (type === Text) {
12     // 省略部分程式碼
13   } else if (type === Fragment) { // 處理 Fragment 類型的 vnode
14     if (!n1) {
15       // 如果舊 vnode 不存在，則只需要將 Fragment 的 children 逐個載入即可
16       n2.children.forEach(c => patch(null, c, container))
17     } else {
18       // 如果舊 vnode 存在，則只需要更新 Fragment 的 children 即可
19       patchChildren(n1, n2, container)
20     }
21   }
22 }
```

觀察上面這段程式碼，我們在 patch 函數中增加了對 Fragment 類型虛擬節點的處理。渲染 Fragment 的邏輯比想像中要簡單得多，因為從本質上來說，渲染 Fragment 與渲染普通元素的區別在於，Fragment 本身並不渲染任何內容，所以只需要處理它的子節點即可。

但仍然需要注意一點，unmount 函數也需要支援 Fragment 類型的虛擬節點的卸載，如下面 unmount 函數的程式碼所示：

```
 1  function unmount(vnode) {
 2    // 在卸載時，如果卸載的 vnode 類型為 Fragment，則需要卸載其 children
 3    if (vnode.type === Fragment) {
 4      vnode.children.forEach(c => unmount(c))
 5      return
 6    }
 7    const parent = vnode.el.parentNode
 8    if (parent) {
 9      parent.removeChild(vnode.el)
10    }
11  }
```

當卸載 Fragment 類型的虛擬節點時，由於 Fragment 本身並不會渲染任何實體 DOM，所以只需要遍歷它的 children 陣列，並將其中的節點逐個卸載即可。

## 8.12　總結

在本章中，我們首先討論了如何載入子節點，以及節點的屬性。對於子節點，只需要遞迴地呼叫 patch 函數完成載入即可。而節點的屬性比想像中的複雜，它涉及兩個重要的概念：HTML Attributes 和 DOM Properties。為元素設定屬性時，我們不能總是使用 setAttribute 函數，也不能總是透過元素的 DOM Properties 來設定。至於如何正確地為元素設定屬性，取決於被設定屬性的特點。例如，表單元素的 el.form 屬性是唯讀的，因此只能使用 setAttribute 函數來設定。

接著，我們討論了特殊屬性的處理。以 class 為例，Vue.js 對 class 屬性做了增強，它允許我們為 class 指定不同類型的值。但在把這些值設定給 DOM 元素之前，要對值進行正常化。我們還討論了為元素設定 class 的三種方式及其效能情況。其中，el.className 的效能最優，所以我們選擇在 patchProps 函數中使用 el.className 來完成 class 屬性的設定。除了 class 屬性之外，Vue.js 也對 style 屬性做了增強，所以 style 屬性也需要做類似的處理。

然後，我們討論了卸載操作。一開始，我們直接使用 innerHTML 來清空容器元素，但是這樣存在諸多問題。

- ☑ 容器的內容可能是由某個或多個組件渲染的，當卸載操作發生時，應該正確地呼叫這些組件的 beforeUnmount、unmounted 等生命週期函數。

- ☑ 即使內容不是由組件渲染的，有的元素存在自訂指令，我們應該在卸載操作發生時正確地執行對應的指令鉤子函數。

- ☑ 使用 innerHTML 清空容器元素內容的另一個缺陷是，它不會移除綁定在 DOM 元素上的事件處理函數。

因此，我們不能直接使用 innerHTML 來完成卸載任務。為了解決這些問題，我們封裝了 unmount 函數。該函數是以一個 vnode 的維度來完成卸載的，它會根據 vnode.el 屬性取得該虛擬節點對應的實體 DOM，然後呼叫原生 DOM API 完成 DOM 元素的卸載。這樣做還有兩點額外的好處。

- ☑ 在 unmount 函數內，我們有機會呼叫綁定在 DOM 元素上的指令鉤子函數，例如 beforeUnmount、unmounted 等。

- ☑ 當 unmount 函數執行時，我們有機會檢測虛擬節點 vnode 的類型。如果該虛擬節點描述的是組件，則我們也有機會呼叫組件相關的生命週期函數。

而後，我們討論了 vnode 類型的區分。渲染器在執行更新時，需要優先檢查新舊 vnode 所描述的內容是否相同。只有當它們所描述的內容相同時，才有程式修補的必要。另外，即使它們描述的內容相同，我們也需要進一步檢查它們的類型，即檢查 vnode.type 屬性值的類型，據此判斷它描述的具體內容是什麼。如果類型是字串，則它描述的是普通標籤元素，這時我們會呼叫 mountElement 和 patchElement 來完成載入和程式修補；如果類型是物件，則它描述的是組件，這時需要呼叫 mountComponent 和 patchComponent 來完成載入和程式修補。

我們還講解了事件的處理。首先介紹了如何在虛擬節點中描述事件，我們把 vnode.props 物件中以字串 on 開頭的屬性當作事件對待。接著，我們講解了如何綁定和更新事件。在更新事件的時候，為了提升效能，我們偽造了 invoker 函數，並把真正的事件處理函數儲存在 invoker.value 屬性中，當事件需要更新時，只更新 invoker.value 的值即可，這樣可以避免一次 removeEventListener 函數的呼叫。

我們還講解了如何處理事件與更新時機的問題。解決方案是，利用事件處理函數被綁定到 DOM 元素的時間與事件觸發時間之間的差異。我們需要**屏蔽所有綁定時間晚於事件觸發時間的事件處理函數的執行**。

之後，我們討論了子節點的更新。我們對虛擬節點中的 children 屬性進行了規範化，規定 vnode.children 屬性只能有如下三種類型。

- ☑ 字串類型：代表元素具有文本子節點。
- ☑ 陣列類型：代表元素具有一組子節點。
- ☑ null：代表元素沒有子節點。

在更新時，新舊 vnode 的子節點都有可能是以上三種情況之一，所以在執行更新時一共要考慮九種可能，即圖 8-5 所展示的那樣。但落實到程式碼中，我們並不需要羅列所有情況。另外，當新舊 vnode 都具有一組子節點時，我們採用了比較笨的方式來完成更新，即卸載所有舊子節點，再載入所有新子節點。更好的做法是，透過 Diff 演算法比較新舊兩組子節點，試圖最大程度重複利用 DOM 元素。我們會在後續章節中詳細講解 Diff 演算法的運作原理。

我們還討論了如何使用虛擬節點來描述文本節點和註解節點。我們利用了 symbol 類型值的唯一性，為文本節點和註解節點分別建立唯一標識，並將其作為 vnode.type 屬性的值。

最後，我們討論了 Fragment 及其用途。渲染器渲染 Fragment 的方式類似於渲染普通標籤，不同的是，Fragment 本身並不會渲染任何 DOM 元素。所以，只需要渲染一個 Fragment 的所有子節點即可。

# 第 9 章 | 簡單 Diff 演算法

從本章開始，我們將介紹渲染器的核心 Diff 演算法。簡單來說，當新舊 vnode 的子節點都是一組節點時，為了以最小的效能完成更新操作，需要比較兩組子節點，用於比較的演算法就叫作 Diff 演算法。我們知道，操作 DOM 的效能消耗通常比較大，而渲染器的核心 Diff 演算法就是為了解決這個問題而誕生的。

## 9.1 減少 DOM 操作的效能消耗

核心 Diff 只關心新舊虛擬節點都存在一組子節點的情況。在上一章中，我們針對兩組子節點的更新，採用了一種簡單直接的手段，即卸載全部舊子節點，再載入全部新子節點。這麼做的確可以完成更新，但由於沒有重複利用任何 DOM 元素，所以會產生極大的效能消耗。

以下面的新舊虛擬節點為例：

```
1   // 舊 vnode
2   const oldVNode = {
3     type: 'div',
4     children: [
5       { type: 'p', children: '1' },
6       { type: 'p', children: '2' },
7       { type: 'p', children: '3' }
8     ]
9   }
10
11  // 新 vnode
12  const newVNode = {
13    type: 'div',
14    children: [
15      { type: 'p', children: '4' },
16      { type: 'p', children: '5' },
17      { type: 'p', children: '6' }
18    ]
19  }
```

按照之前的做法，當更新子節點時，我們需要執行 6 次 DOM 操作：

- ☑ 卸載所有舊子節點，需要 3 次 DOM 刪除操作；
- ☑ 載入所有新子節點，需要 3 次 DOM 新增操作。

但是，透過觀察上面新舊 vnode 的子節點，可以發現：

☑ 更新前後的所有子節點都是 p 標籤，即標籤元素不變；

☑ 只有 p 標籤的子節點（文本節點）會發生變化。

例如，oldVNode 的第一個子節點是一個 p 標籤，且該 p 標籤的子節點類型是文本節點，內容是 '1'。而 newVNode 的第一個子節點也是一個 p 標籤，它的子節點的類型也是文本節點，內容是 '4'。可以發現，更新前後改變的只有 p 標籤文本節點的內容。所以，最理想的更新方式是，直接更新這個 p 標籤的文本節點的內容。這樣只需要一次 DOM 操作，即可完成一個 p 標籤更新。新舊虛擬節點都有 3 個 p 標籤作為子節點，所以一共只需要 3 次 DOM 操作就可以完成全部節點的更新。相比原來需要執行 6 次 DOM 操作才能完成更新的方式，其效能提升了一倍。

按照這個思路，我們可以重新實作兩組子節點的更新邏輯，如下面 patchChildren 函數的程式碼所示：

```
1  function patchChildren(n1, n2, container) {
2    if (typeof n2.children === 'string') {
3      // 省略部分程式碼
4    } else if (Array.isArray(n2.children)) {
5      // 重新實作兩組子節點的更新方式
6      // 新舊 children
7      const oldChildren = n1.children
8      const newChildren = n2.children
9      // 遍歷舊的 children
10     for (let i = 0; i < oldChildren.length; i++) {
11       // 呼叫 patch 函數逐個更新子節點
12       patch(oldChildren[i], newChildren[i])
13     }
14   } else {
15     // 省略部分程式碼
16   }
17 }
```

在這段程式碼中，oldChildren 和 newChildren 分別是舊的一組子節點和新的一組子節點。我們遍歷前者，並將兩者中對應位置的節點分別傳遞給 patch 函數進行更新。patch 函數在執行更新時，發現新舊子節點只有文本內容不同，因此只會更新其文本節點的內容。這樣，我們就成功地將 6 次 DOM 操作減少為 3 次。圖 9-1 是整個更新過程的示意圖，其中**菱形**代表新子節點，**矩形**代表舊子節點，**圓形**代表實體 DOM 節點。

這種做法雖然能夠減少 DOM 操作次數，但問題也很明顯。在上面的程式碼中，我們透過遍歷舊的一組子節點，並假設新的一組子節點的數量與之相同，只有在這種情況下，這段程式碼才能正確地運作。但是，新舊兩組子節點的數量未必相同。當新的一組子節點的數量少於舊的一組子節點的數量時，意味著有些節點在更新後應該被卸載，如圖 9-2 所示。

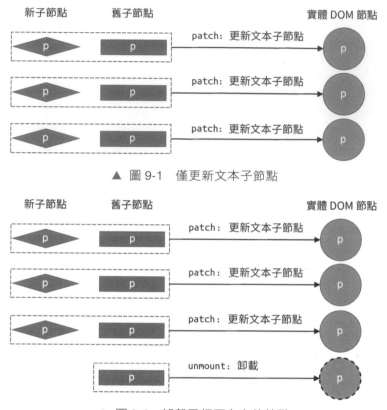

▲ 圖 9-1 僅更新文本子節點

▲ 圖 9-2 卸載已經不存在的節點

在圖 9-2 中，舊的一組子節點中一共有 4 個 p 標籤，而新的一組子節點中只有 3 個 p 標籤。這說明，在更新過程中，需要將不存在的 p 標籤卸載。類似地，新的一組子節點的數量也可能比舊的一組子節點的數量多，如圖 9-3 所示。

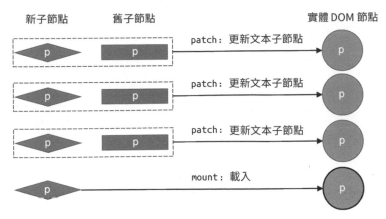

在圖 9-3 中，新的一組子節點比舊的一組子節點多了一個 p 標籤。在這種情況下，我們應該載入新增節點。

透過上面的分析我們意識到，在進行新舊兩組子節點的更新時，不應該總是遍歷舊的一組子節點或遍歷新的一組子節點，而是應該遍歷其中長度較短的那一組。這樣，我們才能夠盡可能多地呼叫 patch 函數進行更新。接著，再對比新舊兩組子節點的長度，如果新的一組子節點更長，則說明有新子節點需要載入，否則說明有舊子節點需要卸載。最終實作如下：

```
function patchChildren(n1, n2, container) {
  if (typeof n2.children === 'string') {
    // 省略部分程式碼
  } else if (Array.isArray(n2.children)) {
    const oldChildren = n1.children
    const newChildren = n2.children
    // 舊的一組子節點的長度
    const oldLen = oldChildren.length
    // 新的一組子節點的長度
    const newLen = newChildren.length
    // 兩組子節點的公共長度，即兩者中較短的那一組子節點的長度
    const commonLength = Math.min(oldLen, newLen)
    // 遍歷 commonLength 次
    for (let i = 0; i < commonLength; i++) {
      patch(oldChildren[i], newChildren[i], container)
    }
    // 如果 newLen > oldLen，說明有新子節點需要載入
    if (newLen > oldLen) {
      for (let i = commonLength; i < newLen; i++) {
        patch(null, newChildren[i], container)
      }
    } else if (oldLen > newLen) {
      // 如果 oldLen > newLen，說明有舊子節點需要卸載
      for (let i = commonLength; i < oldLen; i++) {
        unmount(oldChildren[i])
```

```
26        }
27      }
28    } else {
29      // 省略部分程式碼
30    }
31  }
```

這樣，無論新舊兩組子節點的數量關係如何，渲染器都能夠正確地載入或卸載它們。

## 9.2 DOM 重複使用與 key 的作用

在上一節中，我們透過減少 DOM 操作的次數，提升了更新效能。但這種方式仍然存在可最佳化的空間。舉個例子，假設新舊兩組子節點的內容如下：

```
1   // oldChildren
2   [
3     { type: 'p' },
4     { type: 'div' },
5     { type: 'span' }
6   ]
7
8   // newChildren
9   [
10    { type: 'span' },
11    { type: 'p' },
12    { type: 'div' }
13  ]
```

如果使用上一節介紹的演算法來完成上述兩組子節點的更新，則需要 6 次 DOM 操作。

- ▨ 呼叫 patch 函數在舊子節點 { type: 'p' } 與新子節點 { type: 'span' } 之間進行程式修補，由於兩者是不同的標籤，所以 patch 函數會卸載 { type: 'p' }，然後再載入 { type: 'span' }，這需要執行 2 次 DOM 操作。
- ▨ 與第 1 步類似，卸載舊子節點 { type: 'div' }，然後再載入新子節點 { type: 'p' }，這也需要執行 2 次 DOM 操作。
- ▨ 與第 1 步類似，卸載舊子節點 { type: 'span' }，然後再載入新子節點 { type: 'div' }，同樣需要執行 2 次 DOM 操作。

因此，一共進行 6 次 DOM 操作才能完成上述案例的更新。但是，觀察新舊兩組子節點，很容易發現，二者只是順序不同。所以最優的處理方式是，透過 DOM 的移動來完成子節點的更新，這要比不斷地執行子節點的卸載和載入效能更好。但是，想要透過 DOM 的移動來完成更新，必須要保證一個前提：新舊兩組子節點中的確存在可複用的節點。這個很好理解，如果新的子節點沒有在舊的一組子節點中出現，就無法透過移動節點的方式完成更新。所以現在問題變成了：應該如何確定新的子節點是否出現在舊的一組子節點中呢？拿上面的例子來說，怎麼確定新的一組子節點中第 1 個子節點 { type: 'span' } 與舊的一組子節點中第 3 個子節點相同呢？一種解決方案是，透過 vnode.type 來判斷，只要 vnode.type 的值相同，我們就認為兩者是相同的節點。但這種方式並不可靠，思考如下例子：

```
1   // oldChildren
2   [
3     { type: 'p', children: '1' },
4     { type: 'p', children: '2' },
5     { type: 'p', children: '3' }
6   ]
7
8   // newChildren
9   [
10    { type: 'p', children: '3' },
11    { type: 'p', children: '1' },
12    { type: 'p', children: '2' }
13  ]
```

觀察上面兩組子節點，我們發現，這個案例可以透過移動 DOM 的方式來完成更新。但是所有節點的 vnode.type 屬性值都相同，這導致我們無法確定新舊兩組子節點中節點的對應關係，也就無法得知應該進行怎樣的 DOM 移動才能完成更新。這時，我們就需要引入額外的 key 來作為 vnode 的標識，如下面的程式碼所示：

```
1   // oldChildren
2   [
3     { type: 'p', children: '1', key: 1 },
4     { type: 'p', children: '2', key: 2 },
5     { type: 'p', children: '3', key: 3 }
6   ]
7
8   // newChildren
9   [
10    { type: 'p', children: '3', key: 3 },
11    { type: 'p', children: '1', key: 1 },
12    { type: 'p', children: '2', key: 2 }
13  ]
```

key 屬性就像虛擬節點的「身分證」字號，只要兩個虛擬節點的 type 屬性值和 key 屬性值都相同，那麼我們就認為它們是相同的，即可以進行 DOM 的重複使用。圖 9-4 展示了有 key 和 無 key 時新舊兩組子節點的映射情況。

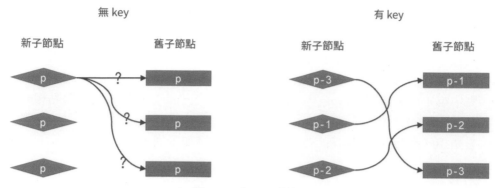

▲ 圖 9-4　有 key 與無 key

由圖 9-4 可知，如果沒有 key，我們無法知道新子節點與舊子節點間的映射關係，也就無法知道應該如何移動節點。有 key 的話情況則不同，我們根據子節點的 key 屬性，能夠明確知道新子節點在舊子節點中的位置，這樣就可以進行相應的 DOM 移動操作了。

有必要強調的一點是，DOM 可重複使用並不意味著不需要更新，如下面的兩個虛擬節點所示：

```
1   const oldVNode = { type: 'p', key: 1, children: 'text 1' }
2   const newVNode = { type: 'p', key: 1, children: 'text 2' }
```

這兩個虛擬節點擁有相同的 key 值和 vnode.type 屬性值。這意味著，在更新時可以重複使用 DOM 元素，即只需要透過移動操作來完成更新。但仍需要對這兩個虛擬節點進行程式修補操作，因為新的虛擬節點（newVNode）的文本子節點的內容已經改變了（由 'text 1' 變成 'text 2'）。因此，在討論如何移動 DOM 之前，我們需要先完成程式修補操作，如下面 patchChildren 函數的程式碼所示：

```
1   function patchChildren(n1, n2, container) {
2     if (typeof n2.children === 'string') {
3       // 省略部分程式碼
4     } else if (Array.isArray(n2.children)) {
5       const oldChildren = n1.children
6       const newChildren = n2.children
7
8       // 遍歷新的 children
9       for (let i = 0; i < newChildren.length; i++) {
10        const newVNode = newChildren[i]
11        // 遍歷舊的 children
12        for (let j = 0; j < oldChildren.length; j++) {
13          const oldVNode = oldChildren[j]
14          // 如果找到了具有相同 key 值的兩個節點，說明可以重複使用，但仍然需要呼叫 patch 函數更新
15          if (newVNode.key === oldVNode.key) {
16            patch(oldVNode, newVNode, container)
17            break // 這裡需要 break
```

```
18              }
19          }
20      }
21
22    } else {
23      // 省略部分程式碼
24    }
25  }
```

在上面這段程式碼中，我們重新實作了新舊兩組子節點的更新邏輯。可以看到，我們使用了兩層 for 循環，外層循環用於遍歷新的一組子節點，內層循環則遍歷舊的一組子節點。在內層循環中，我們逐個對比新舊子節點的 key 值，試圖在舊的子節點中找到可重複使用的節點。一旦找到，則呼叫 patch 函數進行程式修補。經過這一步操作之後，我們能夠保證所有可重複使用的節點本身都已經更新完畢了。以下面的新舊兩組子節點為例：

```
1   const oldVNode = {
2     type: 'div',
3     children: [
4       { type: 'p', children: '1', key: 1 },
5       { type: 'p', children: '2', key: 2 },
6       { type: 'p', children: 'hello', key: 3 }
7     ]
8   }
9
10  const newVNode = {
11    type: 'div',
12    children: [
13      { type: 'p', children: 'world', key: 3 },
14      { type: 'p', children: '1', key: 1 },
15      { type: 'p', children: '2', key: 2 }
16    ]
17  }
18
19  // 首次載入
20  renderer.render(oldVNode, document.querySelector('#app'))
21  setTimeout(() => {
22    // 1 秒鐘後更新
23    renderer.render(newVNode, document.querySelector('#app'))
24  }, 1000);
```

執行上面這段程式碼，1 秒鐘後，key 值為 3 的子節點對應的實體 DOM 的文本內容，會由字串 'hello' 更新為字串 'world'。下面我們詳細分析上面這段程式碼在執行更新操作時具體發生了什麼。

- ☑ 第一步，取新的一組子節點中的第一個子節點，即 key 值為 3 的節點。嘗試在舊的一組子節點中尋找具有相同 key 值的節點。我們發現，舊的子節點 oldVNode[2] 的 key 值為 3，於是呼叫 patch 函數進行程式修補。在這一步操作完成之後，渲染器會把 key 值為 3 的虛擬節點所對應的實體 DOM 的文本內容，由字串 'hello' 更新為字串 'world'。

- 第二步，取新的一組子節點中的第二個子節點，即 key 值為 1 的節點。嘗試在舊的一組子節點中尋找具有相同 key 值的節點。我們發現，舊的子節點 oldVNode[0] 的 key 值為 1，於是呼叫 patch 函數進行程式修補。由於 key 值等於 1 的新舊子節點沒有任何差異，所以什麼都不會做。

- 第三步，取新的一組子節點中的最後一個子節點，即 key 值為 2 的節點，最終結果與第二步相同。

經過上述更新操作後，所有節點對應的實體 DOM 元素都更新完畢了。但實體 DOM 仍然保持舊的一組子節點的順序，即 key 值為 3 的節點對應的實體 DOM 仍然是最後一個子節點。由於在新的一組子節點中，key 值為 3 的節點已經變為第一個子節點了，因此我們還需要透過移動節點來完成實體 DOM 順序的更新。

## 9.3 找到需要移動的元素

現在，我們已經能夠透過 key 值找到可複用的節點了。接下來需要思考的是，如何判斷一個節點是否需要移動，以及如何移動。對於第一個問題，我們可以採用逆向思維的方式，先想一想在什麼情況下節點不需要移動？答案很簡單，當新舊兩組子節點的節點順序不變時，就不需要額外的移動操作，如圖 9-5 所示。

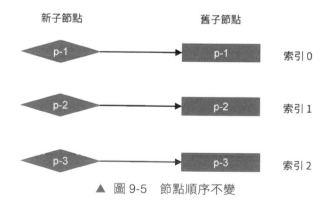

▲ 圖 9-5 節點順序不變

在圖 9-5 中，新舊兩組子節點的順序沒有發生變化，圖中也提供了舊的一組子節點中各個節點的索引：

- key 值為 1 的節點在舊 children 陣列中的索引為 0；
- key 值為 2 的節點在舊 children 陣列中的索引為 1；
- key 值為 3 的節點在舊 children 陣列中的索引為 2。

接著,我們對新舊兩組子節點採用上一節介紹的更新演算法,看看當新舊兩組子節點的順序沒有發生變化時,更新演算法具有怎樣的特點。

- 第一步:取新的一組子節點中的第一個節點 p-1,它的 key 為 1。嘗試在舊的一組子節點中找到具有相同 key 值的可複用的節點,發現能夠找到,並且該節點在舊的一組子節點中的索引為 0。

- 第二步:取新的一組子節點中的第二個節點 p-2,它的 key 為 2。嘗試在舊的一組子節點中找到具有相同 key 值的可複用的節點,發現能夠找到,並且該節點在舊的一組子節點中的索引為 1。

- 第三步:取新的一組子節點中的第三個節點 p-3,它的 key 為 3。嘗試在舊的一組子節點中找到具有相同 key 值的可複用的節點,發現能夠找到,並且該節點在舊的一組子節點中的索引為 2。

在這個過程中,每一次尋找可複用的節點時,都會記錄該可複用節點在舊的一組子節點中的位置索引。如果把這些位置索引值按照先後順序排列,則可以得到一個序列:0、1、2。這是一個遞增的序列,在這種情況下不需要移動任何節點。

我們再來看看另外一個例子,如圖 9-6 所示。

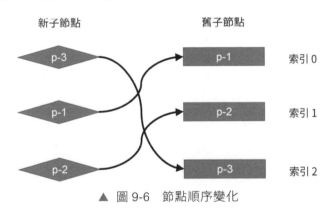

▲ 圖 9-6 節點順序變化

同樣,我們根據圖 9-6 中提供的例子再次執行更新演算法,看看這一次會有什麼不同。

- 第一步:取新的一組子節點中的第一個節點 p-3,它的 key 為 3。嘗試在舊的一組子節點中找到具有相同 key 值的可複用節點,發現能夠找到,並且該節點在舊的一組子節點中的索引為 2。

- 第二步:取新的一組子節點中的第二個節點 p-1,它的 key 為 1。嘗試在舊的一組子節點中找到具有相同 key 值的可複用節點,發現能夠找到,並且該節點在舊的一組子節點中的索引為 0。

到了這一步我們發現，索引值遞增的順序被打破了。節點 p-1 在舊 children 中的索引是 0，它小於節點 p-3 在舊 children 中的索引 2。這說明**節點 p-1 在舊 children 中排在節點 p-3 前面，但在新的 children 中，它排在節點 p-3 後面**。因此，我們能夠得出一個結論：**節點 p-1 對應的實體 DOM 需要移動**。

☑ **第三步**：取新的一組子節點中的第三個節點 p-2，它的 key 為 2。嘗試在舊的一組子節點中找到具有相同 key 值的可複用節點，發現能夠找到，並且該節點在舊的一組子節點中的索引為 1。

到了這一步我們發現，節點 p-2 在舊 children 中的索引 1 要小於節點 p-3 在舊 children 中的索引 2。這說明，**節點 p-2 在舊 children 中排在節點 p-3 前面，但在新的 children 中，它排在節點 p-3 後面**。因此，**節點 p-2 對應的實體 DOM 也需要移動**。

以上就是 Diff 演算法在執行更新的過程中，判斷節點是否需要移動的方式。在上面的例子中，我們得出了節點 p-1 和節點 p-2 需要移動的結論。這是因為它們在舊 children 中的索引要小於節點 p-3 在舊 children 中的索引。如果我們按照先後順序記錄在尋找節點過程中所遇到的位置索引，將會得到序列：2、0、1。可以發現，這個序列不具有遞增的趨勢。

其實我們可以將節點 p-3 在舊 children 中的索引定義為：**在舊 children 中尋找具有相同 key 值節點的過程中，遇到的最大索引值**。如果在後續尋找的過程中，存在索引值比當前遇到的最大索引值還要小的節點，則意味著該節點需要移動。

我們可以用 `lastIndex` 變數儲存整個尋找過程中遇到的最大索引值，如下面的程式碼所示：

```
1   function patchChildren(n1, n2, container) {
2     if (typeof n2.children === 'string') {
3       // 省略部分程式碼
4     } else if (Array.isArray(n2.children)) {
5       const oldChildren = n1.children
6       const newChildren = n2.children
7
8       // 用來儲存尋找過程中遇到的最大索引值
9       let lastIndex = 0
10      for (let i = 0; i < newChildren.length; i++) {
11        const newVNode = newChildren[i]
12        for (let j = 0; j < oldChildren.length; j++) {
13          const oldVNode = oldChildren[j]
14          if (newVNode.key === oldVNode.key) {
15            patch(oldVNode, newVNode, container)
16            if (j < lastIndex) {
17              // 如果當前找到的節點在舊 children 中的索引小於最大索引值 lastIndex，
18              // 說明該節點對應的實體 DOM 需要移動
```

```
19              } else {
20                // 如果當前找到的節點在舊 children 中的索引不小於最大索引值，
21                // 則更新 lastIndex 的值
22                lastIndex = j
23              }
24              break // 這裡需要 break
25            }
26          }
27        }
28
29      } else {
30        // 省略部分程式碼
31      }
32    }
```

如以上程式碼及註解所示，如果新舊節點的 key 值相同，說明我們在舊 children 中找到了可複用 DOM 的節點。此時我們用該節點在舊 children 中的索引 j 與 lastIndex 進行比較，如果 j 小於 lastIndex，說明當前 oldVNode 對應的實體 DOM 需要移動，否則說明不需要移動。但此時應該將變數 j 的值賦給變數 lastIndex，以保證尋找節點的過程中，變數 lastIndex 始終儲存著當前遇到的最大索引值。

現在，我們已經找到了需要移動的節點，下一節我們將討論如何移動節點，從而完成節點順序的更新。

## 9.4　如何移動元素

在上一節中，我們討論了如何判斷節點是否需要移動。移動節點指的是，移動一個虛擬節點所對應的實體 DOM 節點，並不是移動虛擬節點本身。既然移動的是實體 DOM 節點，那麼就需要取得對它的引用才行。我們知道，當一個虛擬節點被載入後，其對應的實體 DOM 節點會儲存在它的 vnode.el 屬性中，如圖 9-7 所示。

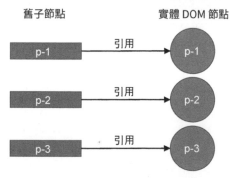

▲ 圖 9-7　虛擬節點引用了實體 DOM 元素

因此，在程式碼中，我們可以透過舊子節點的 `vnode.el` 屬性取得它對應的實體 DOM 節點。

當更新操作發生時，渲染器會呼叫 `patchElement` 函數在新舊虛擬節點之間進行程式修補。回顧一下 `patchElement` 函數的程式碼，如下：

```
1  function patchElement(n1, n2) {
2    // 新的 vnode 也引用了實體 DOM 元素
3    const el = n2.el = n1.el
4    // 省略部分程式碼
5  }
```

可以看到，`patchElement` 函數首先將舊節點的 `n1.el` 屬性賦值給新節點的 `n2.el` 屬性。這個賦值語句的真正涵義其實就是 DOM 元素的**重複使用**。在重複使用了 DOM 元素之後，新節點也將持有對實體 DOM 的引用，如圖 9-8 所示。

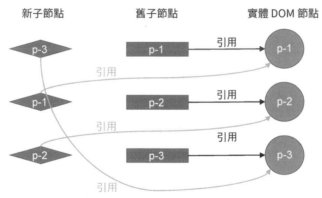

▲ 圖 9-8　使新的子節點也引用實體 DOM 元素

可以看到，無論是新子節點還是舊子節點，都存在對實體 DOM 的引用，在此基礎上，我們就可以進行 DOM 移動操作了。

為了闡述具體應該怎樣移動 DOM 節點，我們仍然引用上一節的更新案例，如圖 9-9 所示。

新子節點　　　　　　　　舊子節點

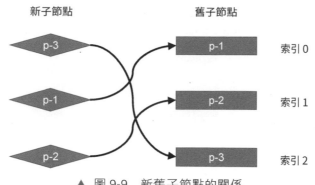

▲ 圖 9-9　新舊了節點的關係

它的更新步驟如下。

- 第一步：取新的一組子節點中第一個節點 p-3，它的 key 為 3，嘗試在舊的一組子節點中找到具有相同 key 值的可複用節點。發現能夠找到，並且該節點在舊的一組子節點中的索引為 2。此時變數 lastIndex 的值為 0，索引 2 不小於 0，所以節點 p-3 對應的實體 DOM 不需要移動，但需要更新變數 lastIndex 的值為 2。

- 第二步：取新的一組子節點中第二個節點 p-1，它的 key 為 1，嘗試在舊的一組子節點中找到具有相同 key 值的可複用節點。發現能夠找到，並且該節點在舊的一組子節點中的索引為 0。此時變數 lastIndex 的值為 2，索引 0 小於 2，所以節點 p-1 對應的實體 DOM 需要移動。

  到了這一步，我們發現，節點 p-1 對應的實體 DOM 需要移動，但應該移動到哪裡呢？我們知道，**新 children 的順序其實就是更新後實體 DOM 節點應有的順序**。所以節點 p-1 在新 children 中的位置就代表了實體 DOM 更新後的位置。由於節點 p-1 在新 children 中排在節點 p-3 後面，所以我們應該**把節點 p-1 所對應的實體 DOM 移動到節點 p-3 所對應的實體 DOM 後面**。移動後的結果如圖 9-10 所示。

  可以看到，這樣操作之後，此時實體 DOM 的順序為 p-2、p-3、p-1。

- 第三步：取新的一組子節點中第三個節點 p-2，它的 key 為 2。嘗試在舊的一組子節點中找到具有相同 key 值的可複用節點。發現能夠找到，並且該節點在舊的一組子節點中的索引為 1。此時變數 lastIndex 的值為 2，索引 1 小於 2，所以節點 p-2 對應的實體 DOM 需要移動。

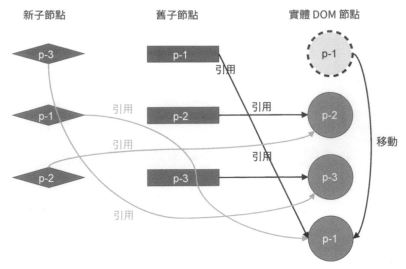

▲ 圖 9-10　把節點 p-1 對應的實體 DOM 移動到節點 p-3 對應的實體 DOM 後面

第三步與第二步類似，節點 p-2 對應的實體 DOM 也需要移動。同樣，由於節點 p-2 在新 children 中排在節點 p-1 後面，所以我們應該把節點 p-2 對應的實體 DOM 移動到節點 p-1 對應的實體 DOM 後面。移動後的結果如圖 9-11 所示。

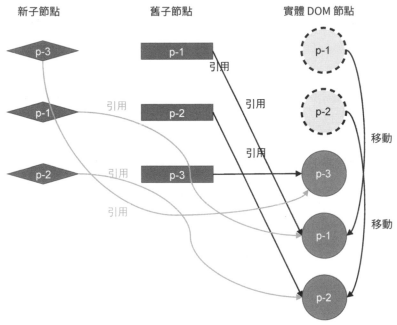

▲ 圖 9-11　把節點 p-2 對應的實體 DOM 移動到節點 p-1 對應的實體 DOM 後面

經過這一步移動操作之後，我們發現，實體 DOM 的順序與新的一組子節點的順序相同了：p-3、p-1、p-2。至此，更新操作完成。

接下來，我們著手實作程式碼。其實並不複雜，如下面 patchChildren 函數的程式碼所示：

```
1  function patchChildren(n1, n2, container) {
2    if (typeof n2.children === 'string') {
3      // 省略部分程式碼
4    } else if (Array.isArray(n2.children)) {
5      const oldChildren = n1.children
6      const newChildren = n2.children
7
8      let lastIndex = 0
9      for (let i = 0; i < newChildren.length; i++) {
10       const newVNode = newChildren[i]
11       let j = 0
12       for (j; j < oldChildren.length; j++) {
13         const oldVNode = oldChildren[j]
14         if (newVNode.key === oldVNode.key) {
15           patch(oldVNode, newVNode, container)
16           if (j < lastIndex) {
17             // 程式碼執行到這裡，說明 newVNode 對應的實體 DOM 需要移動
18             // 先獲取 newVNode 的前一個 vnode，即 prevVNode
19             const prevVNode = newChildren[i - 1]
20             // 如果 prevVNode 不存在，則說明當前 newVNode 是第一個節點，它不需要移動
21             if (prevVNode) {
22               // 由於我們要將 newVNode 對應的實體 DOM 移動到 prevVNode 所對應實體 DOM 後面，
23               // 所以我們需要獲取 prevVNode 所對應實體 DOM 的下一個兄弟節點，並將其作為錨點
24               const anchor = prevVNode.el.nextSibling
25               // 呼叫 insert 方法將 newVNode 對應的實體 DOM 插入到錨點元素前面，
26               // 也就是 prevVNode 對應實體 DOM 的後面
27               insert(newVNode.el, container, anchor)
28             }
29           } else {
30             lastIndex = j
31           }
32           break
33         }
34       }
35     }
36
37   } else {
38     // 省略部分程式碼
39   }
40 }
```

在上面這段程式碼中，如果條件 j < lastIndex 成立，則說明當前 newVNode 所對應的實體 DOM 需要移動。根據前文的分析可知，我們需要獲取當前 newVNode 節點的前一個虛擬節點，即 newChildren[i - 1]，然後使用 insert 函數完成節點的移動，其中 insert 函數依賴瀏覽器原生的 insertBefore 函數，如下面的程式碼所示：

```
1   const renderer = createRenderer({
2     // 省略部分程式碼
3
4     insert(el, parent, anchor = null) {
5       // insertBefore 需要錨點元素 anchor
6       parent.insertBefore(el, anchor)
7     }
8
9     // 省略部分程式碼
10  })
```

## 9.5 新增新元素

本節我們將討論新增新節點的情況，如圖 9-12 所示。

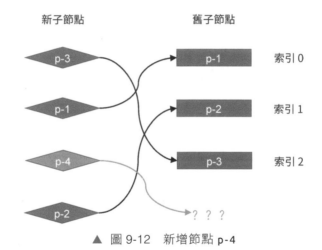

▲ 圖 9-12　新增節點 p-4

觀察圖 9-12 可知，在新的一組子節點中，多出來一個節點 p-4，它的 key 值為 4，該節點在舊的一組子節點不存在，因此應該將其視為新增節點。對於新增節點，在更新時我們應該正確地將它載入，這主要分為兩步：

- ☑ 想辦法找到新增節點；
- ☑ 將新增節點載入到正確位置。

首先，我們來看一下如何找到新增節點。為了搞清楚這個問題，我們需要根據圖 9-12 中提供的例子模擬執行簡單 Diff 演算法的邏輯。在此之前，我們需要弄清楚新舊兩組子節點與實體 DOM 元素的當前狀態，如圖 9-13 所示。

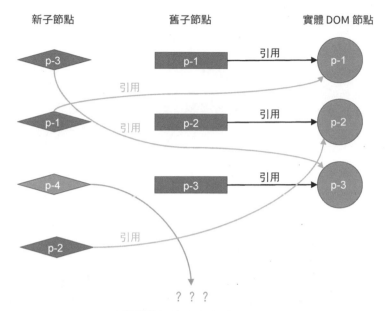

新子節點　　　　　舊子節點　　　　實體 DOM 節點

▲ 圖 9-13　新舊兩組子節點與實體 DOM 元素的當前狀態

接著，我們開始模擬執行簡單 Diff 演算法的更新邏輯。

- 第一步：取新的一組子節點中第一個節點 p-3，它的 key 值為 3，嘗試在舊的一組子節點中尋找可複用的節點。發現能夠找到，並且該節點在舊的一組子節點中的索引值為 2。此時，變數 lastIndex 的值為 0，索引值 2 不小於 lastIndex 的值 0，所以節點 p-3 對應的實體 DOM 不需要移動，但是需要將變數 lastIndex 的值更新為 2。

- 第二步：取新的一組子節點中第二個節點 p-1，它的 key 值為 1，嘗試在舊的一組子節點中尋找可複用的節點。發現能夠找到，並且該節點在舊的一組子節點中的索引值為 0。此時變數 lastIndex 的值為 2，索引值 0 小於 lastIndex 的值 2，所以節點 p-1 對應的實體 DOM 需要移動，並且應該移動到節點 p-3 對應的實體 DOM 後面。經過這一步的移動操作後，實體 DOM 的狀態如圖 9-14 所示。

  此時實體 DOM 的順序為 p-2、p-3、p-1。

- 第三步：取新的一組子節點中第三個節點 p-4，它的 key 值為 4，嘗試在舊的一組子節點中尋找可複用的節點。由於在舊的一組子節點中，沒有 key 值為 4 的節點，因此渲染器會把節點 p-4 看作新增節點並載入它。那麼，應該將它載入到哪裡呢？為了搞清楚這個問題，我們需要觀察節點 p-4 在新的一組子節點中的位置。由於節點 p-4 出現在節點 p-1 後面，所以我們應該把節點 p-4 載入到

節點 p-1 所對應的實體 DOM 後面。在經過這一步載入操作之後，實體 DOM 的
狀態如圖 9-15 所示。

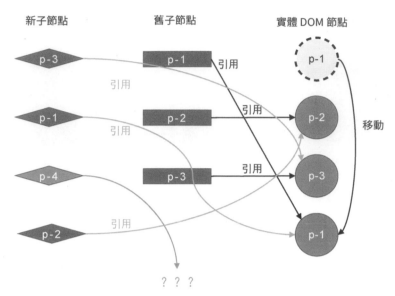

▲ 圖 9-14　實體 DOM 的當前狀態

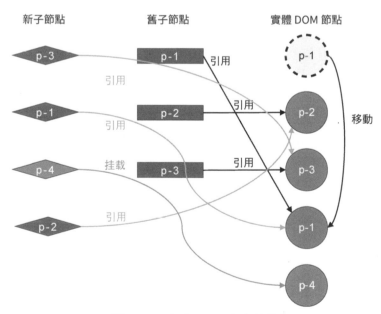

▲ 圖 9-15　實體 DOM 的當前狀態

此時實體 DOM 的順序是：p-2、p-3、p-1、p-4，其中 p-4 是剛剛載入的。

☑ 第四步:取新的一組子節點中第四個節點 p-2,它的 key 值為 2,嘗試在舊的一組子節點中尋找可複用的節點。發現能夠找到,並且該節點在舊的一組子節點中的索引值為 1。此時變數 lastIndex 的值為 2,索引值 1 小於 lastIndex 的值 2,所以節點 p-2 對應的實體 DOM 需要移動,並且應該移動到節點 p-4 對應的實體 DOM 後面。經過這一步移動操作後,實體 DOM 的狀態如圖 9-16 所示。

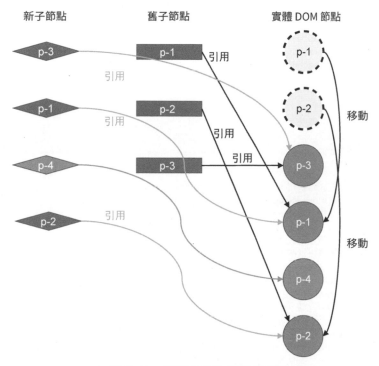

▲ 圖 9-16　實體 DOM 的當前狀態

此時實體 DOM 的順序是:p-3、p-1、p-4、p-2。至此,實體 DOM 的順序已經與新的一組子節點的順序相同了,更新完成。

接下來,我們著手實作程式碼,如下面 patchChildren 函數的程式碼所示:

```
function patchChildren(n1, n2, container) {
  if (typeof n2.children === 'string') {
    // 省略部分程式碼
  } else if (Array.isArray(n2.children)) {
    const oldChildren = n1.children
    const newChildren = n2.children

    let lastIndex = 0
    for (let i = 0; i < newChildren.length; i++) {
      const newVNode = newChildren[i]
      let j = 0
```

```
12        // 在第一層循環中定義變數 find，代表是否在舊的一組子節點中找到可複用的節點，
13        // 初始值為 false，代表沒找到
14      let find = false
15      for (j; j < oldChildren.length; j++) {
16        const oldVNode = oldChildren[j]
17        if (newVNode.key === oldVNode.key) {
18          // 一旦找到可複用的節點，則將變數 find 的值設為 true
19          find = true
20          patch(oldVNode, newVNode, container)
21          if (j < lastIndex) {
22            const prevVNode = newChildren[i - 1]
23            if (prevVNode) {
24              const anchor = prevVNode.el.nextSibling
25              insert(newVNode.el, container, anchor)
26            }
27          } else {
28            lastIndex = j
29          }
30          break
31        }
32      }
33      // 如果程式碼執行到這裡，find 仍然為 false，
34      // 說明當前 newVNode 沒有在舊的一組子節點中找到可複用的節點
35      // 也就是說，當前 newVNode 是新增節點，需要載入
36      if (!find) {
37        // 為了將節點載入到正確位置，我們需要先獲取錨點元素
38        // 首先獲取當前 newVNode 的前一個 vnode 節點
39        const prevVNode = newChildren[i - 1]
40        let anchor = null
41        if (prevVNode) {
42          // 如果有前一個 vnode 節點，則使用它的下一個兄弟節點作為錨點元素
43          anchor = prevVNode.el.nextSibling
44        } else {
45          // 如果沒有前一個 vnode 節點，說明即將載入的新節點是第一個子節點
46          // 這時我們使用容器元素的 firstChild 作為錨點
47          anchor = container.firstChild
48        }
49        // 載入 newVNode
50        patch(null, newVNode, container, anchor)
51      }
52    }
53
54  } else {
55    // 省略部分程式碼
56  }
57 }
```

觀察上面這段程式碼。首先，我們在外層循環中定義了名為 find 的變數，它代表渲染器能否在舊的一組子節點中找到可複用的節點。變數 find 的初始值為 false，一旦尋找到可複用的節點，則將變數 find 的值設定為 true。如果內層循環結束後，變數 find 的值仍然為 false，則說明當前 newVNode 是一個全新的節點，需要載入它。為了將節點載入到正確位置，我們需要先獲取錨點元素：找到 newVNode 的前一個虛擬節點，即 prevVNode，如果存在，則使用它對應的實體 DOM 的下一個兄弟節點作為錨點元素；如果不存在，則說明即將載入的 newVNode 節點是容器元素的第一個子節點，此時應該使用容器元素的 container.firstChild 作為錨點元素。最後，將錨點元素 anchor 作為 patch 函數的第四個參數，呼叫 patch 函數完成節點的載入。

但由於目前實作的 patch 函數還不支援傳遞第四個參數，所以我們需要調整 patch 函數的程式碼，如下所示：

```
1   // patch 函數需要接收第四個參數，即錨點元素
2   function patch(n1, n2, container, anchor) {
3     // 省略部分程式碼
4
5     if (typeof type === 'string') {
6       if (!n1) {
7         // 載入時將錨點元素作為第三個參數傳遞給 mountElement 函數
8         mountElement(n2, container, anchor)
9       } else {
10        patchElement(n1, n2)
11      }
12    } else if (type === Text) {
13      // 省略部分程式碼
14    } else if (type === Fragment) {
15      // 省略部分程式碼
16    }
17  }
18
19  // mountElement 函數需要增加第三個參數，即錨點元素
20  function mountElement(vnode, container, anchor) {
21    // 省略部分程式碼
22
23    // 在插入節點時，將錨點元素透明傳輸給 insert 函數
24    insert(el, container, anchor)
25  }
```

## 9.6 移除不存在的元素

在更新子節點時，不僅會遇到新增元素，還會出現元素被刪除的情況，如圖 9-17 所示。

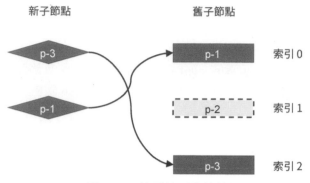

新子節點　　　　　　　　　　舊子節點

▲ 圖 9-17　節點被刪除的情況

在新的一組子節點中，節點 p-2 已經不存在了，這說明該節點被刪除了。渲染器應該能找到那些需要刪除的節點並正確地將其刪除。

具體要如何做呢？首先，我們來討論如何找到需要刪除的節點。以圖 9-17 為例，我們來分析它的更新步驟。在模擬執行更新邏輯之前，我們需要清楚新舊兩組子節點以及實體 DOM 節點的當前狀態，如圖 9-18 所示。

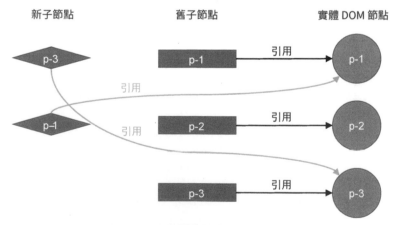

新子節點　　　　　　舊子節點　　　　　　實體 DOM 節點

▲ 圖 9-18　新舊兩組子節點與實體 DOM 節點的當前狀態

接著，我們開始模擬執行更新的過程。

▨ 第一步：取新的一組子節點中的第一個節點 p-3，它的 key 值為 3。嘗試在舊的一組子節點中尋找可複用的節點。發現能夠找到，並且該節點在舊的一組子節點中的索引值為 2。此時變數 lastIndex 的值為 0，索引 2 不小於 lastIndex 的值 0，所以節點 p-3 對應的實體 DOM 不需要移動，但需要更新變數 lastIndex 的值為 2。

▨ 第二步：取新的一組子節點中的第二個節點 p-1，它的 key 值為 1。嘗試在舊的一組子節點中尋找可複用的節點。發現能夠找到，並且該節點在舊的一組子節點中的索引值為 0。此時變數 lastIndex 的值為 2，索引 0 小於 lastIndex 的值 2，所以節點 p-1 對應的實體 DOM 需要移動，並且應該移動到節點 p-3 對應的實體 DOM 後面。經過這一步的移動操作後，實體 DOM 的狀態如圖 9-19 所示。

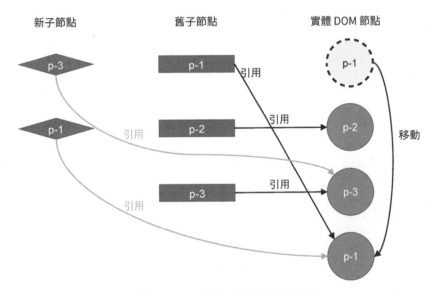

▲ 圖 9-19 實體 DOM 的當前狀態

至此，更新結束。我們發現，節點 p-2 對應的實體 DOM 仍然存在，所以需要增加額外的邏輯來刪除遺留節點。思路很簡單，當更新結束時，我們需要遍歷舊的一組子節點，然後去新的一組子節點中尋找具有相同 key 值的節點。如果找不到，則說明應該刪除該節點，如下面 patchChildren 函數的程式碼所示：

```
1  function patchChildren(n1, n2, container) {
2    if (typeof n2.children === 'string') {
3      // 省略部分程式碼
4    } else if (Array.isArray(n2.children)) {
5      const oldChildren = n1.children
```

```
6       const newChildren = n2.children
7
8       let lastIndex = 0
9       for (let i = 0; i < newChildren.length; i++) {
10        // 省略部分程式碼
11      }
12
13      // 上一步的更新操作完成後
14      // 遍歷舊的一組子節點
15      for (let i = 0; i < oldChildren.length; i++) {
16        const oldVNode = oldChildren[i]
17        // 拿舊子節點 oldVNode 去新的一組子節點中尋找具有相同 key 值的節點
18        const has = newChildren.find(
19          vnode => vnode.key === oldVNode.key
20        )
21        if (!has) {
22          // 如果沒有找到具有相同 key 值的節點，則說明需要刪除該節點
23          // 呼叫 unmount 函數將其卸載
24          unmount(oldVNode)
25        }
26      }
27
28    } else {
29      // 省略部分程式碼
30    }
31  }
```

如以上程式碼及註解所示，在上一步的更新操作完成之後，我們還需要遍歷舊的一組子節點，目的是檢查舊子節點在新的一組子節點中是否仍然存在，如果已經不存在了，則呼叫 unmount 函數將其卸載。

## 9.7 總結

在本章中，我們首先討論了 Diff 演算法的作用。Diff 演算法用來計算兩組子節點的差異，並試圖最大程度地重複使用 DOM 元素。在上一章中，我們採用了一種簡單的方式來更新子節點，即卸載所有舊子節點，再載入所有新子節點。然而這種更新方式無法對 DOM 元素進行重複使用，需要大量的 DOM 操作才能完成更新，非常消耗效能。於是，我們對它進行了改進。改進後的方案是，遍歷新舊兩組子節點中數量較少的那一組，並逐個呼叫 patch 函數進行程式修補，然後比較新舊兩組子節點的數量，如果新的一組子節點數量更多，說明有新子節點需要載入；否則說明在舊的一組子節點中，有節點需要卸載。

然後，我們討論了虛擬節點中 key 屬性的作用，它就像虛擬節點的「身分證字號」。在更新時，渲染器透過 key 屬性找到可複用的節點，然後盡可能地透過 DOM 移動操作來完成更新，避免過多地對 DOM 元素進行銷毀和重建。

接著，我們討論了簡單 Diff 演算法是如何尋找需要移動的節點的。簡單 Diff 演算法的核心邏輯是，拿新的一組子節點中的節點去舊的一組子節點中尋找可複用的節點。如果找到了，則記錄該節點的位置索引。我們把這個位置索引稱為最大索引。在整個更新過程中，如果一個節點的索引值小於最大索引，則說明該節點對應的實體 DOM 元素需要移動。

最後，我們透過幾個例子講解了渲染器是如何移動、新增、刪除虛擬節點所對應的 DOM 元素的。

# 第 10 章 | 雙端 Diff 演算法

上一章，我們介紹了簡單 Diff 演算法的實作原理。簡單 Diff 演算法利用虛擬節點的 key 屬性，盡可能地重複使用 DOM 元素，並透過移動 DOM 的方式來完成更新，從而減少不斷地建立和銷毀 DOM 元素帶來的效能消耗。但是，簡單 Diff 演算法仍然存在很多缺陷，這些缺陷可以透過本章將要介紹的雙端 Diff 演算法解決。

## 10.1 雙端比較的原理

簡單 Diff 演算法的問題在於，它對 DOM 的移動操作並不是最優的。我們拿上一章的例子來看，如圖 10-1 所示。

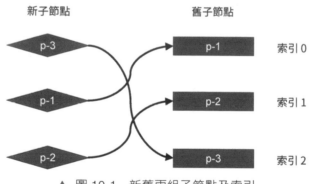

▲ 圖 10-1　新舊兩組子節點及索引

在這個例子中，如果使用簡單 Diff 演算法來更新它，則會發生兩次 DOM 移動操作，如圖 10-2 所示。

第一次 DOM 移動操作會將實體 DOM 節點 p-1 移動到實體 DOM 節點 p-3 後面。第二次移動操作會將實體 DOM 節點 p-2 移動到實體 DOM 節點 p-1 後面。最終，實體 DOM 節點的順序與新的一組子節點順序一致：p-3、p-1、p-2。

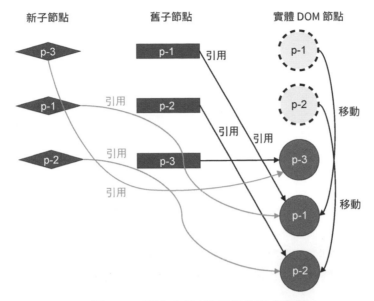

▲ 圖 10-2　兩次 DOM 移動操作完成更新

然而，上述更新過程並非最優解。在這個例子中，其實只需要透過一步 DOM 節點的移動操作即可完成更新，即只需要把實體 DOM 節點 p-3 移動到實體 DOM 節點 p-1 前面，如圖 10-3 所示。

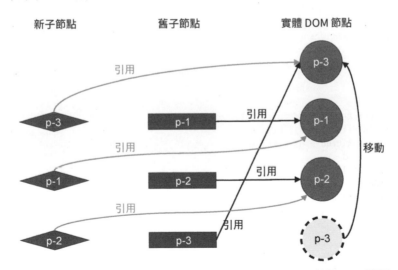

▲ 圖 10-3　把實體 DOM 節點 p-3 移動到實體 DOM 節點 p-1 前面

可以看到，理論上只需要一次 DOM 移動操作即可完成更新。但簡單 Diff 演算法做不到這一點，不過本章我們要介紹的雙端 Diff 演算法可以做到。接下來，我們就來討論雙端 Diff 演算法的原理。

顧名思義，雙端 Diff 演算法是一種同時對新舊兩組子節點的兩個端點進行比較的演算法。因此，我們需要四個索引值，分別指向新舊兩組子節點的端點，如圖 10-4 所示。

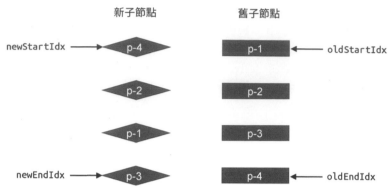

▲ 圖 10-4　四個索引值，分別指向新舊兩組子節點的端點

用程式碼來表達四個端點，如下面 patchChildren 和 patchKeyedChildren 函數的程式碼所示：

```
1   function patchChildren(n1, n2, container) {
2     if (typeof n2.children === 'string') {
3       // 省略部分程式碼
4     } else if (Array.isArray(n2.children)) {
5       // 封裝 patchKeyedChildren 函數處理兩組子節點
6       patchKeyedChildren(n1, n2, container)
7     } else {
8       // 省略部分程式碼
9     }
10  }
11
12  function patchKeyedChildren(n1, n2, container) {
13    const oldChildren = n1.children
14    const newChildren = n2.children
15    // 四個索引值
16    let oldStartIdx = 0
17    let oldEndIdx = oldChildren.length - 1
18    let newStartIdx = 0
19    let newEndIdx = newChildren.length - 1
20  }
```

在上面這段程式碼中，我們將兩組子節點的程式修補工作封裝到了 patchKeyedChildren 函數中。在該函數內，首先獲取新舊兩組子節點 oldChildren 和 newChildren，接著建立四個索引值，分別指向新舊兩組子節點的頭和尾，即 oldStartIdx、oldEndIdx、newStartIdx 和 newEndIdx。有了索引後，就可以找到它所指向的虛擬節點了，如下面的程式碼所示：

```
1    function patchKeyedChildren(n1, n2, container) {
2      const oldChildren = n1.children
3      const newChildren = n2.children
4      // 四個索引值
5      let oldStartIdx = 0
6      let oldEndIdx = oldChildren.length - 1
7      let newStartIdx = 0
8      let newEndIdx = newChildren.length - 1
9      // 四個索引指向的 vnode 節點
10     let oldStartVNode = oldChildren[oldStartIdx]
11     let oldEndVNode = oldChildren[oldEndIdx]
12     let newStartVNode = newChildren[newStartIdx]
13     let newEndVNode = newChildren[newEndIdx]
14   }
```

其中，oldStartVNode 和 oldEndVNode 是舊的一組子節點中的第一個節點和最後一個
節點，newStartVNode 和 newEndVNode 則是新的一組子節點的第一個節點和最後一
個節點。有了這些訊息之後，我們就可以開始進行雙端比較了。怎麼比較呢？如圖
10-5 所示。

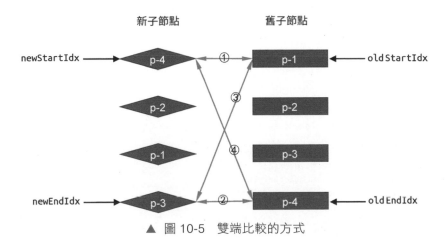

▲ 圖 10-5 雙端比較的方式

在雙端比較中，每一輪比較都分為四個步驟，如圖 10-5 中的連線所示。

☑ 第一步：比較舊的一組子節點中的第一個子節點 p-1 與新的一組子節點中的第
一個子節點 p-4，看看它們是否相同。由於兩者的 key 值不同，因此不相同，
不可複用，於是什麼都不做。

☑ 第二步：比較舊的一組子節點中的最後一個子節點 p-4 與新的一組子節點中的
最後一個子節點 p-3，看看它們是否相同。由於兩者的 key 值不同，因此不相
同，不可複用，於是什麼都不做。

- ☑ 第三步：比較舊的一組子節點中的第一個子節點 p-1 與新的一組子節點中的最後一個子節點 p-3，看看它們是否相同。由於兩者的 key 值不同，因此不相同，不可複用，於是什麼都不做。

- ☑ 第四步：比較舊的一組子節點中的最後一個子節點 p-4 與新的一組子節點中的第一個子節點 p-4。由於它們的 key 值相同，因此可以進行 DOM 重複使用。

可以看到，我們在第四步時找到了相同的節點，這說明它們對應的實體 DOM 節點可以重複使用。對於可複用的 DOM 節點，我們只需要透過 DOM 移動操作完成更新即可。那麼應該如何移動 DOM 元素呢？為了搞清楚這個問題，我們需要分析第四步比較過程中的細節。我們注意到，第四步是比較舊的一組子節點的最後一個子節點與新的一組子節點的第一個子節點，發現兩者相同。這說明：**節點 p-4 原本是最後一個子節點，但在新的順序中，它變成了第一個子節點**。換句話說，節點 p-4 在更新之後應該是第一個子節點。對應到程式的邏輯，可以將其翻譯為：**將索引 oldEndIdx 指向的虛擬節點所對應的實體 DOM，移動到索引 oldStartIdx 指向的虛擬節點所對應的實體 DOM 前面**。如下面的程式碼所示：

```
1    function patchKeyedChildren(n1, n2, container) {
2      const oldChildren = n1.children
3      const newChildren = n2.children
4      // 四個索引值
5      let oldStartIdx = 0
6      let oldEndIdx = oldChildren.length - 1
7      let newStartIdx = 0
8      let newEndIdx = newChildren.length - 1
9      // 四個索引指向的 vnode 節點
10     let oldStartVNode = oldChildren[oldStartIdx]
11     let oldEndVNode = oldChildren[oldEndIdx]
12     let newStartVNode = newChildren[newStartIdx]
13     let newEndVNode = newChildren[newEndIdx]
14
15     if (oldStartVNode.key === newStartVNode.key) {
16       // 第一步：oldStartVNode 和 newStartVNode 比較
17     } else if (oldEndVNode.key === newEndVNode.key) {
18       // 第二步：oldEndVNode 和 newEndVNode 比較
19     } else if (oldStartVNode.key === newEndVNode.key) {
20       // 第三步：oldStartVNode 和 newEndVNode 比較
21     } else if (oldEndVNode.key === newStartVNode.key) {
22       // 第四步：oldEndVNode 和 newStartVNode 比較
23       // 仍然需要呼叫 patch 函數進行程式修補
24       patch(oldEndVNode, newStartVNode, container)
25       // 移動 DOM 操作
26       // oldEndVNode.el 移動到 oldStartVNode.el 前面
27       insert(oldEndVNode.el, container, oldStartVNode.el)
28
29       // 移動 DOM 完成後，更新索引值，並指向下一個位置
30       oldEndVNode = oldChildren[--oldEndIdx]
31       newStartVNode = newChildren[++newStartIdx]
```

| 32 |     } |
| 33 | } |

在這段程式碼中，我們增加了一系列的 `if...else if...` 語句，用來實作四個索引指向的虛擬節點之間的比較。拿上例來說，在第四步中，我們找到了具有相同 key 值的節點。這說明，原來處於尾部的節點在新的順序中應該處於頭部。於是，我們只需要以頭部元素 `oldStartVNode.el` 作為錨點，將尾部元素 `oldEndVNode.el` 移動到錨點前面即可。但需要注意的是，在進行 DOM 的移動操作之前，仍然需要呼叫 `patch` 函數在新舊虛擬節點之間進行程式修補。

在這一步 DOM 的移動操作完成後，接下來是比較關鍵的步驟，即更新索引值。由於第四步中涉及的兩個索引分別是 `oldEndIdx` 和 `newStartIdx`，所以我們需要更新兩者的值，讓它們各自朝正確的方向前進一步，並指向下一個節點。圖 10-6 提供了更新前新舊兩組子節點以及實體 DOM 節點的狀態。

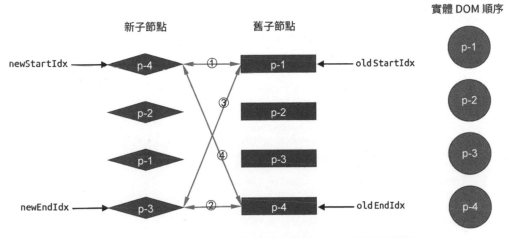

▲ 圖 10-6　新舊兩組子節點以及實體 DOM 節點的狀態

圖 10-7 提供了在第四步的比較中，第一步 DOM 移動操作完成後，新舊兩組子節點以及實體 DOM 節點的狀態。

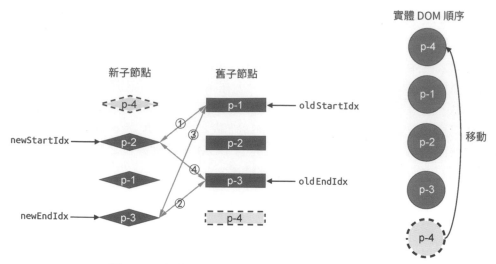

▲ 圖 10-7　新舊兩組子節點以及實體 DOM 節點的狀態

此時，實體 DOM 節點順序為 p-4、p-1、p-2、p-3，這與新的一組子節點順序不一致。這是因為 Diff 演算法還沒有結束，還需要進行下一輪更新。因此，我們需要將更新邏輯封裝到一個 while 循環中，如下面的程式碼所示：

```
while (oldStartIdx <= oldEndIdx && newStartIdx <= newEndIdx) {
  if (oldStartVNode.key === newStartVNode.key) {
    // 步驟一：oldStartVNode 和 newStartVNode 比較
  } else if (oldEndVNode.key === newEndVNode.key) {
    // 步驟二：oldEndVNode 和 newEndVNode 比較
  } else if (oldStartVNode.key === newEndVNode.key) {
    // 步驟三：oldStartVNode 和 newEndVNode 比較
  } else if (oldEndVNode.key === newStartVNode.key) {
    // 步驟四：oldEndVNode 和 newStartVNode 比較
    // 仍然需要呼叫 patch 函數進行程式修補
    patch(oldEndVNode, newStartVNode, container)
    // 移動 DOM 操作
    // oldEndVNode.el 移動到 oldStartVNode.el 前面
    insert(oldEndVNode.el, container, oldStartVNode.el)

    // 移動 DOM 完成後，更新索引值，指向下一個位置
    oldEndVNode = oldChildren[--oldEndIdx]
    newStartVNode = newChildren[++newStartIdx]
  }
}
```

由於在每一輪更新完成之後，緊接著都會更新四個索引中與當前更新輪次相關聯的索引，所以整個 while 循環執行的條件是：頭部索引值要小於等於尾部索引值。

在第一輪更新結束後循環條件仍然成立，因此需要進行下一輪的比較，如圖 10-7 所示。

- 第一步：比較舊的一組子節點中的頭部節點 p-1 與新的一組子節點中的頭部節點 p-2，看看它們是否相同。由於兩者的 key 值不同，不可複用，所以什麼都不做。

這裡，我們使用了新的名詞：**頭部節點**。它指的是頭部索引 oldStartIdx 和 newStartIdx 所指向的節點。

- 第二步：比較舊的一組子節點中的尾部節點 p-3 與新的一組子節點中的尾部節點 p-3，兩者的 key 值相同，可以複用。另外，由於兩者都處於尾部，因此不需要對實體 DOM 進行移動操作，只需要程式修補即可，如下面的程式碼所示：

```
while (oldStartIdx <= oldEndIdx && newStartIdx <= newEndIdx) {
  if (oldStartVNode.key === newStartVNode.key) {
    // 步驟一：oldStartVNode 和 newStartVNode 比較
  } else if (oldEndVNode.key === newEndVNode.key) {
    // 步驟二：oldEndVNode 和 newEndVNode 比較
    // 節點在新的順序中仍然處於尾部，不需要移動，但仍需程式修補
    patch(oldEndVNode, newEndVNode, container)
    // 更新索引和頭尾部節點變數
    oldEndVNode = oldChildren[--oldEndIdx]
    newEndVNode = newChildren[--newEndIdx]
  } else if (oldStartVNode.key === newEndVNode.key) {
    // 步驟三：oldStartVNode 和 newEndVNode 比較
  } else if (oldEndVNode.key === newStartVNode.key) {
    // 步驟四：oldEndVNode 和 newStartVNode 比較
    patch(oldEndVNode, newStartVNode, container)
    insert(oldEndVNode.el, container, oldStartVNode.el)
    oldEndVNode = oldChildren[--oldEndIdx]
    newStartVNode = newChildren[++newStartIdx]
  }
}
```

在這一輪更新完成之後，新舊兩組子節點與實體 DOM 節點的狀態如圖 10-8 所示。

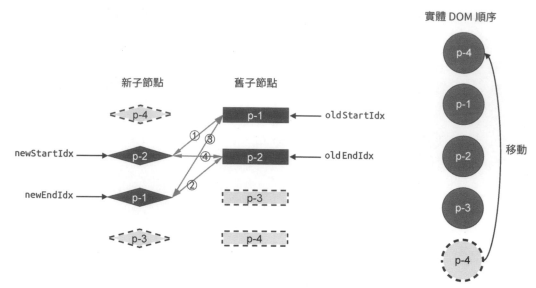

▲ 圖 10-8　新舊兩組子節點以及實體 DOM 節點的狀態

實體 DOM 的順序相比上一輪沒有變化，因為在這一輪的比較中沒有對 DOM 節點進行移動，只是對 p-3 節點進行程式修補。接下來，我們再根據圖 10-8 所示的狀態執行下一輪的比較。

- 第一步：比較舊的一組子節點中的頭部節點 p-1 與新的一組子節點中的頭部節點 p-2，看看它們是否相同。由於兩者的 key 值不同，不可複用，因此什麼都不做。

- 第二步：比較舊的一組子節點中的尾部節點 p-2 與新的一組子節點中的尾部節點 p-1，看看它們是否相同，由於兩者的 key 值不同，不可複用，因此什麼都不做。

- 第三步：比較舊的一組子節點中的頭部節點 p-1 與新的一組子節點中的尾部節點 p-1。兩者的 key 值相同，可以複用。

在第三步的比較中，我們找到了相同的節點，這說明：**節點 p-1 原本是頭部節點，但在新的順序中，它變成了尾部節點**。因此，我們需要將節點 p-1 對應的實體 DOM 移動到舊的一組子節點的尾部節點 p-2 所對應的實體 DOM 後面，同時還需要更新相應的索引到下一個位置，如圖 10-9 所示。

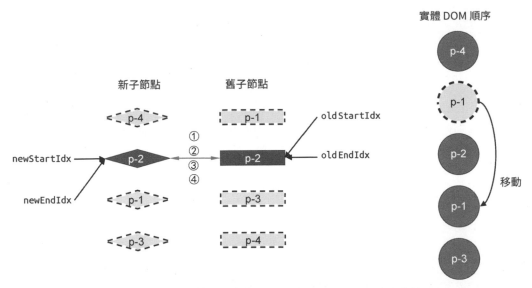

▲ 圖 10-9　新舊兩組子節點以及實體 DOM 節點的狀態

這一步的程式碼實作如下：

```
1   while (oldStartIdx <= oldEndIdx && newStartIdx <= newEndIdx) {
2     if (oldStartVNode.key === newStartVNode.key) {
3     } else if (oldEndVNode.key === newEndVNode.key) {
4       patch(oldEndVNode, newEndVNode, container)
5       oldEndVNode = oldChildren[--oldEndIdx]
6       newEndVNode = newChildren[--newEndIdx]
7     } else if (oldStartVNode.key === newEndVNode.key) {
8       // 呼叫 patch 函數在 oldStartVNode 和 newEndVNode 之間進行程式修補
9       patch(oldStartVNode, newEndVNode, container)
10      // 將舊的一組子節點的頭部節點對應的實體 DOM 節點 oldStartVNode.el
11      // 移動到舊的一組子節點的尾部節點對應的實體 DOM 節點後面
12      insert(oldStartVNode.el, container, oldEndVNode.el.nextSibling)
13      // 更新相關索引到下一個位置
14      oldStartVNode = oldChildren[++oldStartIdx]
15      newEndVNode = newChildren[--newEndIdx]
16    } else if (oldEndVNode.key === newStartVNode.key) {
17      patch(oldEndVNode, newStartVNode, container)
18      insert(oldEndVNode.el, container, oldStartVNode.el)
19
20      oldEndVNode = oldChildren[--oldEndIdx]
21      newStartVNode = newChildren[++newStartIdx]
22    }
23  }
```

如上面的程式碼所示，如果舊的一組子節點的頭部節點與新的一組子節點的尾部節點匹配，則說明該舊節點所對應的實體 DOM 節點需要移動到尾部。因此，我們需要獲取當前尾部節點的下一個兄弟節點作為錨點，即 oldEndVNode.el.nextSibling。最後，更新相關索引到下一個位置。

透過圖 10-9 可知，此時，新舊兩組子節點的頭部索引和尾部索引發生重合，但仍然滿足循環的條件，所以還會進行下一輪的更新。而在接下來的這一輪的更新中，更新步驟也發生了重合。

第一步：比較舊的一組子節點中的頭部節點 p-2 與新的一組子節點中的頭部節點 p-2。發現兩者 key 值相同，可以複用。但兩者在新舊兩組子節點中都是頭部節點，因此不需要移動，只需要呼叫 patch 函數進行程式修補即可。

程式碼實作如下：

```
while (oldStartIdx <= oldEndIdx && newStartIdx <= newEndIdx) {
  if (oldStartVNode.key === newStartVNode.key) {
    // 呼叫 patch 函數在 oldStartVNode 與 newStartVNode 之間程式修補
    patch(oldStartVNode, newStartVNode, container)
    // 更新相關索引，指向下一個位置
    oldStartVNode = oldChildren[++oldStartIdx]
    newStartVNode = newChildren[++newStartIdx]
  } else if (oldEndVNode.key === newEndVNode.key) {
    patch(oldEndVNode, newEndVNode, container)
    oldEndVNode = oldChildren[--oldEndIdx]
    newEndVNode = newChildren[--newEndIdx]
  } else if (oldStartVNode.key === newEndVNode.key) {
    patch(oldStartVNode, newEndVNode, container)
    insert(oldStartVNode.el, container, oldEndVNode.el.nextSibling)

    oldStartVNode = oldChildren[++oldStartIdx]
    newEndVNode = newChildren[--newEndIdx]
  } else if (oldEndVNode.key === newStartVNode.key) {
    patch(oldEndVNode, newStartVNode, container)
    insert(oldEndVNode.el, container, oldStartVNode.el)

    oldEndVNode = oldChildren[--oldEndIdx]
    newStartVNode = newChildren[++newStartIdx]
  }
}
```

在這一輪更新之後，新舊兩組子節點與實體 DOM 節點的狀態如圖 10-10 所示。

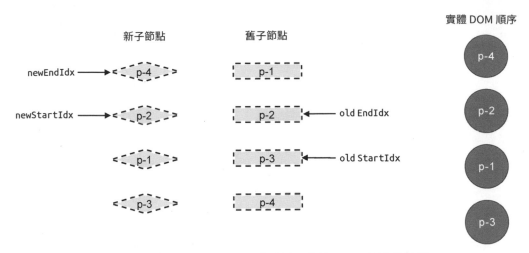

▲ 圖 10-10　新舊兩組子節點以及實體 DOM 節點的狀態

此時，實體 DOM 節點的順序與新的一組子節點的順序相同了：p-4、p-2、p-1、p-3。另外，在這一輪更新完成之後，索引 newStartIdx 和索引 oldStartIdx 的值都小於 newEndIdx 和 oldEndIdx，所以循環終止，雙端 Diff 演算法執行完畢。

## 10.2　雙端比較的優勢

理解了雙端比較的原理之後，我們來看看與簡單 Diff 演算法相比，雙端 Diff 演算法具有怎樣的優勢。我們拿第 9 章的例子來看，如圖 10-11 所示。

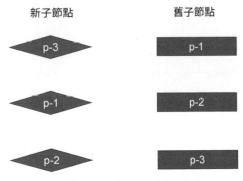

▲ 圖 10-11 新舊兩組子節點

圖 10-11 提供了新舊兩組子節點的節點順序。當使用簡單 Diff 演算法對此例進行更新時，會發生兩次 DOM 移動操作，如圖 10-12 所示。

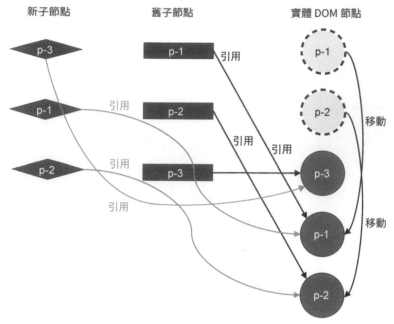

▲ 圖 10-12　兩次 DOM 移動

如果使用雙端 Diff 演算法對此例進行更新,會有怎樣的表現呢?接下來,我們就以
雙端比較的思路來完成此例的更新,看一看雙端 Diff 演算法能否減少 DOM 移動操
作次數。

圖 10-13 提供了演算法執行之前新舊兩組子節點與實體 DOM 節點的狀態。

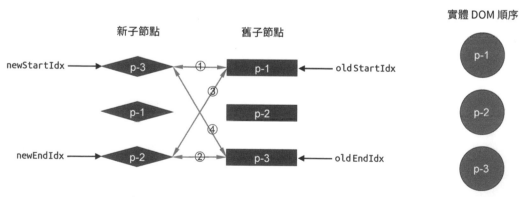

▲ 圖 10-13　新舊兩組子節點與實體 DOM 節點的狀態

接下來,我們按照雙端比較的步驟執行更新。

- 第一步：比較舊的一組子節點中的頭部節點 p-1 與新的一組子節點中的頭部節點 p-3，兩者 key 值不同，不可複用。

- 第二步：比較舊的一組子節點中的尾部節點 p-3 與新的一組子節點中的尾部節點 p-2，兩者 key 值不同，不可複用。

- 第三步：比較舊的一組子節點中的頭部節點 p-1 與新的一組子節點中的尾部節點 p-2，兩者 key 值不同，不可複用。

- 第四步：比較舊的一組子節點中的尾部節點 p-3 與新的一組子節點中的頭部節點 p-3，發現可以複用。

可以看到，在第四步的比較中，我們找到了可複用的節點 p-3。該節點原本處於所有子節點的尾部，但在新的一組子節點中它處於頭部。因此，只需要讓節點 p-3 對應的實體 DOM 變成新的頭部節點即可。在這一步移動操作之後，新舊兩組子節點以及實體 DOM 節點的狀態如圖 10-14 所示。

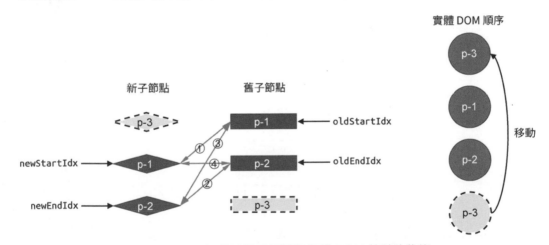

▲ 圖 10-14　新舊兩組子節點與實體 DOM 節點的狀態

觀察圖 10-14 能夠發現，在這一輪比較過後，實體 DOM 節點的順序已經與新的一組子節點的順序一致了。換句話說，我們完成了更新，不過演算法仍然會繼續執行。開始下一輪的比較。

第一步：比較舊的一組子節點中的頭部節點 p-1 與新的一組子節點中的頭部節點 p-1，兩者的 key 值相同，可以複用。但由於兩者都處於頭部，因此不需要移動，只需要程式修補即可。

在這一輪比較過後，新舊兩組子節點與實體 DOM 節點的狀態如圖 10-15 所示。

此時，雙端 Diff 演算法仍然沒有停止，開始新一輪的比較。

第一步：比較舊的一組子節點中的頭部節點 p-2 與新的一組子節點中的頭部節點 p-2，兩者的 key 值相同，可以複用。但由於兩者都處於頭部，因此不需要移動，只需要程式修補即可。

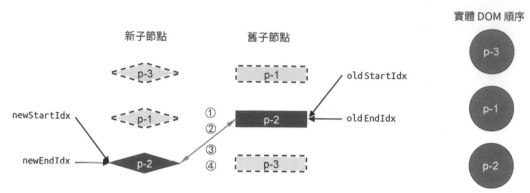

▲ 圖 10-15　新舊兩組子節點與實體 DOM 節點的狀態

在這一輪比較過後，新舊兩組子節點與實體 DOM 節點的狀態如圖 10-16 所示。

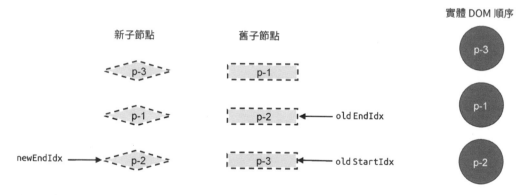

▲ 圖 10-16　新舊兩組子節點與實體 DOM 節點的狀態

到 這 一 步 後， 索 引 newStartIdx 和 oldStartIdx 的 值， 比 索 引 newEndIdx 和 oldEndIdx 的值大，於是更新結束。可以看到，對於同樣的例子，採用簡單 Diff 演算法需要兩次 DOM 移動操作才能完成更新，而使用雙端 Diff 演算法只需要一次 DOM 移動操作即可完成更新。

## 10.3 非理想狀況的處理方式

在上一節的講解中，我們用了一個比較理想的例子。我們知道，雙端 Diff 演算法的每一輪比較的過程都分為四個步驟。在上一節的例子中，每一輪比較都會命中四個步驟中的一個，這是非常理想的情況。但實際上，並非所有情況都這麼理想，如圖 10-17 所示。

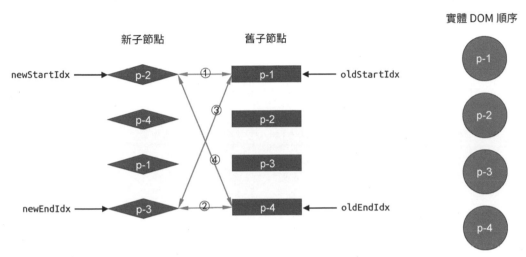

▲ 圖 10-17　第一輪比較都無法命中

在這個例子中，新舊兩組子節點的順序如下。

- ☑ 舊的一組子節點：p-1、p-2、p-3、p-4。
- ☑ 新的一組子節點：p-2、p-4、p-1、p-3。

當我們嘗試按照雙端 Diff 演算法的思路進行第一輪比較時，會發現無法命中四個步驟中的任何一步。

- ☑ 第一步：比較舊的一組子節點中的頭部節點 p-1 與新的一組子節點中的頭部節點 p-2，不可複用。
- ☑ 第二步：比較舊的一組子節點中的尾部節點 p-4 與新的一組子節點中的尾部節點 p-3，不可複用。
- ☑ 第三步：比較舊的一組子節點中的頭部節點 p-1 與新的一組子節點中的尾部節點 p-3，不可複用。
- ☑ 第四步：比較舊的一組子節點中的尾部節點 p-4 與新的一組子節點中的頭部節點 p-2，不可複用。

在四個步驟的比較過程中，都無法找到可複用的節點，應該怎麼辦呢？這時，我們只能透過增加額外的處理步驟來處理這種非理想情況。既然兩個頭部和兩個尾部的四個節點中都沒有可複用的節點，那麼我們就嘗試看看非頭部、非尾部的節點能否複用。具體做法是，拿新的一組子節點中的頭部節點去舊的一組子節點中尋找，如下面的程式碼所示：

```
1   while (oldStartIdx <= oldEndIdx && newStartIdx <= newEndIdx) {
2     if (oldStartVNode.key === newStartVNode.key) {
3       // 省略部分程式碼
4     } else if (oldEndVNode.key === newEndVNode.key) {
5       // 省略部分程式碼
6     } else if (oldStartVNode.key === newEndVNode.key) {
7       // 省略部分程式碼
8     } else if (oldEndVNode.key === newStartVNode.key) {
9       // 省略部分程式碼
10    } else {
11      // 遍歷舊的一組子節點，試圖尋找與 newStartVNode 擁有相同 key 值的節點
12      // idxInOld 就是新的一組子節點的頭部節點在舊的一組子節點中的索引
13      const idxInOld = oldChildren.findIndex(
14        node => node.key === newStartVNode.key
15      )
16    }
17  }
```

在上面這段程式碼中，我們遍歷舊的一組子節點，嘗試在其中尋找與新的一組子節點的頭部節點具有相同 key 值的節點，並將該節點在舊的一組子節點中的索引儲存到變數 idxInOld 中。這麼做的目的是什麼呢？想要搞清楚這個問題，本質上需要我們先搞清楚：在舊的一組子節點中，找到與新的一組子節點的頭部節點具有相同 key 值的節點意味著什麼？如圖 10-18 所示。

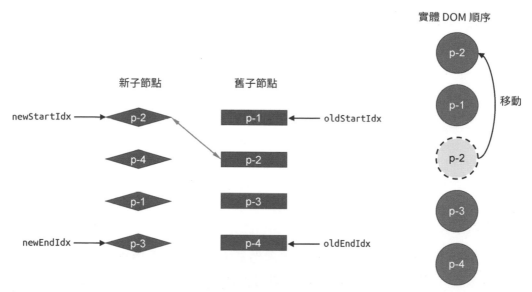

▲ 圖 10-18　在舊子節點中尋找可複用節點

觀察圖 10-18，當我們拿新的一組子節點的頭部節點 p-2 去舊的一組子節點中查找時，會在索引為 1 的位置找到可複用的節點。這意味著，節點 p-2 原本不是頭部節點，但在更新之後，它應該變成頭部節點。所以我們需要將節點 p-2 對應的實體 DOM 節點，移動到當前舊的一組子節點的頭部節點 p-1 所對應的實體 DOM 節點之前。具體實作如下：

```
1   while (oldStartIdx <= oldEndIdx && newStartIdx <= newEndIdx) {
2     if (oldStartVNode.key === newStartVNode.key) {
3       // 省略部分程式碼
4     } else if (oldEndVNode.key === newEndVNode.key) {
5       // 省略部分程式碼
6     } else if (oldStartVNode.key === newEndVNode.key) {
7       // 省略部分程式碼
8     } else if (oldEndVNode.key === newStartVNode.key) {
9       // 省略部分程式碼
10    } else {
11      // 遍歷舊 children，試圖尋找與 newStartVNode 擁有相同 key 值的元素
12      const idxInOld = oldChildren.findIndex(
13        node => node.key === newStartVNode.key
14      )
15      // idxInOld 大於 0，說明找到了可複用的節點，並且需要將其對應的實體 DOM 移動到頭部
16      if (idxInOld > 0) {
17        // idxInOld 位置對應的 vnode 就是需要移動的節點
18        const vnodeToMove = oldChildren[idxInOld]
19        // 不要忘記除移動操作外還應該進行程式修補
20        patch(vnodeToMove, newStartVNode, container)
21        // 將 vnodeToMove.el 移動到頭部節點 oldStartVNode.el 之前，因此使用後者作為錨點
22        insert(vnodeToMove.el, container, oldStartVNode.el)
23        // 由於位置 idxInOld 處的節點所對應的實體 DOM 已經移動到了別處，因此將其設定為 undefined
```

```
24          oldChildren[idxInOld] = undefined
25          // 最後更新 newStartIdx 到下一個位置
26          newStartVNode = newChildren[++newStartIdx]
27        }
28      }
29    }
```

在上面這段程式碼中，首先判斷 idxInOld 是否大於 0。如果條件成立，則說明找到了可複用的節點，然後將該節點對應的實體 DOM 移動到頭部。為此，我們先要獲取需要移動的節點，這裡的 oldChildren[idxInOld] 所指向的節點就是需要移動的節點。在移動節點之前，不要忘記呼叫 patch 函數進行程式修補。接著，呼叫 insert 函數，並以現在的頭部節點對應的實體 DOM 節點 oldStartVNode.el，作為錨點參數來完成節點的移動操作。當節點移動完成後，還有兩步工作需要做。

- ☑ 由於處於 idxInOld 處的節點已經處理過了（對應的實體 DOM 移到了別處），因此我們應該將 oldChildren[idxInOld] 設定為 undefined。

- ☑ 新的一組子節點中的頭部節點已經處理完畢，因此將 newStartIdx 前進到下一個位置。

經過上述兩個步驟的操作後，新舊兩組子節點以及實體 DOM 節點的狀態如圖 10-19 所示。

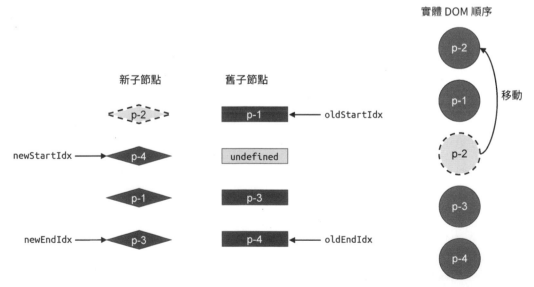

▲ 圖 10-19　新舊兩組子節點以及實體 DOM 節點的狀態

此時，實體 DOM 的順序為：p-2、p-1、p-3、p-4。接著，雙端 Diff 演算法會繼續進行，如圖 10-20 所示。

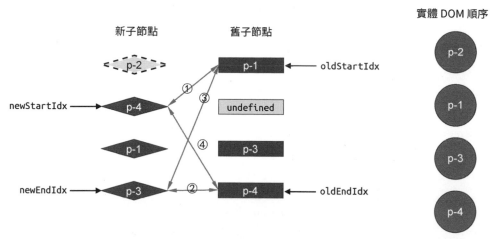

▲ 圖 10-20　新舊兩組子節點以及實體 DOM 節點的狀態

- ◪ 第一步：比較舊的一組子節點中的頭部節點 p-1 與新的一組子節點中的頭部節點 p-4，兩者 key 值不同，不可複用。

- ◪ 第二步：比較舊的一組子節點中的尾部節點 p-4 與新的一組子節點中的尾部節點 p-3，兩者 key 值不同，不可複用。

- ◪ 第三步：比較舊的一組子節點中的頭部節點 p-1 與新的一組子節點中的尾部節點 p-3，兩者 key 值不同，不可複用。

- ◪ 第四步：比較舊的一組子節點中的尾部節點 p-4 與新的一組子節點中的頭部節點 p-4，兩者的 key 值相同，可以複用。

在這一輪比較的第四步中，我們找到了可複用的節點。因此，按照雙端 Diff 演算法的邏輯移動實體 DOM，即把節點 p-4 對應的實體 DOM，移動到舊的一組子節點中頭部節點 p-1 所對應的實體 DOM 前面，如圖 10-21 所示。

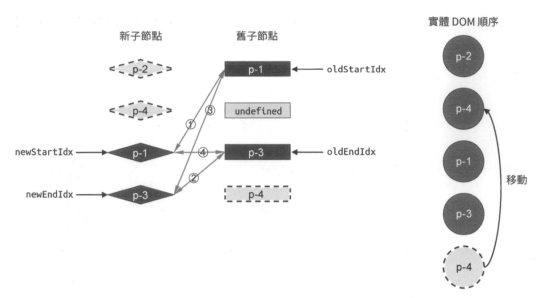

▲ 圖 10-21　移動節點 p-4

此時，實體 DOM 節點的順序是：p-2、p-4、p-1、p-3。接著，開始下一輪的比較。

第一步：比較舊的一組子節點中的頭部節點 p-1 與新的一組子節點中的頭部節點
p-1，兩者的 key 值相同，可以複用。

在這一輪比較中，第一步就找到了可複用的節點。由於兩者都處於頭部，所以不需
要對實體 DOM 進行移動，只需要進行程式修補即可。在這一步操作過後，新舊兩
組子節點與實體 DOM 節點的狀態如圖 10-22 所示。

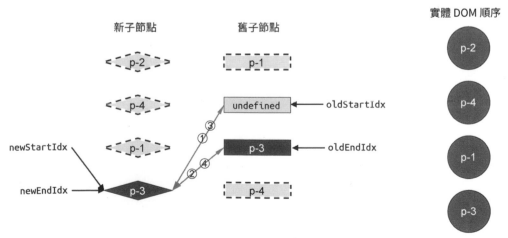

▲ 圖 10-22　新舊兩組子節點與實體 DOM 節點的狀態

此時，實體 DOM 節點的順序是：p-2、p-4、p-1、p-3。接著，進行下一輪的比較。需要注意的一點是，此時舊的一組子節點的頭部節點是 undefined。這說明該節點已經被處理過了，因此不需要再處理它了，直接跳過即可。為此，我們需要補充這部分邏輯的程式碼，具體實作如下：

```
while (oldStartIdx <= oldEndIdx && newStartIdx <= newEndIdx) {
  // 增加兩個判斷分支，如果頭尾部節點為 undefined，則說明該節點已被處理過了，直接跳到下一個位置
  if (!oldStartVNode) {
    oldStartVNode = oldChildren[++oldStartIdx]
  } else if (!oldEndVNode) {
    oldEndVNode = oldChildren[--oldEndIdx]
  } else if (oldStartVNode.key === newStartVNode.key) {
    // 省略部分程式碼
  } else if (oldEndVNode.key === newEndVNode.key) {
    // 省略部分程式碼
  } else if (oldStartVNode.key === newEndVNode.key) {
    // 省略部分程式碼
  } else if (oldEndVNode.key === newStartVNode.key) {
    // 省略部分程式碼
  } else {
    const idxInOld = oldChildren.findIndex(
      node => node.key === newStartVNode.key
    )
    if (idxInOld > 0) {
      const vnodeToMove = oldChildren[idxInOld]
      patch(vnodeToMove, newStartVNode, container)
      insert(vnodeToMove.el, container, oldStartVNode.el)
      oldChildren[idxInOld] = undefined
      newStartVNode = newChildren[++newStartIdx]
    }

  }
}
```

觀察上面的程式碼，在循環開始時，我們優先判斷頭部節點和尾部節點是否存在。如果不存在，則說明它們已經被處理過了，直接跳到下一個位置即可。在這一輪比較過後，新舊兩組子節點與實體 DOM 節點的狀態如圖 10-23 所示。

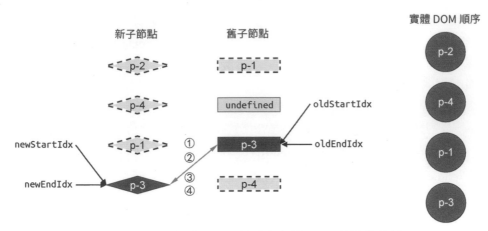

▲ 圖 10-23　新舊兩組子節點與實體 DOM 節點的狀態

現在，四個步驟又重合了，接著進行最後一輪的比較。

第一步：比較舊的一組子節點中的頭部節點 p-3 與新的一組子節點中的頭部節點 p-3，兩者的 key 值相同，可以重複使用。

在第一步中找到了可複用的節點。由於兩者都是頭部節點，因此不需要進行 DOM 移動操作，直接進行程式修補即可。在這一輪比較過後，最終狀態如圖 10-24 所示。

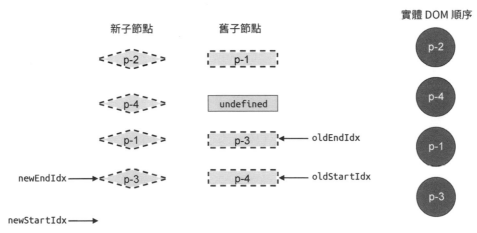

▲ 圖 10-24　新舊兩組子節點與實體 DOM 節點的狀態

這時，滿足循環停止的條件，於是更新完成。最終，實體 DOM 節點的順序與新的一組子節點的順序一致，都是：p-2、p-4、p-1、p-3。

## 10.4　新增新元素

在 10.3 節中，我們講解了非理想情況的處理，即在一輪比較過程中，不會命中四個步驟中的任何一步。這時，我們會拿新的一組子節點中的頭部節點，去舊的一組子節點中尋找可複用的節點，然而並非總能找得到，如圖 10-25 的例子所示。

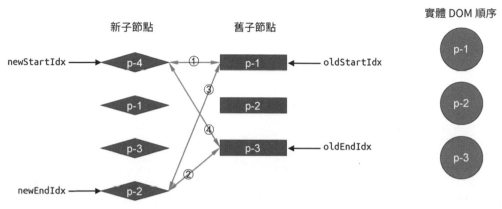

▲ 圖 10-25　新增節點的情況

在這個例子中，新舊兩組子節點的順序如下。

- ☑ 舊的一組子節點：p-1、p-2、p-3。
- ☑ 新的一組子節點：p-4、p-1、p-3、p-2。

首先，我們嘗試進行第一輪比較，發現在四個步驟的比較中都找不到可複用的節點。於是我們嘗試拿新的一組子節點中的頭部節點 p-4，去舊的一組子節點中尋找具有相同 key 值的節點，但在舊的一組子節點中根本就沒有 p-4 節點，如圖 10-26 所示。

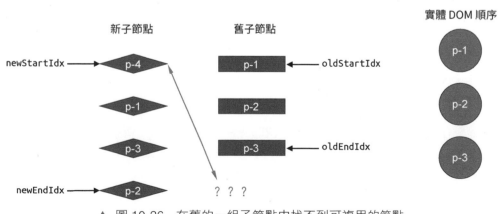

▲ 圖 10-26　在舊的一組子節點中找不到可複用的節點

這說明節點 p-4 是一個新增節點，我們應該將它載入到正確的位置。那麼應該載入到哪裡呢？很簡單，因為節點 p-4 是新的一組子節點中的頭部節點，所以只需要將它載入到當前頭部節點之前即可。「當前」頭部節點指的是，舊的一組子節點中的頭部節點所對應的實體 DOM 節點 p-1。下面是用來完成載入操作的程式碼：

```
1  while (oldStartIdx <= oldEndIdx && newStartIdx <= newEndIdx) {
2      // 增加兩個判斷分支，如果頭尾部節點為 undefined，則說明該節點已經被處理過了，直接跳到下
       一個位置
3    if (!oldStartVNode) {
4      oldStartVNode = oldChildren[++oldStartIdx]
5    } else if (!oldEndVNode) {
6      oldEndVNode = newChildren[--oldEndIdx]
7    } else if (oldStartVNode.key === newStartVNode.key) {
8      // 省略部分程式碼
9    } else if (oldEndVNode.key === newEndVNode.key) {
10     // 省略部分程式碼
11   } else if (oldStartVNode.key === newEndVNode.key) {
12     // 省略部分程式碼
13   } else if (oldEndVNode.key === newStartVNode.key) {
14     // 省略部分程式碼
15   } else {
16     const idxInOld = oldChildren.findIndex(
17       node => node.key === newStartVNode.key
18     )
19     if (idxInOld > 0) {
20       const vnodeToMove = oldChildren[idxInOld]
21       patch(vnodeToMove, newStartVNode, container)
22       insert(vnodeToMove.el, container, oldStartVNode.el)
23       oldChildren[idxInOld] = undefined
24     } else {
25       // 將 newStartVNode 作為新節點載入到頭部，使用當前頭部節點 oldStartVNode.el 作為錨點
26       patch(null, newStartVNode, container, oldStartVNode.el)
27     }
28     newStartVNode = newChildren[++newStartIdx]
29   }
30 }
```

如上面的程式碼所示，當條件 idxInOld > 0 不成立時，說明 newStartVNode 節點是全新的節點。又由於 newStartVNode 節點是頭部節點，因此我們應該將其作為新的頭部節點進行載入。所以，在呼叫 patch 函數載入節點時，我們使用 oldStartVNode.el 作為錨點。在這一步操作完成之後，新舊兩組子節點以及實體 DOM 節點的狀態如圖 10-27 所示。

當新節點 p-4 載入完成後，會進行後續的更新，直到全部更新完成為止。但這樣就完美了嗎？答案是否定的，我們再來看另外一個例子，如圖 10-28 所示。

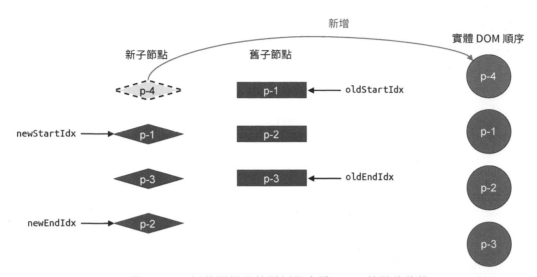

▲ 圖 10-27 新舊兩組子節點以及實體 DOM 節點的狀態

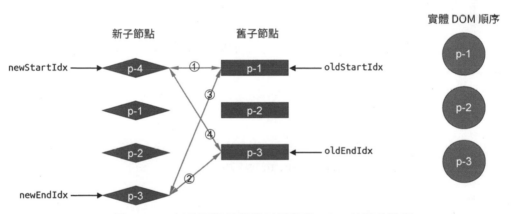

▲ 圖 10-28 新舊兩組子節點以及實體 DOM 節點的狀態

這個例子與上一個的例子的不同之處在於，我們調整了新的一組子節點的順序：
p-4、p-1、p-2、p-3。下面我們按照雙端 Diff 演算法的思路來執行更新，看看會發生什麼。

- ☑ 第一步：比較舊的一組子節點中的頭部節點 p-1 與新的一組子節點中的頭部節點 p-4，兩者的 key 值不同，不可以複用。

- ☑ 第二步：比較舊的一組子節點中的尾部節點 p-3 與新的一組子節點中的尾部節點 p-3，兩者的 key 值相同，可以複用。

在第二步中找到了可複用的節點，因此進行更新。更新後的新舊兩組子節點以及實體 DOM 節點的狀態如圖 10-29 所示。

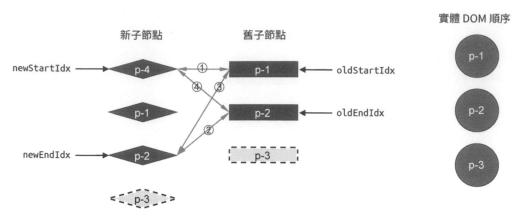

▲ 圖 10-29　新舊兩組子節點以及實體 DOM 節點的狀態

接著進行下一輪的比較。

- ☑ 第一步：比較舊的一組子節點中的頭部節點 p-1 與新的一組子節點中的頭部節點 p-4，兩者的 key 值不同，不可以複用。

- ☑ 第二步：比較舊的一組子節點中的尾部節點 p-2 與新的一組子節點中的尾部節點 p-2，兩者的 key 值相同，可以複用。

我們又在第二步找到了可複用的節點，於是再次進行更新。更新後的新舊兩組子節點以及實體 DOM 節點的狀態如圖 10-30 所示。

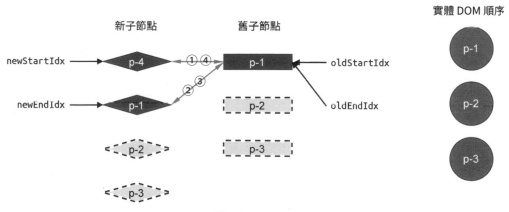

▲ 圖 10-30　新舊兩組子節點以及實體 DOM 節點的狀態

接著，進行下一輪的更新。

- ☑ 第一步：比較舊的一組子節點中的頭部節點 p-1 與新的一組子節點中的頭部節點 p-4，兩者的 key 值不同，不可以複用。
- ☑ 第二步：比較舊的一組子節點中的尾部節點 p-1 與新的一組子節點中的尾部節點 p-1，兩者的 key 值相同，可以複用。

還是在第二步找到了可複用的節點，再次進行更新。更新後的新舊兩組子節點以及實體 DOM 節點的狀態如圖 10-31 所示。

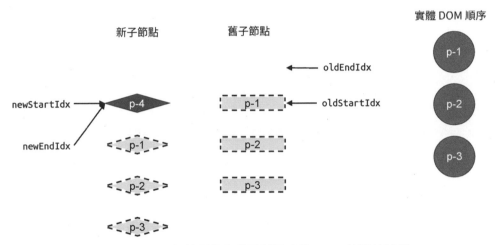

▲ 圖 10-31　新舊兩組子節點以及實體 DOM 節點的狀態

當這一輪更新完畢後，由於變數 oldStartIdx 的值大於 oldEndIdx 的值，滿足更新停止的條件，因此更新停止。但透過觀察可知，節點 p-4 在整個更新過程中被遺漏了，沒有得到任何處理，這說明我們的演算法是有缺陷的。為了彌補這個缺陷，我們需要新增額外的處理程式碼，如下所示：

```
1  while (oldStartIdx <= oldEndIdx && newStartIdx <= newEndIdx) {
2    // 省略部分程式碼
3  }
4
5  // 循環結束後檢查索引值的情況，
6  if (oldEndIdx < oldStartIdx && newStartIdx <= newEndIdx) {
7    // 如果滿足條件，則說明有新的節點遺留，需要載入它們
8    for (let i = newStartIdx; i <= newEndIdx; i++) {
9      patch(null, newChildren[i], container, oldStartVNode.el)
10   }
11 }
```

我們在 while 循環結束後增加了一個 if 條件語句，檢查四個索引值的情況。根據圖 10-31 可知，如果條件 oldEndIdx < oldStartIdx && newStartIdx <= newEndIdx 成立，說明新的一組子節點中有遺留的節點需要作為新節點載入。哪些節點是新節點呢？索引值位於 newStartIdx 和 newEndIdx 這個區間內的節點都是新節點。於是我們開啟一個 for 循環來遍歷這個區間內的節點並逐一載入。載入時的錨點仍然使用當前的頭部節點 oldStartVNode.el，這樣就完成了對新增元素的處理。

## 10.5 移除不存在的元素

解決了新增節點的問題後，我們再來討論關於移除元素的情況，如圖 10-32 的例子所示。

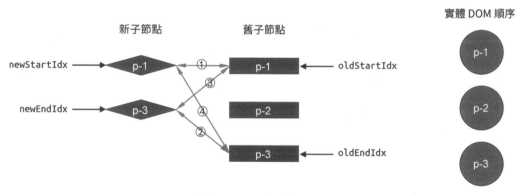

▲ 圖 10-32 移除節點的情況

在這個例子中，新舊兩組子節點的順序如下。

- ☑ 舊的一組子節點：p-1、p-2、p-3。
- ☑ 新的一組子節點：p-1、p-3。

可以看到，在新的一組子節點中 p-2 節點已經不存在了。為了搞清楚應該如何處理節點被移除的情況，我們還是按照雙端 Diff 演算法的思路執行更新。

第一步：比較舊的一組子節點中的頭部節點 p-1 與新的一組子節點中的頭部節點 p-1，兩者的 key 值相同，可以複用。

在第一步的比較中找到了可複用的節點，於是執行更新。在這一輪比較過後，新舊兩組子節點以及實體 DOM 節點的狀態如圖 10-33 所示。

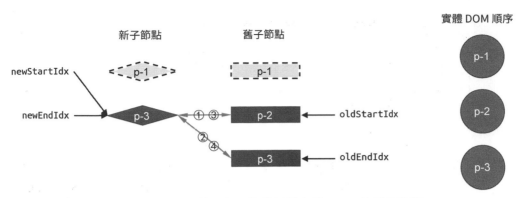

▲ 圖 10-33　新舊兩組子節點以及實體 DOM 節點的狀態

接著，執行下一輪更新。

- ☑ 第一步：比較舊的一組子節點中的頭部節點 p-2 與新的一組子節點中的頭部節點 p-3，兩者的 key 值不同，不可以複用。

- ☑ 第二步：比較舊的一組子節點中的尾部節點 p-3 與新的 組了節點中的尾部節點 p-3，兩者的 key 值相同，可以複用。

在第二步中找到了可複用的節點，於是進行更新。更新後的新舊兩組子節點以及實體 DOM 節點的狀態如圖 10-34 所示。

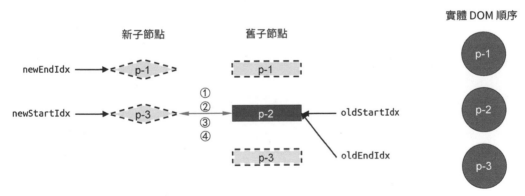

▲ 圖 10-34　新舊兩組子節點以及實體 DOM 節點的狀態

此時變數 newStartIdx 的值大於變數 newEndIdx 的值，滿足更新停止的條件，於是更新結束。但觀察圖 10-34 可知，舊的一組子節點中存在未被處理的節點，應該將其移除。因此，我們需要增加額外的程式碼來處理它，如下所示：

```
1  while (oldStartIdx <= oldEndIdx && newStartIdx <= newEndIdx) {
2    // 省略部分程式碼
3  }
4
```

```
5   if (oldEndIdx < oldStartIdx && newStartIdx <= newEndIdx) {
6     // 新增新節點
7     // 省略部分程式碼
8   } else if (newEndIdx < newStartIdx && oldStartIdx <= oldEndIdx) {
9     // 移除操作
10    for (let i = oldStartIdx; i <= oldEndIdx; i++) {
11      unmount(oldChildren[i])
12    }
13  }
```

與處理新增節點類似，我們在 while 循環結束後又增加了一個 else...if 分支，用於卸載已經不存在的節點。由圖 10-34 可知，索引值位於 oldStartIdx 和 oldEndIdx 這個區間內的節點都應該被卸載，於是我們開啟一個 for 循環將它們逐一卸載。

# 10.6 總結

本章我們介紹了雙端 Diff 演算法的原理及其優勢。顧名思義，雙端 Diff 演算法指的是，在新舊兩組子節點的四個端點之間分別進行比較，並試圖找到可複用的節點。相比簡單 Diff 演算法，雙端 Diff 演算法的優勢在於，對於同樣的更新情況，執行的 DOM 移動操作次數更少。

# 第 11 章 | 快速 Diff 演算法

本章我們將討論第三種用於比較新舊兩組子節點的方式：快速 Diff 演算法。正如其名，該演算法的實測速度非常快。該演算法最早應用於 ivi 和 inferno 這兩個框架，Vue.js 3 借鑒並擴展了它。圖 11-1 比較了 ivi、inferno 以及 Vue.js 2 的效能。

圖 11-1 來自 js-framework-benchmark，從中可以看出，在 DOM 操作的各個方面，ivi 和 inferno 所採用的快速 Diff 演算法的效能，都要稍優於 Vue.js 2 所採用的雙端 Diff 演算法。既然快速 Diff 演算法如此高效能，我們有必要瞭解它的思路。接下來，我們就著重討論快速 Diff 演算法的實作原理。

| Name Duration for... | ivi-v0.20.0-keyed | inferno-v7.1.2-keyed | vue-v2.6.2-keyed |
|---|---|---|---|
| create rows creating 1,000 rows | 118.1 ± 4.3 (1.00) | 124.2 ± 3.9 (1.05) | 163.1 ± 5.6 (1.38) |
| replace all rows updating all 1,000 rows (5 warmup runs). | 123.6 ± 1.4 (1.00) | 126.8 ± 11.3 (1.03) | 151.6 ± 6.8 (1.23) |
| partial update updating every 10th row for 1,000 rows (3 warmup runs). 16x CPU slowdown. | 202.7 ± 6.9 (1.00) | 223.2 ± 18.8 (1.10) | 336.4 ± 12.1 (1.66) |
| select row highlighting a selected row. (5 warmup runs). 16x CPU slowdown. | 40.9 ± 2.2 (1.00) | 44.0 ± 2.8 (1.08) | 190.5 ± 22.2 (4.66) |
| swap rows swap 2 rows for table with 1,000 rows. (5 warmup runs). 4x CPU slowdown. | 67.5 ± 3.4 (1.00) | 67.4 ± 4.1 (1.00) | 97.4 ± 4.2 (1.44) |
| remove row removing one row. (5 warmup runs). | 50.1 ± 0.8 (1.04) | 48.1 ± 0.6 (1.00) | 57.7 ± 1.3 (1.20) |
| create many rows creating 10,000 rows | 1,147.1 ± 25.8 (1.00) | 1,185.1 ± 65.7 (1.03) | 1,385.4 ± 50.5 (1.21) |
| append rows to large table appending 1,000 to a table of 10,000 rows. 2x CPU slowdown | 310.0 ± 4.3 (1.08) | 286.1 ± 4.8 (1.00) | 380.4 ± 4.9 (1.33) |
| clear rows clearing a table with 1,000 rows. 8x CPU slowdown | 137.1 ± 5.5 (1.00) | 162.2 ± 5.1 (1.18) | 230.1 ± 5.8 (1.68) |
| slowdown geometric mean | 1.01 | 1.05 | 1.58 |

▲ 圖 11-1　效能比較

## 11.1　相同的前置元素和後置元素

不同於簡單 Diff 演算法和雙端 Diff 演算法，快速 Diff 演算法包含預先處理步驟，這其實是借鑒了純文本 Diff 演算法的思路。在純文本 Diff 演算法中，存在對兩段文本進行預處理的過程。例如，在對兩段文本進行 Diff 之前，可以先對它們進行全等比較：

```
1   if (text1 === text2) return
```

這也稱為快捷路徑。如果兩段文本全等，那麼就無須進入核心 Diff 演算法的步驟了。除此之外，預處理過程還會處理兩段文本相同的前綴和後綴。假設有如下兩段文本：

```
1   TEXT1: I use vue for app development
2   TEXT2: I use react for app development
```

透過肉眼可以很容易發現，這兩段文本的頭部和尾部分別有一段相同的內容，如圖 11-2 所示。

TEXT1: I use vue for app development
TEXT2: I use react for app development

▲ 圖 11-2 　文本預處理

圖 11-2 突顯了 TEXT1 和 TEXT2 中相同的內容。內容相同的問題不需要進行核心 Diff 操作。因此，對 TEXT1 和 TEXT2 來說，真正需要進行 Diff 操作的部分是：

```
1    TEXT1: vue
2    TEXT2: react
```

這實際上是簡化問題的一種方式。這麼做的好處是，在特定情況下我們能夠輕鬆地判斷文本的插入和刪除，例如：

```
1    TEXT1: I like you
2    TEXT2: I like you too
```

經過預處理，去掉這兩段文本中相同的前綴內容和後綴內容之後，它將變成：

```
1    TEXT1:
2    TEXT2: too
```

可以看到，經過預處理後，TEXT1 的內容為空。這說明 TEXT2 在 TEXT1 的基礎上增加了字串 too。相反，我們還可以將這兩段文本的位置互換：

```
1    TEXT1: I like you too
2    TEXT2: I like you
```

這兩段文本經過預處理後將變成：

```
1    TEXT1: too
2    TEXT2:
```

由此可知，TEXT2 是在 TEXT1 的基礎上刪除了字串 too。

快速 Diff 演算法借鑒了純文本 Diff 演算法中預處理的步驟。以圖 11-3 提供的兩組子節點為例。

這兩組子節點的順序如下。

- ▨ 舊的一組子節點：p-1、p-2、p-3。
- ▨ 新的一組子節點：p-1、p-4、p-2、p-3。

透過觀察可以發現，兩組子節點具有相同的前置節點 p-1，以及相同的後置節點 p-2 和 p-3，如圖 11-4 所示。

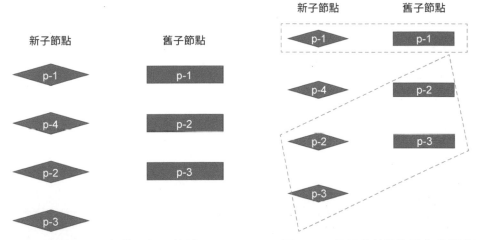

▲ 圖 11-3　新舊兩組子節點　　　▲ 圖 11-4　相同的前置節點和後置節點

對於相同的前置節點和後置節點，由於它們在新舊兩組子節點中的相對位置不變，所以我們無須移動它們，但仍然需要在它們之間進行程式修補。

對於前置節點，我們可以建立索引 j，其初始值為 0，用來指向兩組子節點的開頭，如圖 11-5 所示。

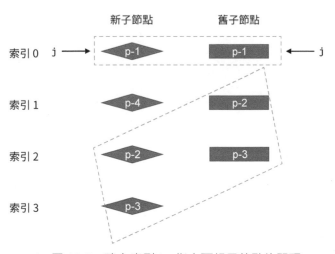

▲ 圖 11-5　建立索引 j，指向兩組子節點的開頭

然後開啟一個 while 循環，讓索引 j 遞增，直到遇到不相同的節點為止，如下面 patchKeyedChildren 函數的程式碼所示：

```
1   function patchKeyedChildren(n1, n2, container) {
2     const newChildren = n2.children
3     const oldChildren = n1.children
4     // 處理相同的前置節點
5     // 索引 j 指向新舊兩組子節點的開頭
6     let j = 0
7     let oldVNode = oldChildren[j]
8     let newVNode = newChildren[j]
9     // while 循環向後遍歷，直到遇到擁有不同 key 值的節點為止
10    while (oldVNode.key === newVNode.key) {
11      // 呼叫 patch 函數進行更新
12      patch(oldVNode, newVNode, container)
13      // 更新索引 j，讓其遞增
14      j++
15      oldVNode = oldChildren[j]
16      newVNode = newChildren[j]
17    }
18
19  }
```

在上面這段程式碼中，我們使用 while 循環查找所有相同的前置節點，並呼叫 patch 函數進行程式修補，直到遇到 key 值不同的節點為止。這樣，我們就完成了對前置節點的更新。在這一步更新操作過後，新舊兩組子節點的狀態如圖 11-6 所示。

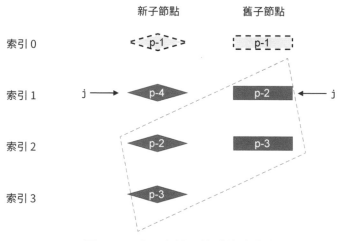

▲ 圖 11-6　處理完前置節點後的狀態

這裡需要注意的是，當 while 循環終止時，索引 j 的值為 1。接下來，我們需要處理相同的後置節點。由於新舊兩組子節點的數量可能不同，所以我們需要兩個索引 newEnd 和 oldEnd，分別指向新舊兩組子節點中的最後一個節點，如圖 11-7 所示。

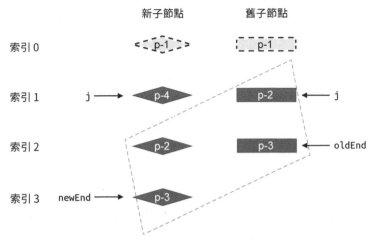

▲ 圖 11-7　建立索引，指向兩組子節點的最後一個節點

然後，再開啟一個 while 循環，並從後向前遍歷這兩組子節點，直到遇到 key 值不同的節點為止，如下面的程式碼所示：

```
1   function patchKeyedChildren(n1, n2, container) {
2     const newChildren = n2.children
3     const oldChildren = n1.children
4     // 更新相同的前置節點
5     let j = 0
6     let oldVNode = oldChildren[j]
7     let newVNode = newChildren[j]
8     while (oldVNode.key === newVNode.key) {
9       patch(oldVNode, newVNode, container)
10      j++
11      oldVNode = oldChildren[j]
12      newVNode = newChildren[j]
13    }
14
15    // 更新相同的後置節點
16    // 索引 oldEnd 指向舊的一組子節點的最後一個節點
17    let oldEnd = oldChildren.length - 1
18    // 索引 newEnd 指向新的一組子節點的最後一個節點
19    let newEnd = newChildren.length - 1
20
21    oldVNode = oldChildren[oldEnd]
22    newVNode = newChildren[newEnd]
23
```

```
24      // while 循環從後向前遍歷，直到遇到擁有不同 key 值的節點為止
25      while (oldVNode.key === newVNode.key) {
26        // 呼叫 patch 函數進行更新
27        patch(oldVNode, newVNode, container)
28        // 遞減 oldEnd 和 nextEnd
29        oldEnd--
30        newEnd--
31        oldVNode = oldChildren[oldEnd]
32        newVNode = newChildren[newEnd]
33      }
34
35    }
```

與處理相同的前置節點一樣，在 while 循環內，需要呼叫 patch 函數進行程式修補，然後遞減兩個索引 oldEnd、newEnd 的值。在這一步更新操作過後，新舊兩組子節點的狀態如圖 11-8 所示。

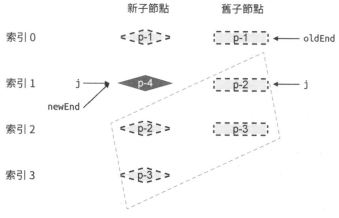

▲ 圖 11-8　處理完後置節點後的狀態

由圖 11-8 可知，當相同的前置節點和後置節點被處理完畢後，舊的一組子節點已經全部被處理了，而在新的一組子節點中，還遺留了一個未被處理的節點 p-4。其實不難發現，節點 p-4 是一個新增節點。那麼，如何用程式得出「節點 p-4 是新增節點」這個結論呢？這需要我們觀察三個索引 j、newEnd 和 oldEnd 之間的關係。

- ☑ 條件一 oldEnd < j 成立：說明在預處理過程中，所有舊子節點都處理完畢了。
- ☑ 條件二 newEnd >= j 成立：說明在預處理過後，在新的一組子節點中，仍然有未被處理的節點，而這些遺留的節點將被視作**新增節點**。

如果條件一和條件二同時成立，說明在新的一組子節點中，存在遺留節點，且這些節點都是新增節點。因此我們需要將它們載入到正確的位置，如圖 11-9 所示。

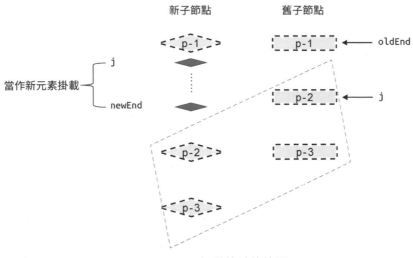

▲ 圖 11-9　新增節點的情況

在新的一組子節點中，索引值處於 j 和 newEnd 之間的任何節點都需要作為新的子節點進行載入。那麼，應該怎樣將這些節點載入到正確位置呢？這就要求我們必須找到正確的錨點元素。觀察圖 11-9 中新的一組子節點可知，新增節點應該載入到節點 p-2 所對應的實體 DOM 前面。所以，節點 p-2 對應的實體 DOM 節點就是載入操作的錨點元素。有了這些訊息，我們就可以提供具體的程式碼實作了，如下所示：

```
1   function patchKeyedChildren(n1, n2, container) {
2     const newChildren = n2.children
3     const oldChildren = n1.children
4     // 更新相同的前置節點
5     // 省略部分程式碼
6
7     // 更新相同的後置節點
8     // 省略部分程式碼
9
10    // 預處理完畢後，如果滿足如下條件，則說明從 j --> newEnd 之間的節點應作為新節點插入
11    if (j > oldEnd && j <= newEnd) {
12      // 錨點的索引
13      const anchorIndex = newEnd + 1
14      // 錨點元素
15      const anchor = anchorIndex < newChildren.length ? newChildren[anchorIndex].el : null
16      // 採用 while 循環，呼叫 patch 函數逐個載入新增節點
17      while (j <= newEnd) {
18        patch(null, newChildren[j++], container, anchor)
19      }
20    }
21
22  }
```

在上面這段程式碼中，首先計算錨點的索引值（即 anchorIndex）為 newEnd + 1。如果小於新的一組子節點的數量，則說明錨點元素在新的一組子節點中，所以直接使用 newChildren[anchorIndex].el 作為錨點元素；否則說明索引 newEnd 對應的節點已經是尾部節點了，這時無須提供錨點元素。有了錨點元素之後，我們開啟了一個 while 循環，用來遍歷索引 j 和索引 newEnd 之間的節點，並呼叫 patch 函數載入它們。

上面的案例展示了新增節點的情況，我們再來看看刪除節點的情況，如圖 11-10 所示。

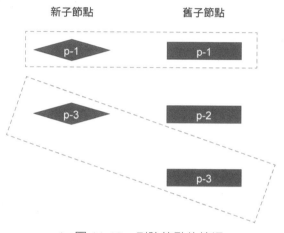

▲ 圖 11-10　刪除節點的情況

在這個例子中，新舊兩組子節點的順序如下。

- ☑ 舊的一組子節點：p-1、p-2、p-3。

- ☑ 新的一組子節點：p-1、p-3。

我們同樣使用索引 j、oldEnd 和 newEnd 進行標記，如圖 11-11 所示。

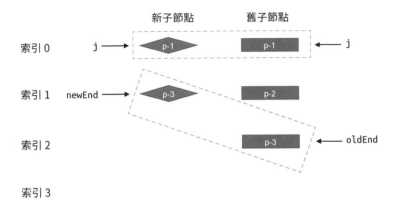

▲ 圖 11-11　在刪除節點的情況下，各個索引的關係

接著，對相同的前置節點進行預處理，處理後的狀態如圖 11-12 所示。

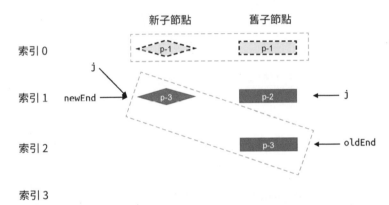

▲ 圖 11-12　處理完前置節點後，各個索引的關係

然後，對相同的後置節點進行預處理，處理後的狀態如圖 11-13 所示。

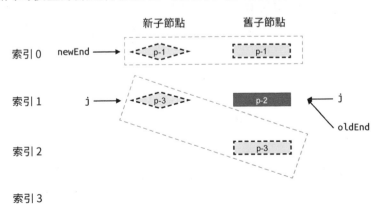

▲ 圖 11-13　處理完後置節點後，各個索引的關係

由圖 11-13 可知，當相同的前置節點和後置節點全部被處理完畢後，新的一組子節點已經全部被處理完畢了，而舊的一組子節點中遺留了一個節點 p-2。這說明，應該卸載節點 p-2。實際上，遺留的節點可能有多個，如圖 11-14 所示。

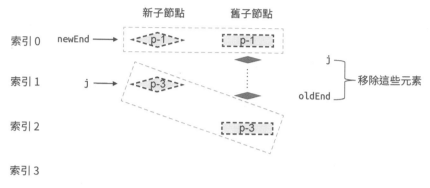

▲ 圖 11-14　遺留的節點可能有多個

索引 j 和索引 oldEnd 之間的任何節點都應該被卸載，具體實作如下：

```
1   function patchKeyedChildren(n1, n2, container) {
2     const newChildren = n2.children
3     const oldChildren = n1.children
4     // 更新相同的前置節點
5     // 省略部分程式碼
6
7     // 更新相同的後置節點
8     // 省略部分程式碼
9
10    if (j > oldEnd && j <= newEnd) {
11      // 省略部分程式碼
12    } else if (j > newEnd && j <= oldEnd) {
13      // j -> oldEnd 之間的節點應該被卸載
14      while (j <= oldEnd) {
15        unmount(oldChildren[j++])
16      }
17    }
18
19  }
```

在上面這段程式碼中，我們新增了一個 else...if 分支。當滿足條件 j > newEnd && j <= oldEnd 時，則開啟一個 while 循環，並呼叫 unmount 函數逐個卸載這些遺留節點。

# 11.2 判斷是否需要進行 DOM 移動操作

在上一節中，我們講解了快速 Diff 演算法的預處理過程，即處理相同的前置節點和後置節點。但是，上一節提供的例子比較理想化，當處理完相同的前置節點或後置節點後，新舊兩組子節點中總會有一組子節點全部被處理完畢。在這種情況下，只需要簡單地載入、卸載節點即可。但有時情況會比較複雜，如圖 11-15 中提供的例子。

在這個例子中，新舊兩組子節點的順序如下。

- ◪ 舊的一組子節點：p-1、p-2、p-3、p-4、p-6、p-5。
- ◪ 新的一組子節點：p-1、p-3、p-4、p-2、p-7、p-5。

可以看到，與舊的一組子節點相比，新的一組子節點多出了一個新節點 p-7，少了一個節點 p-6。這個例子並不像上一節提供的例子那樣理想化，我們無法簡單地透過預處理過程完成更新。在這個例子中，相同的前置節點只有 p-1，而相同的後置節點只有 p-5，如圖 11-16 所示。

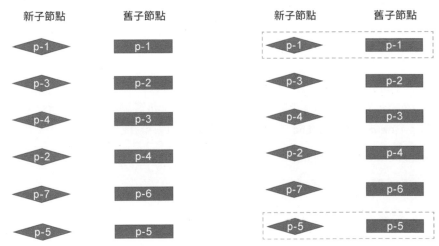

▲ 圖 11-15　複雜情況下的新舊兩組子節點　　▲ 圖 11-16　複雜情況下僅有少量
　　　　　　　　　　　　　　　　　　　　　　　　　　相同的前置節點和後置節點

圖 11-17 提供了經過預處理後兩組子節點的狀態。

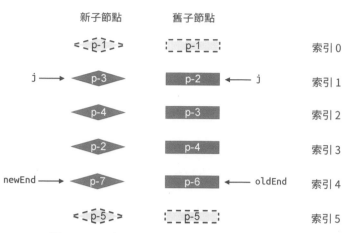

新子節點　　舊子節點

▲ 圖 11-17　處理完前置節點和後置節點後的狀態

可以看到，經過預處理後，無論是新的一組子節點，還是舊的一組子節點，都有部分節點未經處理。這時就需要我們進一步處理。怎麼處理呢？其實無論是簡單 Diff 演算法，還是雙端 Diff 演算法，抑或本章介紹的快速 Diff 演算法，它們都遵循同樣的處理規則：

- ■ 判斷是否有節點需要移動，以及應該如何移動；
- ■ 找出那些需要被新增或移除的節點。

所以接下來我們的任務就是，判斷哪些節點需要移動，以及應該如何移動。觀察圖 11-17 可知，在這種非理想的情況下，當相同的前置節點和後置節點被處理完畢後，索引 j、newEnd 和 oldEnd 不滿足下面兩個條件中的任何一個：

- ■ j > oldEnd && j <= newEnd
- ■ j > newEnd && j <= oldEnd

因此，我們需要增加新的 else 分支來處理圖 11-17 所示的情況，如下面的程式碼所示：

```
1  function patchKeyedChildren(n1, n2, container) {
2    const newChildren = n2.children
3    const oldChildren = n1.children
4    // 更新相同的前置節點
5    // 省略部分程式碼
6
7    // 更新相同的後置節點
8    // 省略部分程式碼
9
10   if (j > oldEnd && j <= newEnd) {
11     // 省略部分程式碼
12   } else if (j > newEnd && j <= oldEnd) {
```

```
13        // 省略部分程式碼
14    } else {
15        // 增加 else 分支來處理非理想情況
16    }
17
18 }
```

後續的處理邏輯將會撰寫在這個 else 分支內。知道了在哪裡撰寫處理程式碼，接下來我們講解具體的處理思路。首先，我們需要建構一個陣列 source，它的長度等於新的一組子節點在經過預處理之後剩餘未處理節點的數量，並且 source 中每個元素的初始值都是 -1，如圖 11-18 所示。

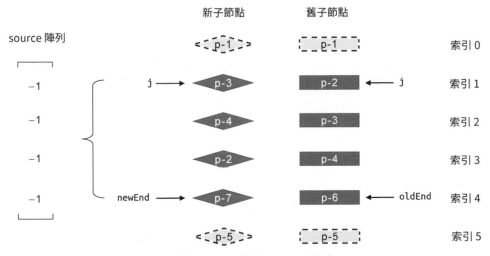

▲ 圖 11-18　建構 source 陣列

我們可以透過下面的程式碼完成 source 陣列的建構：

```
1  if (j > oldEnd && j <= newEnd) {
2      // 省略部分程式碼
3  } else if (j > newEnd && j <= oldEnd) {
4      // 省略部分程式碼
5  } else {
6      // 建構 source 陣列
7      // 新的一組子節點中剩餘未處理節點的數量
8      const count = newEnd - j + 1
9      const source = new Array(count)
10     source.fill(-1)
11 }
```

如上面的程式碼所示。首先，我們需要計算新的一組子節點中剩餘未處理節點的數量，即 newEnd - j + 1，然後建立一個長度與之相同的陣列 source，最後使用 fill 函數完成陣列的填充。那麼，陣列 source 的作用是什麼呢？觀察圖 11-18 可以發現，陣列 source 中的每一個元素，分別與新的一組子節點中剩餘未處理節點對應。實際上，source 陣列將用來儲存新的一組子節點中的節點在舊的一組子節點中的位置索引，後面將會使用它計算出一個最長遞增子序列，並用於輔助完成 DOM 移動的操作，如圖 11-19 所示。

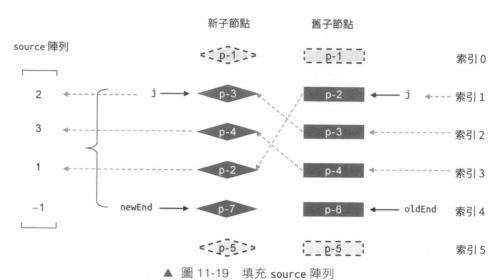

▲ 圖 11-19 填充 source 陣列

圖 11-19 展示了填充 source 陣列的過程。由於 source 陣列儲存的是新子節點在舊的一組子節點中的位置索引，所以有：

- 新的一組子節點中的節點 p-3 在舊的一組子節點中的索引為 2，因此 source 陣列的第一個元素值為 2；

- 新的一組子節點中的節點 p-4 在舊的一組子節點中的索引為 3，因此 source 陣列的第二個元素值為 3；

- 新的一組子節點中的節點 p-2 在舊的一組子節點中的索引為 1，因此 source 陣列的第三個元素值為 1；

- 新的一組子節點中的節點 p-7 比較特殊，因為在舊的一組子節點中沒有與其 key 值相等的節點，所以 source 陣列的第四個元素值保留原來的 -1。

我們可以透過兩層 for 循環來完成 source 陣列的填充工作,外層循環用於遍歷舊的
一組子節點,內層循環用於遍歷新的一組子節點:

```
1   if (j > oldEnd && j <= newEnd) {
2     // 省略部分程式碼
3   } else if (j > newEnd && j <= oldEnd) {
4     // 省略部分程式碼
5   } else {
6     const count = newEnd - j + 1
7     const source = new Array(count)
8     source.fill(-1)
9
10    // oldStart 和 newStart 分別為起始索引,即 j
11    const oldStart = j
12    const newStart = j
13    // 遍歷舊的一組子節點
14    for (let i = oldStart; i <= oldEnd; i++) {
15      const oldVNode = oldChildren[i]
16      // 遍歷新的一組子節點
17      for (let k = newStart; k <= newEnd; k++) {
18        const newVNode = newChildren[k]
19        // 找到擁有相同 key 值的可複用節點
20        if (oldVNode.key === newVNode.key) {
21          // 呼叫 patch 進行更新
22          patch(oldVNode, newVNode, container)
23          // 最後填充 source 陣列
24          source[k - newStart] = i
25        }
26      }
27    }
28  }
```

這裡需要注意的是,由於陣列 source 的索引是從 0 開始的,而未處理節點的索引未
必從 0 開始,所以在填充陣列時需要使用表達式 k - newStart 的值作為陣列的索引
值。外層循環的變數 i 就是當前節點在舊的一組子節點中的位置索引,因此直接將
變數 i 的值賦給 source[k - newStart] 即可。

現在,source 陣列已經填充完畢,我們後面會用到它。不過在進一步講解之前,我
們需要回頭思考一下上面那段用於填充 source 陣列的程式碼存在怎樣的問題。這
段程式碼中我們採用了兩層巢狀的循環,其時間複雜度為 O(n1 * n2),其中 n1 和 n2
為新舊兩組子節點的數量,我們也可以使用 O(n^2) 來表示。當新舊兩組子節點的數
量較多時,兩層巢狀的循環會帶來效能問題。出於最佳化的目的,我們可以為新的
一組子節點建構一張**索引表**,用來儲存節點的 key 和節點位置索引之間的映射,如
圖 11-20 所示。

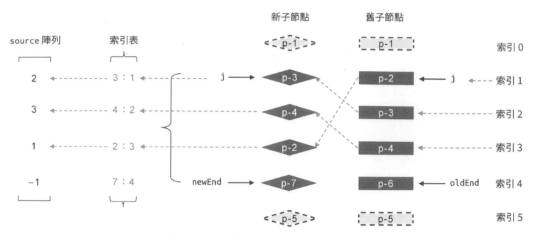

▲ 圖 11-20　使用索引表填充 source 陣列

有了索引表，我們就可以利用它快速地填充 source 陣列，如下面的程式碼所示：

```
 1  if (j > oldEnd && j <= newEnd) {
 2    // 省略部分程式碼
 3  } else if (j > newEnd && j <= oldEnd) {
 4    // 省略部分程式碼
 5  } else {
 6    const count = newEnd - j + 1
 7    const source = new Array(count)
 8    source.fill(-1)
 9
10    // oldStart 和 newStart 分別為起始索引，即 j
11    const oldStart = j
12    const newStart = j
13    // 建構索引表
14    const keyIndex = {}
15    for(let i = newStart; i <= newEnd; i++) {
16      keyIndex[newChildren[i].key] = i
17    }
18    // 遍歷舊的一組子節點中剩餘未處理的節點
19    for(let i = oldStart; i <= oldEnd; i++) {
20      oldVNode = oldChildren[i]
21      // 透過索引表快速找到新的一組子節點中具有相同 key 值的節點位置
22      const k = keyIndex[oldVNode.key]
23
24      if (typeof k !== 'undefined') {
25        newVNode = newChildren[k]
26        // 呼叫 patch 函數完成更新
27        patch(oldVNode, newVNode, container)
28        // 設定 source 陣列
29        source[k - newStart] = i
30      } else {
31        // 沒找到
32        unmount(oldVNode)
33      }
```

```
34      }
35    }
```

在上面這段程式碼中，同樣使用了兩個 for 循環，不過它們不再是巢狀的關係，所以能夠將程式碼的時間複雜度降至 O(n)。其中，第一個 for 循環用來建構索引表，索引表儲存的是節點的 key 值與節點在新的一組子節點中位置索引之間的映射，第二個 for 循環用來遍歷舊的一組子節點。可以看到，我們拿舊子節點的 key 值去索引表 keyIndex 中，查找該節點在新的一組子節點中的位置，並將查找結果儲存到變數 k 中。如果 k 存在，說明該節點是可複用的，所以我們呼叫 patch 函數進行程式修補，並填充 source 陣列；否則說明該節點已經不存在於新的一組子節點中了，這時我們需要呼叫 unmount 函數卸載它。

上述流程執行完畢後，source 陣列已經設定完畢了。接下來我們應該思考的是，如何判斷節點是否需要移動。實際上，快速 Diff 演算法判斷節點是否需要移動的方法與簡單 Diff 演算法類似，如下面的程式碼所示：

```
1    if (j > oldEnd && j <= newEnd) {
2      // 省略部分程式碼
3    } else if (j > newEnd && j <= oldEnd) {
4      // 省略部分程式碼
5    } else {
6      // 建構 source 陣列
7      const count = newEnd - j + 1   // 新的一組子節點中剩餘未處理節點的數量
8      const source = new Array(count)
9      source.fill(-1)
10
11     const oldStart = j
12     const newStart = j
13     // 新增兩個變數，moved 和 pos
14     let moved = false
15     let pos = 0
16
17     const keyIndex = {}
18     for(let i = newStart; i <= newEnd; i++) {
19       keyIndex[newChildren[i].key] = i
20     }
21     for(let i = oldStart; i <= oldEnd; i++) {
22       oldVNode = oldChildren[i]
23       const k = keyIndex[oldVNode.key]
24
25       if (typeof k !== 'undefined') {
26         newVNode = newChildren[k]
27         patch(oldVNode, newVNode, container)
28         source[k - newStart] = i
29         // 判斷節點是否需要移動
30         if (k < pos) {
31           moved = true
32         } else {
```

```
33          pos = k
34        }
35      } else {
36        unmount(oldVNode)
37      }
38    }
39  }
```

在上面這段程式碼中，我們新增了兩個變數 moved 和 pos。前者的初始值為 false，代表是否需要移動節點，後者的初始值為 0，代表遍歷舊的一組子節點的過程中遇到的最大索引值 k。我們在講解簡單 Diff 演算法時曾提到，如果在遍歷過程中遇到的索引值呈現遞增趨勢，則說明不需要移動節點，反之則需要。所以在第二個 for 循環內，我們透過比較變數 k 與變數 pos 的值來判斷是否需要移動節點。

除此之外，我們還需要一個數量標識，代表**已經更新過的節點數量**。我們知道，**已經更新過的節點數量**，應該小於新的一組子節點中需要更新的節點數量。一旦前者超過後者，則說明有多餘的節點，我們應該將它們卸載，如下面的程式碼所示：

```
1   if (j > oldEnd && j <= newEnd) {
2     // 省略部分程式碼
3   } else if (j > newEnd && j <= oldEnd) {
4     // 省略部分程式碼
5   } else {
6     // 建構 source 陣列
7     const count = newEnd - j + 1
8     const source = new Array(count)
9     source.fill(-1)
10
11    const oldStart = j
12    const newStart = j
13    let moved = false
14    let pos = 0
15    const keyIndex = {}
16    for(let i = newStart; i <= newEnd; i++) {
17      keyIndex[newChildren[i].key] = i
18    }
19    // 新增 patched 變數，代表更新過的節點數量
20    let patched = 0
21    for(let i = oldStart; i <= oldEnd; i++) {
22      oldVNode = oldChildren[i]
23      // 如果更新過的節點數量小於等於需要更新的節點數量，則執行更新
24      if (patched <= count) {
25        const k = keyIndex[oldVNode.key]
26        if (typeof k !== 'undefined') {
27          newVNode = newChildren[k]
28          patch(oldVNode, newVNode, container)
29          // 每更新一個節點，都將 patched 變數 +1
30          patched++
31          source[k - newStart] = i
32          if (k < pos) {
```

```
33          moved = true
34        } else {
35          pos = k
36        }
37      } else {
38        // 沒找到
39        unmount(oldVNode)
40      }
41    } else {
42      // 如果更新過的節點數量大於需要更新的節點數量，則卸載多餘的節點
43      unmount(oldVNode)
44    }
45  }
46 }
```

在上面這段程式碼中，我們增加了 patched 變數，其初始值為 0，代表更新過的節點數量。接著，在第二個 for 循環中增加了判斷 patched <= count，如果此條件成立，則正常執行更新，並且每次更新後都讓變數 patched 自增；否則說明剩餘的節點都是多餘的，於是呼叫 unmount 函數將它們卸載。

現在，我們透過判斷變數 moved 的值，已經能夠知道是否需要移動節點，同時也處理了很多邊界條件。接下來我們討論如何移動節點。

## 11.3 如何移動元素

在上一節中，我們實作了兩個目標。

- ☑ 判斷是否需要進行 DOM 移動操作。我們建立了變數 moved 作為標識，當它的值為 true 時，說明需要進行 DOM 移動操作。

- ☑ 建構 source 陣列。該陣列的長度等於新的一組子節點**去掉**相同的前置 / 後置節點後，剩餘未處理節點的數量。source 陣列中儲存著新的一組子節點中的節點在舊的一組子節點中的位置，後面我們會根據 source 陣列計算出一個**最長遞增子序列**，用於 DOM 移動操作。

接下來，我們討論如何進行 DOM 移動操作，如下面的程式碼所示：

```
1  if (j > oldEnd && j <= newEnd) {
2    // 省略部分程式碼
3  } else if (j > newEnd && j <= oldEnd) {
4    // 省略部分程式碼
5  } else {
6    // 省略部分程式碼
7    for(let i = oldStart; i <= oldEnd; i++) {
8      // 省略部分程式碼
9    }
```

```
10
11      if (moved) {
12         // 如果 moved 為真，則需要進行 DOM 移動操作
13      }
14   }
```

在上面這段程式碼中，我們在 for 循環後增加了一個 if 判斷分支。如果變數 moved 的值為 true，則說明需要進行 DOM 移動操作，所以用於 DOM 移動操作的邏輯將撰寫在該 if 語句區塊內。

為了進行 DOM 移動操作，我們首先要根據 source 陣列計算出它的最長遞增子序列。source 陣列仍然取用在 11.2 節中提供的例子，如圖 11-21 所示。

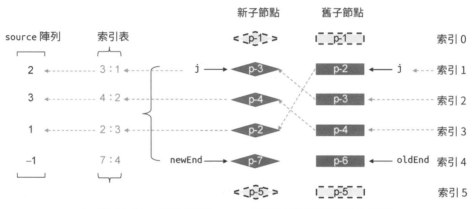

▲ 圖 11-21　用於計算 source 陣列的遞增子序列的例子

在這個例子中，我們計算出 source 陣列為 [2, 3, 1, -1]。那麼，該陣列的最長遞增子序列是什麼呢？這就需要我們瞭解最長遞增子序列的概念。為此，我們先要搞清楚什麼是一個序列的遞增子序列。簡單來說，給定一個數值序列，找到它的一個子序列，並且該子序列中的值是遞增的，子序列中的元素在原序列中不一定連續。一個序列可能有很多個遞增子序列，其中最長的那一個就稱為最長遞增子序列。舉個例子，假設給定數值序列 [ 0, 8, 4, 12 ]，那麼它的最長遞增子序列就是 [0, 8, 12]。當然，對於同一個數值序列來說，它的最長遞增子序列可能有多個，例如 [0, 4, 12] 也是本例的答案之一。

理解了什麼是最長遞增子序列，接下來我們就可以求解 source 陣列的最長遞增子序列了，如下面的程式碼所示：

```
1   if (moved) {
2      // 計算最長遞增子序列
3      const seq = lis(sources) // [ 0, 1 ]
4   }
```

在上面這段程式碼中，我們使用 lis 函數計算一個陣列的最長遞增子序列。lis 函數接收 source 陣列作為參數，並回傳 source 陣列的最長遞增子序列之一。在上例中，你可能疑惑為什麼透過 lis 函數計算得到的是 [0, 1]？實際上，source 陣列 [2, 3, 1, -1] 的最長遞增子序列應該是 [2, 3]，但我們得到的結果是 [0, 1]，這是為什麼呢？這是因為 lis 函數的回傳結果是最長遞增子序列中的元素在 source 陣列中的位置索引，如圖 11-22 所示。

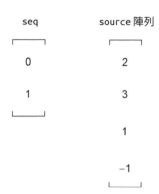

▲ 圖 11-22　遞增子序列中儲存的是 source 陣列內元素的位置索引

因為 source 陣列的最長遞增子序列為 [2, 3]，其中元素 2 在該陣列中的索引為 0，而陣列 3 在該陣列中的索引為 1，所以最終結果為 [0, 1]。

有了最長遞增子序列的索引訊息後，下一步要重新對節點進行編號，如圖 11-23 所示。

觀察圖 11-23，在編號時，我們忽略了經過預處理的節點 p-1 和 p-5。所以，索引為 0 的節點是 p-2，而索引為 1 節點是 p-3，以此類推。重新編號是為了讓子序列 seq 與新的索引值產生對應關係。其實，最長遞增子序列 seq 擁有一個非常重要的意義。以上例來說，子序列 seq 的值為 [0, 1]，它的涵義是：**在新的一組子節點中，重新編號後索引值為 0 和 1 的這兩個節點，在更新前後順序沒有發生變化**。換句話說，重新編號後，索引值為 0 和 1 的節點不需要移動。在新的一組子節點中，節點 p-3 的索引為 0，節點 p-4 的索引為 1，所以節點 p-3 和 p-4 所對應的實體 DOM 不需要移動。換句話說，只有節點 p-2 和 p-7 可能需要移動。

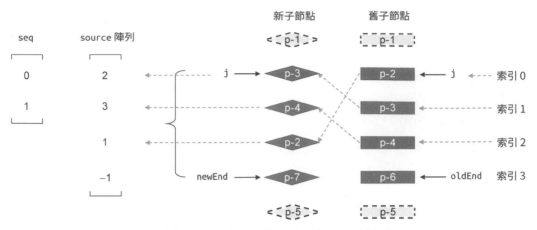

▲ 圖 11-23　重新對節點進行編號後的狀態

為了完成節點的移動，我們還需要建立兩個索引值 i 和 s：

☑ 用索引 i 指向新的一組子節點中的最後一個節點；

☑ 用索引 s 指向最長遞增子序列中的最後一個元素。

如圖 11-24 所示。

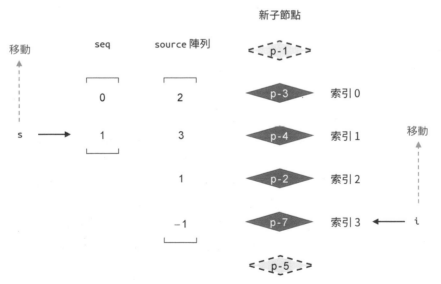

▲ 圖 11-24　建立索引 s 和 i，分別指向子序列和索引的最後一個位置

觀察圖 11-24，為了簡化圖示，我們去掉了舊的一組子節點以及無關的線條和變數。接下來，我們將開啟一個 for 循環，讓變數 i 和 s 按照圖 11-24 中箭頭的方向移動，如下面的程式碼所示：

```
1   if (moved) {
2     const seq = lis(sources)
3
4     // s 指向最長遞增子序列的最後一個元素
5     let s = seq.length - 1
6     // i 指向新的一組子節點的最後一個元素
7     let i = count - 1
8     // for 循環使得 i 遞減，即按照圖 11-24 中箭頭的方向移動
9     for (i; i >= 0; i--) {
10      if (i !== seq[s]) {
11        // 如果節點的索引 i 不等於 seq[s] 的值，說明該節點需要移動
12      } else {
13        // 當 i === seq[s] 時，說明該位置的節點不需要移動
14        // 只需要讓 s 指向下一個位置
15        s--
16      }
17    }
18  }
```

其中，for 循環的目的是讓變數 i 按照圖 11-24 中箭頭的方向移動，以便能夠逐個讀取新的一組子節點中的節點，這裡的變數 i 就是節點的索引。在 for 循環內，判斷條件 i !== seq[s]，如果節點的索引 i 不等於 seq[s] 的值，則說明該節點對應的實體 DOM 需要移動，否則說明當前讀取的節點不需要移動，但這時變數 s 需要按照圖 11-24 中箭頭的方向移動，即讓變數 s 遞減。

接下來我們就按照上述思路執行更新。初始時索引 i 指向節點 p-7。由於節點 p-7 對應的 source 陣列中相同位置的元素值為 -1，所以我們應該將節點 p-7 作為全新的節點進行載入，如下面的程式碼所示：

```
1   if (moved) {
2     const seq = lis(sources)
3
4     // s 指向最長遞增子序列的最後一個元素
5     let s = seq.length - 1
6     // i 指向新的一組子節點的最後一個元素
7     let i = count - 1
8     // for 循環使得 i 遞減，即按照圖 11-24 中箭頭的方向移動
9     for (i; i >= 0; i--) {
10      if (source[i] === -1) {
11        // 說明索引為 i 的節點是全新的節點，應該將其載入
12        // 該節點在新 children 中的真實位置索引
13        const pos = i + newStart
14        const newVNode = newChildren[pos]
15        // 該節點的下一個節點的位置索引
16        const nextPos = pos + 1
```

```
17        // 錨點
18        const anchor = nextPos < newChildren.length
19          ? newChildren[nextPos].el
20          : null
21        // 載入
22        patch(null, newVNode, container, anchor)
23      } else if (i !== seq[s]) {
24        // 如果節點的索引 i 不等於 seq[s] 的值，說明該節點需要移動
25      } else {
26        // 當 i === seq[s] 時，說明該位置的節點不需要移動
27        // 只需要讓 s 指向下一個位置
28        s--
29      }
30    }
31  }
```

如果 source[i] 的值為 -1，則說明索引為 i 的節點是全新的節點，於是我們呼叫 patch 函數將其載入到容器中。這裡需要注意的是，由於索引 i 是重新編號後的，因此為了得到真實索引值，我們需要計算表達式 i + newStart 的值。

新節點建立完畢後，for 循環已經執行了一次，此時索引 i 向上移動一步，指向了節點 p-2，如圖 11-25 所示。

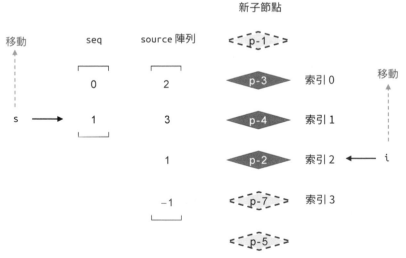

▲ 圖 11-25　節點以及索引的當前狀態

接著，進行下一輪 for 循環，步驟如下。

- ☑ 第一步：source[i] 是否等於 -1 ？很明顯，此時索引 i 的值為 2，source[2] 的值等於 1，因此節點 p-2 不是全新的節點，不需要載入它，進行下一步的判斷。

- 第二步：i !== seq[s] 是否成立？此時索引 i 的值為 2，索引 s 的值為 1。因此 2 !== seq[1] 成立，節點 p-2 所對應的實體 DOM 需要移動。

在第二步中，我們知道了節點 p-2 所對應的實體 DOM 應該移動。實作程式碼如下：

```
if (moved) {
  const seq = lis(sources)

  // s 指向最長遞增子序列的最後一個元素
  let s = seq.length - 1
  let i = count - 1
  for (i; i >= 0; i--) {
    if (source[i] === -1) {
      // 省略部分程式碼
    } else if (i !== seq[s]) {
      // 說明該節點需要移動
      // 該節點在新的一組子節點中的實體位置索引
      const pos = i + newStart
      const newVNode = newChildren[pos]
      // 該節點的下一個節點的位置索引
      const nextPos = pos + 1
      // 錨點
      const anchor = nextPos < newChildren.length
        ? newChildren[nextPos].el
        : null
      // 移動
      insert(newVNode.el, container, anchor)
    } else {
      // 當 i === seq[s] 時，說明該位置的節點不需要移動
      // 並讓 s 指向下一個位置
      s--
    }
  }
}
```

可以看到，移動節點的實作思路類似於載入全新的節點。不同點在於，移動節點是透過 insert 函數來完成的。

接著，進行下一輪的循環。此時索引 i 指向節點 p-4，如圖 11-26 所示。

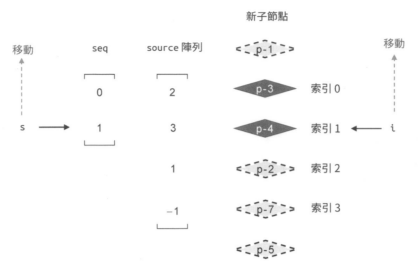

▲ 圖 11-26 節點以及索引的當前狀態

更新過程仍然分為三個步驟。

☑ 第一步：判斷表達式 source[i] 的值是否等於 -1 ？很明顯，此時索引 i 的值為 1，表達式 source[1] 的值等於 3，條件不成立。所以節點 p-4 不是全新的節點，不需要載入它。接著進行下一步判斷。

☑ 第二步：判斷表達式 i !== seq[s] 是否成立？此時索引 i 的值為 1，索引 s 的值為 1。這時表達式 1 === seq[1] 為真，所以條件 i !== seq[s] 也不成立。

☑ 第三步：由於第一步和第二步中的條件都不成立，所以程式碼會執行最終的 else 分支。這意味著，節點 p-4 所對應的實體 DOM 不需要移動，但我們仍然需要讓索引 s 的值遞減，即 s--。

經過三步判斷之後，我們得出結論：節點 p-4 不需要移動。於是進行下一輪循環，此時的狀態如圖 11-27 所示。

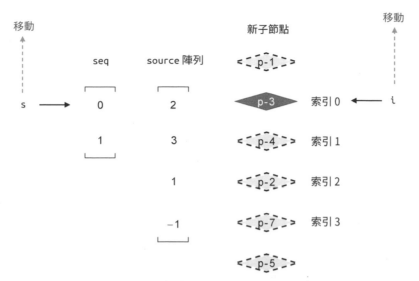

▲ 圖 11-27　節點以及索引的當前狀態

由圖 11-27 可知，此時索引 i 指向節點 p-3。我們繼續進行三個步驟的判斷。

- ☑ 第一步：判斷表達式 source[i] 的值是否等於 -1？很明顯，此時索引 i 的值為 0，表達式 source[0] 的值等於 2，所以節點 p-3 不是全新的節點，不需要載入它，接著進行下一步判斷。

- ☑ 第二步：判斷表達式 i !== seq[s] 是否成立？此時索引 i 的值為 0，索引 s 的值也為 0。這時表達式 0 === seq[0] 為真，因此條件也不成立，最終將執行 else 分支的程式碼，也就是第三步。

- ☑ 第三步：到了這裡，意味著節點 p-3 所對應的實體 DOM 也不需要移動。

在這一輪更新完成之後，循環將會停止，更新完成。

需要強調的是，關於給定序列的遞增子序列的求法不在本書的講解範圍內，網路上有大量文章講解了這方面的內容，讀者可以自行查閱。如下是用於求解給定序列的最長遞增子序列的程式碼，取自 Vue.js 3：

```
function getSequence(arr) {
  const p = arr.slice()
  const result = [0]
  let i, j, u, v, c
  const len = arr.length
  for (i = 0; i < len; i++) {
    const arrI = arr[i]
    if (arrI !== 0) {
      j = result[result.length - 1]
      if (arr[j] < arrI) {
```

```
11          p[i] = j
12          result.push(i)
13          continue
14        }
15        u = 0
16        v = result.length - 1
17        while (u < v) {
18          c = ((u + v) / 2) | 0
19          if (arr[result[c]] < arrI) {
20            u = c + 1
21          } else {
22            v = c
23          }
24        }
25        if (arrI < arr[result[u]]) {
26          if (u > 0) {
27            p[i] = result[u - 1]
28          }
29          result[u] = i
30        }
31      }
32    }
33    u = result.length
34    v = result[u - 1]
35    while (u-- > 0) {
36      result[u] = v
37      v = p[v]
38    }
39    return result
40  }
```

## 11.4 總結

快速 Diff 演算法在實測中效能最優。它借鑒了文本 Diff 中的預處理思路，先處理新舊兩組子節點中相同的前置節點和相同的後置節點。當前置節點和後置節點全部處理完畢後，如果無法簡單地透過載入新節點或者卸載已經不存在的節點來完成更新，則需要根據節點的索引關係，建構出一個最長遞增子序列。最長遞增子序列所指向的節點即為不需要移動的節點。

# 第四篇

# 組件化

第 12 章　組件的實作原理

第 13 章　非同步組件與函數式組件

第 14 章　內建組件和模組

# 第 12 章 | 組件的實作原理

在上一篇中，我們著重講解了渲染器的基本原理與實作。渲染器主要負責將虛擬 DOM 渲染為實體 DOM，我們只需要使用虛擬 DOM 來描述最終呈現的內容即可。但當我們撰寫比較複雜的頁面時，用來描述頁面結構的虛擬 DOM 的程式碼量會變得越來越多，或者說頁面模板會變得越來越大。這時，我們就需要組件化的能力。有了組件，我們就可以將一個大的頁面拆分為多個部分，每一個部分都可以作為單獨的組件，這些組件共同組成完整的頁面。組件化的實作同樣需要渲染器的支援，從本章開始，我們將詳細討論 Vue.js 中的組件化。

## 12.1 渲染組件

從使用者的角度來看，一個有狀態組件就是一個選項物件，如下面的程式碼所示：

```
1  // MyComponent 是一個組件，它的值是一個選項物件
2  const MyComponent = {
3    name: 'MyComponent',
4    data() {
5      return { foo: 1 }
6    }
7  }
```

但是，如果從渲染器的內部實作來看，一個組件則是一個特殊類型的虛擬 DOM 節點。例如，為了描述普通標籤，我們用虛擬節點的 `vnode.type` 屬性來儲存標籤名稱，如下面的程式碼所示：

```
1  // 該 vnode 用來描述普通標籤
2  const vnode = {
3    type: 'div'
4    // ...
5  }
```

為了描述片段，我們讓虛擬節點的 `vnode.type` 屬性的值為 `Fragment`，例如：

```
1  // 該 vnode 用來描述片段
2  const vnode = {
3    type: Fragment
4    // ...
5  }
```

為了描述文本，我們讓虛擬節點的 vnode.type 屬性的值為 Text，例如：

```
1    // 該 vnode 用來描述文本節點
2    const vnode = {
3      type: Text
4      // ...
5    }
```

渲染器的 patch 函數證明了上述內容，如下是我們在第三篇中實作的 patch 函數的程式碼：

```
1    function patch(n1, n2, container, anchor) {
2      if (n1 && n1.type !== n2.type) {
3        unmount(n1)
4        n1 = null
5      }
6
7      const { type } = n2
8
9      if (typeof type === 'string') {
10       // 作為普通元素處理
11     } else if (type === Text) {
12       // 作為文本節點處理
13     } else if (type === Fragment) {
14       // 作為片段處理
15     }
16   }
```

可以看到，渲染器會使用虛擬節點的 type 屬性來區分其類型。對於不同類型的節點，需要採用不同的處理方法來完成載入和更新。

實際上，對於組件來說也是一樣的。為了使用虛擬節點來描述組件，我們可以用虛擬節點的 vnode.type 屬性來儲存組件的選項物件，例如：

```
1    // 該 vnode 用來描述組件，type 屬性儲存組件的選項物件
2    const vnode = {
3      type: MyComponent
4      // ...
5    }
```

為了讓渲染器能夠處理組件類型的虛擬節點，我們還需要在 patch 函數中對組件類型的虛擬節點進行處理，如下面的程式碼所示：

```
1    function patch(n1, n2, container, anchor) {
2      if (n1 && n1.type !== n2.type) {
3        unmount(n1)
4        n1 = null
5      }
6
7      const { type } = n2
```

```
8
9      if (typeof type === 'string') {
10       // 作為普通元素處理
11     } else if (type === Text) {
12       // 作為文本節點處理
13     } else if (type === Fragment) {
14       // 作為片段處理
15     } else if (typeof type === 'object') {
16       // vnode.type 的值是選項物件，作為組件來處理
17       if (!n1) {
18         // 載入組件
19         mountComponent(n2, container, anchor)
20       } else {
21         // 更新組件
22         patchComponent(n1, n2, anchor)
23       }
24     }
25   }
```

在上面這段程式碼中，我們新增了一個 else if 分支，用來處理虛擬節點的 vnode.
type 屬性值為物件的情況，即將該虛擬節點作為組件的描述來看待，並呼叫
mountComponent 和 patchComponent 函數來完成組件的載入和更新。

渲染器有能力處理組件後，下一步我們要做的是，設計組件在使用者層面的接口。
這包括：使用者應該如何撰寫組件？組件的選項物件必須包含哪些內容？以及組件
擁有哪些能力？等等。實際上，組件本身是對頁面內容的封裝，它用來描述頁面內
容的一部分。因此，一個組件必須包含一個渲染函數，即 render 函數，並且渲染函
數的回傳值應該是虛擬 DOM。換句話說，組件的渲染函數就是用來描述組件所渲
染內容的接口，如下面的程式碼所示：

```
1    const MyComponent = {
2      // 組件名稱，可選
3      name: 'MyComponent',
4      // 組件的渲染函數，其回傳值必須為虛擬 DOM
5      render() {
6        // 回傳虛擬 DOM
7        return {
8          type: 'div',
9          children: `我是文本內容`
10       }
11     }
12   }
```

這是一個最簡單的組件範例。有了基本的組件結構之後，渲染器就可以完成組件的
渲染，如下面的程式碼所示：

```
1    // 用來描述組件的 VNode 物件，type 屬性值為組件的選項物件
2    const CompVNode = {
```

```
3      type: MyComponent
4    }
5    // 呼叫渲染器來渲染組件
6    renderer.render(CompVNode, document.querySelector('#app'))
```

渲染器中真正完成組件渲染任務的是 mountComponent 函數，其具體實作如下所示：

```
1    function mountComponent(vnode, container, anchor) {
2      // 透過 vnode 獲取組件的選項物件，即 vnode.type
3      const componentOptions = vnode.type
4      // 獲取組件的渲染函數 render
5      const { render } = componentOptions
6      // 執行渲染函數，獲取組件要渲染的內容，即 render 函數回傳的虛擬 DOM
7      const subTree = render()
8      // 最後執行 patch 函數來載入組件所描述的內容，即 subTree
9      patch(null, subTree, container, anchor)
10   }
```

這樣，我們就實作了最基本的組件化方案。

## 12.2　組件狀態與自更新

在上一節中，我們完成了組件的初始渲染。接下來，我們嘗試為組件設計自身的狀態，如下面的程式碼所示：

```
1    const MyComponent = {
2      name: 'MyComponent',
3      // 用 data 函數來定義組件自身的狀態
4      data() {
5        return {
6          foo: 'hello world'
7        }
8      },
9      render() {
10       return {
11         type: 'div',
12         children: `foo 的值是：${this.foo}` // 在渲染函數內使用組件狀態
13       }
14     }
15   }
```

在上面這段程式碼中，我們約定使用者必須使用 data 函數來定義組件自身的狀態，同時可以在渲染函數中透過 this 讀取由 data 函數回傳的狀態資料。

下面的程式碼實作了組件自身狀態的初始化：

```
1    function mountComponent(vnode, container, anchor) {
2      const componentOptions = vnode.type
3      const { render, data } = componentOptions
```

```
4
5      // 呼叫 data 函數得到原始資料,並呼叫 reactive 函數將其包裝為響應式資料
6      const state = reactive(data())
7      // 呼叫 render 函數時,將其 this 設定為 state,
8      // 從而 render 函數內部可以透過 this 讀取組件自身狀態資料
9      const subTree = render.call(state, state)
10     patch(null, subTree, container, anchor)
11   }
```

如上面的程式碼所示,實作組件自身狀態的初始化需要兩個步驟:

☑ 透過組件的選項物件取得 data 函數並執行,然後呼叫 reactive 函數將 data 函數回傳的狀態包裝為響應式資料;

☑ 在呼叫 render 函數時,將其 this 的指向設定為響應式資料 state,同時將 state 作為 render 函數的第一個參數傳遞。

經過上述兩步工作後,我們就實作了對組件自身狀態的支援,以及在渲染函數內讀取組件自身狀態的能力。

當組件自身狀態發生變化時,我們需要有能力觸發組件更新,即組件的自更新。為此,我們需要將整個渲染任務包裝到一個 effect 中,如下面的程式碼所示:

```
1    function mountComponent(vnode, container, anchor) {
2      const componentOptions = vnode.type
3      const { render, data } = componentOptions
4
5      const state = reactive(data())
6
7      // 將組件的 render 函數呼叫包裝到 effect 內
8      effect(() => {
9        const subTree = render.call(state, state)
10       patch(null, subTree, container, anchor)
11     })
12   }
```

這樣,一旦組件自身的響應式資料發生變化,組件就會自動重新執行渲染函數,從而完成更新。但是,由於 effect 的執行是同步的,因此當響應式資料發生變化時,與之關聯的副作用函數會同步執行。換句話說,如果多次修改響應式資料的值,將會導致渲染函數執行多次,這實際上是沒有必要的。因此,我們需要設計一個機制,以使得無論對響應式資料進行多少次修改,副作用函數都只會重新執行一次。為此,我們需要實作一個調度器,當副作用函數需要重新執行時,我們不會立即執行它,而是將它緩衝到一個微任務佇列中,等到執行堆疊清空後,再將它從微任務佇列中取出並執行。有了暫存機制,我們就有機會對任務進行去重複,從而避免多次執行副作用函數帶來的效能損耗。具體實作如下:

```
1   // 任務暫存佇列，用一個 Set 資料結構來表示，這樣就可以自動對任務進行去重複
2   const queue = new Set()
3   // 一個標誌，代表是否正在重整任務佇列
4   let isFlushing = false
5   // 建立一個立即 resolve 的 Promise 實例
6   const p = Promise.resolve()
7
8   // 調度器的主要函數，用來將一個任務新增到緩衝佇列中，並開始重整佇列
9   function queueJob(job) {
10    // 將 job 新增到任務佇列 queue 中
11    queue.add(job)
12    // 如果還沒有開始重整佇列，則重整之
13    if (!isFlushing) {
14      // 將該標誌設定為 true 以避免重複重整
15      isFlushing = true
16      // 在微任務中重整緩衝佇列
17      p.then(() => {
18        try {
19          // 執行任務佇列中的任務
20          queue.forEach(job => job())
21        } finally {
22          // 重置狀態
23          isFlushing = false
24          queue.clear = 0
25        }
26      })
27    }
28  }
```

上面是調度器的最小實作，本質上利用了微任務的非同步執行機制，實作對副作用函數的緩衝。其中 queueJob 函數是調度器最主要的函數，用來將一個任務或副作用函數新增到緩衝佇列中，並開始重整佇列。有了 queueJob 函數之後，我們可以在建立渲染副作用時使用它，如下面的程式碼所示：

```
1   function mountComponent(vnode, container, anchor) {
2     const componentOptions = vnode.type
3     const { render, data } = componentOptions
4
5     const state = reactive(data())
6
7     effect(() => {
8       const subTree = render.call(state, state)
9       patch(null, subTree, container, anchor)
10    }, {
11      // 指定該副作用函數的調度器為 queueJob 即可
12      scheduler: queueJob
13    })
14  }
```

這樣，當響應式資料發生變化時，副作用函數不會立即同步執行，而是會被 queueJob 函數調度，最後在一個微任務中執行。

不過，上面這段程式碼存在缺陷。可以看到，我們在 effect 函數內呼叫 patch 函數完成渲染時，第一個參數總是 null。這意味著，每次更新發生時都會進行全新的載入，而不會進行程式修補，這是不正確的。正確的做法是：每次更新時，都拿新的 subTree 與上一次組件所渲染的 subTree 進行程式修補。為此，我們需要實作組件實例，用它來維護組件整個生命週期的狀態，這樣渲染器才能夠在正確的時機執行合適的操作。

## 12.3 組件實例與組件的生命週期

組件實例本質上就是一個狀態集合（或一個物件），它維護著組件執行過程中的所有訊息，例如註冊到組件的生命週期函數、組件渲染的子樹（subTree）、組件是否已經被載入、組件自身的狀態（data）等等。為了解決上一節中關於組件更新的問題，我們需要引入組件實例的概念，以及與之相關的狀態訊息，如下面的程式碼所示：

```
 1  function mountComponent(vnode, container, anchor) {
 2    const componentOptions = vnode.type
 3    const { render, data } = componentOptions
 4
 5    const state = reactive(data())
 6
 7    // 定義組件實例，一個組件實例本質上就是一個物件，它包含與組件有關的狀態訊息
 8    const instance = {
 9      // 組件自身的狀態資料，即 data
10      state,
11      // 一個布林值，用來表示組件是否已經被載入，初始值為 false
12      isMounted: false,
13      // 組件所渲染的內容，即子樹（subTree）
14      subTree: null
15    }
16
17    // 將組件實例設定到 vnode 上，用於後續更新
18    vnode.component = instance
19
20    effect(() => {
21      // 呼叫組件的渲染函數，獲得子樹
22      const subTree = render.call(state, state)
23      // 檢查組件是否已經被載入
24      if (!instance.isMounted) {
25        // 初次載入，呼叫 patch 函數第一個參數傳遞 null
26        patch(null, subTree, container, anchor)
27        // 重點：將組件實例的 isMounted 設定為 true，這樣當更新發生時就不會再次進行載入操作，
28        // 而是會執行更新
29        instance.isMounted = true
30      } else {
31        // 當 isMounted 為 true 時，說明組件已經被載入，只需要完成自更新即可，
32        // 所以在呼叫 patch 函數時，第一個參數為組件上一次渲染的子樹，
```

```
33          // 意思是，使用新的子樹與上一次渲染的子樹進行程式修補操作
34          patch(instance.subTree, subTree, container, anchor)
35        }
36        // 更新組件實例的子樹
37        instance.subTree = subTree
38      }, { scheduler: queueJob })
39    }
```

在上面這段程式碼中，我們使用一個物件來表示組件實例，該物件有三個屬性。

◪　state：組件自身的狀態資料，即 data。

◪　isMounted：一個布林值，用來表示組件是否被載入。

◪　subTree：儲存組件的渲染函數回傳的虛擬 DOM，即組件的子樹（subTree）。

實際上，我們可以在需要的時候，任意地在組件實例 instance 上新增需要的屬性。但需要注意的是，我們應該盡可能保持組件實例輕量，以減少記憶體佔用。

在上面的實作中，組件實例的 instance.isMounted 屬性可以用來區分組件的載入和更新。因此，我們可以在合適的時機呼叫組件對應的生命週期鉤子，如下面的程式碼所示：

```
1   function mountComponent(vnode, container, anchor) {
2     const componentOptions = vnode.type
3     // 從組件選項物件中取得組件的生命週期函數
4     const { render, data, beforeCreate, created, beforeMount, mounted, beforeUpdate,
         updated } = componentOptions
5
6     // 在這裡呼叫 beforeCreate 鉤子
7     beforeCreate && beforeCreate()
8
9     const state = reactive(data())
10
11    const instance = {
12      state,
13      isMounted: false,
14      subTree: null
15    }
16    vnode.component = instance
17
18    // 在這裡呼叫 created 鉤子
19    created && created.call(state)
20
21    effect(() => {
22      const subTree = render.call(state, state)
23      if (!instance.isMounted) {
24        // 在這裡呼叫 beforeMount 鉤子
25        beforeMount && beforeMount.call(state)
26        patch(null, subTree, container, anchor)
27        instance.isMounted = true
28        // 在這裡呼叫 mounted 鉤子
```

```
29        mounted && mounted.call(state)
30      } else {
31        // 在這裡呼叫 beforeUpdate 鉤子
32        beforeUpdate && beforeUpdate.call(state)
33        patch(instance.subTree, subTree, container, anchor)
34        // 在這裡呼叫 updated 鉤子
35        updated && updated.call(state)
36      }
37      instance.subTree = subTree
38    }, { scheduler: queueJob })
39  }
```

在上面這段程式碼中，我們首先從組件的選項物件中取得註冊到組件上的生命週期
函數，然後在合適的時機呼叫它們，這其實就是組件生命週期的實作原理。但實際
上，由於可能存在多個同樣的組件生命週期鉤子，例如來自 `mixins` 中的生命週期
鉤子函數，因此我們通常需要將組件生命週期鉤子序列化為一個陣列，但核心原理
不變。

## 12.4  props 與組件的被動更新

在虛擬 DOM 層面，組件的 props 與普通 HTML 標籤的屬性差別不大。假設我們有
如下模板：

```
1  <MyComponent title="A Big Title" :other="val" />
```

這段模板對應的虛擬 DOM 是：

```
1  const vnode = {
2    type: MyComponent,
3    props: {
4      title: 'A big Title',
5      other: this.val
6    }
7  }
```

可以看到，模板與虛擬 DOM 幾乎是「同構」的。另外，在撰寫組件時，我們需要
顯式地指定組件會接收哪些 props 資料，如下面的程式碼所示：

```
1  const MyComponent = {
2    name: 'MyComponent',
3    // 組件接收名為 title 的 props，並且該 props 的類型為 String
4    props: {
5      title: String
6    },
7    render() {
8      return {
```

```
 9        type: 'div',
10        children: `count is: ${this.title}` // 讀取 props 資料
11      }
12    }
13  }
```

所以，對於一個組件來說，有兩部分關於 props 的內容我們需要關心：

☑ 為組件傳遞的 props 資料，即組件的 vnode.props 物件；

☑ 組件選項物件中定義的 props 選項，即 MyComponent.props 物件。

我們需要結合這兩個選項來解析出組件在渲染時需要用到的 props 資料，具體實作如下：

```
 1  function mountComponent(vnode, container, anchor) {
 2    const componentOptions = vnode.type
 3    // 從組件選項物件中取出 props 定義，即 propsOption
 4    const { render, data, props: propsOption /* 其他省略 */ } = componentOptions
 5
 6    beforeCreate && beforeCreate()
 7
 8    const state = reactive(data())
 9    // 呼叫 resolveProps 函數解析出最終的 props 資料與 attrs 資料
10    const [props, attrs] = resolveProps(propsOption, vnode.props)
11
12    const instance = {
13      state,
14      // 將解析出的 props 資料包裝為 shallowReactive 並定義到組件實例上
15      props: shallowReactive(props),
16      isMounted: false,
17      subTree: null
18    }
19    vnode.component = instance
20
21    // 省略部分程式碼
22  }
23
24  // resolveProps 函數用於解析組件 props 和 attrs 資料
25  function resolveProps(options, propsData) {
26    const props = {}
27    const attrs = {}
28    // 遍歷為組件傳遞的 props 資料
29    for (const key in propsData) {
30      if (key in options) {
31        // 如果為組件傳遞的 props 資料在組件自身的 props 選項中有定義，則將其視為合法的 props
32        props[key] = propsData[key]
33      } else {
34        // 否則將其作為 attrs
35        attrs[key] = propsData[key]
36      }
37    }
```

```
38
39    // 最後回傳 props 與 attrs 資料
40    return [ props, attrs ]
41  }
```

在上面這段程式碼中，我們將組件選項中定義的 `MyComponent.props` 物件和為組件傳遞的 `vnode.props` 物件相結合，最終解析出組件在渲染時需要使用的 `props` 和 `attrs` 資料。這裡需要注意兩點。

☑ 在 Vue.js 3 中，沒有定義在 `MyComponent.props` 選項中的 `props` 資料將儲存到 `attrs` 物件中。

☑ 上述實作中沒有包含預設值、類型校驗等內容的處理。實際上，這些內容也都是圍繞 `MyComponent.props` 以及 `vnode.props` 這兩個物件展開的，實作起來並不複雜。

處理完 `props` 資料後，我們再來討論關於 `props` 資料變化的問題。`props` 本質上是父組件的資料，當 `props` 發生變化時，會觸發父組件重新渲染。假設父組件的模板如下：

```
1  <template>
2    <MyComponent :title="title"/>
3  </template>
```

其中，響應式資料 `title` 的初始值為字串 `"A big Title"`，因此首次渲染時，父組件的虛擬 DOM 為：

```
1  // 父組件要渲染的內容
2  const vnode = {
3    type: MyComponent,
4    props: {
5      title: 'A Big Title'
6    }
7  }
```

當響應式資料 `title` 發生變化時，父組件的渲染函數會重新執行。假設 `title` 的值變為字串 `"A Small Title"`，那麼新產生的虛擬 DOM 為：

```
1  // 父組件要渲染的內容
2  const vnode = {
3    type: MyComponent,
4    props: {
5      title: 'A Small Title'
6    }
7  }
```

接著，父組件會進行自更新。在更新過程中，渲染器發現父組件的 subTree 包含組件類型的虛擬節點，所以會呼叫 patchComponent 函數完成子組件的更新，如下面 patch 函數的程式碼所示：

```
1   function patch(n1, n2, container, anchor) {
2     if (n1 && n1.type !== n2.type) {
3       unmount(n1)
4       n1 = null
5     }
6
7     const { type } = n2
8
9     if (typeof type === 'string') {
10      // 省略部分程式碼
11    } else if (type === Text) {
12      // 省略部分程式碼
13    } else if (type === Fragment) {
14      // 省略部分程式碼
15    } else if (typeof type === 'object') {
16      // vnode.type 的值是選項物件，作為組件來處理
17      if (!n1) {
18        mountComponent(n2, container, anchor)
19      } else {
20        // 更新組件
21        patchComponent(n1, n2, anchor)
22      }
23    }
24  }
```

其中，patchComponent 函數用來完成子組件的更新。我們把由父組件自更新所引起的子組件更新叫作子組件的被動更新。當子組件發生被動更新時，我們需要做的是：

☑ 檢測子組件是否真的需要更新，因為子組件的 props 可能是不變的；

☑ 如果需要更新，則更新子組件的 props、slots 等內容。

patchComponent 函數的具體實作如下：

```
1   function patchComponent(n1, n2, anchor) {
2     // 獲取組件實例，即 n1.component，同時讓新的組件虛擬節點 n2.component 也指向組件實例
3     const instance = (n2.component = n1.component)
4     // 獲取當前的 props 資料
5     const { props } = instance
6     // 呼叫 hasPropsChanged 檢測為子組件傳遞的 props 是否發生變化，如果沒有變化，則不需要更新
7     if (hasPropsChanged(n1.props, n2.props)) {
8       // 呼叫 resolveProps 函數重新獲取 props 資料
9       const [ nextProps ] = resolveProps(n2.type.props, n2.props)
10      // 更新 props
11      for (const k in nextProps) {
12        props[k] = nextProps[k]
13      }
```

```
14         // 刪除不存在的 props
15         for (const k in props) {
16           if (!(k in nextProps)) delete props[k]
17         }
18       }
19     }
20
21     function hasPropsChanged(
22       prevProps,
23       nextProps
24     ) {
25       const nextKeys = Object.keys(nextProps)
26       // 如果新舊 props 的數量變了，則說明有變化
27       if (nextKeys.length !== Object.keys(prevProps).length) {
28         return true
29       }
30       // 只有
31       for (let i = 0; i < nextKeys.length; i++) {
32         const key = nextKeys[i]
33         // 有不相等的 props，則說明有變化
34         if (nextProps[key] !== prevProps[key]) return true
35       }
36       return false
37     }
```

上面是組件被動更新的最小實作，有兩點需要注意：

▪ 需要將組件實例新增到新的組件 vnode 物件上，即 n2.component = n1.component，否則下次更新時將無法取得組件實例；

▪ instance.props 物件本身是淺響應的（即 shallowReactive）。因此，在更新組件的 props 時，只需要設定 instance.props 物件下的屬性值，即可觸發組件重新渲染。

在上面的實作中，我們沒有處理 attrs 與 slots 的更新。attrs 的更新本質上與更新 props 的原理相似。而對於 slots，我們會在後續章節中講解。實際上，要完善地實作 Vue.js 中的 props 機制，需要撰寫大量邊界程式碼。但本質上來說，其原理都是根據組件的 props 選項定義以及為組件傳遞的 props 資料來處理的。

由於 props 資料與組件自身的狀態資料都需要暴露到渲染函數中，並使得渲染函數能夠透過 this 讀取它們，因此我們需要封裝一個渲染上下文物件，如下面的程式碼所示：

```
1    function mountComponent(vnode, container, anchor) {
2      // 省略部分程式碼
3
4      const instance = {
5        state,
```

```
6        props: shallowReactive(props),
7        isMounted: false,
8        subTree: null
9      }
10
11     vnode.component = instance
12
13     // 建立渲染上下文物件，本質上是組件實例的代理
14     const renderContext = new Proxy(instance, {
15       get(t, k, r) {
16         // 取得組件自身狀態與 props 資料
17         const { state, props } = t
18         // 先嘗試讀取自身狀態資料
19         if (state && k in state) {
20           return state[k]
21         } else if (k in props) { // 如果組件自身沒有該資料，則嘗試從 props 中讀取
22           return props[k]
23         } else {
24           console.error(' 不存在 ')
25         }
26       },
27       set (t, k, v, r) {
28         const { state, props } = t
29         if (state && k in state) {
30           state[k] = v
31         } else if (k in props) {
32           props[k] = v
33         } else {
34           console.error(' 不存在 ')
35         }
36       }
37     })
38
39     // 生命週期函數呼叫時要綁定渲染上下文物件
40     created && created.call(renderContext)
41
42     // 省略部分程式碼
43   }
```

在上面這段程式碼中，我們為組件實例建立了一個代理物件，該物件即渲染上下文物件。它的意義在於攔截資料狀態的讀取和設定操作，每當在渲染函數或生命週期鉤子中透過 this 來讀取資料時，都會優先從組件的自身狀態中讀取，如果組件本身並沒有對應的資料，則再從 props 資料中讀取。最後我們將渲染上下文作為渲染函數以及生命週期鉤子的 this 值即可。

實際上，除了組件自身的資料以及 props 資料之外，完整的組件還包含 methods、computed 等選項中定義的資料和方法，這些內容都應該在渲染上下文物件中處理。

## 12.5 setup 函數的作用與實作

組件的 setup 函數是 Vue.js 3 新增的組件選項，它有別於 Vue.js 2 中存在的其他組件選項。這是因為 setup 函數主要用於配合組合式 API，為使用者提供一個地方，用於建立組合邏輯、建立響應式資料、建立通用函數、註冊生命週期鉤子等能力。在組件的整個生命週期中，setup 函數只會在被載入時執行一次，它的回傳值可以有兩種情況。

(1) 回傳一個函數，該函數將作為組件的 render 函數：

```
const Comp = {
  setup() {
    // setup 函數可以回傳一個函數，該函數將作為組件的渲染函數
    return () => {
      return { type: 'div', children: 'hello' }
    }
  }
}
```

這種方式常用於組件不是以模板來表達其渲染內容的情況。如果組件以模板來表達其渲染的內容，那麼 setup 函數不可以再回傳函數，否則會與模板編譯生成的渲染函數產生衝突。

(2) 回傳一個物件，該物件中包含的資料將暴露給模板使用：

```
const Comp = {
  setup() {
    const count = ref(0)
    // 回傳一個物件，物件中的資料會暴露到渲染函數中
    return {
      count
    }
  },
  render() {
    // 透過 this 可以存取 setup 暴露出來的響應式資料
    return { type: 'div', children: `count is: ${this.count}` }
  }
}
```

可以看到，setup 函數暴露的資料可以在渲染函數中透過 this 來存取。

另外，setup 函數接收兩個參數。第一個參數是 props 資料物件，第二個參數也是一個物件，通常稱為 setupContext，如下面的程式碼所示：

```
const Comp = {
  props: {
    foo: String
  },
```

```
5      setup(props, setupContext) {
6        props.foo // 讀取傳入的 props 資料
7        // setupContext 中包含與組件接口相關的重要資料
8        const { slots, emit, attrs, expose } = setupContext
9        // ...
10     }
11   }
```

從上面的程式碼可以看出，我們可以透過 setup 函數的第一個參數取得外部為組件傳遞的 props 資料。同時，setup 函數還接收第二個參數 setupContext 物件，其中保存著與組件接口相關的資料和方法，如下所示。

☑ slots：組件接收到的插槽，我們會在後續章節中講解。

☑ emit：一個函數，用來發射自訂事件。

☑ attrs：在 12.4 節中我們介紹過 attrs 物件。當為組件傳遞 props 時，那些沒有外顯式地聲明為 props 的屬性會儲存到 attrs 物件中。

☑ expose：一個函數，用來外顯式地對外暴露組件資料。在本書撰寫時，與 expose 相關的 API 設計仍然在討論中，詳情可以查看具體的 RFC 內容[1]。

通常情況下，不建議將 setup 與 Vue.js 2 中其他組件選項混合使用。例如 data、watch、methods 等選項，我們稱之為「傳統」組件選項。這是因為在 Vue.js 3 的情況下，更加提倡組合式 API，setup 函數就是為組合式 API 而生的。混用組合式 API 的 setup 選項與「傳統」組件選項並不是明智的選擇，因為這樣會帶來語義和理解上的負擔。

接下來，我們就圍繞上述這些能力來嘗試實作 setup 組件選項，如下面的程式碼所示：

```
1    function mountComponent(vnode, container, anchor) {
2      const componentOptions = vnode.type
3      // 從組件選項中取出 setup 函數
4      let { render, data, setup, /* 省略其他選項 */ } = componentOptions
5
6      beforeCreate && beforeCreate()
7
8      const state = data ? reactive(data()) : null
9      const [props, attrs] = resolveProps(propsOption, vnode.props)
10
11     const instance = {
12       state,
13       props: shallowReactive(props),
14       isMounted: false,
15       subTree: null
```

---

1　參見 Add a composition API to explicitly expose() public members #210。

```
16      }
17
18      // setupContext，由於我們還沒有講解 emit 和 slots，所以暫時只需要 attrs
19      const setupContext = { attrs }
20      // 呼叫 setup 函數，將唯讀版本的 props 作為第一個參數傳遞，避免使用者意外地修改 props 的值，
21      // 將 setupContext 作為第二個參數傳遞
22      const setupResult = setup(shallowReadonly(instance.props), setupContext)
23      // setupState 用來儲存由 setup 回傳的資料
24      let setupState = null
25      // 如果 setup 函數的回傳值是函數，則將其作為渲染函數
26      if (typeof setupResult === 'function') {
27        // 報告衝突
28        if (render) console.error('setup 函數回傳渲染函數，render 選項將被忽略 ')
29        // 將 setupResult 作為渲染函數
30        render = setupResult
31      } else {
32        // 如果 setup 的回傳值不是函數，則作為資料狀態賦值給 setupState
33        setupState = setupResult
34      }
35
36      vnode.component = instance
37
38      const renderContext = new Proxy(instance, {
39        get(t, k, r) {
40          const { state, props } = t
41          if (state && k in state) {
42            return state[k]
43          } else if (k in props) {
44            return props[k]
45          } else if (setupState && k in setupState) {
46            // 渲染上下文需要增加對 setupState 的支援
47            return setupState[k]
48          } else {
49            console.error(' 不存在 ')
50          }
51        },
52        set (t, k, v, r) {
53          const { state, props } = t
54          if (state && k in state) {
55            state[k] = v
56          } else if (k in props) {
57            props[k] = v
58          } else if (setupState && k in setupState) {
59            // 渲染上下文需要增加對 setupState 的支援
60            setupState[k] = v
61          } else {
62            console.error(' 不存在 ')
63          }
64        }
65      })
66
67      // 省略部分程式碼
68    }
```

上面是 setup 函數的最小實作,這裡有以下幾點需要注意。

- ◪ setupContext 是一個物件,由於我們還沒有講解關於 emit 和 slots 的內容,因此 setupContext 暫時只包含 attrs。

- ◪ 我們透過檢測 setup 函數的回傳值類型來決定應該如何處理它。如果它的回傳值為函數,則直接將其作為組件的渲染函數。這裡需要注意的是,為了避免產生歧義,我們需要檢查組件選項中是否已經存在 render 選項,如果存在,則需要輸出警告訊息。

- ◪ 渲染上下文 renderContext 應該正確地處理 setupState,因為 setup 函數回傳的資料狀態也應該暴露到渲染環境。

## 12.6 組件事件與 emit 的實作

emit 用來發射組件的自訂事件,如下面的程式碼所示:

```
1   const MyComponent = {
2     name: 'MyComponent',
3     setup(props, { emit }) {
4       // 發射 change 事件,並傳遞給事件處理函數兩個參數
5       emit('change', 1, 2)
6
7       return () => {
8         return // ...
9       }
10    }
11  }
```

當使用該組件時,我們可以監聽由 emit 函數發射的自訂事件:

```
1   <MyComponent @change="handler" />
```

上面這段模板對應的虛擬 DOM 為:

```
1   const CompVNode = {
2     type: MyComponent,
3     props: {
4       onChange: handler
5     }
6   }
```

可以看到,自訂事件 change 被編譯成名為 onChange 的屬性,並儲存在 props 資料物件中。這實際上是一種約定。作為框架設計者,也可以按照自己期望的方式來設計事件的編譯結果。

在具體的實作上，發射自訂事件的本質，就是根據事件名稱去 props 資料物件中尋找對應的事件處理函數並執行，如下面的程式碼所示：

```
1  function mountComponent(vnode, container, anchor) {
2    // 省略部分程式碼
3
4    const instance = {
5      state,
6      props: shallowReactive(props),
7      isMounted: false,
8      subTree: null
9    }
10
11   // 定義 emit 函數，它接收兩個參數
12   // event: 事件名稱
13   // payload: 傳遞給事件處理函數的參數
14   function emit(event, ...payload) {
15     // 根據約定對事件名稱進行處理，例如 change --> onChange
16     const eventName = `on${event[0].toUpperCase() + event.slice(1)}`
17     // 根據處理後的事件名稱去 props 中尋找對應的事件處理函數
18     const handler = instance.props[eventName]
19     if (handler) {
20       // 呼叫事件處理函數並傳遞參數
21       handler(...payload)
22     } else {
23       console.error(' 事件不存在 ')
24     }
25   }
26
27   // 將 emit 函數新增到 setupContext 中，使用者可以透過 setupContext 取得 emit 函數
28   const setupContext = { attrs, emit }
29
30   // 省略部分程式碼
31 }
```

整體實作並不複雜，只需要實作一個 emit 函數並將其新增到 setupContext 物件中，這樣使用者就可以透過 setupContext 取得 emit 函數了。另外，當 emit 函數被呼叫時，我們會根據約定對事件名稱進行轉換，以便能夠在 props 資料物件中找到對應的事件處理函數。最後，呼叫事件處理函數並透明傳輸參數即可。這裡有一點需要額外注意，我們在講解 props 時提到，任何沒有顯式地聲明為 props 的屬性都會儲存到 attrs 中。換句話說，任何事件類型的 props，即 onXxx 類的屬性，都不會出現在 props 中。這導致我們無法根據事件名稱在 instance.props 中找到對應的事件處理函數。為了解決這個問題，我們需要在解析 props 資料的時候對事件類型的 props 做特殊處理，如下面的程式碼所示：

```
1  function resolveProps(options, propsData) {
2    const props = {}
3    const attrs = {}
4    for (const key in propsData) {
```

```
5        // 以字串 on 開頭的 props，無論是否顯式地聲明，都將其新增到 props 資料中，而不是新增到 attrs 中
6        if (key in options || key.startsWith('on')) {
7          props[key] = propsData[key]
8        } else {
9          attrs[key] = propsData[key]
10       }
11     }
12
13     return [ props, attrs ]
14   }
```

處理方式很簡單，透過檢測 propsData 的 key 值來判斷它是否以字串 'on' 開頭，如果是，則認為該屬性是組件的自訂事件。這時，即使組件沒有顯式地將其聲明為 props，我們也將它新增到最終解析的 props 資料物件中，而不是新增到 attrs 物件中。

## 12.7 插槽的運作原理與實作

顧名思義，組件的插槽指組件會預留一個槽位，該槽位具體要渲染的內容由使用者插入，如下面提供的 MyComponent 組件的模板所示：

```
1    <template>
2      <header><slot name="header" /></header>
3      <div>
4        <slot name="body" />
5      </div>
6      <footer><slot name="footer" /></footer>
7    </template>
```

當在父組件中使用 <MyComponent> 組件時，可以根據插槽的名字來插入自訂的內容：

```
1    <MyComponent>
2      <template #header>
3        <h1> 我是標題 </h1>
4      </template>
5      <template #body>
6        <section> 我是內容 </section>
7      </template>
8      <template #footer>
9        <p> 我是註腳 </p>
10     </template>
11   </MyComponent>
```

上面這段父組件的模板會被編譯成如下渲染函數：

```
1    // 父組件的渲染函數
2    function render() {
3      return {
```

```
4        type: MyComponent,
5        // 組件的 children 會被編譯成一個物件
6        children: {
7          header() {
8            return { type: 'h1', children: ' 我是標題 ' }
9          },
10         body() {
11           return { type: 'section', children: ' 我是內容 ' }
12         },
13         footer() {
14           return { type: 'p', children: ' 我是註腳 ' }
15         }
16       }
17     }
18   }
```

可以看到，組件模板中的插槽內容會被編譯為插槽函數，而插槽函數的回傳值就是
具體的插槽內容。組件 MyComponent 的模板則會被編譯為如下渲染函數：

```
1    // MyComponent 組件模板的編譯結果
2    function render() {
3      return [
4        {
5          type: 'header',
6          children: [this.$slots.header()]
7        },
8        {
9          type: 'body',
10         children: [this.$slots.body()]
11       },
12       {
13         type: 'footer',
14         children: [this.$slots.footer()]
15       }
16     ]
17   }
```

可以看到，渲染插槽內容的過程，就是呼叫插槽函數並渲染由其回傳的內容的過
程。這與 React 中 render props 的概念非常相似。

在執行時的實作上，插槽則依賴於 setupContext 中的 slots 物件，如下面的程式碼
所示：

```
1    function mountComponent(vnode, container, anchor) {
2      // 省略部分程式碼
3
4      // 直接使用編譯好的 vnode.children 物件作為 slots 物件即可
5      const slots = vnode.children || {}
6
```

```
7      // 將 slots 物件新增到 setupContext 中
8      const setupContext = { attrs, emit, slots }
9
10   }
```

可以看到，最基本的 slots 的實作非常簡單。只需要將編譯好的 vnode.children 作
為 slots 物件，然後將 slots 物件新增到 setupContext 物件中。為了在 render 函
數內和生命週期鉤子函數內能夠透過 this.$slots 來存取插槽內容，我們還需要在
renderContext 中特殊對待 $slots 屬性，如下面的程式碼所示：

```
1    function mountComponent(vnode, container, anchor) {
2      // 省略部分程式碼
3
4      const slots = vnode.children || {}
5
6      const instance = {
7        state,
8        props: shallowReactive(props),
9        isMounted: false,
10       subTree: null,
11       // 將插槽新增到組件實例上
12       slots
13     }
14
15     // 省略部分程式碼
16
17     const renderContext = new Proxy(instance, {
18       get(t, k, r) {
19         const { state, props, slots } = t
20         // 當 k 的值為 $slots 時，直接回傳組件實例上的 slots
21         if (k === '$slots') return slots
22
23         // 省略部分程式碼
24       },
25       set (t, k, v, r) {
26         // 省略部分程式碼
27       }
28     })
29
30     // 省略部分程式碼
31   }
```

我們對渲染上下文 renderContext 代理物件的 get 攔截函數做了特殊處理，當讀
取的鍵是 $slots 時，直接回傳組件實例上的 slots 物件，這樣使用者就可以透過
this.$slots 來讀取插槽內容了。

339

## 12.8 註冊生命週期

在 Vue.js 3 中，有一部分組合式 API 是用來註冊生命週期鉤子函數的，例如 onMounted、onUpdated 等，如下面的程式碼所示：

```js
import { onMounted } from 'vue'

const MyComponent = {
  setup() {
    onMounted(() => {
      console.log('mounted 1')
    })
    // 可以註冊多個
    onMounted(() => {
      console.log('mounted 2')
    })

    // ...
  }
}
```

在 setup 函數中呼叫 onMounted 函數即可註冊 mounted 生命週期鉤子函數，並且可以透過多次呼叫 onMounted 函數來註冊多個鉤子函數，這些函數會在組件被載入之後再執行。這裡的疑問在於，在 A 組件的 setup 函數中呼叫 onMounted 函數會將該鉤子函數註冊到 A 組件上；而在 B 組件的 setup 函數中呼叫 onMounted 函數會將鉤子函數註冊到 B 組件上，這是如何實作的呢？實際上，我們需要維護一個變數 currentInstance，用它來儲存當前組件實例，每當初始化組件並執行組件的 setup 函數之前，先將 currentInstance 設定為當前組件實例，再執行組件的 setup 函數，這樣我們就可以透過 currentInstance 來獲取當前正在被初始化的組件實例，從而將那些透過 onMounted 函數註冊的鉤子函數與組件實例進行關聯。

接下來我們著手實作。首先需要設計一個當前實例的維護方法，如下面的程式碼所示：

```js
// 全域變數，儲存當前正在被初始化的組件實例
let currentInstance = null
// 該方法接收組件實例作為參數，並將該實例設定為 currentInstance
function setCurrentInstance(instance) {
  currentInstance = instance
}
```

有了 currentInstance 變數，以及用來設定該變數的 setCurrentInstance 函數之後，我們就可以著手修改 mounteComponent 函數了，如下面的程式碼所示：

```
1   function mountComponent(vnode, container, anchor) {
2     // 省略部分程式碼
3
4     const instance = {
5       state,
6       props: shallowReactive(props),
7       isMounted: false,
8       subTree: null,
9       slots,
10      // 在組件實例中新增 mounted 陣列，用來儲存透過 onMounted 函數註冊的生命週期鉤子函數
11      mounted: []
12    }
13
14    // 省略部分程式碼
15
16    // setup
17    const setupContext = { attrs, emit, slots }
18
19    // 在呼叫 setup 函數之前，設定當前組件實例
20    setCurrentInstance(instance)
21    // 執行 setup 函數
22    const setupResult = setup(shallowReadonly(instance.props), setupContext)
23    // 在 setup 函數執行完畢之後，重置當前組件實例
24    setCurrentInstance(null)
25
26    // 省略部分程式碼
27  }
```

上面這段程式碼以 onMounted 函數為例進行說明。為了儲存由 onMounted 函數註冊的生命週期鉤子，我們需要在組件實例物件上新增 instance.mounted 陣列。之所以 instance.mounted 的資料類型是陣列，是因為在 setup 函數中，可以多次呼叫 onMounted 函數來註冊不同的生命週期函數，這些生命週期函數都會儲存在 instance.mounted 陣列中。

現在，組件實例的維護已經搞定了。接下來考慮 onMounted 函數本身的實作，如下面的程式碼所示：

```
1   function onMounted(fn) {
2     if (currentInstance) {
3       // 將生命週期函數新增到 instance.mounted 陣列中
4       currentInstance.mounted.push(fn)
5     } else {
6       console.error('onMounted 函數只能在 setup 中呼叫 ')
7     }
8   }
```

可以看到，整體實作非常簡單直觀。只需要透過 currentInstance 取得當前組件實例，並將生命週期鉤子函數新增到當前實例物件的 instance.mounted 陣列中即可。另外，如果當前實例不存在，則說明使用者沒有在 setup 函數內呼叫 onMounted 函數，這是錯誤的用法，因此我們應該拋出錯誤及其原因。

最後一步需要做的是，在合適的時機呼叫這些註冊到 instance.mounted 陣列中的生命週期鉤子函數，如下面的程式碼所示：

```
function mountComponent(vnode, container, anchor) {
    // 省略部分程式碼

    effect(() => {
      const subTree = render.call(renderContext, renderContext)
      if (!instance.isMounted) {
        // 省略部分程式碼

        // 遍歷 instance.mounted 陣列並逐個執行即可
        instance.mounted && instance.mounted.forEach(hook => hook.call(renderContext))
      } else {
        // 省略部分程式碼
      }
      instance.subTree = subTree
    }, {
      scheduler: queueJob
    })
  }
```

可以看到，我們只需要在合適的時機遍歷 instance.mounted 陣列，並逐個執行該陣列內的生命週期鉤子函數即可。

對於除 mounted 以外的生命週期鉤子函數，其原理同上。

## 12.9 總結

在本章中，我們首先討論了如何使用虛擬節點來描述組件。使用虛擬節點的 vnode.type 屬性來儲存組件物件，渲染器根據虛擬節點的該屬性的類型來判斷它是否是組件。如果是組件，則渲染器會使用 mountComponent 和 patchComponent 來完成組件的載入和更新。

接著，我們討論了組件的自更新。我們知道，在組件載入階段，會為組件建立一個用於渲染其內容的副作用函數。該副作用函數會與組件自身的響應式資料建立響應聯繫。當組件自身的響應式資料發生變化時，會觸發渲染副作用函數重新執行，即重新渲染。但由於預設情況下重新渲染是同步執行的，這導致無法對任務去重複化，因此我們在建立渲染副作用函數時，指定了自訂的調用器。該調度器的作用是,當組件自身的響應式資料發生變化時,將渲染副作用函數緩衝到微任務佇列中。有了緩衝佇列,我們即可實作對渲染任務的去重複化,從而避免無用的重新渲染所導致的額外效能損耗。

然後,我們介紹了組件實例。它本質上是一個物件,包含了組件執行過程中的狀態,例如組件是否載入、組件自身的響應式資料,以及組件所渲染的內容(即 subtree)等。有了組件實例後,在渲染副作用函數內,我們就可以根據組件實例上的狀態標識,來決定應該進行全新的載入,還是應該進行程式修補。

而後,我們討論了組件的 props 與組件的被動更新。副作用白更新所引起的子組件更新叫作子組件的被動更新。我們還介紹了渲染上下文(renderContext),它實際上是組件實例的代理物件。在渲染函數內存取組件實例所暴露的資料都是透過該代理物件實作的。

之後,我們討論了 setup 函數。該函數是為了組合式 API 而生的,所以我們要避免將其與 Vue.js 2 中的「傳統」組件選項混合使用。setup 函數的回傳值可以是兩種類型,如果回傳函數,則將該函數作為組件的渲染函數;如果回傳資料,則將該物件暴露到渲染上下文中。

emit 函數包含在 setupContext 物件中,可以透過 emit 函數發射組件的自訂事件。透過 v-on 指令為組件綁定的事件在經過編譯後,會以 onXxx 的形式儲存到 props 物件中。當 emit 函數執行時,會在 props 物件中尋找對應的事件處理函數並執行它。

隨後,我們討論了組件的插槽。它借鑒了 Web Component 中 <slot> 標籤的概念。插槽內容會被編譯為插槽函數,插槽函數的回傳值就是向槽位填充的內容。<slot> 標籤則會被編譯為插槽函數的呼叫,透過執行對應的插槽函數,得到外部向槽位填充的內容(即虛擬 DOM),最後將該內容渲染到槽位中。

最後,我們討論了 onMounted 等用於註冊生命週期鉤子函數的方法的實作。透過 onMounted 註冊的生命週期函數,會被註冊到當前組件實例的 instance. mounted 陣列中。為了維護當前正在初始化的組件實例,我們定義了全域變數 currentInstance,以及用來設定該變數的 setCurrentInstance 函數。

# 第 13 章 | 非同步組件與函數式組件

在第 12 章中,我們詳細討論了組件的基本涵義與實作。本章,我們將繼續討論組件的兩個重要概念,即非同步組件和函數式組件。在非同步組件中,「非同步」二字指的是,以非同步的方式讀取並渲染一個組件。這在程式碼分割、伺服端下發組件等情況中尤為重要。而函數式組件允許使用一個普通函數定義組件,並使用該函數的回傳值作為組件要渲染的內容。函數式組件的特點是:無狀態、撰寫簡單且直觀。在 Vue.js 2 中,相比有狀態組件來說,函數式組件具有明顯的效能優勢。但在 Vue.js 3 中,函數式組件與有狀態組件的效能差距不大,都非常好。正如 Vue.jsRFC 的原文所述:「在 Vue.js 3 中使用函數式組件,主要是因為它的簡單性,而不是因為它的效能好。」

## 13.1 非同步組件要解決的問題

從根本上來說,非同步組件的實作不需要任何框架層面的支援,使用者可以自行實作。渲染 App 組件到頁面的範例如下:

```
1    import App from 'App.vue'
2    createApp(App).mount('#app')
```

上面這段程式碼所展示的就是同步渲染。我們可以輕易地將其修改為非同步渲染,如下面的程式碼所示:

```
1    const loader = () => import('App.vue')
2    loader().then(App => {
3      createApp(App).mount('#app')
4    })
```

這裡我們使用動態導入語句 `import()` 來讀取組件,它會回傳一個 `Promise` 實例。組件讀取成功後,會呼叫 `createApp` 函數完成載入,這樣就實作了以非同步的方式來渲染頁面。

上面的例子實作了整個頁面的非同步渲染。通常一個頁面會由多個組件構成,每個組件負責渲染頁面的一部分。那麼,如果只想非同步渲染部分頁面,要怎麼辦呢?這時,只需要有能力非同步讀取某一個組件就可以了。假設下面的程式碼是 `App.vue` 組件的程式碼:

```
1    <template>
2      <CompA />
3      <component :is="asyncComp" />
4    </template>
5    <script>
6    import { shallowRef } from 'vue'
7    import CompA from 'CompA.vue'
8
9    export default {
10     components: { CompA },
11     setup() {
12       const asyncComp = shallowRef(null)
13
14       // 非同步讀取 CompB 組件
15       import('CompB.vue').then(CompB => asyncComp.value = CompB)
16
17       return {
18         asyncComp
19       }
20     }
21   }
22   </script>
```

從這段程式碼的模板中可以看出，頁面由 `<CompA />` 組件和動態組件 `<component>` 構成。其中，`CompA` 組件是同步渲染的，而動態組件綁定了 `asyncComp` 變數。再看腳本區塊，我們透過動態導入語句 `import()` 來非同步讀取 `CompB` 組件，當讀取成功後，將 `asyncComp` 變數的值設定為 `CompB`。這樣就實作了 `CompB` 組件的非同步讀取和渲染。

不過，雖然使用者可以自行實作組件的非同步讀取和渲染，但整體實作還是比較複雜的，因為一個完善的非同步組件的實作，所涉及的內容要比上面的例子複雜得多。通常在非同步讀取組件時，我們還要考慮以下幾個方面。

- ◪ 如果組件讀取失敗或讀取超時，是否要渲染 Error 組件？

- ◪ 組件在讀取時，是否要展示佔位的內容？例如渲染一個 Loading 組件。

- ◪ 組件讀取的速度可能很快，也可能很慢，是否要設定一個延遲展示 Loading 組件的時間？如果組件在 200ms 內沒有讀取成功才展示 Loading 組件，這樣可以避免由組件讀取過快所導致的閃爍。

- ◪ 組件讀取失敗後，是否需要重試？

為了替使用者更好地解決上述問題，我們需要在框架層面為非同步組件提供更好的封裝支援，與之對應的能力如下。

- ◪ 允許使用者指定讀取出錯時要渲染的組件。

- ☑ 允許使用者指定 Loading 組件，以及展示該組件的延遲時間。

- ☑ 允許使用者設定讀取組件的超時時長。

- ☑ 組件讀取失敗時，為使用者提供重試的能力。

以上這些內容就是非同步組件真正要解決的問題。

## 13.2 非同步組件的實作原理

### 13.2.1 封裝 defineAsyncComponent 函數

非同步組件本質上是透過封裝手段來實作友好的使用者接口，從而降低使用者層面的使用複雜度，如下面的使用者程式碼所示：

```
1  <template>
2    <AsyncComp />
3  </template>
4  <script>
5  export default {
6    components: {
7      // 使用 defineAsyncComponent 定義一個非同步組件，它接收一個讀取器作為參數
8      AsyncComp: defineAsyncComponent(() => import('CompA'))
9    }
10 }
11 </script>
```

在上面這段程式碼中，我們使用 defineAsyncComponent 來定義非同步組件，並直接使用 components 組件選項來註冊它。這樣，在模板中就可以像使用普通組件一樣使用非同步組件了。可以看到，使用 defineAsyncComponent 函數定義非同步組件的方式，比我們在 13.1 節中自行實作的非同步組件方案要簡單直接得多。

defineAsyncComponent 是一個高階組件，它最基本的實作如下：

```
1  // defineAsyncComponent 函數用於定義一個非同步組件，接收一個非同步組件讀取器作為參數
2  function defineAsyncComponent(loader) {
3    // 一個變數，用來儲存非同步讀取的組件
4    let InnerComp = null
5    // 回傳一個包裝組件
6    return {
7      name: 'AsyncComponentWrapper',
8      setup() {
9        // 非同步組件是否讀取成功
10       const loaded = ref(false)
11       // 執行讀取器函數，回傳一個 Promise 實例
12       // 讀取成功後，將讀取成功的組件賦值給 InnerComp，並將 loaded 標記為 true，代表讀取成功
13       loader().then(c => {
14         InnerComp = c
```

```
15          loaded.value = true
16        })
17
18        return () => {
19          // 如果非同步組件讀取成功，則渲染該組件，否則渲染一個佔位內容
20          return loaded.value ? { type: InnerComp } : { type: Text, children: '' }
21        }
22      }
23    }
24  }
```

這裡有以下幾個關鍵點。

☑ defineAsyncComponent 函數本質上是一個高階組件，它的回傳值是一個包裝組件。

☑ 包裝組件會根據讀取器的狀態來決定渲染什麼內容。如果讀取器成功地讀取了組件，則渲染被讀取的組件，否則會渲染一個佔位內容。

☑ 通常佔位內容是一個註解節點。組件沒有被讀取成功時，頁面中會渲染一個註解節點來佔位。但這裡我們使用了一個空文本節點來佔位。

## 13.2.2　超時與 Error 組件

非同步組件通常以網路請求的形式進行讀取。前端發送一個 HTTP 請求，請求下載組件的 JavaScript 資料，或者從伺服端直接獲取組件資料。既然存在網路請求，那麼必然要考慮網速較慢的情況，尤其是在網路較慢環境下，讀取一個組件可能需要很長時間。因此，我們需要為使用者提供指定超時時長的能力，當讀取組件的時間超過了指定時長後，會觸發超時錯誤。這時如果使用者配置了 Error 組件，則會渲染該組件。

首先，我們來設計使用者接口。為了讓使用者能夠指定超時時長，defineAsyncComponent 函數需要接收一個配置物件作為參數：

```
1  const AsyncComp = defineAsyncComponent({
2    loader: () => import('CompA.vue'),
3    timeout: 2000, // 超時時長，其單位為 ms
4    errorComponent: MyErrorComp // 指定出錯時要渲染的組件
5  })
```

☑ loader：指定非同步組件的讀取器。

☑ timeout：單位為 ms，指定超時時長。

☑ errorComponent：指定一個 Error 組件，當錯誤發生時會渲染它。

設計好使用者接口後，我們就可以提供具體實作了，如下面的程式碼所示：

```
1   function defineAsyncComponent(options) {
2     // options 可以是配置項目，也可以是讀取器
3     if (typeof options === 'function') {
4       // 如果 options 是讀取器，則將其格式化為配置項目形式
5       options = {
6         loader: options
7       }
8     }
9
10    const { loader } = options
11
12    let InnerComp = null
13
14    return {
15      name: 'AsyncComponentWrapper',
16      setup() {
17        const loaded = ref(false)
18        // 代表是否超時，預設為 false，即沒有超時
19        const timeout = ref(false)
20
21        loader().then(c => {
22          InnerComp = c
23          loaded.value = true
24        })
25
26        let timer = null
27        if (options.timeout) {
28          // 如果指定了超時時長，則開啟一個定時器計時
29          timer = setTimeout(() => {
30            // 超時後將 timeout 設定為 true
31            timeout.value = true
32          }, options.timeout)
33        }
34        // 包裝組件被卸載時清除定時器
35        onUmounted(() => clearTimeout(timer))
36
37        // 佔位內容
38        const placeholder = { type: Text, children: '' }
39
40        return () => {
41          if (loaded.value) {
42            // 如果組件非同步讀取成功，則渲染被讀取的組件
43            return { type: InnerComp }
44          } else if (timeout.value) {
45            // 如果讀取超時，並且使用者指定了 Error 組件，則渲染該組件
46            return options.errorComponent ? { type: options.errorComponent } : placeholder
47          }
48          return placeholder
49        }
50      }
51    }
52  }
```

整體實作並不複雜，關鍵點如下。

- ☑ 需要一個標誌變數來標識非同步組件的讀取是否已經超時，即 `timeout.value`。

- ☑ 開始讀取組件的同時，開啟一個定時器進行計時。當讀取超時後，將 `timeout.value` 的值設定為 `true`，代表讀取已經超時。這裡需要注意的是，當包裝組件被卸載時，需要清除定時器。

- ☑ 包裝組件根據 `loaded` 變數的值以及 `timeout` 變數的值來決定具體的渲染內容。如果非同步組件讀取成功，則渲染被讀取的組件；如果非同步組件讀取超時，並且使用者指定了 Error 組件，則渲染 Error 組件。

這樣，我們就實作了對讀取超時的相容，以及對 Error 組件的支援。除此之外，我們希望有更加完善的機制來處理非同步組件讀取過程中發生的錯誤，超時只是錯誤的原因之一。基於此，我們還希望為使用者提供以下能力。

- ☑ 當錯誤發生時，把錯誤物件作為 Error 組件的 props 傳遞過去，以便使用者後續能自行進行更細微的處理。

- ☑ 除了超時之外，有能力處理其他原因導致的讀取錯誤，例如網路失敗等。

為了實作這兩個目標，我們需要對程式碼做一些調整，如下所示：

```
 1  function defineAsyncComponent(options) {
 2    if (typeof options === 'function') {
 3      options = {
 4        loader: options
 5      }
 6    }
 7
 8    const { loader } = options
 9
10    let InnerComp = null
11
12    return {
13      name: 'AsyncComponentWrapper',
14      setup() {
15        const loaded = ref(false)
16        // 定義 error，當錯誤發生時，用來儲存錯誤物件
17        const error = shallowRef(null)
18
19        loader()
20          .then(c => {
21            InnerComp = c
22            loaded.value = true
23          })
24          // 新增 catch 語句來捕獲讀取過程中的錯誤
25          .catch((err) => error.value = err)
26
27        let timer = null
```

```
28        if (options.timeout) {
29          timer = setTimeout(() => {
30            // 超時後建立一個錯誤物件，並複製給 error.value
31            const err = new Error(`Async component timed out after ${options.timeout}ms.`)
32            error.value = err
33          }, options.timeout)
34        }
35
36        const placeholder = { type: Text, children: '' }
37
38        return () => {
39          if (loaded.value) {
40            return { type: InnerComp }
41          } else if (error.value && options.errorComponent) {
42            // 只有當錯誤存在且使用者配置了 errorComponent 時才展示 Error 組件，同時將 error
                作為 props 傳遞
43            return { type: options.errorComponent, props: { error: error.value } }
44          } else {
45            return placeholder
46          }
47        }
48      }
49    }
50  }
```

觀察上面的程式碼，我們對之前的實作做了一些調整。首先，為讀取器新增 catch 語句來捕獲所有讀取錯誤。接著，當讀取超時後，我們會建立一個新的錯誤物件，並將其賦值給 error.value 變數。在組件渲染時，只要 error.value 的值存在，且使用者配置了 errorComponent 組件，就直接渲染 errorComponent 組件並將 error. value 的值作為該組件的 props 傳遞。這樣，使用者就可以在自己的 Error 組件上，透過定義名為 error 的 props 來接收錯誤物件，從而實作精細的控制。

## 13.2.3　延遲與 Loading 組件

非同步讀取的組件受網路影響較大，讀取過程可能很慢，也可能很快。這時我們就會很自然地想到，對於第一種情況，我們能否透過展示 Loading 組件來提供更好的使用者體驗。這樣，使用者就不會有「卡死」的感覺了。這是一個好想法，但展示 Loading 組件的時機是一個需要仔細考慮的問題。通常，我們會從讀取開始的那一刻起就展示 Loading 組件。但在網路狀況良好的情況下，非同步組件的讀取速度會非常快，這會導致 Loading 組件剛完成渲染就立即進入卸載階段，於是出現閃爍的情況。對於使用者來說這是非常不好的體驗。因此，我們需要為 Loading 組件設定一個延遲展示的時間。例如，當超過 200ms 沒有完成讀取，才展示 Loading 組件。這樣，對於在 200ms 內能夠完成讀取的情況來說，就避免了閃爍問題的出現。

不過，我們首先要考慮的仍然是使用者接口的設計，如下面的程式碼所示：

```
1  defineAsyncComponent({
2    loader: () => new Promise(r => { /* ... */ }),
3    // 延遲 200ms 展示 Loading 組件
4    delay: 200,
5    // Loading 組件
6    loadingComponent: {
7      setup() {
8        return () => {
9          return { type: 'H2', children: 'Loading...' }
10        }
11      }
12    }
13  })
```

▣ delay，用於指定延遲展示 Loading 組件的時長。

▣ loadingComponent，類似於 errorComponent 選項，用於配置 Loading 組件。

使用者接口設計完成後，我們就可以著手實作了。延遲時間與 Loading 組件的具體
實作如下：

```
1  function defineAsyncComponent(options) {
2    if (typeof options === 'function') {
3      options = {
4        loader: options
5      }
6    }
7
8    const { loader } = options
9
10   let InnerComp = null
11
12   return {
13     name: 'AsyncComponentWrapper',
14     setup() {
15       const loaded = ref(false)
16       const error = shallowRef(null)
17       // 一個標誌，代表是否正在讀取，預設為 false
18       const loading = ref(false)
19
20       let loadingTimer = null
21       // 如果配置項目中存在 delay 則開啟一個定時器計時，當延遲到時後將 loading.value 設定為 true
22       if (options.delay) {
23         loadingTimer = setTimeout(() => {
24           loading.value = true
25         }, options.delay);
26       } else {
27         // 如果配置項目中沒有 delay，則直接標記為讀取中
28         loading.value = true
29       }
30       loader()
```

```
31        .then(c => {
32          InnerComp = c
33          loaded.value = true
34        })
35        .catch((err) => error.value = err)
36        .finally(() => {
37          loading.value = false
38          // 讀取完畢後，無論成功與否都要清除延遲定時器
39          clearTimeout(loadingTimer)
40        })
41
42      let timer = null
43      if (options.timeout) {
44        timer = setTimeout(() => {
45          const err = new Error(`Async component timed out after ${options.timeout}ms.`)
46          error.value = err
47        }, options.timeout)
48      }
49
50      const placeholder = { type: Text, children: '' }
51
52      return () => {
53        if (loaded.value) {
54          return { type: InnerComp }
55        } else if (error.value && options.errorComponent) {
56          return { type: options.errorComponent, props: { error: error.value } }
57        } else if (loading.value && options.loadingComponent) {
58          // 如果非同步組件正在讀取，並且使用者指定了 Loading 組件，則渲染 Loading 組件
59          return { type: options.loadingComponent }
60        } else {
61          return placeholder
62        }
63      }
64    }
65  }
66 }
```

整體實作思路類似於超時時長與 Error 組件，有以下幾個關鍵點。

- 需要一個標記變數 loading 來代表組件是否正在讀取。

- 如果使用者指定了延遲時間，則開啟延遲定時器。定時器到時，再將 loading. value 的值設定為 true。

- 無論組件讀取成功與否，都要清除延遲定時器，否則會出現組件已經讀取成功，但仍然展示 Loading 組件的問題。

- 在渲染函數中，如果組件正在讀取，並且使用者指定了 Loading 組件，則渲染該 Loading 組件。

另外有一點需要注意，當非同步組件讀取成功後，會卸載 Loading 組件並渲染非同步讀取的組件。為了支援 Loading 組件的卸載，我們需要修改 unmount 函數，如以下程式碼所示：

```
function unmount(vnode) {
  if (vnode.type === Fragment) {
    vnode.children.forEach(c => unmount(c))
    return
  } else if (typeof vnode.type === 'object') {
    // 對於組件的卸載，本質上是要卸載組件所渲染的內容，即 subTree
    unmount(vnode.component.subTree)
    return
  }
  const parent = vnode.el.parentNode
  if (parent) {
    parent.removeChild(vnode.el)
  }
}
```

對於組件的卸載，本質上是要卸載組件所渲染的內容，即 subTree。所以在上面的程式碼中，我們透過組件實例的 vnode.component 屬性得到組件實例，再遞迴地呼叫 unmount 函數完成 vnode.component.subTree 的卸載。

## 13.2.4　重試機制

重試指的是當讀取出錯時，有能力重新發起讀取組件的請求。在讀取組件的過程中，發生錯誤的情況非常常見，尤其是在網路不穩定的情況下。因此，提供開箱即用的重試機制，會提升使用者的開發體驗。

非同步組件讀取失敗後的重試機制，與請求伺服端接口失敗後的重試機制一樣。所以，我們先來討論接口請求失敗後的重試機制是如何實作的。為此，我們需要封裝一個 fetch 函數，用來模擬接口請求：

```
function fetch() {
  return new Promise((resolve, reject) => {
    // 請求會在 1 秒後失敗
    setTimeout(() => {
      reject('err')
    }, 1000);
  })
}
```

假設呼叫 fetch 函數會發送 HTTP 請求，並且該請求會在 1 秒後失敗。為了實作失敗後的重試，我們需要封裝一個 load 函數，如下面的程式碼所示：

```
1   // load 函數接收一個 onError 回呼函數
2   function load(onError) {
3     // 請求接口，得到 Promise 實例
4     const p = fetch()
5     // 捕獲錯誤
6     return p.catch(err => {
7       // 當錯誤發生時，回傳一個新的 Promise 實例，並呼叫 onError 回傳，
8       // 同時將 retry 函數作為 onError 回傳的參數
9       return new Promise((resolve, reject) => {
10        // retry 函數，用來執行重試的函數，執行該函數會重新呼叫 load 函數併發送請求
11        const retry = () => resolve(load(onError))
12        const fail = () => reject(err)
13        onError(retry, fail)
14      })
15    })
16  }
```

load 函數內部呼叫了 fetch 函數來發送請求，並得到一個 Promise 實例。接著，新增 catch 語句區塊來捕獲該實例的錯誤。當捕獲到錯誤時，我們有兩種選擇：要嘛拋出錯誤，要嘛回傳一個新的 Promise 實例，並把該實例的 resolve 和 reject 方法暴露給使用者，讓使用者來決定下一步應該怎麼做。這裡，我們將新的 Promise 實例的 resolve 和 reject 分別封裝為 retry 函數和 fail 函數，並將它們作為 onError 回呼函數的參數。這樣，使用者就可以在錯誤發生時主動選擇重試或直接拋出錯誤。下面的程式碼展示了使用者是如何進行重試讀取的：

```
1   // 呼叫 load 函數讀取資料
2   load(
3     // onError 回傳
4     (retry) => {
5       // 失敗後重試
6       retry()
7     }
8   ).then(res => {
9     // 成功
10    console.log(res)
11  })
```

基於這個原理，我們可以很容易地將它整合到非同步組件的讀取流程中。具體實作如下：

```
1   function defineAsyncComponent(options) {
2     if (typeof options === 'function') {
3       options = {
4         loader: options
5       }
```

```
6      }
7
8      const { loader } = options
9      let InnerComp = null
10
11
12     // 記錄重試次數
13     let retries = 0
14     // 封裝 load 函數用來讀取非同步組件
15     function load() {
16       return loader()
17         // 捕獲讀取器的錯誤
18         .catch((err) => {
19           // 如果使用者指定了 onError 回傳，則將控制權交給使用者
20           if (options.onError) {
21             // 回傳一個新的 Promise 實例
22             return new Promise((resolve, reject) => {
23               // 重試
24               const retry = () => {
25                 resolve(load())
26                 retries++
27               }
28               // 失敗
29               const fail = () => reject(err)
30               // 作為 onError 回呼函數的參數，讓使用者來決定下一步怎麼做
31               options.onError(retry, fail, retries)
32             })
33           } else {
34             throw error
35           }
36         })
37     }
38
39     return {
40       name: 'AsyncComponentWrapper',
41       setup() {
42         const loaded = ref(false)
43         const error = shallowRef(null)
44         const loading = ref(false)
45
46         let loadingTimer = null
47         if (options.delay) {
48           loadingTimer = setTimeout(() => {
49             loading.value = true
50           }, options.delay);
51         } else {
52           loading.value = true
53         }
54         // 呼叫 load 函數讀取組件
55         load()
56           .then(c => {
57             InnerComp = c
58             loaded.value = true
59           })
```

```
60        .catch((err) => {
61          error.value = err
62        })
63        .finally(() => {
64          loading.value = false
65          clearTimeout(loadingTimer)
66        })
67
68      // 省略部分程式碼
69    }
70  }
71 }
```

如上面的程式碼及註解所示，其整體思路與普通接口請求的重試機制類似。

## 13.3 函數式組件

函數式組件的實作相對容易。一個函數式組件本質上就是一個普通函數，該函數的回傳值是虛擬 DOM。本章章首曾提到：「在 Vue.js 3 中使用函數式組件，主要是因為它的簡單性，而不是因為它的效能好。」這是因為在 Vue.js 3 中，即使是有狀態組件，其初始化效能消耗也非常小。

在使用者接口層面，一個函數式組件就是一個回傳虛擬 DOM 的函數，如下面的程式碼所示：

```
1  function MyFuncComp(props) {
2    return { type: 'h1', children: props.title }
3  }
```

函數式組件沒有自身狀態，但它仍然可以接收由外部傳入的 props。為了給函數式組件定義 props，我們需要在組件函數上新增靜態的 props 屬性，如下面的程式碼所示：

```
1  function MyFuncComp(props) {
2    return { type: 'h1', children: props.title }
3  }
4  // 定義 props
5  MyFuncComp.props = {
6    title: String
7  }
```

在有狀態組件的基礎上，實作函數式組件將變得非常簡單，因為載入組件的邏輯可以重複使用 mountComponent 函數。為此，我們需要在 patch 函數內支援函數類型的 vnode.type，如下面 patch 函數的程式碼所示：

```
1   function patch(n1, n2, container, anchor) {
2     if (n1 && n1.type !== n2.type) {
3       unmount(n1)
4       n1 = null
5     }
6
7     const { type } = n2
8
9     if (typeof type === 'string') {
10      // 省略部分程式碼
11    } else if (type === Text) {
12      // 省略部分程式碼
13    } else if (type === Fragment) {
14      // 省略部分程式碼
15    } else if (
16      // type 是物件 --> 有狀態組件
17      // type 是函數 --> 函數式組件
18      typeof type === 'object' || typeof type === 'function'
19    ) {
20      // component
21      if (!n1) {
22        mountComponent(n2, container, anchor)
23      } else {
24        patchComponent(n1, n2, anchor)
25      }
26    }
27  }
```

在 patch 函數內部，透過檢測 vnode.type 的類型來判斷組件的類型：

- 如果 vnode.type 是一個物件，則它是一個有狀態組件，並且 vnode.type 是組件選項物件；

- 如果 vnode.type 是一個函數，則它是一個函數式組件。

但無論是有狀態組件，還是函數式組件，我們都可以透過 mountComponent 函數來完成載入，也都可以透過 patchComponent 函數來完成更新。

下面是修改後的 mountComponent 函數，它支援載入函數式組件：

```
1   function mountComponent(vnode, container, anchor) {
2     // 檢查是否是函數式組件
3     const isFunctional = typeof vnode.type === 'function'
4
5     let componentOptions = vnode.type
6     if (isFunctional) {
7       // 如果是函數式組件，則將 vnode.type 作為渲染函數，將 vnode.type.props 作為 props 選
          項定義即可
8       componentOptions = {
9         render: vnode.type,
10        props: vnode.type.props
11      }
```

357

```
12        }
13
14      // 省略部分程式碼
15    }
```

可以看到，實作對函數式組件的相容非常簡單。首先，在 `mountComponent` 函數內檢查組件的類型，如果是函數式組件，則直接將組件函數作為組件選項物件的 `render` 選項，並將組件函數的靜態 `props` 屬性作為組件的 `props` 選項即可，其他邏輯保持不變。當然，出於更加嚴謹的考慮，我們需要透過 `isFunctional` 變數實作選擇性地執行初始化邏輯，因為對於函數式組件來說，它無須初始化 `data` 以及生命週期鉤子。從這一點可以看出，函數式組件的初始化效能損耗小於有狀態組件。

## 13.4 總結

在本章中，我們首先討論了非同步組件要解決的問題。非同步組件在頁面效能、解封包以及伺服端下發組件等情況中尤為重要。從根本上來說，非同步組件的實作可以完全在使用者層面實作，而無須框架支援。但一個完善的非同步組件仍需要考慮諸多問題，例如：

- 允許使用者指定讀取出錯時要渲染的組件；
- 允許使用者指定 Loading 組件，以及展示該組件的延遲時間；
- 允許使用者設定讀取組件的超時時長；
- 組件讀取失敗時，為使用者提供重試的能力。

因此，框架有必要內建非同步組件的實作。

Vue.js 3 提供了 `defineAsyncComponent` 函數，用來定義非同步組件。

接著，我們講解了非同步組件的讀取超時問題，以及當讀取錯誤發生時，如何指定 Error 組件。透過為 `defineAsyncComponent` 函數指定選項參數，允許使用者透過 `timeout` 選項設定超時時長。當讀取超時後，會觸發讀取錯誤，這時會渲染使用者透過 `errorComponent` 選項指定的 Error 組件。

在讀取非同步組件的過程中，受網路狀況的影響較大。當網路狀況較差時，讀取過程可能很漫長。為了提供更好的使用者體驗，我們需要在讀取時展示 Loading 組件。所以，我們設計了 `loadingComponent` 選項，以允許使用者配置自訂的 Loading 組件。但展示 Loading 組件的時機是一個需要仔細考慮的問題。為了避免 Loading 組件導致的閃爍問題，我們還需要設計一個接口，讓使用者能指定延遲展示 Loading 組件的時間，即 delay 選項。

在讀取組件的過程中，發生錯誤的情況非常常見。所以，我們設計了組件讀取發生錯誤後的重試機制。在講解非同步組件的重試讀取機制時，我們類比了接口請求發生錯誤時的重試機制，兩者的思路類似。

最後，我們討論了函數式組件。它本質上是一個函數，其內部實作邏輯可以重複使用有狀態組件的實作邏輯。為了給函數式組件定義 props，我們允許開發者在函數式組件的主函數上新增靜態的 props 屬性。出於更加嚴謹的考慮，函數式組件沒有自身狀態，也沒有生命週期的概念。所以，在初始化函數式組件時，需要選擇性地重複使用有狀態組件的初始化邏輯。

# 第 14 章 │ 內建組件和模組

在第 12 章和第 13 章中,我們討論了 Vue.js 是如何基於渲染器實作組件化能力的。
本章,我們將討論 Vue.js 中幾個非常重要的內建組件和模組,例如 KeepAlive 組件、
Teleport 組件、Transition 組件等,它們都需要渲染器等級的底層支援。另外,這些
內建組件所帶來的能力,對開發者而言非常重要且實用,理解它們的運作原理有助
於我們正確地使用它們。

## 14.1 KeepAlive 組件的實作原理

### 14.1.1 組件的啟用與停用

KeepAlive 一詞借鑒於 HTTP 協議。在 HTTP 協議中,KeepAlive 又稱 **HTTP 持久連
接**(HTTP persistent connection),其作用是允許多個請求或響應共用一個 TCP 連
接。在沒有 KeepAlive 的情況下,一個 HTTP 連接會在每次請求 / 響應結束後關閉,
當下一次請求發生時,會建立一個新的 HTTP 連接。頻繁地銷毀、建立 HTTP 連接
會帶來額外的效能損耗,KeepAlive 就是為了解決這個問題而生的。

HTTP 中的 KeepAlive 可以避免連接頻繁地銷毀 / 建立,與 HTTP 中的 KeepAlive 類
似,Vue.js 內建的 KeepAlive 組件可以避免一個組件被頻繁地銷毀 / 重建。假設我
們的頁面中有一組 `<Tab>` 組件,如下面的程式碼所示:

```
1   <template>
2     <Tab v-if="currentTab === 1">...</Tab>
3     <Tab v-if="currentTab === 2">...</Tab>
4     <Tab v-if="currentTab === 3">...</Tab>
5   </template>
```

可以看到,根據變數 `currentTab` 值的不同,會渲染不同的 `<Tab>` 組件。當使用者頻
繁地切換 Tab 時,會導致不停地卸載並重建對應的 `<Tab>` 組件。為了避免因此產生
的效能消耗,可以使用 KeepAlive 組件來解決這個問題,如下面的程式碼所示:

```
1   <template>
2     <!-- 使用 KeepAlive 組件包裹 -->
3     <KeepAlive>
4       <Tab v-if="currentTab === 1">...</Tab>
```

```
5          <Tab v-if="currentTab === 2">...</Tab>
6          <Tab v-if="currentTab === 3">...</Tab>
7      </KeepAlive>
8  </template>
```

這樣，無論使用者怎樣切換 `<Tab>` 組件，都不會發生頻繁的建立和銷毀，因而會極大地最佳化對使用者操作的響應，尤其是在大組件情況下，優勢會更加明顯。那麼，KeepAlive 組件的實作原理是怎樣的呢？其實 KeepAlive 的本質是暫存管理，再加上特殊的載入 / 卸載邏輯。

首先，KeepAlive 組件的實作需要渲染器層面的支援。這是因為被 KeepAlive 的組件在卸載時，我們不能真的將其卸載，否則就無法維持組件的當前狀態了。正確的做法是，將被 KeepAlive 的組件從原容器搬運到另外一個隱藏的容器中，實作「假卸載」。當被搬運到隱藏容器中的組件需要再次被「載入」時，我們也不能執行真正的載入邏輯，而應該把該組件從隱藏容器中再搬運到原容器。這個過程對應到組件的生命週期，其實就是 activated 和 deactivated。

圖 14-1 描述了「卸載」和「載入」一個被 KeepAlive 的組件的過程。

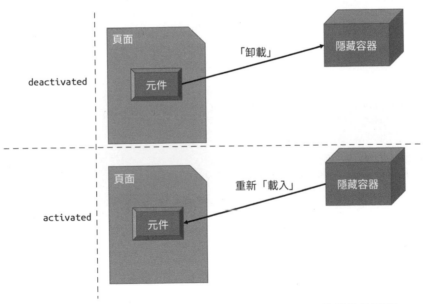

▲ 圖 14-1　「卸載」和「載入」一個被 KeepAlive 的組件的過程

如圖 14-1 所示，「卸載」一個被 KeepAlive 的組件時，它並不會真的被卸載，而會被移動到一個隱藏容器中。當重新「載入」該組件時，它也不會被真的載入，而會被從隱藏容器中取出，再「放回」原來的容器中，即頁面中。

一個最基本的 KeepAlive 組件實作起來並不複雜，如下面的程式碼所示：

```
1   const KeepAlive = {
2     // KeepAlive 組件獨有的屬性，用作標識
3     __isKeepAlive: true,
4     setup(props, { slots }) {
5       // 建立一個暫存物件
6       // key: vnode.type
7       // value: vnode
8       const cache = new Map()
9       // 當前 KeepAlive 組件的實例
10      const instance = currentInstance
11      // 對於 KeepAlive 組件來說，它的實例上存在特殊的 keepAliveCtx 物件，該物件由渲染器加入
12      // 該物件會暴露渲染器的一些內部方法，其中 move 函數用來將一段 DOM 移動到另一個容器中
13      const { move, createElement } = instance.keepAliveCtx
14
15      // 建立隱藏容器
16      const storageContainer = createElement('div')
17
18      // KeepAlive 組件的實例上會被新增兩個內部方法，分別是 _deActivate 和 _activate
19      // 這兩個函數會在渲染器中被呼叫
20      instance._deActivate = (vnode) => {
21        move(vnode, storageContainer)
22      }
23      instance._activate = (vnode, container, anchor) => {
24        move(vnode, container, anchor)
25      }
26
27      return () => {
28        // KeepAlive 的預設插槽就是要被 KeepAlive 的組件
29        let rawVNode = slots.default()
30        // 如果不是組件，直接渲染即可，因為非組件的虛擬節點無法被 KeepAlive
31        if (typeof rawVNode.type !== 'object') {
32          return rawVNode
33        }
34
35        // 在載入時先獲取暫存的組件 vnode
36        const cachedVNode = cache.get(rawVNode.type)
37        if (cachedVNode) {
38          // 如果有暫存的內容，則說明不應該執行載入，而應該執行啟用
39          // 繼承組件實例
40          rawVNode.component = cachedVNode.component
41          // 在 vnode 上新增 keptAlive 屬性，標記為 true，避免渲染器重新載入它
42          rawVNode.keptAlive = true
43        } else {
44          // 如果沒有暫存，則將其新增到暫存中，這樣下次啟用組件時就不會執行新的載入動作了
45          cache.set(rawVNode.type, rawVNode)
46        }
47
48        // 在組件 vnode 上新增 shouldKeepAlive 屬性，並標記為 true，避免渲染器真的將組件卸載
49        rawVNode.shouldKeepAlive = true
50        // 將 KeepAlive 組件的實例也新增到 vnode 上，以便在渲染器中存取
51        rawVNode.keepAliveInstance = instance
52
```

```
53        // 渲染組件 vnode
54        return rawVNode
55      }
56    }
57  }
```

從上面的實作中可以看到，與普通組件的一個較大的區別在於，KeepAlive 組件與渲染器的結合非常深。首先，KeepAlive 組件本身並不會渲染額外的內容，它的渲染函數最終只回傳需要被 KeepAlive 的組件，我們把這個需要被 KeepAlive 的組件稱為「內部組件」。KeepAlive 組件會對「內部組件」進行操作，主要是在「內部組件」的 vnode 物件上新增一些標記屬性，以便渲染器能夠據此執行特定的邏輯。這些標記屬性包括如下幾個。

- ☑ shouldKeepAlive：該屬性會被新增到「內部組件」的 vnode 物件上，這樣當渲染器卸載「內部組件」時，可以透過檢查該屬性得知「內部組件」需要被 KeepAlive。於是，渲染器就不會真的卸載「內部組件」，而是會呼叫 _deActivate 函數完成搬運工作，如下面的程式碼所示：

```
1   // 卸載操作
2   function unmount(vnode) {
3     if (vnode.type === Fragment) {
4       vnode.children.forEach(c => unmount(c))
5       return
6     } else if (typeof vnode.type === 'object') {
7       // vnode.shouldKeepAlive 是一個布林值，用來標識該組件是否應該被 KeepAlive
8       if (vnode.shouldKeepAlive) {
9         // 對於需要被 KeepAlive 的組件，我們不應該真的卸載它，而應呼叫該組件的父組件，
10        // 即 KeepAlive 組件的 _deActivate 函數使其停用
11        vnode.keepAliveInstance._deActivate(vnode)
12      } else {
13        unmount(vnode.component.subTree)
14      }
15      return
16    }
17    const parent = vnode.el.parentNode
18    if (parent) {
19      parent.removeChild(vnode.el)
20    }
21  }
```

可以看到，unmount 函數在卸載組件時，會檢測組件是否應該被 KeepAlive，從而執行不同的操作。

- ☑ keepAliveInstance：「內部組件」的 vnode 物件會持有 KeepAlive 組件實例，在 unmount 函數中會透過 keepAliveInstance 來存取 _deActivate 函數。

■ keptAlive：「內部組件」如果已經被暫存，則還會為其新增一個 keptAlive 標記。這樣當「內部組件」需要重新渲染時，渲染器並不會重新載入它，而會將其啟用，如下面 patch 函數的程式碼所示：

```
function patch(n1, n2, container, anchor) {
  if (n1 && n1.type !== n2.type) {
    unmount(n1)
    n1 = null
  }

  const { type } = n2

  if (typeof type === 'string') {
    // 省略部分程式碼
  } else if (type === Text) {
    // 省略部分程式碼
  } else if (type === Fragment) {
    // 省略部分程式碼
  } else if (typeof type === 'object' || typeof type === 'function') {
    // component
    if (!n1) {
      // 如果該組件已經被 KeepAlive，則不會重新載入它，而是會呼叫 _activate 來啟用它
      if (n2.keptAlive) {
        n2.keepAliveInstance._activate(n2, container, anchor)
      } else {
        mountComponent(n2, container, anchor)
      }
    } else {
      patchComponent(n1, n2, anchor)
    }
  }
}
```

可以看到，如果組件的 vnode 物件中存在 keptAlive 標識，則渲染器不會重新載入它，而是會透過 keepAliveInstance._activate 函數來啟用它。

我們再來看一下用於啟用組件和停用組件的兩個函數：

```
const { move, createElement } = instance.keepAliveCtx

instance._deActivate = (vnode) => {
  move(vnode, storageContainer)
}
instance._activate = (vnode, container, anchor) => {
  move(vnode, container, anchor)
}
```

可以看到，停用的本質就是將組件所渲染的內容移動到隱藏容器中，而啟用的本質是將組件所渲染的內容從隱藏容器中搬運回原來的容器。另外，上面這段程式碼中涉及的 move 函數是由渲染器加入的，如下面 mountComponent 函數的程式碼所示：

```
1   function mountComponent(vnode, container, anchor) {
2     // 省略部分程式碼
3
4     const instance = {
5       state,
6       props: shallowReactive(props),
7       isMounted: false,
8       subTree: null,
9       slots,
10      mounted: [],
11      // 只有 KeepAlive 組件的實例下會有 keepAliveCtx 屬性
12      keepAliveCtx: null
13    }
14
15    // 檢查當前要載入的組件是否是 KeepAlive 組件
16    const isKeepAlive = vnode.type.__isKeepAlive
17    if (isKeepAlive) {
18      // 在 KeepAlive 組件實例上新增 keepAliveCtx 物件
19      instance.keepAliveCtx = {
20        // move 函數用來移動一段 vnode
21        move(vnode, container, anchor) {
22          // 本質上是將組件渲染的內容移動到指定容器中，即隱藏容器中
23          insert(vnode.component.subTree.el, container, anchor)
24        },
25        createElement
26      }
27    }
28
29    // 省略部分程式碼
30  }
```

至此，一個最基本的 KeepAlive 組件就完成了。

## 14.1.2　include 和 exclude

在預設情況下，KeepAlive 組件會對所有「內部組件」進行暫存。但有時候使用者期望只暫存特定組件。為了讓使用者能夠自訂暫存規則，我們需要讓 KeepAlive 組件支援兩個 props，分別是 include 和 exclude。其中，include 用來配置應該被暫存組件，而 exclude 用來配置不應該被暫存組件。

KeepAlive 組件的 props 定義如下：

```
1   const KeepAlive = {
2     __isKeepAlive: true,
3     // 定義 include 和 exclude
4     props: {
5       include: RegExp,
6       exclude: RegExp
7     },
8     setup(props, { slots }) {
```

```
 9        // 省略部分程式碼
10      }
11    }
```

為了簡化問題，我們只允許為 include 和 exclude 設定正規類型的值。在 KeepAlive 組件被載入時，它會根據「內部組件」的名稱（即 name 選項）進行匹配，如下面的程式碼所示：

```
 1   const cache = new Map()
 2   const KeepAlive = {
 3     __isKeepAlive: true,
 4     props: {
 5       include: RegExp,
 6       exclude: RegExp
 7     },
 8     setup(props, { slots }) {
 9       // 省略部分程式碼
10
11       return () => {
12         let rawVNode = slots.default()
13         if (typeof rawVNode.type !== 'object') {
14           return rawVNode
15         }
16         // 獲取「內部組件」的 name
17         const name = rawVNode.type.name
18         // 對 name 進行匹配
19         if (
20           name &&
21           (
22             // 如果 name 無法被 include 匹配
23             (props.include && !props.include.test(name)) ||
24             // 或者被 exclude 匹配
25             (props.exclude && props.exclude.test(name))
26           )
27         ) {
28           // 則直接渲染「內部組件」，不對其進行後續的暫存操作
29           return rawVNode
30         }
31
32         // 省略部分程式碼
33       }
34     }
35   }
```

可以看到，我們根據使用者指定的 include 和 exclude 正規值，對「內部組件」的名稱進行匹配，並根據匹配結果判斷是否要對「內部組件」進行暫存。在此基礎上，我們可以任意擴充匹配能力。例如，可以將 include 和 exclude 設計成多種類型值，允許使用者指定字串或函數，從而提供更加靈活的匹配機制。另外，在做匹

配時，也可以不限於「內部組件」的名稱，我們甚至可以讓使用者自行指定匹配要素。但無論如何，其原理都是不變的。

## 14.1.3 暫存管理

在前文提供的實作中，我們使用一個 Map 物件來實作對組件的暫存：

```
1    const cache = new Map()
```

該 Map 物件的鍵是組件選項物件，即 vnode.type 屬性的值，而該 Map 物件的值是用於描述組件的 vnode 物件。由於用於描述組件的 vnode 物件存在對組件實例的引用（即 vnode.component 屬性），所以暫存用於描述組件的 vnode 物件，就等於暫存了組件實例。

回顧一下目前 KeepAlive 組件中關於暫存的實作，如下是該組件渲染函數的部分程式碼：

```
1    // KeepAlive 組件的渲染函數中關於暫存的實作
2
3    // 使用組件選項物件 rawVNode.type 作為鍵去暫存中查找
4    const cachedVNode = cache.get(rawVNode.type)
5    if (cachedVNode) {
6      // 如果暫存存在，則無須重新建立組件，只需要繼承即可
7      rawVNode.component = cachedVNode.component
8      rawVNode.keptAlive = true
9    } else {
10     // 如果暫存不存在，則設定暫存
11     cache.set(rawVNode.type, rawVNode)
12   }
```

暫存的處理邏輯可以總結為：

- 如果暫存存在，則繼承組件，並將用於描述組件的 vnode 物件標記為 keptAlive，這樣渲染器就不會重新建立新的組件實例；
- 如果暫存不存在，則設定暫存。

這裡的問題在於，當暫存不存在的時候，總是會設定新的暫存。這會導致暫存不斷增加，極端情況下會佔用大量記憶體。為了解決這個問題，我們必須設定一個暫存閾值，當暫存數量超過指定閾值時對暫存進行刪除。但是這又引出了另外一個問題：我們應該如何對暫存進行刪除呢？換句話說，當需要對暫存進行刪除時，應該以怎樣的策略刪除？優先刪除掉哪一部分？

Vue.js 當前所採用的刪除策略叫作「最新一次讀取」。首先,你需要為暫存設定最大容量,也就是透過 KeepAlive 組件的 max 屬性來設定,例如:

```
1    <KeepAlive :max="2">
2      <component :is="dynamicComp"/>
3    </KeepAlive>
```

在上面這段程式碼中,我們設定暫存的容量為 2。假設我們有三個組件 Comp1、Comp2、Comp3,並且它們都會被暫存。然後,我們開始模擬組件切換過程中暫存的變化,如下所示。

- 🔖 初始渲染 Comp1 並暫存它。此時暫存佇列為:[Comp1],並且最新一次存取(或渲染)的組件是 Comp1。

- 🔖 切換到 Comp2 並暫存它。此時暫存佇列為:[Comp1, Comp2],並且最新一次存取(或渲染)的組件是 Comp2。

- 🔖 切換到 Comp3,此時暫存容量已滿,需要刪除,應該刪除誰呢?因為當前最新一次存取(或渲染)的組件是 Comp2,所以它是「安全」的,即不會被刪除。因此被刪除的將會是 Comp1。當暫存刪除完畢後,將會出現空餘的暫存空間用來儲存 Comp3。所以,現在的暫存佇列是:[Comp2, Comp3],並且最新一次渲染的組件變成了 Comp3。

我們還可以換一種切換組件的方式,如下所示。

- 🔖 初始渲染 Comp1 並暫存它。此時,暫存佇列為:[Comp1],並且最新一次讀取(或渲染)的組件是 Comp1。

- 🔖 切換到 Comp2 並暫存它。此時,暫存佇列:[Comp1, Comp2],並且最新一次讀取(或渲染)的組件是 Comp2。

- 🔖 再切換回 Comp1,由於 Comp1 已經在暫存佇列中,所以不需要刪除暫存,只需要啟用組件即可,但要將最新一次渲染的組件設定為 Comp1。

- 🔖 切換到 Comp3,此時暫存容量已滿,需要刪除。應該刪除誰呢?由於 Comp1 是最新一次被渲染的,所以它是「安全」的,即不會被刪除掉,所以最終會被刪除掉的是 Comp2。於是,現在的暫存佇列是:[Comp1, Comp3],並且最新一次渲染的組件變成了 Comp3。

可以看到,在不同的模擬策略下,最終的暫存結果會有所不同。「最新一次存取」的暫存刪除策略的核心在於,需要把當前讀取(或渲染)的組件作為最新一次渲染的組件,並且該組件在暫存刪除過程中始終是安全的,即不會被刪除。

實作 Vue.js 內建的暫存策略並不難，本質上等同於一個小小的演算法題目。我們的關注點在於，暫存策略能否改變？甚至允許使用者自訂暫存策略？實際上，在 Vue. js 官方的 RFCs 中已經有相關提議[2]。該提議允許使用者實作自訂的暫存策略，在使用者接口層面，則展現在 KeepAlive 組件新增了 cache 接口，允許使用者指定暫存範例：

```
1   <KeepAlive :cache="cache">
2     <Comp />
3   </KeepAlive>
```

暫存實例需要滿足固定的格式，一個基本的暫存實例的實作如下：

```
1   // 自訂實作
2   const _cache = new Map()
3   const cache: KeepAliveCache = {
4     get(key) {
5       _cache.get(key)
6     },
7     set(key, value) {
8       _cache.set(key, value)
9     },
10    delete(key) {
11      _cache.delete(key)
12    },
13    forEach(fn) {
14      _cache.forEach(fn)
15    }
16  }
```

在 KeepAlive 組件的內部實作中，如果使用者提供了自訂的暫存實例，則直接使用該暫存實例來管理暫存。從本質上來說，這等於將暫存的管理權限從 KeepAlive 組件轉交給使用者了。

## 14.2　Teleport 組件的實作原理

### 14.2.1　Teleport 組件要解決的問題

Teleport 組件是 Vue.js 3 新增的一個內建組件，我們首先討論它要解決的問題是什麼。通常情況下，在將虛擬 DOM 渲染為實體 DOM 時，最終渲染出來的實體 DOM 的層級結構與虛擬 DOM 的層級結構一致。以下面的模板為例：

```
1   <template>
2     <div id="box" style="z-index: -1;">
```

---

2　參見 Custom cache strategy and matching rules for KeepAlive #284。

```
3          <Overlay />
4        </div>
5    </template>
```

在這段模板中，`<Overlay>` 組件的內容會被渲染到 id 為 box 的 div 標籤下。然而，有時這並不是我們所期望的。假設 `<Overlay>` 是一個「蒙層」組件，該組件會渲染一個「蒙層」，並要求「蒙層」能夠遮擋頁面上的任何元素。換句話說，我們要求 `<Overlay>` 組件的 z-index 的層級最高，從而實作遮擋。但問題是，如果 `<Overlay>` 組件的內容無法跨越 DOM 層級渲染，就無法實作這個目標。還是拿上面這段模板來說，id 為 box 的 div 標籤擁有一段樣式：z-index: -1，這導致即使我們將 `<Overlay>` 組件所渲染內容的 z-index 值設定為無窮大，也無法實作遮擋功能。

通常，我們在面對上述情況時，會選擇直接在 `<body>` 標籤下渲染「蒙層」內容。在 Vue.js 2 中我們只能透過原生 DOM API 來手動搬運 DOM 元素實作需求。這麼做的缺點在於，手動操作 DOM 元素會使得元素的渲染與 Vue.js 的渲染機制脫節，並導致各種可預見或不可預見的問題。考慮到該需求的確非常常見，使用者對此也抱有迫切的期待，於是 Vue.js 3 內建了 Teleport 組件。該組件可以將指定內容渲染到特定容器中，而不受 DOM 層級的限制。

我們先來看看 Teleport 組件是如何解決這個問題的。如下是基於 Teleport 組件實作的 `<Overlay>` 組件的模板：

```
1    <template>
2      <Teleport to="body">
3        <div class="overlay"></div>
4      </Teleport>
5    </template>
6    <style scoped>
7      .overlay {
8        z-index: 9999;
9      }
10   </style>
```

可以看到，`<Overlay>` 組件要渲染的內容都包含在 Teleport 組件內，即作為 Teleport 組件的插槽。透過為 Teleport 組件指定渲染目標 body，即 to 屬性的值，該組件就會直接把它的插槽內容渲染到 body 下，而不會按照模板的 DOM 層級來渲染，於是就實作了跨 DOM 層級的渲染。最終 `<Overlay>` 組件的 z-index 值也會按預期運作，並遮擋頁面中的所有內容。

## 14.2.2　實作 Teleport 組件

與 KeepAlive 組件一樣，Teleport 組件也需要渲染器的底層支援。首先我們要將 Teleport 組件的渲染邏輯從渲染器中分離出來，這麼做有兩點好處：

- ☑ 可以避免渲染器邏輯程式碼「膨脹」；
- ☑ 當使用者沒有使用 Teleport 組件時，由於 Teleport 的渲染邏輯被分離，因此可以利用 Tree-Shaking 機制在最終的 bundle 中刪除 Teleport 相關的程式碼，使得最終建構套件的體積變小。

為了完成邏輯分離的工作，要先修改 patch 函數，如下面的程式碼所示：

```
 1   function patch(n1, n2, container, anchor) {
 2     if (n1 && n1.type !== n2.type) {
 3       unmount(n1)
 4       n1 = null
 5     }
 6
 7     const { type } = n2
 8
 9     if (typeof type === 'string') {
10       // 省略部分程式碼
11     } else if (type === Text) {
12       // 省略部分程式碼
13     } else if (type === Fragment) {
14       // 省略部分程式碼
15     } else if (typeof type === 'object' && type.__isTeleport) {
16       // 組件選項中如果存在 __isTeleport 標識，則它是 Teleport 組件，
17       // 呼叫 Teleport 組件選項中的 process 函數將控制權交接出去
18       // 傳遞給 process 函數的第五個參數是渲染器的一些內部方法
19       type.process(n1, n2, container, anchor, {
20         patch,
21         patchChildren,
22         unmount,
23         move(vnode, container, anchor) {
24           insert(vnode.component ? vnode.component.subTree.el : vnode.el, container, anchor)
25         }
26       })
27     } else if (typeof type === 'object' || typeof type === 'function') {
28       // 省略部分程式碼
29     }
30   }
```

可以看到，我們透過組件選項的 __isTeleport 標識來判斷該組件是否是 Teleport 組件。如果是，則直接呼叫組件選項中定義的 process 函數將渲染控制權完全交接出去，這樣就實作了渲染邏輯的分離。

Teleport 組件的定義如下：

```
1  const Teleport = {
2    __isTeleport: true,
3    process(n1, n2, container, anchor) {
4      // 在這裡處理渲染邏輯
5    }
6  }
```

可以看到，Teleport 組件並非普通組件，它有特殊的選項 __isTeleport 和 process。

接下來我們設計虛擬 DOM 的結構。假設使用者撰寫的模板如下：

```
1  <Teleport to="body">
2    <h1>Title</h1>
3    <p>content</p>
4  </Teleport>
```

那麼它應該被編譯為怎樣的虛擬 DOM 呢？雖然在使用者看來 Teleport 是一個內建組件，但實際上，Teleport 是否擁有組件的性質是由框架本身決定的。通常，一個組件的子節點會被編譯為插槽內容，不過對於 Teleport 組件來說，直接將其子節點編譯為一個陣列即可，如下面的程式碼所示：

```
1  function render() {
2    return {
3      type: Teleport,
4      // 以普通 children 的形式代表被 Teleport 的內容
5      children: [
6        { type: 'h1', children: 'Title' },
7        { type: 'p', children: 'content' }
8      ]
9    }
10  }
```

設計好虛擬 DOM 的結構後，我們就可以著手實作 Teleport 組件了。首先，我們來完成 Teleport 組件的載入動作，如下面的程式碼所示：

```
1   const Teleport = {
2     __isTeleport: true,
3     process(n1, n2, container, anchor, internals) {
4       // 透過 internals 參數取得渲染器的內部方法
5       const { patch } = internals
6       // 如果舊 VNode n1 不存在，則是全新的載入，否則執行更新
7       if (!n1) {
8         // 載入
9         // 獲取容器，即載入點
10        const target = typeof n2.props.to === 'string'
11          ? document.querySelector(n2.props.to)
12          : n2.props.to
13        // 將 n2.children 渲染到指定載入點即可
```

```
14         n2.children.forEach(c => patch(null, c, target, anchor))
15       } else {
16         // 更新
17       }
18     }
19   }
```

可以看到，即使 Teleport 渲染邏輯被單獨分離出來，它的渲染思路仍然與渲染器本身的渲染思路保持一致。透過判斷舊的虛擬節點（n1）是否存在，來決定是執行載入還是執行更新。如果要執行載入，則需要根據 props.to 屬性的值來取得真正的載入點。最後，遍歷 Teleport 組件的 children 屬性，並逐一呼叫 patch 函數完成子節點的載入。

更新的處理更加簡單，如下面的程式碼所示：

```
1   const Teleport = {
2     __isTeleport: true,
3     process(n1, n2, container, anchor, internals) {
4       const { patch, patchChildren } = internals
5       if (!n1) {
6         // 省略部分程式碼
7       } else {
8         // 更新
9         patchChildren(n1, n2, container)
10      }
11    }
12  }
```

只需要呼叫 patchChildren 函數完成更新操作即可。不過有一點需要額外注意，更新操作可能是由於 Teleport 組件的 to 屬性值的變化引起的，因此，在更新時我們應該考慮這種情況。具體的處理方式如下：

```
1   const Teleport = {
2     __isTeleport: true,
3     process(n1, n2, container, anchor, internals) {
4       const { patch, patchChildren, move } = internals
5       if (!n1) {
6         // 省略部分程式碼
7       } else {
8         // 更新
9         patchChildren(n1, n2, container)
10        // 如果新舊 to 參數的值不同，則需要對內容進行移動
11        if (n2.props.to !== n1.props.to) {
12          // 獲取新的容器
13          const newTarget = typeof n2.props.to === 'string'
14            ? document.querySelector(n2.props.to)
15            : n2.props.to
16          // 移動到新的容器
17          n2.children.forEach(c => move(c, newTarget))
```

```
18              }
19          }
20      }
21  }
```

用來執行移動操作的 move 函數的實作如下：

```
1   else if (typeof type === 'object' && type.__isTeleport) {
2     type.process(n1, n2, container, anchor, {
3       patch,
4       patchChildren,
5       // 用來移動被 Teleport 的內容
6       move(vnode, container, anchor) {
7         insert(
8           vnode.component
9             ? vnode.component.subTree.el   // 移動一個組件
10            : vnode.el,   // 移動普通元素
11          container,
12          anchor
13        )
14      }
15    })
16  }
```

在上面的程式碼中，我們只考慮了移動組件和普通元素。我們知道，虛擬節點的類型有很多種，例如文本類型（Text）、片段類型（Fragment）等。一個完善的實作應該考慮所有這些虛擬節點的類型。

## 14.3 Transition 組件的實作原理

透過對 KeepAlive 組件和 Teleport 組件的講解，我們能夠意識到，Vue.js 內建的組件通常與渲染器的核心邏輯結合得非常緊密。本節將要討論的 Transition 組件也不例外，甚至它與渲染器的結合更加緊密。

實際上，Transition 組件的實作比想像中簡單得多，它的核心原理是：

☑ 當 DOM 元素被載入時，將動畫效果附加到該 DOM 元素上；

☑ 當 DOM 元素被卸載時，不要立即卸載 DOM 元素，而是等到附加到該 DOM 元素上的動畫效果執行完成後再卸載它。

當然，規則上主要遵循上述兩個要素，但具體實作時要考慮的邊界情況還有很多。不過，我們只要理解它的核心原理即可，至於細節，可以在基本實作的基礎上按需新增或完善。

## 14.3.1　原生 DOM 的過渡

為了更好地理解 Transition 組件的實作原理，我們有必要先討論如何為原生 DOM 建立過渡動畫效果。過渡效果本質上是一個 DOM 元素在兩種狀態間的切換，瀏覽器會根據過渡效果自行完成 DOM 元素的過渡。這裡的過渡效果指的是持續時長、移動曲線、要過渡的屬性等。

我們從一個例子開始。假設我們有一個 div 元素，寬高各 100px，如下面的程式碼所示：

```
1    <div class="box"></div>
```

接著，為其新增對應的 CSS 樣式：

```
1    .box {
2      width: 100px;
3      height: 100px;
4      background-color: red;
5    }
```

現在，假設我們要為元素新增一個進場動畫效果。我們可以這樣描述該動畫效果：從距離左邊 200px 的位置在 1 秒內移動到距離左邊 0px 的位置。在這句描述中，初始狀態是「距離左邊 200px」，因此我們可以用下面的樣式來描述初始狀態：

```
1    .enter-from {
2      transform: translateX(200px);
3    }
```

而結束狀態是「距離左邊 0px」，也就是初始位置，可以用下面的 CSS 程式碼來描述：

```
1    .enter-to {
2      transform: translateX(0);
3    }
```

初始狀態和結束狀態都已經描述完畢了。最後，我們還要描述移動過程，例如持續時長、移動曲線等。對此，我們可以用如下 CSS 程式碼來描述：

```
1    .enter-active {
2      transition: transform 1s ease-in-out;
3    }
```

這裡我們指定了移動的屬性是 transform，持續時長為 1s，並且移動曲線是 ease-in-out。

定義好了移動的初始狀態、結束狀態以及移動過程之後，接下來我們就可以為
DOM 元素新增進場動畫了，如下面的程式碼所示：

```
1    // 建立 class 為 box 的 DOM 元素
2    const el = document.createElement('div')
3    el.classList.add('box')
4
5    // 在 DOM 元素被新增到頁面之前，將初始狀態和移動過程定義到元素上
6    el.classList.add('enter-from')      // 初始狀態
7    el.classList.add('enter-active')    // 移動過程
8
9    // 將元素新增到頁面
10   document.body.appendChild(el)
```

上面這段程式碼主要做了三件事：

☑ 建立 DOM 元素；

☑ 將過渡的初始狀態和移動過程定義到元素上，即把 enter-from、enter-active
   這兩個類新增到元素上；

☑ 將元素新增到頁面，即載入。

經過這三個步驟之後，元素的初始狀態會生效，頁面渲染的時候會將 DOM 元素以
初始狀態所定義的樣式進行展示。接下來我們需要切換元素的狀態，使得元素開始
移動。那麼，應該怎麼做呢？理論上，我們只需要將 enter-from 類從 DOM 元素上
移除，並將 enter-to 這個類新增到 DOM 元素上即可，如下面的程式碼所示：

```
1    // 建立 class 為 box 的 DOM 元素
2    const el = document.createElement('div')
3    el.classList.add('box')
4
5    // 在 DOM 元素被新增到頁面之前，將初始狀態和移動過程定義到元素上
6    el.classList.add('enter-from')      // 初始狀態
7    el.classList.add('enter-active')    // 移動過程
8
9    // 將元素新增到頁面
10   document.body.appendChild(el)
11
12   // 切換元素的狀態
13   el.classList.remove('enter-from')   // 移除 enter-from
14   el.classList.add('enter-to')        // 新增 enter-to
```

然而，上面這段程式碼無法按預期執行。這是因為瀏覽器會在當前影格繪製 DOM
元素，最終結果是，瀏覽器將 enter-to 這個類所具有的樣式繪製出來，而不會繪製
enter-from 類所具有的樣式。為了解決這個問題，我們需要在下一影格執行狀態切
換，如下面的程式碼所示：

```
1   // 建立 class 為 box 的 DOM 元素
2   const el = document.createElement('div')
3   el.classList.add('box')
4
5   // 在 DOM 元素被新增到頁面之前，將初始狀態和移動過程定義到元素上
6   el.classList.add('enter-from')    // 初始狀態
7   el.classList.add('enter-active')  // 移動過程
8
9   // 將元素新增到頁面
10  document.body.appendChild(el)
11
12  // 在下一影格切換元素的狀態
13  requestAnimationFrame(() => {
14    el.classList.remove('enter-from') // 移除 enter-from
15    el.classList.add('enter-to')        // 新增 enter-to
16  })
```

可以看到，我們使用 requestAnimationFrame 註冊了一個回呼函數，該回呼函數理論上會在下一影格執行。這樣，瀏覽器就會在當前影格繪製元素的初始狀態，然後在下一影格切換元素的狀態，從而使得過渡生效。但如果你嘗試在 Chrome 或 Safari 瀏覽器中執行上面這段程式碼，會發現過渡仍未生效，這是為什麼呢？實際上，這是瀏覽器的實作 bug 所致。該 bug 的具體描述參見 Issue 675795: Interop: mismatch in when animations are started between different browsers。其大意是，使用 requestAnimationFrame 函數註冊回傳會在當前影格執行，除非其他程式碼已經呼叫了一次 requestAnimationFrame 函數。這明顯是不正確的，因此我們需要一個變通方案，如下面的程式碼所示：

```
1   // 建立 class 為 box 的 DOM 元素
2   const el = document.createElement('div')
3   el.classList.add('box')
4
5   // 在 DOM 元素被新增到頁面之前，將初始狀態和移動過程定義到元素上
6   el.classList.add('enter-from')    // 初始狀態
7   el.classList.add('enter-active')  // 移動過程
8
9   // 將元素新增到頁面
10  document.body.appendChild(el)
11
12  // 巢狀呼叫 requestAnimationFrame
13  requestAnimationFrame(() => {
14    requestAnimationFrame(() => {
15      el.classList.remove('enter-from') // 移除 enter-from
16      el.classList.add('enter-to')        // 新增 enter-to
17    })
18  })
```

透過巢狀一層 requestAnimationFrame 函數的呼叫即可解決上述問題。現在，如果你再次嘗試在瀏覽器中執行程式碼，會發現進場動畫效果能夠正常輸出了。

最後我們需要做的是,當過渡完成後,將 enter-to 和 enter-active 這兩個類從
DOM 元素上移除,如下面的程式碼所示:

```
1   // 建立 class 為 box 的 DOM 元素
2   const el = document.createElement('div')
3   el.classList.add('box')
4
5   // 在 DOM 元素被新增到頁面之前,將初始狀態和移動過程定義到元素上
6   el.classList.add('enter-from')    // 初始狀態
7   el.classList.add('enter-active')  // 移動過程
8
9   // 將元素新增到頁面
10  document.body.appendChild(el)
11
12  // 巢狀呼叫 requestAnimationFrame
13  requestAnimationFrame(() => {
14    requestAnimationFrame(() => {
15      el.classList.remove('enter-from')  // 移除 enter-from
16      el.classList.add('enter-to')       // 新增 enter-to
17
18      // 監聽 transitionend 事件完成收尾工作
19      el.addEventListener('transitionend', () => {
20        el.classList.remove('enter-to')
21        el.classList.remove('enter-active')
22      })
23    })
24  })
```

透過監聽元素的 transitionend 事件來完成收尾工作。實際上,我們可以對上述為
DOM 元素新增進場過渡的過程進行抽象,如圖 14-2 所示。

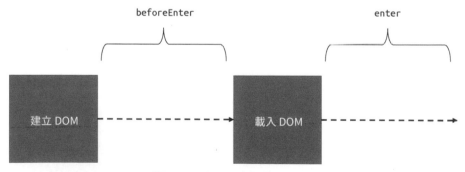

▲ 圖 14-2　對進場過渡過程的抽象

從建立 DOM 元素完成後,到把 DOM 元素新增到 body 前,整個過程可以視作
beforeEnter 階段。在把 DOM 元素新增到 body 之後,則可以視作 enter 階段。在
不同的階段執行不同的操作,即可完成整個進場過渡的實作。

- beforeEnter 階段：新增 enter-from 和 enter-active 類別。

- enter 階段：在下一影格中移除 enter-from 類別，新增 enter-to。

- 進場動畫效果結束：移除 enter-to 和 enter-active 類別。

理解了進場過渡的實作原理後，接下來我們討論 DOM 元素的離場過渡效果。與進場過渡一樣，我們需要定義離場過渡的初始狀態、結束狀態以及過渡過程，如下面的 CSS 程式碼所示：

```css
/* 初始狀態 */
.leave-from {
  transform: translateX(0);
}
/* 結束狀態 */
.leave-to {
  transform: translateX(200px);
}
/* 過渡過程 */
.leave-active {
  transition: transform 2s ease-out;
}
```

可以看到，離場過渡的初始狀態與結束狀態正好對應進場過渡的結束狀態與初始狀態。當然，我們可以打破這種對應關係，你可以採用任意過渡效果。

離場動畫效果一般發生在 DOM 元素被卸載的時候，如下面的程式碼所示：

```js
// 卸載元素
el.addEventListener('click', () => {
  el.parentNode.removeChild(el)
})
```

當點擊元素的時候，該元素會被移除，這樣就實作了卸載。然而，從程式碼中可以看出，元素被點擊的瞬間就會被卸載，所以如果僅僅這樣做，元素根本就沒有執行過渡的機會。因此，一個很自然的想法就產生了：當元素被卸載時，不要將其立即卸載，而是等待過渡效果結束後再卸載它。為了實作這個目標，我們需要把用於卸載 DOM 元素的程式碼封裝到一個函數中，該函數會等待過渡結束後被呼叫，如下面的程式碼所示：

```js
el.addEventListener('click', () => {
  // 將卸載動作封裝到 performRemove 函數中
  const performRemove = () => el.parentNode.removeChild(el)
})
```

在上面這段程式碼中，我們將卸載動作封裝到 performRemove 函數中，這個函數會等待過渡效果結束後再執行。

具體的離場動畫效果的實作如下：

```
1   el.addEventListener('click', () => {
2     // 將卸載動作封裝到 performRemove 函數中
3     const performRemove = () => el.parentNode.removeChild(el)
4
5     // 設定初始狀態：新增 leave-from 和 leave-active 類
6     el.classList.add('leave-from')
7     el.classList.add('leave-active')
8
9     // 強制 reflow：使初始狀態生效
10    document.body.offsetHeight
11
12    // 在下一影格切換狀態
13    requestAnimationFrame(() => {
14      requestAnimationFrame(() => {
15        // 切換到結束狀態
16        el.classList.remove('leave-from')
17        el.classList.add('leave-to')
18
19        // 監聽 transitionend 事件做收尾工作
20        el.addEventListener('transitionend', () => {
21          el.classList.remove('leave-to')
22          el.classList.remove('leave-active')
23          // 當過渡完成後，記得呼叫 performRemove 函數將 DOM 元素移除
24          performRemove()
25        })
26      })
27    })
28  })
```

從上面這段程式碼中可以看到，離場過渡的處理與進場過渡的處理方式非常相似，即首先設定初始狀態，然後在下一影格中切換為結束狀態，從而使得過渡生效。需要注意的是，當離場過渡完成之後，需要執行 `performRemove` 函數來真正地將 DOM 元素卸載。

## 14.3.2　實作 Transition 組件

Transition 組件的實作原理與 14.3.1 節介紹的原生 DOM 的過渡原理一樣。只不過，Transition 組件是基於虛擬 DOM 實作的。在 14.3.1 節中，我們在為原生 DOM 元素建立進場動畫效果和離場動畫效果時能注意到，整個過渡過程可以抽象為幾個階段，這些階段可以抽象為特定的回呼函數。例如 `beforeEnter`、`enter`、`leave` 等。實際上，基於虛擬 DOM 的實作也需要將 DOM 元素的生命週期分割為這樣幾個階段，並在特定階段執行對應的回呼函數。

為了實作 Transition 組件，我們需要先設計它在虛擬 DOM 層面的表現形式。假設組件的模板內容如下：

```
1  <template>
2    <Transition>
3      <div> 我是需要過渡的元素 </div>
4    </Transition>
5  </template>
```

我們可以將這段模板被編譯後的虛擬 DOM 設計為：

```
1  function render() {
2    return {
3      type: Transition,
4      children: {
5        default() {
6          return { type: 'div', children: '我是需要過渡的元素' }
7        }
8      }
9    }
10 }
```

可以看到，Transition 組件的子節點被編譯為預設插槽，這與普通組件的行為一致。虛擬 DOM 層面的表示已經設計完了，接下來，我們著手實作 Transition 組件，如下面的程式碼所示：

```
1  const Transition = {
2    name: 'Transition',
3    setup(props, { slots }) {
4      return () => {
5        // 透過預設插槽獲取需要過渡的元素
6        const innerVNode = slots.default()
7
8        // 在過渡元素的 VNode 物件上新增 transition 相應的鉤子函數
9        innerVNode.transition = {
10         beforeEnter(el) {
11           // 省略部分程式碼
12         },
13         enter(el) {
14           // 省略部分程式碼
15         },
16         leave(el, performRemove) {
17           // 省略部分程式碼
18         }
19       }
20
21       // 渲染需要過渡的元素
22       return innerVNode
23     }
24   }
25 }
```

觀察上面的程式碼，可以發現幾點重要訊息：

- ☑ Transition 組件本身不會渲染任何額外的內容，它只是透過預設插槽讀取過渡元素，並渲染需要過渡的元素；
- ☑ Transition 組件的作用，就是在過渡元素的虛擬節點上新增 transition 相關的鉤子函數。

可以看到，經過 Transition 組件的包裝後，內部需要過渡的虛擬節點物件會被新增一個 vnode.transition 物件。這個物件下存在一些與 DOM 元素過渡相關的鉤子函數，例如 beforeEnter、enter、leave 等。這些鉤子函數與我們在 14.3.1 節中介紹的鉤子函數相同，渲染器在渲染需要過渡的虛擬節點時，會在合適的時機呼叫附加到該虛擬節點上的過渡相關的生命週期鉤子函數，具體展現在 mountElement 函數以及 unmount 函數中，如下面的程式碼所示：

```
function mountElement(vnode, container, anchor) {
  const el = vnode.el = createElement(vnode.type)

  if (typeof vnode.children === 'string') {
    setElementText(el, vnode.children)
  } else if (Array.isArray(vnode.children)) {
    vnode.children.forEach(child => {
      patch(null, child, el)
    })
  }

  if (vnode.props) {
    for (const key in vnode.props) {
      patchProps(el, key, null, vnode.props[key])
    }
  }

  // 判斷一個 VNode 是否需要過渡
  const needTransition = vnode.transition
  if (needTransition) {
    // 呼叫 transition.beforeEnter 鉤子，並將 DOM 元素作為參數傳遞
    vnode.transition.beforeEnter(el)
  }

  insert(el, container, anchor)
  if (needTransition) {
    // 呼叫 transition.enter 鉤子，並將 DOM 元素作為參數傳遞
    vnode.transition.enter(el)
  }
}
```

上面這段程式碼是修改後的 mountElement 函數，我們為它增加了 transition 鉤子的處理。可以看到，在載入 DOM 元素之前，會呼叫 transition.beforeEnter 鉤子；

在載入元素之後，會呼叫 transition.enter 鉤子，並且這兩個鉤子函數都接收需要過渡的 DOM 元素物件作為第一個參數。除了載入之外，卸載元素時我們也應該呼叫 transition.leave 鉤子函數，如下面的程式碼所示：

```
function unmount(vnode) {
  // 判斷 VNode 是否需要過渡處理
  const needTransition = vnode.transition
  if (vnode.type === Fragment) {
    vnode.children.forEach(c => unmount(c))
    return
  } else if (typeof vnode.type === 'object') {
    if (vnode.shouldKeepAlive) {
      vnode.keepAliveInstance._deActivate(vnode)
    } else {
      unmount(vnode.component.subTree)
    }
    return
  }
  const parent = vnode.el.parentNode
  if (parent) {
    // 將卸載動作封裝到 performRemove 函數中
    const performRemove = () => parent.removeChild(vnode.el)
    if (needTransition) {
      // 如果需要過渡處理，則呼叫 transition.leave 鉤子，
      // 同時將 DOM 元素和 performRemove 函數作為參數傳遞
      vnode.transition.leave(vnode.el, performRemove)
    } else {
      // 如果不需要過渡處理，則直接執行卸載操作
      performRemove()
    }
  }
}
```

上面這段程式碼是修改後的 unmount 函數的實作，我們同樣為其增加了關於過渡的處理。首先，需要將卸載動作封裝到 performRemove 函數內。如果 DOM 元素需要過渡處理，那麼就需要等待過渡結束後再執行 performRemove 函數完成卸載，否則直接呼叫該函數完成卸載即可。

有了 mountElement 函數和 unmount 函數的支援後，我們可以輕鬆地實作一個最基本的 Transition 組件了，如下面的程式碼所示：

```
const Transition = {
  name: 'Transition',
  setup(props, { slots }) {
    return () => {
      const innerVNode = slots.default()

      innerVNode.transition = {
        beforeEnter(el) {
```

```
 9              // 設定初始狀態：新增 enter-from 和 enter-active 類
10              el.classList.add('enter-from')
11              el.classList.add('enter-active')
12            },
13            enter(el) {
14              // 在下一影格切換到結束狀態
15              nextFrame(() => {
16                // 移除 enter-from 類，新增 enter-to 類
17                el.classList.remove('enter-from')
18                el.classList.add('enter-to')
19                // 監聽 transitionend 事件完成收尾工作
20                el.addEventListener('transitionend', () => {
21                  el.classList.remove('enter-to')
22                  el.classList.remove('enter-active')
23                })
24              })
25            },
26            leave(el, performRemove) {
27              // 設定離場過渡的初始狀態：新增 leave-from 和 leave-active 類
28              el.classList.add('leave-from')
29              el.classList.add('leave-active')
30              // 強制 reflow，使得初始狀態生效
31              document.body.offsetHeight
32              // 在下一影格修改狀態
33              nextFrame(() => {
34                // 移除 leave-from 類，新增 leave-to 類
35                el.classList.remove('leave-from')
36                el.classList.add('leave-to')
37
38                // 監聽 transitionend 事件完成收尾工作
39                el.addEventListener('transitionend', () => {
40                  el.classList.remove('leave-to')
41                  el.classList.remove('leave-active')
42                  // 呼叫 transition.leave 鉤子函數的第二個參數，完成 DOM 元素的卸載
43                  performRemove()
44                })
45              })
46            }
47          }
48
49      return innerVNode
50    }
51  }
52 }
```

在上面這段程式碼中，我們補齊了 `vnode.transition` 中各個鉤子函數的具體實作。可以看到，其實作想法與我們在 14.3.1 節中討論的關於原生 DOM 過渡的想法是一樣的。

在上面的實作中，我們硬編碼了過渡狀態的類別名稱，例如 `enter-from`、`enter-to` 等。實際上，我們可以輕鬆地透過 `props` 來實作允許使用者自訂類別名稱的能力，從而實作一個更加靈活的 Transition 組件。另外，我們也沒有實作「模式」的概念，即先進後出（`in-out`）或後進先出（`out-in`）。實際上，模式的概念只是增加了對節點過渡時機的控制，原理上與將卸載動作封裝到 `performRemove` 函數中一樣，只需要在具體的時機以回傳的形式將控制權交接出去即可。

## 14.4　總結

在本章中，我們介紹了 Vue.js 內建的三個組件，即 KeepAlive 組件、Teleport 組件和 Transition 組件。它們的共同特點是，與渲染器的結合非常緊密，因此需要框架提供底層的實作與支援。

KeepAlive 組件的作用類似於 HTTP 中的持久連結。它可以避免組件不斷地被銷毀和重建。KeepAlive 的實作並不複雜。當被 KeepAlive 的組件「卸載」時，渲染器並不會真的將其卸載掉，而是會將該組件搬運到一個隱藏容器中，從而使得組件可以維持當前狀態。當被 KeepAlive 的組件「載入」時，渲染器也不會真的載入它，而是將它從隱藏容器搬運到原容器。

我們還討論了 KeepAlive 的其他能力，如匹配策略和暫存策略。`include` 和 `exclude` 這兩個選項用來指定哪些組件需要被 KeepAlive，哪些組件不需要被 KeepAlive。預設情況下，`include` 和 `exclude` 會匹配組件的 `name` 選項。但是在具體實作中，我們可以擴展匹配能力。對於暫存策略，Vue.js 預設採用「最新一次讀取」。為了讓使用者能自行實作暫存策略，我們還介紹了正在討論中的提案。

接著，我們討論了 Teleport 組件所要解決的問題和它的實作原理。Teleport 組件可以跨越 DOM 層級完成渲染，這在很多情況下非常有用。在實作 Teleport 時，我們將 Teleport 組件的渲染邏輯從渲染器中分離出來，這麼做有兩點好處：

可以避免渲染器邏輯程式碼「膨脹」；

可以利用 Tree-Shaking 機制在最終的 bundle 中刪除 Teleport 相關的程式碼，使得最終建構套件的體積變小。

Teleport 組件是一個特殊的組件。與普通組件相比，它的組件選項非常特殊，例如 `__isTeleport` 選型和 `process` 選項等。這是因為 Teleport 本質上是渲染器邏輯的合理抽象，它可以作為渲染器的一部分而存在。

最後，我們討論了 Transition 組件的原理與實作。我們從原生 DOM 過渡開始，講解了如何使用 JavaScript 為 DOM 元素新增進場動畫效果和離場動畫效果。在此過程中，我們將實作動態效果的過程分為多個階段，即 beforeEnter、enter、leave 等。Transition 組件的實作原理與為原生 DOM 新增過渡效果的原理類似，我們將過渡相關的鉤子函數定義到虛擬節點的 vnode.transition 物件中。渲染器在執行載入和卸載操作時，會優先檢查該虛擬節點是否需要進行過渡，如果需要，則會在合適的時機執行 vnode.transition 物件中定義的過渡相關鉤子函數。

# 第五篇

# 編譯器

第 15 章　編譯器核心技術概覽

第 16 章　解析器

第 17 章　編譯最佳化

# 第 15 章 | 編譯器核心技術概覽

編譯技術是一門龐大的學科，我們無法用幾個章節對其做完善的講解。但不同用途的編譯器或編譯技術的難度可能相差很大，對知識的掌握要求也會相差很多。如果你要實作諸如 C、JavaScript 這類**通用用途語言**（general purpose language），那麼就需要掌握較多編譯技術知識。例如，理解上下文無關文法，使用巴科斯範式（BNF），擴展巴科斯範式（EBNF）書寫語法規則，完成語法推導，理解和消除左遞迴，遞迴下降演算法，甚至類型系統方面的知識等。但作為前端工程師，我們應用編譯技術的情況通常是：表格、報表中的自訂公式計算器，設計一種領域特定語言（DSL）等。其中，實作公式計算器甚至只涉及編譯前端技術，而領域特定語言根據其具體使用情況和目標平台的不同，難度會有所不同。Vue.js 的模板和 JSX 都屬於領域特定語言，它們的實作難度屬於中、低階，只要掌握基本的編譯技術理論即可實作這些功能。

## 15.1 模板 DSL 的編譯器

編譯器其實只是一段程式，它用來將「一種語言 A」翻譯成「另外一種語言 B」。其中，語言 A 通常叫作**原始碼**（source code），語言 B 通常叫作**目標程式碼**（object code 或 target code）。編譯器將原始碼翻譯為目標程式碼的過程叫作**編譯**（compile）。完整的編譯過程通常包含詞法分析、語法分析、語義分析、中間程式碼生成、最佳化、目標程式碼生成等步驟，如圖 15-1 所示。

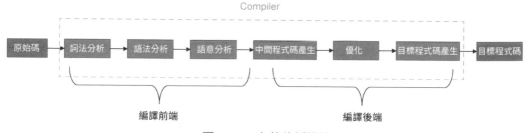

▲ 圖 15-1 完整的編譯過程

可以看到，整個編譯過程分為編譯前端和編譯後端。編譯前端包含詞法分析、語法分析和語意分析，它通常與目標平台無關，僅負責分析原始碼。編譯後端則通常與目標平台有關，編譯後端涉及中間程式碼產生和最佳化以及目標程式碼產生。但是，編譯後端並不一定會包含中間程式碼產生和最佳化這兩個環節，這取決於具體的情況和實作。中間程式碼生成和最佳化這兩個環節有時也叫「中端」。

圖 15-1 展示了「教科書」式的編譯模型，但 Vue.js 的模板作為 DSL，其編譯流程會有所不同。對於 Vue.js 模板編譯器來說，原始碼就是組件的模板，而目標程式碼是能夠在瀏覽器平台上執行的 JavaScript 程式碼，或其他擁有 JavaScript 執行時的平台程式碼，如圖 15-2 所示。

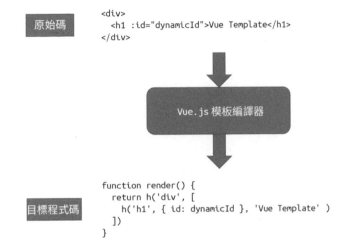

▲ 圖 15-2　Vue.js 模板編譯器的目標程式碼是 JavaScript 程式碼

可以看到，Vue.js 模板編譯器的目標程式碼其實就是渲染函數。詳細而言，Vue.js 模板編譯器會首先對模板進行詞法分析和語法分析，得到模板 AST。接著，將模板 AST **轉換**（transform）成 JavaScript AST。最後，根據 JavaScript AST 生成 JavaScript 程式碼，即渲染函數程式碼。圖 15-3 提供了 Vue.js 模板編譯器的運作流程。

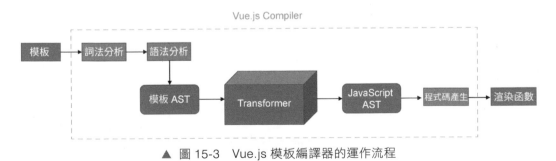

▲ 圖 15-3　Vue.js 模板編譯器的運作流程

AST 是 abstract syntax tree 的首字母縮寫，即抽象語法樹。所謂模板 AST，其實就是用來描述模板的抽象語法樹。舉個例子，假設我們有如下模板：

```
1   <div>
2     <h1 v-if="ok">Vue Template</h1>
3   </div>
```

這段模板會被編譯為如下所示的 AST：

```
1   const ast = {
2     // 邏輯根節點
3     type: 'Root',
4     children: [
5       // div 標籤節點
6       {
7         type: 'Element',
8         tag: 'div',
9         children: [
10          // h1 標籤節點
11          {
12            type: 'Element',
13            tag: 'h1',
14            props: [
15              // v-if 指令節點
16              {
17                type: 'Directive', // 類型為 Directive 代表指令
18                name: 'if',           // 指令名稱為 if，不帶有前綴 v-
19                exp: {
20                  // 表達式節點
21                  type: 'Expression',
22                  content: 'ok'
23                }
24              }
25            ]
26          }
27        ]
28      }
29    ]
30  }
```

可以看到，AST 其實就是一個具有層級結構的物件。模板 AST 具有與模板同構的巢狀結構。每一棵 AST 都有一個邏輯上的根節點，其類型為 Root。模板中真正的根節點則作為 Root 節點的 children 存在。觀察上面的 AST，我們可以得出如下結論。

- 不同類型的節點是透過節點的 type 屬性進行區分的。例如標籤節點的 type 值為 'Element'。
- 標籤節點的子節點儲存在其 children 陣列中。
- 標籤節點的屬性節點和指令節點會儲存在 props 陣列中。

☑ 不同類型的節點會使用不同的物件屬性進行描述。例如指令節點擁有 `name` 屬性，用來表達指令的名稱，而表達式節點擁有 `content` 屬性，用來描述表達式的內容。

我們可以透過封裝 parse 函數來完成對模板的詞法分析和語法分析，得到模板 AST，如圖 15-4 所示。

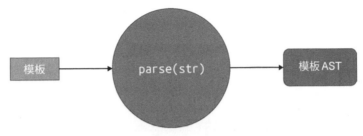

▲ 圖 15-4 parse 函數的作用

我們也可以用下面的程式碼來表達模板解析的過程：

```
1  const template = `
2    <div>
3      <h1 v-if="ok">Vue Template</h1>
4    </div>
5  `
6
7  const templateAST = parse(template)
```

可以看到，parse 函數接收字串模板作為參數，並將解析後得到的 AST 作為回傳值回傳。

有了模板 AST 後，我們就可以對其進行語意分析，並對模板 AST 進行轉換了。什麼是語意分析呢？舉幾個例子。

☑ 檢查 v-else 指令是否存在相符的 v-if 指令。

☑ 分析屬性值是否是靜態的，是否是常數等。

☑ 插槽是否會引用上層作用域的變數。

☑ ……

在語意分析的基礎上，我們即可得到模板 AST。接著，我們還需要將模板 AST 轉換為 JavaScript AST。因為 Vue.js 模板編譯器的最終目標是生成渲染函數，而渲染函數本質上是 JavaScript 程式碼，所以我們需要將模板 AST 轉換成用於描述渲染函數的 JavaScript AST。

我們可以封裝 transform 函數來完成模板 AST 到 JavaScript AST 的轉換工作，如圖 15-5 所示。

▲ 圖 15-5　transform 函數的作用

同樣，我們也可以用下面的程式碼來表達：

```
1    const templateAST = parse(template)
2    const jsAST = transform(templateAST)
```

我們會在下一章詳細講解 JavaScript AST 的結構。

有了 JavaScript AST 後，我們就可以根據它生成渲染函數了，這一步可以透過封裝 generate 函數來完成，如圖 15-6 所示。

▲ 圖 15-6　generate 函數的作用

我們也可以用下面的程式碼來表達程式碼生成的過程：

```
1    const templateAST = parse(template)
2    const jsAST = transform(templateAST)
3    const code = generate(jsAST)
```

在上面這段程式碼中，generate 函數會將渲染函數的程式碼以字串的形式回傳，並儲存在 code 常數中。圖 15-7 提供了完整的流程。

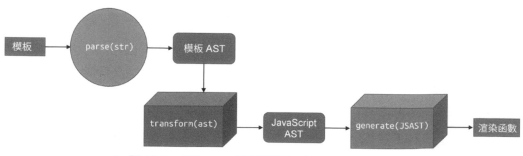

▲ 圖 15-7　將 Vue.js 模板編譯為渲染函數的完整流程

## 15.2　parser 的實作原理與狀態機

在上一節中，我們講解了 Vue.js 模板編譯器的基本結構和運作流程，它主要由三個部分組成：

- ☑ 用來將模板字串解析為模板 AST 的解析器（parser）；
- ☑ 用來將模板 AST 轉換為 JavaScript AST 的轉換器（transformer）；
- ☑ 用來根據 JavaScript AST 生成渲染函數程式碼的生成器（generator）。

本節，我們將詳細討論解析器 parser 的實作原理。

解析器的輸入參數是字串模板，解析器會逐個讀取字串模板中的字串，並根據一定的規則將整個字串切割為一個個 Token。這裡的 Token 可以視作詞法記號，後續我們將使用 Token 一詞來代表詞法記號進行講解。舉例來說，假設有這樣一段模板：

```
1    <p>Vue</p>
```

解析器會把這段字串模板切割為三個 Token。

- ☑ 開始標籤：<p>。
- ☑ 文本節點：Vue。
- ☑ 結束標籤：</p>。

那麼，解析器是如何對模板進行切割的呢？依據什麼規則？這就不得不提到有限狀態自動機。千萬不要被這個名詞嚇到，它理解起來並不難。所謂「有限狀態」，就是指有限個狀態，而「自動機」意味著隨著字串的輸入，解析器會自動地在不同狀態間遷移。拿上面的模板來說，當我們分析這段模板字串時，parse 函數會逐個讀取字串，狀態機會有一個初始狀態，我們記為「初始狀態 1」。圖 15-8 提供了狀態遷移的過程。

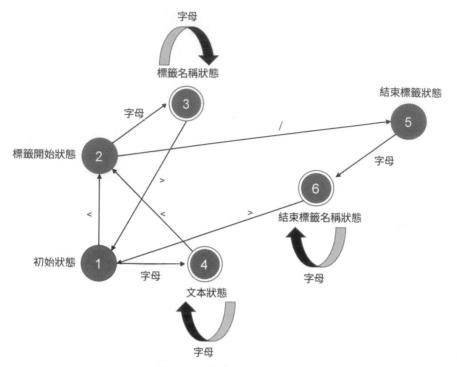

▲ 圖 15-8　解析器的狀態機圖

我們用自然語言來描述圖 15-8 提供的狀態遷移過程。

- ☑ 狀態機始於「初始狀態 1」。

- ☑ 在「初始狀態 1」下，讀取模板的第一個字串 <，狀態機會進入下一個狀態，即「標籤開始狀態 2」。

- ☑ 在「標籤開始狀態 2」下，讀取下一個字串 p。由於字串 p 是字母，所以狀態機會進入「標籤名稱狀態 3」。

- ☑ 在「標籤名稱狀態 3」下，讀取下一個字串 >，此時狀態機會從「標籤名稱狀態 3」遷移回「初始狀態 1」，並記錄在「標籤名稱狀態」下產生的標籤名稱 p。

- ☑ 在「初始狀態 1」下，讀取下一個字串 V，此時狀態機會進入「文本狀態 4」。

- ☑ 在「文本狀態 4」下，繼續讀取後續字串，直到遇到字串 < 時，狀態機會再次進入「標籤開始狀態 2」，並記錄在「文本狀態 4」下產生的文本內容，即字串「Vue」。

- ☑ 在「標籤開始狀態 2」下，讀取下一個字串 /，狀態機會進入「結束標籤狀態 5」。

☑ 在「結束標籤狀態 5」下，讀取下一個字串 p，狀態機會進入「結束標籤名稱狀態 6」。

☑ 在「結束標籤名稱狀態 6」下，讀取最後一個字串 >，它是結束標籤的閉合字串，於是狀態機遷移回「初始狀態 1」，並記錄在「結束標籤名稱狀態 6」下生成的結束標籤名稱。

經過這樣一系列的狀態遷移過程之後，我們最終就能夠得到相應的 Token 了。觀察圖 15-8 可以發現，有的圓圈是單線的，而有的圓圈是雙線的。雙線代表此時狀態機是一個合法的 Token。

另外，圖 15-8 提供的狀態機並不嚴謹。實際上，解析 HTML 並建構 Token 的過程是有規範可循的。在 WHATWG 發佈的關於瀏覽器解析 HTML 的規範中，詳細闡述了狀態遷移。圖 15-9 擷取了該規範中定義的在「初始狀態」下狀態機的狀態遷移過程。

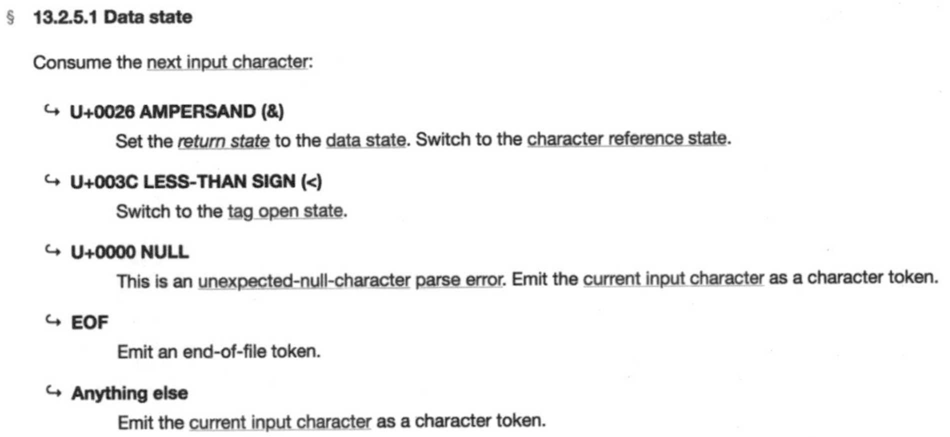

§ **13.2.5.1 Data state**

Consume the next input character:

↳ **U+0026 AMPERSAND (&)**

Set the *return state* to the data state. Switch to the character reference state.

↳ **U+003C LESS-THAN SIGN (<)**

Switch to the tag open state.

↳ **U+0000 NULL**

This is an unexpected-null-character parse error. Emit the current input character as a character token.

↳ **EOF**

Emit an end-of-file token.

↳ **Anything else**

Emit the current input character as a character token.

▲　圖 15-9　Data State

可以看到，在「初始狀態」（Data State）下，當遇到字串 < 時，狀態機會遷移到 **tag open state**，即「標籤開始狀態」。如果遇到字串 < 以外的字串，規範中也都有對應的說明，應該讓狀態機遷移到怎樣的狀態。不過 Vue.js 的模板作為一個 DSL，並非必須遵守該規範。但 Vue.js 的模板畢竟是類 HTML 的實作，因此，盡可能按照規範來做，不會有什麼壞處。更重要的一點是，規範中已經定義了非常詳細的狀態遷移過程，這對於我們撰寫解析器非常有幫助。

按照有限狀態自動機的狀態遷移過程，我們可以很容易地撰寫對應的程式碼實作。因此，有限狀態自動機可以幫助我們完成對模板的**標記化**（tokenized），最終我們將得到一系列 Token。圖 15-8 中描述的狀態機的實作如下：

```javascript
// 定義狀態機的狀態
const State = {
  initial: 1,      // 初始狀態
  tagOpen: 2,      // 標籤開始狀態
  tagName: 3,      // 標籤名稱狀態
  text: 4,         // 文本狀態
  tagEnd: 5,       // 結束標籤狀態
  tagEndName: 6    // 結束標籤名稱狀態
}
// 一個輔助函數，用於判斷是否是字母
function isAlpha(char) {
  return char >= 'a' && char <= 'z' || char >= 'A' && char <= 'Z'
}

// 接收模板字串作為參數，並將模板切割為 Token 回傳
function tokenize(str) {
  // 狀態機的當前狀態：初始狀態
  let currentState = State.initial
  // 用於暫存字串
  const chars = []
  // 生成的 Token 會儲存到 tokens 陣列中，並作為函數的回傳值回傳
  const tokens = []
  // 使用 while 循環開啟自動機，只要模板字串沒有被消耗盡，自動機就會一直執行
  while(str) {
    // 查看第一個字串，注意，這裡只是查看，沒有使用該字串
    const char = str[0]
    // switch 語句匹配當前狀態
    switch (currentState) {
      // 狀態機當前處於初始狀態
      case State.initial:
        // 遇到字串 <
        if (char === '<') {
          // 1. 狀態機切換到標籤開始狀態
          currentState = State.tagOpen
          // 2. 消耗字串 <
          str = str.slice(1)
        } else if (isAlpha(char)) {
          // 1. 遇到字母，切換到文本狀態
          currentState = State.text
          // 2. 將當前字母暫存到 chars 陣列
          chars.push(char)
          // 3. 使用當前字串
          str = str.slice(1)
        }
        break
      // 狀態機當前處於標籤開始狀態
      case State.tagOpen:
        if (isAlpha(char)) {
          // 1. 遇到字母，切換到標籤名稱狀態
          currentState = State.tagName
```

```
51       // 2. 將當前字串暫存到 chars 陣列
52       chars.push(char)
53       // 3. 使用當前字串
54       str = str.slice(1)
55     } else if (char === '/') {
56       // 1. 遇到字串 /，切換到結束標籤狀態
57       currentState = State.tagEnd
58       // 2. 消耗字串 /
59       str = str.slice(1)
60     }
61     break
62   // 狀態機當前處於標籤名稱狀態
63   case State.tagName:
64     if (isAlpha(char)) {
65       // 1. 遇到字母，由於當前處於標籤名稱狀態，所以不需要切換狀態，
66       // 但需要將當前字串暫存到 chars 陣列
67       chars.push(char)
68       // 2. 使用當前字串
69       str = str.slice(1)
70     } else if (char === '>') {
71       // 1. 遇到字串 >，切換到初始狀態
72       currentState = State.initial
73       // 2. 同時建立一個標籤 Token，並新增到 tokens 陣列中
74       // 注意，此時 chars 陣列中暫存的字串就是標籤名稱
75       tokens.push({
76         type: 'tag',
77         name: chars.join('')
78       })
79       // 3. chars 陣列的內容已經被使用，清空它
80       chars.length = 0
81       // 4. 同時使用當前字串 >
82       str = str.slice(1)
83     }
84     break
85   // 狀態機當前處於文本狀態
86   case State.text:
87     if (isAlpha(char)) {
88       // 1. 遇到字母，保持狀態不變，但應該將當前字串暫存到 chars 陣列
89       chars.push(char)
90       // 2. 使用當前字串
91       str = str.slice(1)
92     } else if (char === '<') {
93       // 1. 遇到字串 <，切換到標籤開始狀態
94       currentState = State.tagOpen
95       // 2. 從 文本狀態 --> 標籤開始狀態，此時應該建立文本 Token，並新增到 tokens 陣列
96       // 注意，此時 chars 陣列中的字串就是文本內容
97       tokens.push({
98         type: 'text',
99         content: chars.join('')
100      })
101      // 3. chars 陣列的內容已經被消費，清空它
102      chars.length = 0
103      // 4. 消耗當前字串
104      str = str.slice(1)
105    }
```

```
106         break
107       // 狀態機當前處於標籤結束狀態
108       case State.tagEnd:
109         if (isAlpha(char)) {
110           // 1. 遇到字母，切換到結束標籤名稱狀態
111           currentState = State.tagEndName
112           // 2. 將當前字串暫存到 chars 陣列
113           chars.push(char)
114           // 3. 使用當前字串
115           str = str.slice(1)
116         }
117         break
118       // 狀態機當前處於結束標籤名稱狀態
119       case State.tagEndName:
120         if (isAlpha(char)) {
121           // 1. 遇到字母，不需要切換狀態，但需要將當前字串暫存到 chars 陣列
122           chars.push(char)
123           // 2. 使用當前字串
124           str = str.slice(1)
125         } else if (char === '>') {
126           // 1. 遇到字串 >，切換到初始狀態
127           currentState = State.initial
128           // 2. 從 結束標籤名稱狀態 --> 初始狀態，應該保存結束標籤名稱 Token
129           // 注意，此時 chars 陣列中暫存的內容就是標籤名稱
130           tokens.push({
131             type: 'tagEnd',
132             name: chars.join('')
133           })
134           // 3. chars 陣列的內容已經被使用，清空它
135           chars.length = 0
136           // 4. 消耗當前字串
137           str = str.slice(1)
138         }
139         break
140     }
141   }
142
143   // 最後，回傳 tokens
144   return tokens
145 }
```

上面這段程式碼看上去比較冗長，可最佳化的點非常多。這段程式碼高度還原了圖 15-8 中展示的狀態機，配合程式碼中的註解會更容易理解。

使用上面提供的 `tokenize` 函數來解析模板 `<p>Vue</p>`，我們將得到三個 Token：

```
1 const tokens = tokenize(`<p>Vue</p>`)
2 // [
3 //   { type: 'tag', name: 'p' },          // 開始標籤
4 //   { type: 'text', content: 'Vue' },    // 文本節點
5 //   { type: 'tagEnd', name: 'p' }        // 結束標籤
6 // ]
```

現在，你已經明白了狀態機的運作原理，以及模板編譯器將模板字串切割為一個個 Token 的過程。但拿上述例子來說，我們並非總是需要所有 Token。例如，在解析模板的過程中，結束標籤 Token 可以省略。這時，我們就可以調整 tokenize 函數的程式碼，並選擇性地忽略結束標籤 Token。當然，有時我們也可能需要更多的 Token，這都取決於具體的需求，然後據此靈活地調整程式碼實作。

總而言之，透過有限自動機，我們能夠將模板解析為一個個 Token，進而可以用它們建構一棵 AST 了。但在具體建構 AST 之前，我們需要思考能否簡化 tokenize 函數的程式碼。實際上，我們可以透過正規表達式來精簡 tokenize 函數的程式碼。上文之所以沒有從最開始就採用正規表達式來實作，是因為**正規表達式的本質就是有限自動機**。當你撰寫正規表達式的時候，其實就是在撰寫有限自動機。

## 15.3 建構 AST

實際上，不同用途的編譯器之間可能會存在非常大的差異。它們唯一的共同點是，都會將原始碼轉換成目標程式碼。但如果深入細節即可發現，不同編譯器之間的實作思路甚至可能完全不同，其中就包括 AST 的建構方式。對於通用用途語言（GPL）來說，例如 JavaScript 這樣的腳本語言，想要為其建構 AST，較常用的一種演算法叫作遞迴下降演算法，這裡面需要解決 GPL 層面才會遇到的很多問題，例如最基本的運算子優先級問題。然而，對於像 Vue.js 模板這樣的 DSL 來說，首先可以確定的一點是，它不具有運算子，所以也就沒有所謂的運算子優先級問題。DSL 與 GPL 的區別在於，GPL 是圖靈完備的，我們可以使用 GPL 來實作 DSL。而 DSL 不要求圖靈完備，它只需要滿足特定情況下的特定用途即可。

為 Vue.js 的模板建構 AST 是一件很簡單的事。HTML 是一種標記語言，它的格式非常固定，標籤元素之間天然巢狀，形成父子關係。因此，一棵用於描述 HTML 的 AST 將擁有與 HTML 標籤非常相似的樹型結構。舉例來說，假設有如下模板：

```
1    <div><p>Vue</p><p>Template</p></div>
```

在上面這段模板中，最外層的根節點是 div 標籤，它有兩個 p 標籤作為子節點。同時，這兩個 p 標籤都具有一個文本節點作為子節點。我們可以將這段模板對應的 AST 設計為：

```
1    const ast = {
2      // AST 的邏輯根節點
3      type: 'Root',
4      children: [
5        // 模板的 div 根節點
6        {
```

```
 7          type: 'Element',
 8          tag: 'div',
 9          children: [
10            // div 節點的第一個子節點 p
11            {
12              type: 'Element',
13              tag: 'p',
14              // p 節點的文本節點
15              children: [
16                {
17                  type: 'Text',
18                  content: 'Vue'
19                }
20              ]
21            },
22            // div 節點的第二個子節點 p
23            {
24              type: 'Element',
25              tag: 'p',
26              // p 節點的文本節點
27              children: [
28                {
29                  type: 'Text',
30                  content: 'Template'
31                }
32              ]
33            }
34          ]
35        }
36      ]
37    }
```

可以看到，AST 在結構上與模板是「同構」的，它們都具有樹型結構，如圖 15-10 所示。

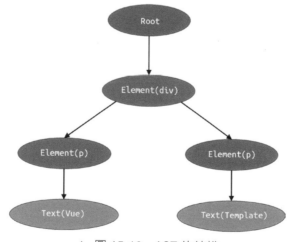

▲ 圖 15-10　AST 的結構

瞭解了 AST 的結構，接下來我們的任務是，使用程式根據模板解析後生成的 Token 建構出這樣一棵 AST。首先，我們使用上一節講解的 `tokenize` 函數將本節開頭提供的模板進行標記化。解析這段模板得到的 `tokens` 如下所示：

```
1    const tokens = tokenize(`<div><p>Vue</p><p>Template</p></div>`)
```

執行上面這段程式碼，我們將得到如下 `tokens`：

```
1    const tokens = [
2      {type: "tag", name: "div"},              // div 開始標籤節點
3      {type: "tag", name: "p"},                // p 開始標籤節點
4      {type: "text", content: "Vue"},          // 文本節點
5      {type: "tagEnd", name: "p"},             // p 結束標籤節點
6      {type: "tag", name: "p"},                // p 開始標籤節點
7      {type: "text", content: "Template"},     // 文本節點
8      {type: "tagEnd", name: "p"},             // p 結束標籤節點
9      {type: "tagEnd", name: "div"}            // div 結束標籤節點
10   ]
```

根據 Token 列表建構 AST 的過程，其實就是對 Token 列表進行掃描的過程。從第一個 Token 開始，順序地掃描整個 Token 列表，直到列表中的所有 Token 處理完畢。在這個過程中，我們需要維護一個堆疊 `elementStack`，這個堆疊將用於維護元素間的父子關係。每遇到一個開始標籤節點，我們就建構一個 `Element` 類型的 AST 節點，並將其壓入堆疊中。類似地，每當遇到一個結束標籤節點，我們就將當前堆疊頂的節點彈出。這樣，堆疊頂的節點將始終充當父節點的角色。掃描過程中遇到的所有節點，都會作為當前堆疊頂節點的子節點，並新增到堆疊頂節點的 `children` 屬性下。

還是拿上例來說，圖 15-11 提供了在掃描 Token 列表之前，Token 列表、父級元素堆疊和 AST 三者的狀態。

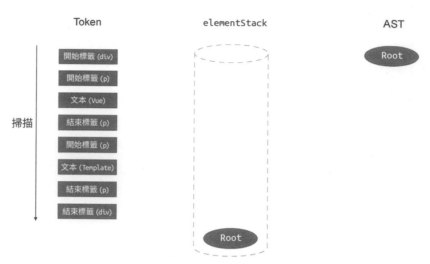

▲ 圖 15-11　Token 列表、父級元素堆疊和 AST 三者的當前狀態

在圖 15-11 中，左側的是 Token 列表，我們將會按照從上到下的順序掃描 Token 列表，中間和右側分別展示了堆疊 elementStack 的狀態和 AST 的狀態。可以看到，它們最初都只有 Root 根節點。

接著，我們對 Token 列表進行掃描。首先，掃描到第一個 Token，即「開始標籤（div）」，如圖 15-12 所示。

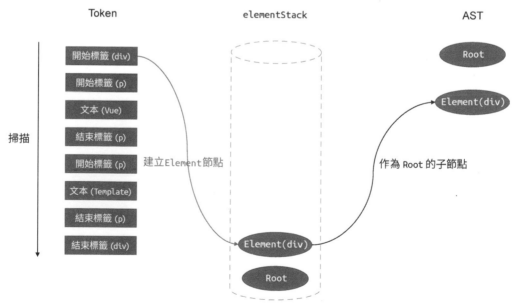

▲ 圖 15-12　Token 列表、父級元素堆疊和 AST 三者的當前狀態

由於當前掃描到的 Token 是一個開始標籤節點，因此我們建立一個類型為 Element 的 AST 節點 Element(div)，然後將該節點作為當前堆疊頂節點的子節點。由於當前堆疊頂節點是 Root 根節點，所以我們將新建的 Element(div) 節點作為 Root 根節點的子節點新增到 AST 中，最後將新建的 Element(div) 節點壓入 elementStack 堆疊。

接著，我們掃描下一個 Token，如圖 15-13 所示。

掃描到的第二個 Token 也是一個開始標籤節點，於是我們再建立一個類型為 Element 的 AST 節點 Element(p)，然後將該節點作為當前堆疊頂節點的子節點。由於當前堆疊頂節點為 Element(div) 節點，所以我們將新建的 Element(p) 節點作為 Element(div) 節點的子節點新增到 AST 中，最後將新建的 Element(p) 節點壓入 elementStack 堆疊。

接著，我們掃描下一個 Token，如圖 15-14 所示。

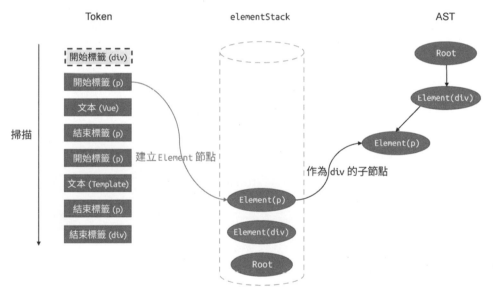

▲ 圖 15-13　Token 列表、父級元素堆疊和 AST 三者的當前狀態

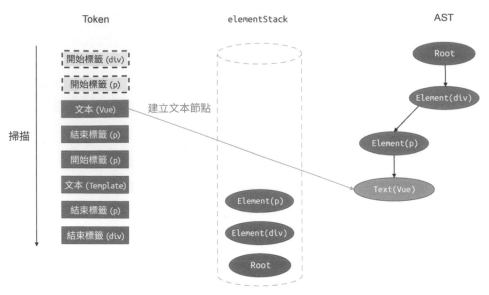

▲ 圖 15-14 Token 列表、父級元素堆疊和 AST 三者的當前狀態

掃描到的第三個 Token 是一個文本節點，於是我們建立一個類型為 Text 的 AST 節點 Text(Vue)，然後將該節點作為當前堆疊頂節點的子節點。由於當前堆疊頂節點為 Element(p) 節點，所以我們將新建的 Text(p) 節點作為 Element(p) 節點的子節點新增到 AST 中。

接著，掃描下一個 Token，如圖 15-15 所示。

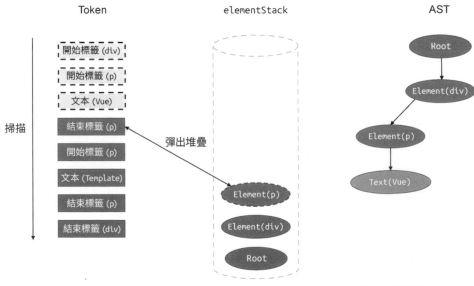

▲ 圖 15-15 Token 列表、父級元素堆疊和 AST 三者的當前狀態

此時掃描到的 Token 是一個結束標籤，所以我們需要將堆疊頂的 Element(p) 節點從 elementStack 堆疊中彈出。接著，掃描下一個 Token，如圖 15-16 所示。

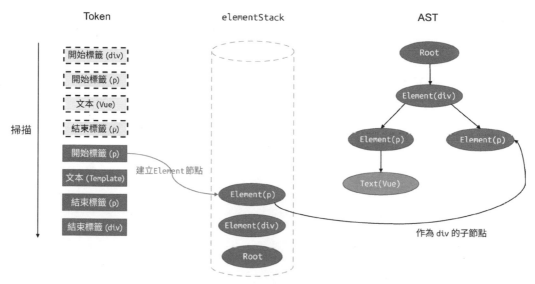

▲ 圖 15-16　Token 列表、父級元素堆疊和 AST 三者的當前狀態

此時掃描到的 Token 是一個開始標籤。我們為它新建一個 AST 節點 Element(p)，並將其作為當前堆疊頂節點 Element(div) 的子節點。最後，將 Element(p) 壓入 elementStack 堆疊中，使其成為新的堆疊頂節點。

接著，掃描下一個 Token，如圖 15-17 所示。

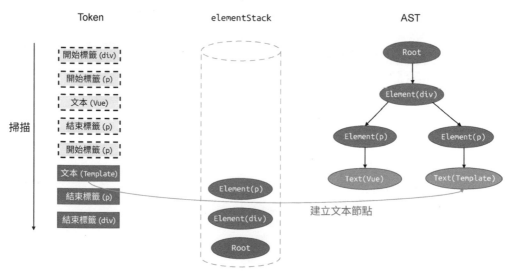

▲ 圖 15-17　Token 列表、父級元素堆疊和 AST 三者的當前狀態

此時掃描到的 Token 是一個文本節點，所以只需要為其建立一個相應的 AST 節點 Text(Template) 即可，然後將其作為當前堆疊頂節點 Element(p) 的子節點新增到 AST 中。

接著，掃描下一個 Token，如圖 15-18 所示。

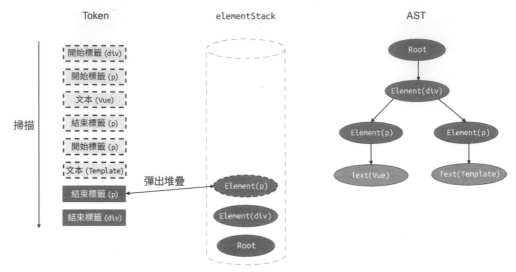

▲ 圖 15-18　Token 列表、父級元素堆疊和 AST 三者的當前狀態

此時掃描到的 Token 是一個結束標籤，於是我們將當前的堆疊頂節點 Element(p) 從 elementStack 堆疊中彈出。

接著，掃描下一個 Token，如圖 15-19 所示。

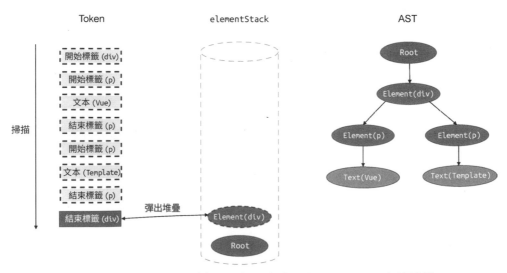

▲ 圖 15-19　Token 列表、父級元素堆疊和 AST 三者的當前狀態

此時，掃描到了最後一個 Token，它是一個 div 結束標籤，所以我們需要再次將當前堆疊頂節點 Element(div) 從 elementStack 堆疊中彈出。至此，所有 Token 都被掃描完畢，AST 建構完成。圖 15-20 提供了最終狀態。

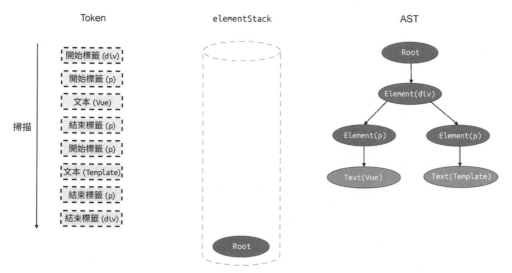

▲ 圖 15-20　Token 列表、父級元素堆疊和 AST 三者的當前狀態

如圖 15-20 所示，在所有 Token 掃描完畢後，一棵 AST 就建構完成了。

掃描 Token 列表並建構 AST 的具體實作如下：

```
1    // parse 函數接收模板作為參數
2    function parse(str) {
3      // 首先對模板進行標記化，得到 tokens
4      const tokens = tokenize(str)
5      // 建立 Root 根節點
6      const root = {
7        type: 'Root',
8        children: []
9      }
10     // 建立 elementStack 堆疊，起初只有 Root 根節點
11     const elementStack = [root]
12
13     // 開啟一個 while 循環掃描 tokens，直到所有 Token 都被掃描完畢為止
14     while (tokens.length) {
15       // 獲取當前堆疊頂節點作為父節點 parent
16       const parent = elementStack[elementStack.length - 1]
17       // 當前掃描的 Token
18       const t = tokens[0]
19       switch (t.type) {
20         case 'tag':
21           // 如果當前 Token 是開始標籤，則建立 Element 類型的 AST 節點
22           const elementNode = {
23             type: 'Element',
```

```
24          tag: t.name,
25          children: []
26        }
27        // 將其新增到父級節點的 children 中
28        parent.children.push(elementNode)
29        // 將當前節點壓入堆疊
30        elementStack.push(elementNode)
31        break
32      case 'text':
33        // 如果當前 Token 是文本，則建立 Text 類型的 AST 節點
34        const textNode = {
35          type: 'Text',
36          content: t.content
37        }
38        // 將其新增到父節點的 children 中
39        parent.children.push(textNode)
40        break
41      case 'tagEnd':
42        // 遇到結束標籤，將堆疊頂節點彈出
43        elementStack.pop()
44        break
45    }
46    // 已經掃描過的 token
47    tokens.shift()
48  }
49
50  // 最後回傳 AST
51  return root
52 }
```

上面這段程式碼很好地還原了上文中介紹的建構 AST 的想法，我們可以使用如下程式碼對其進行測試：

```
1  const ast = parse(`<div><p>Vue</p><p>Template</p></div>`)
```

執行這句程式碼，我們將得到與本節開頭提供的 AST 一致的結果。這裡有必要說明一點，當前的實作仍然存在諸多問題，例如無法處理自閉合標籤等。這些問題我們會在第 16 章詳細講解。

## 15.4 AST 的轉換與外掛化架構

在上一節中，我們完成了模板 AST 的建構。本節，我們將討論關於 AST 的轉換。所謂 AST 的轉換，指的是對 AST 進行一系列操作，將其轉換為新的 AST 的過程。新的 AST 可以是原語言或原 DSL 的描述，也可以是其他語言或其他 DSL 的描述。例如，我們可以對模板 AST 進行操作，將其轉換為 JavaScript AST。轉換後的 AST

可以用於程式碼生成。這其實就是 Vue.js 的模板編譯器將模板編譯為渲染函數的過程，如圖 15-21 所示。

▲ 圖 15-21　模板編譯器將模板編譯為渲染函數的過程

其中 transform 函數就是用來完成 AST 轉換工作的。

## 15.4.1　節點的存取

為了對 AST 進行轉換，我們需要能讀取 AST 的每一個節點，這樣才有機會對特定節點進行修改、替換、刪除等操作。由於 AST 是樹型資料結構，所以我們需要撰寫一個深度優先的遍歷演算法，從而實作對 AST 中節點的讀取。不過，在開始撰寫轉換程式碼之前，我們有必要撰寫一個 dump 工具函數，用來輸出當前 AST 中節點的訊息，如下面的程式碼所示：

```
function dump(node, indent = 0) {
  // 節點的類型
  const type = node.type
  // 節點的描述，如果是根節點，則沒有描述
  // 如果是 Element 類型的節點，則使用 node.tag 作為節點的描述
  // 如果是 Text 類型的節點，則使用 node.content 作為節點的描述
  const desc = node.type === 'Root'
    ? ''
    : node.type === 'Element'
      ? node.tag
      : node.content

  // 輸出節點的類型和描述訊息
  console.log(`${'-'.repeat(indent)}${type}: ${desc}`)

  // 遞迴地輸出子節點
  if (node.children) {
    node.children.forEach(n => dump(n, indent + 2))
  }
}
```

我們沿用上一節中提供的例子，看看使用 dump 函數會輸出怎樣的結果：

```
const ast = parse(`<div><p>Vue</p><p>Template</p></div>`)
console.log(dump(ast))
```

執行上面這段程式碼，將得到如下輸出：

```
1   Root:
2   --Element: div
3   ----Element: p
4   ------Text: Vue
5   ----Element: p
6   ------Text: Template
```

可以看到，dump 函數以清晰的格式來展示 AST 中的節點。在後續撰寫 AST 的轉換程式碼時，我們將使用 dump 函數來展示轉換後的結果。

接下來，我們將著手實作對 AST 中節點的讀取。讀取節點的方式是，從 AST 根節點開始，進行深度優先遍歷，如下面的程式碼所示：

```
1   function traverseNode(ast) {
2     // 當前節點，ast 本身就是 Root 節點
3     const currentNode = ast
4     // 如果有子節點，則遞迴地呼叫 traverseNode 函數進行遍歷
5     const children = currentNode.children
6     if (children) {
7       for (let i = 0; i < children.length; i++) {
8         traverseNode(children[i])
9       }
10    }
11  }
```

traverseNode 函數用來以深度優先的方式遍歷 AST，它的實作與 dump 函數幾乎相同。有了 traverseNdoe 函數之後，我們即可實作對 AST 中節點的讀取。例如，我們可以實作一個轉換功能，將 AST 中所有 p 標籤轉換為 h1 標籤，如下面的程式碼所示：

```
1   function traverseNode(ast) {
2     // 當前節點，ast 本身就是 Root 節點
3     const currentNode = ast
4
5     // 對當前節點進行操作
6     if (currentNode.type === 'Element' && currentNode.tag === 'p') {
7       // 將所有 p 標籤轉換為 h1 標籤
8       currentNode.tag = 'h1'
9     }
10
11    // 如果有子節點，則遞迴地呼叫 traverseNode 函數進行遍歷
12    const children = currentNode.children
13    if (children) {
14      for (let i = 0; i < children.length; i++) {
15        traverseNode(children[i])
16      }
17    }
18  }
```

在上面這段程式碼中，我們透過檢查當前節點的 type 屬性和 tag 屬性，來確保被操作的節點是 p 標籤。接著，我們將符合條件的節點的 tag 屬性值修改為 'h1'，從而實作 p 標籤到 h1 標籤的轉換。我們可以使用 dump 函數輸出轉換後的 AST 的訊息，如下面的程式碼所示：

```
1  // 封裝 transform 函數，用來對 AST 進行轉換
2  function transform(ast) {
3    // 呼叫 traverseNode 完成轉換
4    traverseNode(ast)
5    // 輸出 AST 訊息
6    console.log(dump(ast))
7  }
8
9  const ast = parse(`<div><p>Vue</p><p>Template</p></div>`)
10 transform(ast)
```

執行上面這段程式碼，我們將得到如下輸出：

```
1  Root:
2  --Element: div
3  ----Element: h1
4  ------Text: Vue
5  ----Element: h1
6  ------Text: Template
```

可以看到，所有 p 標籤都已經變成了 h1 標籤。

我們還可以對 AST 進行其他轉換。例如，實作一個轉換，將文本節點的內容重複兩次：

```
1  function traverseNode(ast) {
2    // 當前節點，ast 本身就是 Root 節點
3    const currentNode = ast
4
5    // 對當前節點進行操作
6    if (currentNode.type === 'Element' && currentNode.tag === 'p') {
7      // 將所有 p 標籤轉換為 h1 標籤
8      currentNode.tag = 'h1'
9    }
10
11   // 如果節點的類型為 Text
12   if (currentNode.type === 'Text') {
13     // 重複其內容兩次，這裡我們使用了字串的 repeat() 方法
14     currentNode.content = currentNode.content.repeat(2)
15   }
16
17   // 如果有子節點，則遞迴地呼叫 traverseNode 函數進行遍歷
18   const children = currentNode.children
19   if (children) {
20     for (let i = 0; i < children.length; i++) {
21       traverseNode(children[i])
```

```
22        }
23      }
24    }
```

如上面的程式碼所示，我們增加了對文本類型節點的處理程式碼。一旦檢查到當前節點的類型為 Text，則呼叫 repeat(2) 方法將文本節點的內容重複兩次。最終，我們將得到如下輸出：

```
1    Root:
2    --Element: div
3    ----Element: h1
4    ------Text: VueVue
5    ----Element: h1
6    ------Text: TemplateTemplate
```

可以看到，文本節點的內容全部重複了兩次。

不過，隨著功能的不斷增加，traverseNode 函數將會變得越來越「臃腫」。這時，我們很自然地想到，能否對節點的操作和存取進行解耦呢？答案是「當然可以」，我們可以使用回呼函數的機制來實作解耦，如下面 traverseNode 函數的程式碼所示：

```
1    // 接收第二個參數 context
2    function traverseNode(ast, context) {
3      const currentNode = ast
4
5      // context.nodeTransforms 是一個陣列，其中每一個元素都是一個函數
6      const transforms = context.nodeTransforms
7      for (let i = 0; i < transforms.length; i++) {
8        // 將當前節點 currentNode 和 context 都傳遞給 nodeTransforms 中註冊的回呼函數
9        transforms[i](currentNode, context)
10     }
11
12     const children = currentNode.children
13     if (children) {
14       for (let i = 0; i < children.length; i++) {
15         traverseNode(children[i])
16       }
17     }
18   }
```

在上面這段程式碼中，我們首先為 traverseNode 函數增加了第二個參數 context。關於 context 的內容，下文會詳細介紹。接著，我們把回呼函數儲存到 transforms 陣列中，然後遍歷該陣列，並逐個呼叫註冊在其中的回呼函數。最後，我們將當前節點 currentNode 和 context 物件分別作為參數傳遞給回呼函數。

有了修改後的 **traverseNode** 函數，我們就可以如下所示使用它了：

```
1   function transform(ast) {
2     // 在 transform 函數內建立 context 物件
3     const context = {
4       // 註冊 nodeTransforms 陣列
5       nodeTransforms: [
6         transformElement, // transformElement 函數用來轉換標籤節點
7         transformText     // transformText 函數用來轉換文本節點
8       ]
9     }
10    // 呼叫 traverseNode 完成轉換
11    traverseNode(ast, context)
12    // 輸出 AST 訊息
13    console.log(dump(ast))
14  }
```

其中，**transformElement** 函數和 **transformText** 函數的實作如下：

```
1   function transformElement(node) {
2     if (node.type === 'Element' && node.tag === 'p') {
3       node.tag = 'h1'
4     }
5   }
6
7   function transformText(node) {
8     if (node.type === 'Text') {
9       node.content = node.content.repeat(2)
10    }
11  }
```

可以看到，解耦之後，節點操作封裝到了 **transformElement** 和 **transformText** 這樣的獨立函數中。我們甚至可以撰寫任意多個類似的轉換函數，只需要將它們註冊到 **context.nodeTransforms** 中即可。這樣就解決了功能增加所導致的 **traverseNode** 函數「臃腫」的問題。

## 15.4.2　轉換上下文與節點操作

在上文中，我們將轉換函數註冊到 **context.nodeTransforms** 陣列中。那麼，為什麼要使用 context 物件呢？直接定義一個陣列不可以嗎？為了搞清楚這個問題，就不得不提到關於上下文的知識。你可能或多或少聽說過關於 Context（上下文）的內容，我們可以把 Context 看作程式在某個範圍內的「全域變數」。實際上，上下文並不是一個具體的東西，它依賴於具體的使用情況。我們舉幾個例子來直觀地感受一下。

▨ 在撰寫 React 應用時，我們可以使用 React.createContext 函數建立一個上下文物件，該上下文物件允許我們將資料透過組件樹一層層地傳遞下去。無論組件樹的層級有多深，只要組件在這棵組件樹的層級內，那麼它就能夠讀取上下文物件中的資料。

▨ 在撰寫 Vue.js 應用時，我們也可以透過 provide/inject 等能力，向一整棵組件樹提供資料。這些資料可以稱為上下文。

▨ 在撰寫 Koa 應用時，中間件函數接收的 context 參數也是一種上下文物件，所有中間件都可以透過 context 來存取相同的資料。

透過上述三個例子我們能夠認識到，上下文物件其實就是程式在某個範圍內的「全域變數」。換句話說，我們也可以把全域變數看作全局上下文。

回到我們本節講解的 context.nodeTransforms 陣列，這裡的 context 可以看作 AST 轉換函數過程中的上下文資料。所有 AST 轉換函數都可以透過 context 來共享資料。上下文物件中通常會維護程式的當前狀態，例如當前轉換的節點是哪一個？當前轉換的節點的父節點是誰？甚至當前節點是父節點的第幾個子節點？等等。這些訊息對於撰寫複雜的轉換函數非常有用。所以，接下來我們要做的就是建構轉換上下文訊息，如下面的程式碼所示：

```
function transform(ast) {
  const context = {
    // 增加 currentNode，用來儲存當前正在轉換的節點
    currentNode: null,
    // 增加 childIndex，用來儲存當前節點在父節點的 children 中的位置索引
    childIndex: 0,
    // 增加 parent，用來儲存當前轉換節點的父節點
    parent: null,
    nodeTransforms: [
      transformElement,
      transformText
    ]
  }

  traverseNode(ast, context)
  console.log(dump(ast))
}
```

在上面這段程式碼中，我們為轉換上下文物件擴展了一些重要訊息。

▨ currentNode：用來儲存當前正在轉換的節點。

▨ childIndex：用來儲存當前節點在父節點的 children 中的位置索引。

▨ parent：用來儲存當前轉換節點的父節點。

緊接著，我們需要在合適的地方設定轉換上下文物件中的資料，如下面
traverseNode 函數的程式碼所示：

```
1  function traverseNode(ast, context) {
2    // 設定當前轉換的節點訊息 context.currentNode
3    context.currentNode = ast
4
5    const transforms = context.nodeTransforms
6    for (let i = 0; i < transforms.length; i++) {
7      transforms[i](context.currentNode, context)
8    }
9
10   const children = context.currentNode.children
11   if (children) {
12     for (let i = 0; i < children.length; i++) {
13       // 遞迴呼叫 traverseNode 轉換子節點之前，將當前節點設定為父節點
14       context.parent = context.currentNode
15       // 設定位置索引
16       context.childIndex = i
17       // 遞迴呼叫時，將 context 透明傳輸
18       traverseNode(children[i], context)
19     }
20   }
21 }
```

觀察上面這段程式碼，其關鍵點在於，在遞迴呼叫 traverseNode 函數進行子節點的
轉換之前，我們必須設定 context.parent 和 context.childIndex 的值，這樣才能保
證在接下來的遞迴轉換中，context 物件所儲存的訊息是正確的。

有了上下文資料後，我們就可以實作節點替換功能了。什麼是節點替換呢？在對
AST 進行轉換的時候，我們可能希望把某些節點替換為其他類型的節點。例如，將
所有文本節點替換成一個元素節點。為了完成節點替換，我們需要在上下文物件中
新增 context.replaceNode 函數。該函數接收新的 AST 節點作為參數，並使用新節
點替換當前正在轉換的節點，如下面的程式碼所示：

```
1  function transform(ast) {
2    const context = {
3      currentNode: null,
4      parent: null,
5      // 用於替換節點的函數，接收新節點作為參數
6      replaceNode(node) {
7        // 為了替換節點，我們需要修改 AST
8        // 找到當前節點在父節點的 children 中的位置：context.childIndex
9        // 然後使用新節點替換即可
10       context.parent.children[context.childIndex] = node
11       // 由於當前節點已經被新節點替換掉了，因此我們需要將 currentNode 更新為新節點
12       context.currentNode = node
13     },
14     nodeTransforms: [
15       transformElement,
```

```
16          transformText
17        ]
18      }
19
20     traverseNode(ast, context)
21     console.log(dump(ast))
22   }
```

觀察上面程式碼中的 replaceNode 函數。在該函數內，我們首先透過 context. childIndex 屬性取得當前節點的位置索引，然後透過 context.parent.children 取得當前節點所在集合，最後配合使用 context.childIndex 與 context.parent.children 即可完成節點替換。另外，由於當前節點已經替換為新節點了，所以我們應該使用新節點更新 context.currentNode 屬性的值。

接下來，我們就可以在轉換函數中使用 replaceNode 函數對 AST 中的節點進行替換了。如下面 transformText 函數的程式碼所示，它能夠將文本節點轉換為元素節點：

```
1   // 轉換函數的第二個參數就是 context 物件
2   function transformText(node, context) {
3     if (node.type === 'Text') {
4       // 如果當前轉換的節點是文本節點，則呼叫 context.replaceNode 函數將其替換為元素節點
5       context.replaceNode({
6         type: 'Element',
7         tag: 'span'
8       })
9     }
10  }
```

如上面的程式碼所示，轉換函數的第二個參數就是 context 物件，所以我們可以在轉換函數內部使用該物件上的任意屬性或函數。在 transformText 函數內部，首先檢查當前轉換的節點是否是文本節點，如果是，則呼叫 context.replaceNode 函數將其替換為新的 span 標籤節點。

下面的例子用來驗證節點替換功能：

```
1   const ast = parse(`<div><p>Vue</p><p>Template</p></div>`)
2   transform(ast)
```

執行上面這段程式碼，其轉換前後的結果分別是：

```
1   // 轉換前
2   Root:
3   --Element: div
4   ----Element: p
5   ------Text: VueVue
6   ----Element: p
7   ------Text: TemplateTemplate
8   // 轉換後
```

```
 9    Root:
10    --Element: div
11    ----Element: h1
12    ------Element: span
13    ----Element: h1
14    ------Element: span
```

可以看到，轉換後的 AST 中的文本節點全部變為 span 標籤節點了。

除了替換節點，有時我們還希望移除當前的節點。我們可以透過實作 context.removeNode 函數來達到目的，如下面的程式碼所示：

```
 1    function transform(ast) {
 2      const context = {
 3        currentNode: null,
 4        parent: null,
 5        replaceNode(node) {
 6          context.currentNode = node
 7          context.parent.children[context.childIndex] = node
 8        },
 9        // 用於刪除當前節點。
10        removeNode() {
11          if (context.parent) {
12            // 執行陣列的 splice 方法，根據當前節點的索引刪除當前節點
13            context.parent.children.splice(context.childIndex, 1)
14            // 將 context.currentNode 設定為空值
15            context.currentNode = null
16          }
17        },
18        nodeTransforms: [
19          transformElement,
20          transformText
21        ]
22      }
23
24      traverseNode(ast, context)
25      console.log(dump(ast))
26    }
```

移除當前讀取的節點也非常簡單，只需要取得其位置索引 context.childIndex，再呼叫陣列的 splice 方法將其從所屬的 children 列表中移除即可。另外，當節點被移除之後，不要忘記將 context.currentNode 的值置空。這裡有一點需要注意，由於當前節點被移除了，所以後續的轉換函數將不再需要處理該節點。因此，我們需要對 traverseNode 函數做一些調整，如下面的程式碼所示：

```
 1    function traverseNode(ast, context) {
 2      context.currentNode = ast
 3
 4      const transforms = context.nodeTransforms
 5      for (let i = 0; i < transforms.length; i++) {
```

```
6        transforms[i](context.currentNode, context)
7        // 由於任何轉換函數都可能移除當前節點，因此每個轉換函數執行完畢後，
8        // 都應該檢查當前節點是否已經被移除，如果被移除了，直接回傳即可
9        if (!context.currentNode) return
10     }
11
12     const children = context.currentNode.children
13     if (children) {
14       for (let i = 0; i < children.length; i++) {
15         context.parent = context.currentNode
16         context.childIndex = i
17         traverseNode(children[i], context)
18       }
19     }
20   }
```

在修改後的 traverseNode 函數中，我們增加了一行程式碼，用於檢查 context.currentNode 是否存在。由於任何轉換函數都可能移除當前存取的節點，所以每個轉換函數執行完畢後，都應該檢查當前的節點是否已經被移除，如果被某個轉換函數移除了，則 traverseNode 直接回傳即可，無須做後續的處理。

有了 context.removeNode 函數之後，我們即可實作用於移除文本節點的轉換函數，如下面的程式碼所示：

```
1    function transformText(node, context) {
2      if (node.type === 'Text') {
3        // 如果是文本節點，直接呼叫 context.removeNode 函數將其移除即可
4        context.removeNode()
5      }
6    }
```

配合上面的 transformText 轉換函數，執行下面的用例：

```
1    const ast = parse(`<div><p>Vue</p><p>Template</p></div>`)
2    transform(ast)
```

轉換前後輸出結果是：

```
1    // 轉換前
2    Root:
3    --Element: div
4    ----Element: p
5    ------Text: VueVue
6    ----Element: p
7    ------Text: TemplateTemplate
8
9    // 轉換後
10   Root:
11   --Element: div
```

```
12    ----Element: h1
13    ----Element: h1
```

可以看到，在轉換後的 AST 中，將不再有任何文本節點。

### 15.4.3　進入與退出

在轉換 AST 節點的過程中，往往需要根據其子節點的情況來決定如何對當前節點進行轉換。這就要求父節點的轉換操作必須等待其所有子節點全部轉換完畢後再執行。然而，我們目前設計的轉換操作流程並不支援這一能力。上文中介紹的轉換操作流程，是一種從根節點開始、順序執行的操作流程，如圖 15-22 所示。

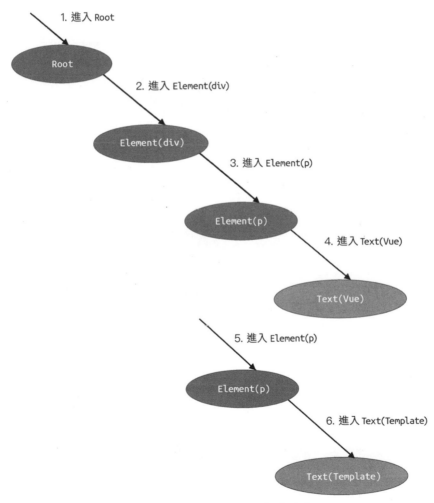

▲ 圖 15-22　順序執行操作流程

從圖 15-22 中可以看到，Root 根節點第一個被處理，節點層次越深，對它的處理將越靠後。這種順序處理的操作流程存在的問題是，當一個節點被處理時，意味著它的父節點已經被處理完畢了，並且我們無法再回過頭重新處理父節點。

更加理想的轉換操作流程應該如圖 15-23 所示。

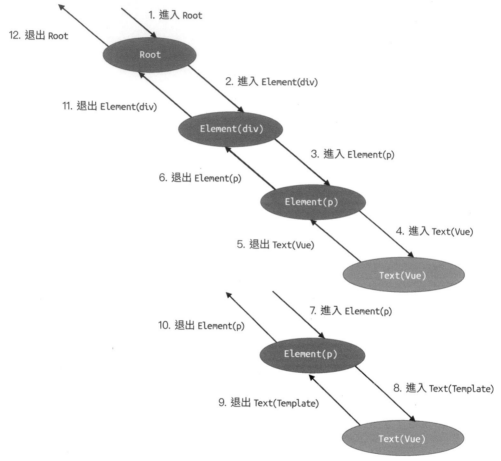

▲ 圖 15-23　更加理想的轉換操作流程

由圖 15-23 可知，對節點的讀取分為兩個階段，即進入階段和退出階段。當轉換函數處於進入階段時，它會先進入父節點，再進入子節點。而當轉換函數處於退出階段時，則會先退出子節點，再退出父節點。這樣，只要我們在退出節點階段對當前讀取的節點進行處理，就一定能夠保證其子節點全部處理完畢。

為了實作如圖 15-23 所示的轉換操作流程，我們需要重新設計轉換函數的能力，如下面 traverseNode 函數的程式碼所示：

```
function traverseNode(ast, context) {
  context.currentNode = ast
  // 1. 增加退出階段的回呼函數陣列
  const exitFns = []
  const transforms = context.nodeTransforms
  for (let i = 0; i < transforms.length; i++) {
    // 2. 轉換函數可以回傳另外一個函數，該函數即作為退出階段的回呼函數
    const onExit = transforms[i](context.currentNode, context)
    if (onExit) {
      // 將退出階段的回呼函數新增到 exitFns 陣列中
      exitFns.push(onExit)
    }
    if (!context.currentNode) return
  }

  const children = context.currentNode.children
  if (children) {
    for (let i = 0; i < children.length; i++) {
      context.parent = context.currentNode
      context.childIndex = i
      traverseNode(children[i], context)
    }
  }

  // 在節點處理的最後階段執行暫存到 exitFns 中的回呼函數
  // 注意，這裡我們要反序執行
  let i = exitFns.length
  while (i--) {
    exitFns[i]()
  }
}
```

在上面這段程式碼中，我們增加了一個陣列 exitFns，用來儲存由轉換函數回傳的回呼函數。接著，在 traverseNode 函數的最後，執行這些暫存在 exitFns 陣列中的回呼函數。這樣就保證了，**當退出階段的回呼函數執行時，當前讀取的節點的子節點已經全部處理過了**。有了這些能力之後，我們在撰寫轉換函數時，可以將轉換邏輯撰寫在退出階段的回呼函數中，從而保證在對當前讀取的節點進行轉換之前，其子節點一定全部處理完畢了，如下面的程式碼所示：

```
function transformElement(node, context) {
  // 進入節點

  // 回傳一個會在退出節點時執行的回呼函數
  return () => {
    // 在這裡撰寫退出節點的邏輯，當這裡的程式碼執行時，當前轉換節點的子節點一定處理完畢了
  }
}
```

另外還有一點需要注意，退出階段的回呼函數是反序執行的。這意味著，如果註冊了多個轉換函數，則它們的註冊順序將決定程式碼的執行結果。假設我們註冊的兩個轉換函數分別是 transformA 和 transformB，如下面的程式碼所示：

```
1   function transform(ast) {
2     const context = {
3       // 省略部分程式碼
4
5       // 註冊兩個轉換函數，transformA 先於 transformB
6       nodeTransforms: [
7         transformA,
8         transformB
9       ]
10    }
11
12    traverseNode(ast, context)
13    console.log(dump(ast))
14  }
```

在上面這段程式碼中，轉換函數 transformA 先於 transformB 被註冊。這意味著，在執行轉換時，transformA 的「進入階段」會先於 transformB 的「進入階段」執行，而 transformA 的「退出階段」將晚於 transformB 的「退出階段」執行：

```
1   -- transformA 進入階段執行
2   ---- transformB 進入階段執行
3   ---- transformB 退出階段執行
4   -- transformA 退出階段執行
```

這麼設計的好處是，轉換函數 transformA 將有機會等待 transformB 執行完畢後，再根據具體情況決定應該如何運作。

如果將 transformA 與 transformB 的順序調換，那麼轉換函數的執行順序也將改變：

```
1   -- transformB 進入階段執行
2   ---- transformA 進入階段執行
3   ---- transformA 退出階段執行
4   -- transformB 退出階段執行
```

由此可見，當把轉換邏輯撰寫在轉換函數的退出階段時，不僅能夠保證所有子節點全部處理完畢，還能夠保證所有後續註冊的轉換函數執行完畢。

## 15.5 將模板 AST 轉為 JavaScript AST

在上一節中,我們討論了如何對 AST 進行轉換,並實作了一個基本的外掛架構,即透過註冊自訂的轉換函數實作對 AST 的操作。本節,我們將討論如何將模板 AST 轉換為 JavaScript AST,為後續講解程式碼生成做鋪墊。

為什麼要將模板 AST 轉換為 JavaScript AST 呢?原因我們已經多次提到:我們需要將模板編譯為渲染函數。而渲染函數是由 JavaScript 程式碼來描述的,因此,我們需要將模板 AST 轉換為用於描述渲染函數的 JavaScript AST。

以上一節提供的模板為例:

```
1    <div><p>Vue</p><p>Template</p></div>
```

與這段模板等價的渲染函數是:

```
1    function render() {
2      return h('div', [
3        h('p', 'Vue'),
4        h('p', 'Template')
5      ])
6    }
```

上面這段渲染函數的 JavaScript 程式碼所對應的 JavaScript AST 就是我們的轉換目標。那麼,它對應的 JavaScript AST 是什麼樣子的呢?與模板 AST 是模板的描述一樣,JavaScript AST 是 JavaScript 程式碼的描述。所以,本質上我們需要設計一些資料結構來描述渲染函數的程式碼。

首先,我們觀察上面這段渲染函數的程式碼。它是一個函數聲明,所以我們首先要描述 JavaScript 中的函數聲明語句。一個函數聲明語句由以下幾部分組成。

- ☑ id:函數名稱,它是一個標識符 Identifier。
- ☑ params:函數的參數,它是一個陣列。
- ☑ body:函數體,由於函數體可以包含多個語句,因此它也是一個陣列。

為了簡化問題,這裡我們不考慮箭頭函數、生成器函數、async 函數等情況。那麼,根據以上這些訊息,我們就可以設計一個基本的資料結構來描述函數聲明語句:

```
1    const FunctionDeclNode = {
2      type: 'FunctionDecl' // 代表該節點是函數聲明
3      // 函數的名稱是一個標識符,標識符本身也是一個節點
4      id: {
5        type: 'Identifier',
6        name: 'render' // name 用來儲存標識符的名稱,在這裡它就是渲染函數的名稱 render
```

```
 7        },
 8        params: [], // 參數,目前渲染函數還不需要參數,所以這裡是一個空陣列
 9        // 渲染函數的函數體只有一個語句,即 return 語句
10        body: [
11          {
12            type: 'ReturnStatement',
13            return: null // 暫時留空,在後續講解中補全
14          }
15        ]
16      }
```

如上面的程式碼所示,我們使用一個物件來描述一個 JavaScript AST 節點。每個節點都具有 type 欄位,該欄位用來代表節點的類型。對於函數聲明語句來說,它的類型是 FunctionDecl。接著,我們使用 id 欄位來儲存函數的名稱。函數的名稱應該是一個合法的標識符,因此 id 欄位本身也是一個類型為 Identifier 的節點。當然,我們在設計 JavaScript AST 的時候,可以根據實際需要進行調整。例如,我們可以將 id 欄位設計為一個字串類型的值。這樣做雖然不完全符合 JavaScript 的語意,但是能夠滿足我們的需求。對於函數的參數,我們使用 params 陣列來儲存。目前,我們設計的渲染函數還不需要參數,因此暫時設為空陣列。最後,我們使用 body 欄位來描述函數的函數體。一個函數的函數體內可以存在多個語句,所以我們使用一個陣列來描述它。該陣列內的每個元素都對應一條語句,對於渲染函數來說,目前它只有一個回傳語句,所以我們使用一個類型為 ReturnStatement 的節點來描述該回傳語句。

介紹完函數聲明語句的節點結構後,我們再來看一下渲染函數的回傳值。渲染函數回傳的是虛擬 DOM 節點,具體展現在 h 函數的呼叫。我們可以使用 CallExpression 類型的節點來描述函數呼叫語句,如下面的程式碼所示:

```
 1      const CallExp = {
 2        type: 'CallExpression',
 3        // 被呼叫函數的名稱,它是一個標識符
 4        callee: {
 5          type: 'Identifier',
 6          name: 'h'
 7        },
 8        // 參數
 9        arguments: []
10      }
```

類型為 CallExpression 的節點擁有兩個屬性。

- ☑ callee:用來描述被呼叫函數的名稱,它本身是一個標識符節點。
- ☑ arguments:被呼叫函數的形式參數,多個參數的話用陣列來描述。

我們再次觀察渲染函數的回傳值：

```
1  function render() {
2    // h 函數的第一個參數是一個字串數值
3    // h 函數的第二個參數是一個陣列
4    return h('div', [/*...*/])
5  }
```

可以看到，最外層的 h 函數的第一個參數是一個字串數值，我們可以使用類型為
`StringLiteral` 的節點來描述它：

```
1  const Str = {
2    type: 'StringLiteral',
3    value: 'div'
4  }
```

最外層的 h 函數的第二個參數是一個陣列，我們可以使用類型為 `ArrayExpression`
的節點來描述它：

```
1  const Arr = {
2    type: 'ArrayExpression',
3    // 陣列中的元素
4    elements: []
5  }
```

使用上述 `CallExpression`、`StringLiteral`、`ArrayExpression` 等節點來填充渲染函數
的回傳值，其最終結果如下面的程式碼所示：

```
1   const FunctionDeclNode = {
2     type: 'FunctionDecl' // 代表該節點是函數聲明
3     // 函數的名稱是一個標識符，標識符本身也是一個節點
4     id: {
5       type: 'Identifier',
6       name: 'render' // name 用來儲存標識符的名稱，在這裡它就是渲染函數的名稱 render
7     },
8     params: [], // 參數，目前渲染函數還不需要參數，所以這裡是一個空陣列
9     // 渲染函數的函數體只有一個語句，即 return 語句
10    body: [
11      {
12        type: 'ReturnStatement',
13        // 最外層的 h 函數呼叫
14        return: {
15          type: 'CallExpression',
16          callee: { type: 'Identifier', name: 'h' },
17          arguments: [
18            // 第一個參數是字串數值 'div'
19            {
20              type: 'StringLiteral',
21              value: 'div'
22            },
23            // 第二個參數是一個陣列
```

425

```
24            {
25              type: 'ArrayExpression',
26              elements: [
27                // 陣列的第一個元素是 h 函數的呼叫
28                {
29                  type: 'CallExpression',
30                  callee: { type: 'Identifier', name: 'h' },
31                  arguments: [
32                    // 該 h 函數呼叫的第一個參數是字串數值
33                    { type: 'StringLiteral', value: 'p' },
34                    // 第二個參數也是一個字串數值
35                    { type: 'StringLiteral', value: 'Vue' },
36                  ]
37                },
38                // 陣列的第二個元素也是 h 函數的呼叫
39                {
40                  type: 'CallExpression',
41                  callee: { type: 'Identifier', name: 'h' },
42                  arguments: [
43                    // 該 h 函數呼叫的第一個參數是字串數值
44                    { type: 'StringLiteral', value: 'p' },
45                    // 第二個參數也是一個字串數值
46                    { type: 'StringLiteral', value: 'Template' },
47                  ]
48                }
49              ]
50            }
51          ]
52        }
53      }
54    ]
55  }
```

如上面這段 JavaScript AST 的程式碼所示，它是對渲染函數程式碼的完整描述。接下來我們的任務是，撰寫轉換函數，將模板 AST 轉換為上述 JavaScript AST。不過在開始之前，我們需要撰寫一些用來建立 JavaScript AST 節點的輔助函數，如下面的程式碼所示：

```
1   // 用來建立 StringLiteral 節點
2   function createStringLiteral(value) {
3     return {
4       type: 'StringLiteral',
5       value
6     }
7   }
8   // 用來建立 Identifier 節點
9   function createIdentifier(name) {
10    return {
11      type: 'Identifier',
12      name
13    }
14  }
```

```
15   // 用來建立 ArrayExpression 節點
16   function createArrayExpression(elements) {
17     return {
18       type: 'ArrayExpression',
19       elements
20     }
21   }
22   // 用來建立 CallExpression 節點
23   function createCallExpression(callee, arguments) {
24     return {
25       type: 'CallExpression',
26       callee: createIdentifier(callee),
27       arguments
28     }
29   }
```

有了這些輔助函數，我們可以更容易地撰寫轉換程式碼。

為了把模板 AST 轉換為 JavaScript AST，我們同樣需要兩個轉換函數：transformElement 和 transformText，它們分別用來處理標籤節點和文本節點。具體實作如下：

```
1    // 轉換文本節點
2    function transformText(node) {
3      // 如果不是文本節點，則什麼都不做
4      if (node.type !== 'Text') {
5        return
6      }
7      // 文本節點對應的 JavaScript AST 節點其實就是一個字串數值，
8      // 因此只需要使用 node.content 建立一個 StringLiteral 類型的節點即可
9      // 最後將文本節點對應的 JavaScript AST 節點新增到 node.jsNode 屬性下
10     node.jsNode = createStringLiteral(node.content)
11   }
12
13   // 轉換標籤節點
14   function transformElement(node) {
15     // 將轉換程式碼撰寫在退出階段的回呼函數中，
16     // 這樣可以保證該標籤節點的子節點全部被處理完畢
17     return () => {
18       // 如果被轉換的節點不是元素節點，則什麼都不做
19       if (node.type !== 'Element') {
20         return
21       }
22
23       // 1. 建立 h 函數呼叫語句
24       // h 函數呼叫的第一個參數是標籤名稱，因此我們以 node.tag 來建立一個字串數值節點
25       // 作為第一個參數
26       const callExp = createCallExpression('h', [
27         createStringLiteral(node.tag)
28       ])
29       // 2. 處理 h 函數呼叫的參數
30       node.children.length === 1
31         // 如果當前標籤節點只有一個子節點，則直接使用子節點的 jsNode 作為參數
32         ? callExp.arguments.push(node.children[0].jsNode)
```

```
33        // 如果當前標籤節點有多個子節點，則建立一個 ArrayExpression 節點作為參數
34        : callExp.arguments.push(
35          // 陣列的每個元素都是子節點的 jsNode
36          createArrayExpression(node.children.map(c => c.jsNode))
37        )
38      // 3. 將當前標籤節點對應的 JavaScript AST 新增到 jsNode 屬性下
39      node.jsNode = callExp
40    }
41  }
```

如上面的程式碼及註解所示，總體實作並不複雜。有兩點需要注意：

▣ 在轉換標籤節點時，我們需要將轉換邏輯撰寫在退出階段的回呼函數內，這樣才能保證其子節點全部被處理完畢；

▣ 無論是文本節點還是標籤節點，它們轉換後的 JavaScript AST 節點都儲存在節點的 node.jsNode 屬性下。

使用上面兩個轉換函數即可完成標籤節點和文本節點的轉換，即把模板轉換成 h 函數的呼叫。但是，轉換後得到的 AST 只是用來描述渲染函數 render 的回傳值的，所以我們最後一步要做的就是，補齊 JavaScript AST，即把用來描述 render 函數本身的函數聲明語句節點附加到 JavaScript AST 中。這需要我們撰寫 transformRoot 函數來實作對 Root 根節點的轉換：

```
1   // 轉換 Root 根節點
2   function transformRoot(node) {
3     // 將邏輯撰寫在退出階段的回呼函數中，保證子節點全部被處理完畢
4     return () => {
5       // 如果不是根節點，則什麼都不做
6       if (node.type !== 'Root') {
7         return
8       }
9       // node 是根節點，根節點的第一個子節點就是模板的根節點，
10      // 當然，這裡我們暫時不考慮模板存在多個根節點的情況
11      const vnodeJSAST = node.children[0].jsNode
12      // 建立 render 函數的聲明語句節點，將 vnodeJSAST 作為 render 函數體的回傳語句
13      node.jsNode = {
14        type: 'FunctionDecl',
15        id: { type: 'Identifier', name: 'render' },
16        params: [],
17        body: [
18          {
19            type: 'ReturnStatement',
20            return: vnodeJSAST
21          }
22        ]
23      }
24    }
25  }
```

經過這一步處理之後，模板 AST 將轉換為對應的 JavaScript AST，並且可以透過根節點的 `node.jsNode` 來存取轉換後的 JavaScript AST。下一節我們將討論如何根據轉換後得到的 JavaScript AST 生成渲染函數程式碼。

## 15.6　程式碼生成

在上一節中，我們完成了 JavaScript AST 的建構。本節，我們將討論如何根據 JavaScript AST 生成渲染函數的程式碼，即程式碼生成。程式碼生成本質上是字串拼接的藝術。我們需要讀取 JavaScript AST 中的節點，為每一種類型的節點生成相符的 JavaScript 程式碼。

本節，我們將實作 generate 函數來完成程式碼生成的任務。程式碼生成也是編譯器的最後一步：

```
1   function compile(template) {
2     // 模板 AST
3     const ast = parse(template)
4     // 將模板 AST 轉換為 JavaScript AST
5     transform(ast)
6     // 程式碼生成
7     const code = generate(ast.jsNode)
8
9     return code
10  }
```

與 AST 轉換一樣，程式碼生成也需要上下文物件。該上下文物件用來維護程式碼生成過程中程式的執行狀態，如下面的程式碼所示：

```
1   function generate(node) {
2     const context = {
3       // 儲存最終生成的渲染函數程式碼
4       code: '',
5       // 在生成程式碼時，透過呼叫 push 函數完成程式碼的拼接
6       push(code) {
7         context.code += code
8       }
9     }
10
11    // 呼叫 genNode 函數完成程式碼生成的工作，
12    genNode(node, context)
13
14    // 回傳渲染函數程式碼
15    return context.code
16  }
```

在上面這段 generate 函數的程式碼中，首先我們定義了上下文物件 context，它包含 context.code 屬性，用來儲存最終生成的渲染函數程式碼，還定義了 context. push 函數，用來完成程式碼拼接，接著呼叫 genNode 函數完成程式碼生成的工作，最後將最終生成的渲染函數程式碼回傳。

另外，我們希望最終生成的程式碼具有較強的可讀性，因此我們應該考慮生成程式碼的格式，例如縮排和換行等。這就需要我們擴展 context 物件，為其增加用來完成換行和縮排的工具函數，如下面的程式碼所示：

```
 1  function generate(node) {
 2    const context = {
 3      code: '',
 4      push(code) {
 5        context.code += code
 6      },
 7      // 當前縮排的級別，初始值為 0，即沒有縮排
 8      currentIndent: 0,
 9      // 該函數用來換行，即在程式碼字串的後面追加 \n 字串，
10      // 另外，換行時應該保留縮排，所以我們還要追加 currentIndent * 2 個空格字串
11      newline() {
12        context.code += '\n' + `  `.repeat(context.currentIndent)
13      },
14      // 用來縮排，即讓 currentIndent 自增後，呼叫換行函數
15      indent() {
16        context.currentIndent++
17        context.newline()
18      },
19      // 取消縮排，即讓 currentIndent 自減後，呼叫換行函數
20      deIndent() {
21        context.currentIndent--
22        context.newline()
23      }
24    }
25
26    genNode(node, context)
27
28    return context.code
29  }
```

在上面這段程式碼中，我們增加了 context.currentIndent 屬性，它代表縮排的級別，初始值為 0，代表沒有縮排，還增加了 context.newline() 函數，每次呼叫該函數時，都會在程式碼字串後面追加換行符 \n。由於換行時需要保留縮排，所以我們還要追加 context.currentIndent * 2 個空格字串。這裡我們假設縮排為兩個空格字串，後續我們可以將其設計為可配置的。同時，我們還增加了 context.indent() 函數用來完成程式碼縮排，它的原理很簡單，即讓縮排級別 context.currentIndent 進行自增，再呼叫 context.newline() 函數。與之對應的 context.deIndent() 函

數則用來取消縮排，即讓縮排級別 context.currentIndent 進行自減，再呼叫 context.newline() 函數。

有了這些基礎能力之後，我們就可以開始撰寫 genNode 函數來完成程式碼生成的工作了。程式碼生成的原理其實很簡單，只需要匹配各種類型的 JavaScript AST 節點，並呼叫對應的生成函數即可，如下面的程式碼所示：

```
function genNode(node, context) {
  switch (node.type) {
    case 'FunctionDecl':
      genFunctionDecl(node, context)
      break
    case 'ReturnStatement':
      genReturnStatement(node, context)
      break
    case 'CallExpression':
      genCallExpression(node, context)
      break
    case 'StringLiteral':
      genStringLiteral(node, context)
      break
    case 'ArrayExpression':
      genArrayExpression(node, context)
      break
  }
}
```

在 genNode 函數內部，我們使用 switch 語句來匹配不同類型的節點，並呼叫與之對應的生成器函數。

- 對於 FunctionDecl 節點，使用 genFunctionDecl 函數為該類型節點生成對應的 JavaScript 程式碼。
- 對於 ReturnStatement 節點，使用 genReturnStatement 函數為該類型節點生成對應的 JavaScript 程式碼。
- 對於 CallExpression 節點，使用 genCallExpression 函數為該類型節點生成對應的 JavaScript 程式碼。
- 對於 StringLiteral 節點，使用 genStringLiteral 函數為該類型節點生成對應的 JavaScript 程式碼。
- 對於 ArrayExpression 節點，使用 genArrayExpression 函數為該類型節點生成對應的 JavaScript 程式碼。

由於我們目前只涉及這五種類型的 JavaScript 節點，所以現在的 genNode 函數足夠完成上述案例。當然，如果後續需要增加節點類型，只需要在 genNode 函數中新增相應的處理分支即可。

接下來，我們將逐步完善程式碼生成工作。首先，我們來實作函數聲明語句的程式碼生成，即 genFunctionDecl 函數，如下面的程式碼所示：

```
1    function genFunctionDecl(node, context) {
2      // 從 context 物件中取出工具函數
3      const { push, indent, deIndent } = context
4      // node.id 是一個標識符，用來描述函數的名稱，即 node.id.name
5      push(`function ${node.id.name} `)
6      push(`(`)
7      // 呼叫 genNodeList 為函數的參數生成程式碼
8      genNodeList(node.params, context)
9      push(`) `)
10     push(`{`)
11     // 縮排
12     indent()
13     // 為函數體生成程式碼，這裡遞迴呼叫了 genNode 函數
14     node.body.forEach(n => genNode(n, context))
15     // 取消縮排
16     deIndent()
17     push(`}`)
18   }
```

genFunctionDecl 函數用來為函數聲明類型的節點生成對應的 JavaScript 程式碼。以渲染函數的聲明節點為例，它最終生成的程式碼將會是：

```
1    function render () {
2      ... 函數體
3    }
```

另外我們注意到，在 genFunctionDecl 函數內部呼叫了 genNodeList 函數，來為函數的參數生成對應的程式碼。它的實作如下：

```
1    function genNodeList(nodes, context) {
2      const { push } = context
3      for (let i = 0; i < nodes.length; i++) {
4        const node = nodes[i]
5        genNode(node, context)
6        if (i < nodes.length - 1) {
7          push(', ')
8        }
9      }
10   }
```

genNodeList 函數接收一個節點陣列作為參數，並為每一個節點遞迴呼叫 genNode 函數完成程式碼生成工作。這裡要注意的一點是，每處理完一個節點，需要在生成的程式碼後面拼接逗號字串（,）。舉例來說：

```
1    // 如果節點陣列為
2    const node = [ 節點 1, 節點 2, 節點 3]
3    // 那麼生成的程式碼將類似於
```

```
4    ' 節點 1, 節點 2, 節點 3'
5    // 如果在這段程式碼的前後分別新增圓括號，那麼它將可用於函數的參數聲明
6    (' 節點 1, 節點 2, 節點 3')
7    // 如果在這段程式碼的前後分別新增方括號，那麼它將是一個陣列
8    [' 節點 1, 節點 2, 節點 3']
```

由上例可知，genNodeList 函數會在節點程式碼之間補充逗號字串。實際上，genArrayExpression 函數就利用了這個特點來實作對陣列表達式的程式碼生成，如下面的程式碼所示：

```
1    function genArrayExpression(node, context) {
2      const { push } = context
3      // 追加方括號
4      push('[')
5      // 呼叫 genNodeList 為陣列元素生成程式碼
6      genNodeList(node.elements, context)
7      // 補齊方括號
8      push(']')
9    }
```

不過，由於目前渲染函數暫時沒有接收任何參數，所以 genNodeList 函數不會為其生成任何程式碼。對於 genFunctionDecl 函數，另外需要注意的是，由於函數體本身也是一個節點陣列，所以我們需要遍歷它並遞迴地呼叫 genNode 函數生成程式碼。

對於 ReturnStatement 和 StringLiteral 類型的節點來說，為它們生成程式碼很簡單，如下所示：

```
1    function genReturnStatement(node, context) {
2      const { push } = context
3      // 追加 return 關鍵字和空格
4      push(`return `)
5      // 呼叫 genNode 函數遞迴地生成回傳值程式碼
6      genNode(node.return, context)
7    }
8    function genStringLiteral(node, context) {
9      const { push } = context
10     // 對於字串數值，只需要追加與 node.value 對應的字串即可
11     push(`'${node.value}'`)
12   }
```

最後，只剩下 genCallExpression 函數了，它的實作如下：

```
1    function genCallExpression(node, context) {
2      const { push } = context
3      // 取得被呼叫函數名稱和參數列表
4      const { callee, arguments: args } = node
5      // 生成函數呼叫程式碼
6      push(`${callee.name}(`)
7      // 執行 genNodeList 生成參數程式碼
8      genNodeList(args, context)
```

```
9      // 補齊括號
10     push(`)`)
11   }
```

可以看到，在 genCallExpression 函數內，我們也用到了 genNodeList 函數來為函數
呼叫時的參數生成對應的程式碼。配合上述生成器函數的實作，我們將得到符合預
期的渲染函數程式碼。執行如下測試用例：

```
1   const ast = parse(`<div><p>Vue</p><p>Template</p></div>`)
2   transform(ast)
3   const code = generate(ast.jsNode)
```

最終得到的程式碼字串如下：

```
1   function render () {
2     return h('div', [h('p', 'Vue'), h('p', 'Template')])
3   }
```

## 15.7 總結

在本章中，我們首先討論了 Vue.js 模板編譯器的運作流程。Vue.js 的模板編譯器用
於把模板編譯為渲染函數。它的運作流程大致分為三個步驟。

(1) 分析模板，將其解析為模板 AST。

(2) 將模板 AST 轉換為用於描述渲染函數的 JavaScript AST。

(3) 根據 JavaScript AST 生成渲染函數程式碼。

接著，我們討論了 parser 的實作原理，以及如何用有限狀態自動機建構一個詞法分
析器。詞法分析的過程就是狀態機在不同狀態之間遷移的過程。在此過程中，狀態
機會產生一個個 Token，形成一個 Token 列表。我們將使用該 Token 列表來建構用
於描述模板的 AST。具體做法是，掃描 Token 列表並維護一個開始標籤堆疊。每當
掃描到一個開始標籤節點，就將其壓入堆疊頂。堆疊頂的節點始終作為下一個掃描
的節點的父節點。這樣，當所有 Token 掃描完畢後，即可建構出一棵樹型 AST。

然後，我們討論了 AST 的轉換與外掛化架構。AST 是樹型資料結構，為了讀取
AST 中的節點，我們採用深度優先的方式對 AST 進行遍歷。在遍歷過程中，我們
可以對 AST 節點進行各種操作，從而實作對 AST 的轉換。為了解耦節點的存取和
操作，我們設計了外掛化架構，將節點的操作封裝到獨立的轉換函數中。這些轉換
函數可以透過 context.nodeTransforms 來註冊。這裡的 context 稱為轉換上下文。
上下文物件中通常會維護程式的當前狀態，例如當前讀取的節點、當前讀取的節點

的父節點、當前讀取的節點的位置索引等訊息。有了上下文物件及其包含的重要訊息後，我們即可輕鬆地實作節點的替換、刪除等能力。但有時，當前讀取節點的轉換操作相依於其子節點的轉換結果，所以為了優先完成子節點的轉換，我們將整個轉換過程分為「進入階段」與「退出階段」。每個轉換函數都分兩個階段執行，這樣就可以實作更加細粒度的轉換控制。

之後，我們討論了如何將模板 AST 轉換為用於描述渲染函數的 JavaScript AST。模板 AST 用來描述模板，類似地，JavaScript AST 用於描述 JavaScript 程式碼。只有把模板 AST 轉換為 JavaScript AST 後，我們才能據此生成最終的渲染函數程式碼。

最後，我們討論了渲染函數程式碼的生成工作。程式碼生成是模板編譯器的最後一步操作，生成的程式碼將作為組件的渲染函數。程式碼生成的過程就是字串拼接的過程。我們需要為不同的 AST 節點撰寫對應的程式碼生成函數。為了讓生成的程式碼具有更強的可讀性，我們還討論了如何對生成的程式碼進行縮排和換行。我們將用於縮排和換行的程式碼封裝為工具函數，並且定義到程式碼生成過程中的上下文物件中。

# 第 16 章 | 解析器

在第 15 章中，我們初步討論瞭解析器（parser）的運作原理，知道瞭解析器本質上是一個狀態機。但我們也曾提到，正規表達式其實也是一個狀態機。因此在撰寫 parser 的時候，利用正規表達式能夠讓我們少寫不少程式碼。本章我們將更多地利用正規表達式來實作 HTML 解析器。另外，一個完善的 HTML 解析器遠比想像的要複雜。我們知道，瀏覽器會對 HTML 文本進行解析，那麼它是如何做的呢？其實關於 HTML 文本的解析，是有規範可循的，即 WHATWG 關於 HTML 的解析規範，其中定義了完整的錯誤處理和狀態機的狀態遷移流程，還提及了一些特殊的狀態，例如 DATA、CDATA、RCDATA、RAWTEXT 等。那麼，這些狀態有什麼涵義呢？它們對解析器有哪些影響呢？什麼是 HTML 實體，以及 Vue.js 模板解析器需要如何處理 HTML 實體呢？這些問題都會在本章中討論。

## 16.1 文本模式及其對解析器的影響

文本模式指的是解析器在運作時所進入的一些特殊狀態，在不同的特殊狀態下，解析器對文本的解析行為會有所不同。具體來說，當解析器遇到一些特殊標籤時，會切換模式，從而影響其對文本的解析行為。這些特殊標籤是：

- <title> 標籤、<textarea> 標籤，當解析器遇到這兩個標籤時，會切換到 RCDATA 模式；

- <style>、<xmp>、<iframe>、<noembed>、<noframes>、<noscript> 等標籤，當解析器遇到這些標籤時，會切換到 RAWTEXT 模式；

- 當解析器遇到 <![CDATA[ 字串時，會進入 CDATA 模式。

解析器的初始模式則是 DATA 模式。對於 Vue.js 的模板 DSL 來說，模板中不允許出現 <script> 標籤，因此 Vue.js 模板解析器在遇到 <script> 標籤時也會切換到 RAWTEXT 模式。

解析器的行為會因運作模式的不同而不同。WHATWG 規範的第 13.2.5.1 節提供了初始模式下解析器的運作流程，如圖 16-1 所示。

§　**13.2.5.1 Data state**

Consume the <u>next input character</u>:

  ↳ **U+0026 AMPERSAND (&)**

    Set the *return state* to the <u>data state</u>. Switch to the <u>character reference state</u>.

  ↳ **U+003C LESS-THAN SIGN (<)**

    Switch to the <u>tag open state</u>.

  ↳ **U+0000 NULL**

    This is an <u>unexpected-null-character</u> parse error. Emit the <u>current input character</u> as a character token.

  ↳ **EOF**

    Emit an end-of-file token.

  ↳ **Anything else**

    Emit the <u>current input character</u> as a character token.

▲ 圖 16-1　WHATWG 規範中關於 `Data state` 的描述

我們對圖 16-1 做一些必要的解釋。在預設的 DATA 模式下，解析器在遇到字串 `<`時，會切換到**標籤開始狀態**（tag open state）。換句話說，在該模式下，解析器能夠解析標籤元素。當解析器遇到字串 `&` 時，會切換到**字串引用狀態**（character reference state），也稱 HTML 字串實體狀態。也就是說，在 DATA 模式下，解析器能夠處理 HTML 字串實體。

我們再來看看當解析器處於 RCDATA 狀態時，它的運作情況如何。圖 16-2 提供了WHATWG 規範第 13.2.5.2 節的內容。

§　**13.2.5.2 RCDATA state**

Consume the <u>next input character</u>:

  ↳ **U+0026 AMPERSAND (&)**

    Set the *return state* to the <u>RCDATA state</u>. Switch to the <u>character reference state</u>.

  ↳ **U+003C LESS-THAN SIGN (<)**

    Switch to the <u>RCDATA less-than sign state</u>.

  ↳ **U+0000 NULL**

    This is an <u>unexpected-null-character</u> parse error. Emit a U+FFFD REPLACEMENT CHARACTER character token.

  ↳ **EOF**

    Emit an end-of-file token.

  ↳ **Anything else**

    Emit the <u>current input character</u> as a character token.

▲ 圖 16-2　WHATWG 規範中關於 `RCDATA state` 的描述

由圖 16-2 可知，當解析器遇到字串 < 時，不會再切換到標籤開始狀態，而會切換到 RCDATA less-than sign state 狀態。圖 16-3 提供了 RCDATA less-than sign state 狀態下解析器的運作方式。

§ **13.2.5.9 RCDATA less-than sign state**

Consume the next input character:

↳ **U+002F SOLIDUS (/)**

　　Set the *temporary buffer* to the empty string. Switch to the RCDATA end tag open state.

↳ **Anything else**

　　Emit a U+003C LESS-THAN SIGN character token. Reconsume in the RCDATA state.

▲ 圖 16-3　WHATWG 規範中關於 RCDATA less-than sign state 的描述

由圖 16-3 可知，在 RCDATA less-than sign state 狀態下，如果解析器遇到字串 /，則直接切換到 RCDATA 的結束標籤狀態，即 RCDATA end tag open state；否則會將當前字串 < 作為普通字串處理，然後繼續處理後面的字串。由此可知，在 RCDATA 狀態下，解析器不能識別標籤元素。這其實間接說明了在 <textarea> 內可以將字串 < 作為普通文本，解析器並不會認為字串 < 是標籤開始的標誌，如下面的程式碼所示：

```
1    <textarea>
2      <div>asdf</div>asdfasdf
3    </textarea>
```

在上面這段 HTML 程式碼中，<textarea> 標籤記憶體在一個 <div> 標籤。但解析器並不會把 <div> 解析為標籤元素，而是作為普通文本處理。但是，由圖 16-2 可知，在 RCDATA 模式下，解析器仍然支援 HTML 實體。因為當解析器遇到字串 & 時，會切換到字串引用狀態，如下面的程式碼所示：

```
1    <textarea>&copy;</textarea>
```

瀏覽器在渲染這段 HTML 程式碼時，會在文本框內展示字串 ©。

解析器在 RAWTEXT 模式下的操作方式與在 RCDATA 模式下類似。唯一不同的是，在 RAWTEXT 模式下，解析器將不再支援 HTML 實體。圖 16-4 提供了 WHATWG 規範第 13.2.5.3 節中所定義的 RAWTEXT 模式下狀態機的操作方式。

§　**13.2.5.3 RAWTEXT state**

Consume the next input character:

↳ **U+003C LESS-THAN SIGN (<)**

Switch to the RAWTEXT less-than sign state.

↳ **U+0000 NULL**

This is an unexpected-null-character parse error. Emit a U+FFFD REPLACEMENT CHARACTER character token.

↳ **EOF**

Emit an end-of-file token.

↳ **Anything else**

Emit the current input character as a character token.

▲ 圖 16-4　WHATWG 規範中關於 RAWTEXT state 的描述

對比圖 16-4 與圖 16-2 可知，RAWTEXT 模式的確不支援 HTML 實體。在該模式下，解析器會將 HTML 實體字串作為普通字串處理。Vue.js 的單檔案組件的解析器在遇到 <script> 標籤時就會進入 RAWTEXT 模式，這時它會把 <script> 標籤內的內容全部作為普通文本處理。

CDATA 模式在 RAWTEXT 模式的基礎上更進一步。圖 16-5 提供了 WHATWG 規範第 13.2.5.69 節中所定義的 CDATA 模式下狀態機的運作方式。

§　**13.2.5.69 CDATA section state**

Consume the next input character:

↳ **U+005D RIGHT SQUARE BRACKET (])**

Switch to the CDATA section bracket state.

↳ **EOF**

This is an eof-in-cdata parse error. Emit an end-of-file token.

↳ **Anything else**

Emit the current input character as a character token.

▲ 圖 16-5　WHATWG 規範中關於 CDATA section state 的描述

在 CDATA 模式下，解析器將把任何字串都作為普通字串處理，直到遇到 CDATA 的結束標誌為止。

實際上，在 WHATWG 規範中還定義了 PLAINTEXT 模式，該模式與 RAWTEXT 模式類似。不同的是，解析器一旦進入 PLAINTEXT 模式，將不會再退出。另外，Vue.js 的模板 DSL 解析器是用不到 PLAINTEXT 模式的，因此我們不會過多介紹它。

表 16-1 匯總了不同的模式及各其屬性。

▼ 表 16-1　不同的模式及其屬性

| 模　　式 | 能否解析標籤 | 是否支援 HTML 實體 |
|---|---|---|
| DATA | 能 | 是 |
| RCDATA | 否 | 是 |
| RAWTEXT | 否 | 否 |
| CDATA | 否 | 否 |

除了表 16-1 列出的屬性之外，不同的模式還會影響解析器對於終止解析的判斷，後文會具體討論。另外，後續撰寫解析器程式碼時，我們會將上述模式定義為狀態表，如下面的程式碼所示：

```
1  const TextModes = {
2    DATA: 'DATA',
3    RCDATA: 'RCDATA',
4    RAWTEXT: 'RAWTEXT',
5    CDATA: 'CDATA'
6  }
```

## 16.2　遞迴下降演算法建構模板 AST

從本節開始，我們將著手實作一個更加完善的模板解析器。解析器的基本架構模型如下：

```
1   // 定義文本模式，作為一個狀態表
2   const TextModes = {
3     DATA: 'DATA',
4     RCDATA: 'RCDATA',
5     RAWTEXT: 'RAWTEXT',
6     CDATA: 'CDATA'
7   }
8
9   // 解析器函數，接收模板作為參數
10  function parse(str) {
11    // 定義上下文物件
12    const context = {
13      // source 是模板內容，用於在解析過程中進行使用
14      source: str,
15      // 解析器當前處於文本模式，初始模式為 DATA
16      mode: TextModes.DATA
17    }
18    // 呼叫 parseChildren 函數開始進行解析，它回傳解析後得到的子節點
19    // parseChildren 函數接收兩個參數：
20    // 第一個參數是上下文物件 context
21    // 第二個參數是由父代節點構成的節點堆疊，初始時堆疊為空
```

```
22      const nodes = parseChildren(context, [])
23
24      // 解析器回傳 Root 根節點
25      return {
26        type: 'Root',
27        // 使用 nodes 作為根節點的 children
28        children: nodes
29      }
30    }
```

在上面這段程式碼中，我們首先定義了一個狀態表 TextModes，它用來描述預定義的文本模式。然後，我們定義了 parse 函數，即解析器函數，在其中定義了上下文物件 context，用來維護解析程式執行過程中程式的各種狀態。接著，呼叫 parseChildren 函數進行解析，該函數會回傳解析後得到的子節點，並使用這些子節點作為 children 來建立 Root 根節點。最後，parse 函數回傳根節點，完成模板 AST 的建構。

這段程式碼的思路與我們在第 15 章中講述的關於模板 AST 的建構思路有所不同。在第 15 章中，我們首先對模板內容進行標記化得到一系列 Token，然後根據這些 Token 建構模板 AST。實際上，建立 Token 與建構模板 AST 的過程可以同時進行，因為模板和模板 AST 具有同構的屬性。

另外，在上面這段程式碼中，parseChildren 函數是整個解析器的核心。後續我們會遞迴呼叫它來不斷地消耗模板內容。parseChildren 函數會回傳解析後得到的子節點。舉個例子，假設有如下模板：

```
1    <p>1</p>
2    <p>2</p>
```

上面這段模板有兩個根節點，即兩個 <p> 標籤。parseChildren 函數在解析這段模板後，會得到由這兩個 <p> 節點組成的陣列：

```
1    [
2      { type: 'Element', tag: 'p', children: [/*...*/]  },
3      { type: 'Element', tag: 'p', children: [/*...*/]  },
4    ]
```

之後，這個陣列將作為 Root 根節點的 children。

parseChildren 函數接收兩個參數。

- ◪　第一個參數：上下文物件 context。
- ◪　第二個參數：由父代節點構成的堆疊，用於維護節點間的父子級關係。

parseChildren 函數本質上也是一個狀態機，該狀態機有多少種狀態取決於子節點的類型數量。在模板中，元素的子節點可以是以下幾種。

- ☑ 標籤節點，例如 `<div>`。
- ☑ 文本插值節點，例如 `{{ val }}`。
- ☑ 普通文本節點，例如：`text`。
- ☑ 註解節點，例如 `<!---->`。
- ☑ CDATA 節點，例如 `<![CDATA[ xxx ]]>`。

在標準的 HTML 中，節點的類型將會更多，例如 DOCTYPE 節點等。為了降低複雜度，我們僅考慮上述類型的節點。

圖 16-6 提供了 parseChildren 函數在解析模板過程中的狀態遷移過程。

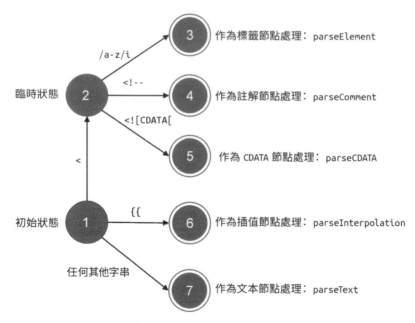

▲ 圖 16-6　parseChildren 函數在解析模板過程中的狀態遷移過程

我們可以把圖 16-6 所展示的狀態遷移過程總結如下。

- ☑ 當遇到字串 `<` 時，進入臨時狀態。
  - ◆ 如果下一個字串匹配正規表達式 `/a-z/i`，則認為這是一個標籤節點，於是呼叫 parseElement 函數完成標籤的解析。注意正規表達式 `/a-z/i` 中的 i，意思是忽略大小寫（case-insensitive）。

- 如果字串以 `<!--` 開頭，則認為這是一個註解節點，於是呼叫 `parseComment` 函數完成註解節點的解析。

- 如果字串以 `<![CDATA[` 開頭，則認為這是一個 CDATA 節點，於是呼叫 `parseCDATA` 函數完成 CDATA 節點的解析。

■ 如果字串以 `{{` 開頭，則認為這是一個插值節點，於是呼叫 `parseInterpolation` 函數完成插值節點的解析。

■ 其他情況，都作為普通文本，呼叫 `parseText` 函數完成文本節點的解析。

落實到程式碼時，我們還需要結合文本模式，如下面的程式碼所示：

```javascript
function parseChildren(context, ancestors) {
  // 定義 nodes 陣列儲存子節點，它將作為最終的回傳值
  let nodes = []
  // 從上下文物件中取得當前狀態，包括模式 mode 和模板內容 source
  const { mode, source } = context

  // 開啟 while 循環，只要滿足條件就會一直對字串進行解析
  // 關於 isEnd() 後文會詳細講解
  while(!isEnd(context, ancestors)) {
    let node
    // 只有 DATA 模式和 RCDATA 模式才支援插值節點的解析
    if (mode === TextModes.DATA || mode === TextModes.RCDATA) {
      // 只有 DATA 模式才支援標籤節點的解析
      if (mode === TextModes.DATA && source[0] === '<') {
        if (source[1] === '!') {
          if (source.startsWith('<!--')) {
            // 註解
            node = parseComment(context)
          } else if (source.startsWith('<![CDATA[')) {
            // CDATA
            node = parseCDATA(context, ancestors)
          }
        } else if (source[1] === '/') {
          // 結束標籤，這裡需要拋出錯誤，後文會詳細解釋原因
        } else if (/[a-z]/i.test(source[1])) {
          // 標籤
          node = parseElement(context, ancestors)
        }
      } else if (source.startsWith('{{')) {
        // 解析插值
        node = parseInterpolation(context)
      }
    }

    // node 不存在，說明處於其他模式，即非 DATA 模式且非 RCDATA 模式
    // 這時一切內容都作為文本處理
    if (!node) {
      // 解析文本節點
      node = parseText(context)
    }
```

```
41
42        // 將節點新增到 nodes 陣列中
43        nodes.push(node)
44      }
45
46      // 當 while 循環停止後，說明子節點解析完畢，回傳子節點
47      return nodes
48    }
```

上面這段程式碼完整地描述了圖 16-6 所示的狀態遷移過程，這裡有幾點需要注意。

- ☑ parseChildren 函數的回傳值是由子節點組成的陣列，每次 while 循環都會解析一個或多個節點，這些節點會被新增到 nodes 陣列中，並作為 parseChildren 函數的回傳值回傳。

- ☑ 解析過程中需要判斷當前的文本模式。根據表 16-1 可知，只有處於 DATA 模式或 RCDATA 模式時，解析器才支援插值節點的解析。並且，只有處於 DATA 模式時，解析器才支援標籤節點、註解節點和 CDATA 節點的解析。

- ☑ 在 16.1 節中我們介紹過，當遇到特定標籤時，解析器會切換模式。一旦解析器切換到 DATA 模式和 RCDATA 模式之外的模式時，一切字串都將作為文本節點被解析。當然，即使在 DATA 模式或 RCDATA 模式下，如果無法匹配標籤節點、註解節點、CDATA 節點、插值節點，那麼也會作為文本節點解析。

除了上述三點內容外，你可能對這段程式碼仍然有疑問，其中之一是 while 循環何時停止？以及 isEnd() 函數的用途是什麼？這裡我們提供簡單的解釋，parseChildren 函數是用來解析子節點的，因此 while 循環一定要遇到父級節點的結束標籤才會停止，這是正常的想法。但這個想法存在一些問題，不過我們這裡暫時將其忽略，後文會詳細討論。

我們可以透過一個例子來更加直觀地瞭解 parseChildren 函數，以及其他解析函數在解析模板時的工作職責和運作流程。以下面的模板為例：

```
1    const template = `<div>
2      <p>Text1</p>
3      <p>Text2</p>
4    </div>`
```

這裡需要強調的是，在解析模板時，我們不能忽略空白字串。這些空白字串包括：換行符（\n）、回車符（\r）、空格（' '）、制表符（\t）以及換頁符（\f）。如果我們用加號（+）代表換行符，用減號（-）代表空格字串。那麼上面的模板可以表示為：

```
1    const template = `<div>+--<p>Text1</p>+--<p>Text2</p>+</div>`
```

接下來，我們以這段模板作為輸入來執行解析過程。

解析器一開始處於 DATA 模式。開始執行解析後，解析器遇到的第一個字串為 `<`，並且第二個字串能夠匹配正規表達式 `/a-z/i`，所以解析器會進入標籤節點狀態，並呼叫 parseElement 函數進行解析。

parseElement 函數會做三件事：解析開始標籤，解析子節點，解析結束標籤。可以用下面的偽程式碼來表達 parseElement 函數所做的事情：

```
 1  function parseFlement() {
 2    // 解析開始標籤
 3    const element = parseTag()
 4    // 這裡遞迴呼叫 parseChildren 函數進行 <div> 標籤子節點的解析
 5    element.children = parseChildren()
 6    // 解析結束標籤
 7    parseEndTag()
 8
 9    return element
10  }
```

如果一個標籤不是自閉合標籤，則可以認為，一個完整的標籤元素是由開始標籤、子節點和結束標籤這三部分構成的。因此，在 parseElement 函數內，我們分別呼叫三個解析函數來處理這三部分內容。以上述模板為例。

- ☑ parseTag 解析開始標籤。parseTag 函數用於解析開始標籤，包括開始標籤上的屬性和指令。因此，在 parseTag 解析函數執行完畢後，會消耗字串中的內容 `<div>`，處理後的模板內容將變為：

```
 1  const template = `+--<p>Text1</p>+--<p>Text2</p>+</div>`
```

- ☑ 遞迴地呼叫 parseChildren 函數解析子節點。parseElement 函數在解析開始標籤時，會產生一個標籤節點 element。在 parseElement 函數執行完畢後，剩下的模板內容應該作為 element 的子節點被解析，即 element.children。因此，我們要遞迴地呼叫 parseChildren 函數。在這個過程中，parseChildren 函數會消耗字串的內容：`+--<p>Text1</p>+--<p>Text2</p>+`。處理後的模板內容將變為：

```
 2  const template = `</div>`
```

- ☑ parseEndTag 處理結束標籤。可以看到，在經過 parseChildren 函數處理後，模板內容只剩下一個結束標籤了。因此，只需要呼叫 parseEndTag 解析函數來消耗它即可。

經過上述三個步驟的處理後，這段模板就被解析完畢了，最終得到了模板 AST。但這裡值得注意的是，為了解析標籤的子節點，我們遞迴地呼叫了 parseChildren 函

數。這意味著,一個新的狀態機開始執行了,我們稱其為「狀態機 2」。「狀態機 2」所處理的模板內容為:

```
1    const template = `+--<p>Text1</p>+--<p>Text2</p>+`
```

接下來,我們繼續分析「狀態機 2」的狀態遷移流程。在「狀態機 2」開始執行時,模板的第一個字串是換行符(字串 + 代表換行符)。因此,解析器會進入文本節點狀態,並呼叫 parseText 函數完成文本節點的解析。parseText 函數會將下一個 < 字串之前的所有字串都視作文本節點的內容。換句話說,parseText 函數會消耗模板內容 +--,並產生一個文本節點。在 parseText 解析函數執行完畢後,剩下的模板內容為:

```
1    const template = `<p>Text1</p>+--<p>Text2</p>+`
```

接著,parseChildren 函數繼續執行。此時模板的第一個字串為 <,並且下一個字串能夠匹配正規表達式 /a-z/i。於是解析器再次進入 parseElement 解析函數的執行階段,這會消耗模板內容 <p>Text1</p>。在這一步過後,剩下的模板內容為:

```
1    const template = `+--<p>Text2</p>+`
```

可以看到,此時模板的第一個字串是換行符,於是呼叫 parseText 函數消耗模板內容 +--。現在,模板中剩下的內容是:

```
1    const template = `<p>Text2</p>+`
```

解析器會再次呼叫 parseElement 函數處理標籤節點。在這之後,剩下的模板內容為:

```
1    const template = `+`
```

可以看到,現在模板內容只剩下一個換行符了。parseChildren 函數會繼續執行並呼叫 parseText 函數消耗剩下的內容,並產生一個文本節點。最終,模板被解析完畢,「狀態機 2」停止執行。

在「狀態機 2」執行期間,為了處理標籤節點,我們又呼叫了兩次 parseElement 函數。第一次呼叫用於處理內容 <p>Text1</p>,第二次呼叫用於處理內容 <p>Text2</p>。我們知道,parseElement 函數會遞迴地呼叫 parseChildren 函數完成子節點的解析,這就意味著解析器會再開啟了兩個新的狀態機。

透過上述例子我們能夠認識到,parseChildren 解析函數是整個狀態機的核心,狀態遷移操作都在該函數內完成。在 parseChildren 函數執行過程中,為了處理標籤節點，會呼叫 parseElement 解析函數，這會間接地呼叫 parseChildren 函數，並產生一個新的狀態機。隨著標籤巢狀層次的增加，新的狀態機會隨著 parseChildren 函數被遞迴地呼叫而不斷建立，這就是「遞迴下降」中「遞迴」二字的涵義。而上級 parseChildren 函數的呼叫用於建構上級模板 AST 節點，被遞迴呼叫的下級 parseChildren 函數則用於建構下級模板 AST 節點。最終，會建構出一棵樹型結構的模板 AST，這就是「遞迴下降」中「下降」二字的涵義。

## 16.3 狀態機的開啟與停止

在上一節中，我們討論了遞迴下降演算法的涵義。我們知道，parseChildren 函數本質上是一個狀態機，它會開啟一個 while 循環使得狀態機自動執行，如下面的程式碼所示：

```
function parseChildren(context, ancestors) {
  let nodes = []

  const { mode } = context
  // 執行狀態機
  while(!isEnd(context, ancestors)) {
    // 省略部分程式碼
  }

  return nodes
}
```

這裡的問題在於，狀態機何時停止呢？換句話說，while 循環應該何時停止執行呢？這涉及 isEnd() 函數的判斷邏輯。為了搞清楚這個問題，我們需要模擬狀態機的執行過程。

我們知道，在呼叫 parseElement 函數解析標籤節點時，會遞迴呼叫 parseChildren 函數，從而開啟新的狀態機，如圖 16-7 所示。

開啟新的狀態機　　　　　　　　　新的狀態機執行　　　　　　　　　新的狀態機停止

`<div>+--<p>Text1</p>+--<p>Text2</p>+</div>`

▲ 圖 16-7　開啟新的狀態機

為了便於描述，我們可以把圖 16-7 中所示的新的狀態機稱為「狀態機 1」。「狀態機 1」開始執行，繼續解析模板，直到遇到下一個 <p> 標籤，如圖 16-8 所示。

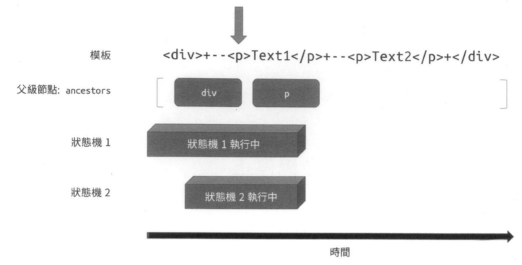

▲ 圖 16-8　遞迴地開啟新的狀態機

因為遇到了 `<p>` 標籤，所以「狀態機 1」也會呼叫 `parseElement` 函數進行解析。於是又重複了上述過程，即把當前解析的標籤節點壓入父級節點堆疊，然後遞迴呼叫 `parseChildren` 函數開啟新的狀態機，即「狀態機 2」。可以看到，此時有兩個狀態機在同時執行。

此時「狀態機 2」擁有程式的執行權，它持續解析模板直到遇到結束標籤 `</p>`。因為這是一個結束標籤，並且在父級節點堆疊中存在與該結束標籤同名的標籤節點，所以「狀態機 2」會停止執行，並彈出父級節點堆疊中處於堆疊頂的節點，如圖 16-9 所示。

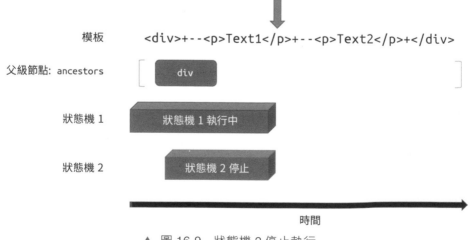

▲ 圖 16-9　狀態機 2 停止執行

此時「狀態機 2」已經停止執行了，但「狀態機 1」仍在執行中，於是會繼續解析模板，直到遇到下一個 <p> 標籤。這時「狀態機 1」會再次呼叫 parseElement 函數解析標籤節點，因此又會執行壓堆疊並開啟新的「狀態機 3」，如圖 16-10 所示。

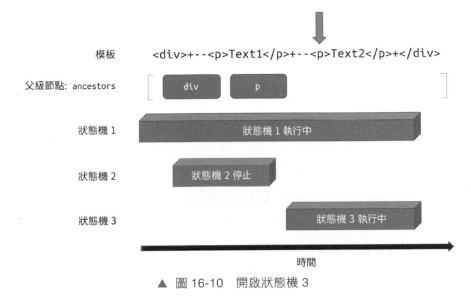

▲ 圖 16-10　開啟狀態機 3

此時「狀態機 3」擁有程式的執行權，它會繼續解析模板，直到遇到結束標籤 </p>。因為這是一個結束標籤，並且在父級節點堆疊中存在與該結束標籤同名的標籤節點，所以「狀態機 3」會停止執行，並彈出父級節點堆疊中處於堆疊頂的節點，如圖 16-11 所示。

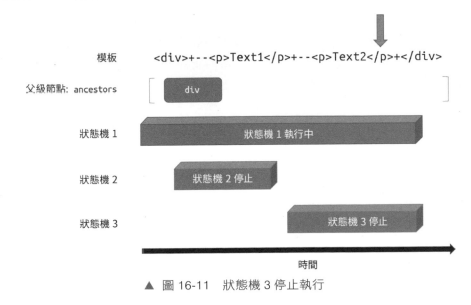

▲ 圖 16-11　狀態機 3 停止執行

當「狀態機 3」停止執行後，程式的執行權交還給「狀態機 1」。「狀態機 1」會繼續解析模板，直到遇到最後的 `</div>` 結束標籤。這時「狀態機 1」發現父級節點堆疊中存在與結束標籤同名的標籤節點，於是將該節點彈出父級節點堆疊，並停止執行，如圖 16-12 所示。

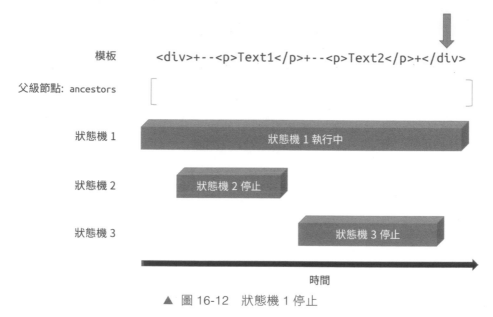

模板　　　　`<div>+--<p>Text1</p>+--<p>Text2</p>+</div>`

父級節點: ancestors

狀態機 1　　　狀態機 1 執行中

狀態機 2　　　狀態機 2 停止

狀態機 3　　　狀態機 3 停止

時間

▲ 圖 16-12　狀態機 1 停止

這時父級節點堆疊為空，狀態機全部停止執行，模板解析完畢。

透過上面的描述，我們能夠清晰地認識到，解析器會在何時開啟新的狀態機，以及狀態機會在何時停止。結論是：**當解析器遇到開始標籤時，會將該標籤壓入父級節點堆疊，同時開啟新的狀態機。當解析器遇到結束標籤，並且父級節點堆疊中存在與該標籤同名的開始標籤節點時，會停止當前正在執行的狀態機。** 根據上述規則，我們可以提供 `isEnd` 函數的邏輯，如下面的程式碼所示：

```
1  function isEnd(context, ancestors) {
2    // 當模板內容解析完畢後，停止
3    if (!context.source) return true
4    // 獲取父級標籤節點
5    const parent = ancestors[ancestors.length - 1]
6    // 如果遇到結束標籤，並且該標籤與父級標籤節點同名，則停止
7    if (parent && context.source.startsWith(`</${parent.tag}`)) {
8      return true
9    }
10 }
```

上面這段程式碼展示了狀態機的停止時機，具體如下：

- ☑ 第一個停止時機是當模板內容被解析完畢時；
- ☑ 第二個停止時機則是在遇到結束標籤時，這時解析器會取得父級節點堆疊頂的節點作為父節點，檢查該結束標籤是否與父節點的標籤同名，如果相同，則狀態機停止執行。

這裡需要注意的是，在第二個停止時機中，我們直接比較結束標籤的名稱與堆疊頂節點的標籤名稱。這麼做的確可行，但嚴格來講是有瑕疵的。例如下面的模板所示：

```
1    <div><span></div></span>
```

觀察上述模板，它存在一個明顯的問題，你能發現嗎？實際上，這段模板有兩種解釋方式，圖 16-13 提供了第一種。

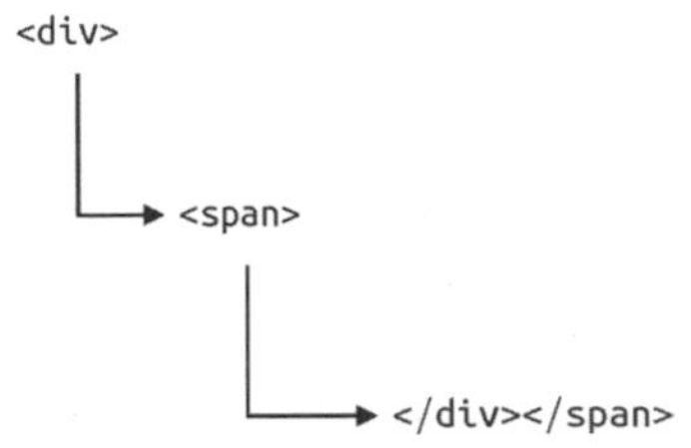

如圖 16-13 所示，這種解釋方式的流程如下。

- ☑ 「狀態機 1」遇到 `<div>` 開始標籤，呼叫 `parseElement` 解析函數，這會開啟「狀態機 2」來完成子節點的解析。

▲ 圖 16-13　第一種模板解釋方式

- ☑ 「狀態機 2」遇到 `<span>` 開始標籤，呼叫 `parseElement` 解析函數，這會開啟「狀態機 3」來完成子節點的解析。

- ☑ 「狀態機 3」遇到 `</div>` 結束標籤。由於此時父級節點堆疊頂的節點名稱是 span，並不是 div，所以「狀態機 3」不會停止執行。這時，「狀態機 3」遭遇了不符合預期的狀態，因為結束標籤 `</div>` 缺少與之對應的開始標籤，所以這時「狀態機 3」會拋出錯誤：「無效的結束標籤」。

上述流程的思路與我們當前的實作相符，狀態機會遭遇不符合預期的狀態。下面 `parseChildren` 函數的程式碼能夠展現這一點：

```
1    function parseChildren(context, ancestors) {
2      let nodes = []
3
4      const { mode } = context
5
6      while(!isEnd(context, ancestors)) {
7        let node
8
9        if (mode === TextModes.DATA || mode === TextModes.RCDATA) {
10         if (mode === TextModes.DATA && context.source[0] === '<') {
11           if (context.source[1] === '!') {
12             // 省略部分程式碼
13           } else if (context.source[1] === '/') {
```

```
14              // 狀態機遭遇了閉合標籤，此時應該拋出錯誤，因為它缺少與之對應的開始標籤
15              console.error(' 無效的結束標籤 ')
16              continue
17          } else if (/[a-z]/i.test(context.source[1])) {
18              // 省略部分程式碼
19          }
20        } else if (context.source.startsWith('{{')) {
21            // 省略部分程式碼
22        }
23      }
24      // 省略部分程式碼
25    }
26
27    return nodes
28  }
```

換句話說，按照我們當前的實作思路來解析上述例子中的模板，最終得到的錯誤訊息是：「無效的結束標籤」。但其實還有另外一種更好的解析方式。觀察上例中提供的模板，其中存在一段完整的內容，如圖 16-14 所示。

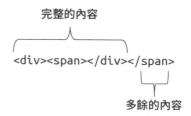

完整的內容

`<div><span></div></span>`

多餘的內容

▲ 圖 16-14　第二種模板解釋方式

從圖 16-14 中可以看到，模板中存在一段完整的內容，我們希望解析器可以正常對其進行解析，這很可能也是符合使用者意圖的。但實際上，無論哪一種解釋方式，對程式的影響都不大。兩者的區別展現在錯誤處理上。對於第一種解釋方式，我們得到的錯誤訊息是：「無效的結束標籤」。而對於第二種解釋方式，在「完整的內容」部分被解析完畢後，解析器就會輸出錯誤訊息：「 `<span>` 標籤缺少閉合標籤」。很顯然，第二種解釋方式更加合理。

為了實作第二種解釋方式，我們需要調整 isEnd 函數的邏輯。當判斷狀態機是否應該停止時，我們不應該總是與堆疊頂的父級節點做比較，而是應該與整個父級節點堆疊中的所有節點做比較。只要父級節點堆疊中存在與當前遇到的結束標籤同名的節點，就停止狀態機，如下面的程式碼所示：

```
1  function isEnd(context, ancestors) {
2    if (!context.source) return true
3
4    // 與父級節點堆疊內所有節點做比較
5    for (let i = ancestors.length - 1; i >= 0; --i) {
6      // 只要堆疊中存在與當前結束標籤同名的節點，就停止狀態機
7      if (context.source.startsWith(`</${ancestors[i].tag}`)) {
8        return true
9      }
10   }
11 }
```

按照新的思路再次對如下模板執行解析：

```
1    <div><span></div></span>
```

其流程如下。

- ☑ 「狀態機 1」遇到 `<div>` 開始標籤，呼叫 parseElement 解析函數，並開啟「狀態機 2」解析子節點。

- ☑ 「狀態機 2」遇到 `<span>` 開始標籤，呼叫 parseElement 解析函數，並開啟「狀態機 3」解析子節點。

- ☑ 「狀態機 3」遇到 `</div>` 結束標籤，由於節點堆疊中存在名為 div 的標籤節點，於是「狀態機 3」停止了。

在這個過程中，「狀態機 2」在呼叫 parseElement 解析函數時，parseElement 函數能夠發現 `<span>` 缺少閉合標籤，於是會輸出錯誤訊息「`<span>` 標籤缺少閉合標籤」，如下面的程式碼所示：

```
1    function parseElement(context, ancestors) {
2      const element = parseTag(context)
3      if (element.isSelfClosing) return element
4
5      ancestors.push(element)
6      element.children = parseChildren(context, ancestors)
7      ancestors.pop()
8
9      if (context.source.startsWith(`</${element.tag}>`)) {
10       parseTag(context, 'end')
11     } else {
12       // 缺少閉合標籤
13       console.error(`${element.tag} 標籤缺少閉合標籤`)
14     }
15
16     return element
17   }
```

## 16.4 解析標籤節點

在上一節提供的 parseElement 函數的實作中，無論是解析開始標籤還是閉合標籤，我們都呼叫了 parseTag 函數。同時，我們使用 parseChildren 函數來解析開始標籤與閉合標籤中間的部分，如下面的程式碼及註解所示：

```
1    function parseElement(context, ancestors) {
2      // 呼叫 parseTag 函數解析開始標籤
3      const element = parseTag(context)
4      if (element.isSelfClosing) return element
```

```
5
6      ancestors.push(element)
7      element.children = parseChildren(context, ancestors)
8      ancestors.pop()
9
10     if (context.source.startsWith(`</${element.tag}>`)) {
11       // 再次呼叫 parseTag 函數解析結束標籤，傳遞了第二個參數：'end'
12       parseTag(context, 'end')
13     } else {
14       console.error(`${element.tag} 標籤缺少閉合標籤 `)
15     }
16
17     return element
18   }
```

標籤節點的整個解析過程如圖 16-15 所示。

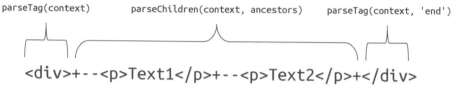

parseTag(context)　　parseChildren(context, ancestors)　　parseTag(context, 'end')

`<div>+--<p>Text1</p>+--<p>Text2</p>+</div>`

▲ 圖 16-15　解析標籤節點的過程

這裡需要注意的是，由於開始標籤與結束標籤的格式非常類似，所以我們統一使用 parseTag 函數處理，並透過該函數的第二個參數來指定具體的處理類型。當第二個參數值為字串 'end' 時，意味著解析的是結束標籤。另外，無論處理的是開始標籤還是結束標籤，parseTag 函數都會消耗對應的內容。為了實作對模板內容的消耗，我們需要在上下文物件中新增兩個工具函數，如下面的程式碼所示：

```
1    function parse(str) {
2      // 上下文物件
3      const context = {
4        // 模板內容
5        source: str,
6        mode: TextModes.DATA,
7        // advanceBy 函數用來消耗指定數量的字串，它接收一個數字作為參數
8        advanceBy(num) {
9          // 根據給定字串數 num，擷取位置 num 後的模板內容，並替換當前模板內容
10         context.source = context.source.slice(num)
11       },
12       // 無論是開始標籤還是結束標籤，都可能存在無用的空白字串，例如 <div>
13       advanceSpaces() {
14         // 匹配空白字串
15         const match = /^[\t\r\n\f ]+/.exec(context.source)
16         if (match) {
17           // 執行 advanceBy 函數消耗空白字串
18           context.advanceBy(match[0].length)
19         }
20       }
```

```
21        }
22
23      const nodes = parseChildren(context, [])
24
25      return {
26        type: 'Root',
27        children: nodes
28      }
29    }
```

在上面這段程式碼中，我們為上下文物件增加了 advanceBy 函數和 advanceSpaces 函數。其中 advanceBy 函數用來消耗指定數量的字串。其實作原理很簡單，即呼叫字串的 slice 函數，根據指定位置擷取剩餘字串，並使用擷取後的結果作為新的模板內容。advanceSpaces 函數則用來消耗無用的空白字串，因為標籤中可能存在空白字串，例如在模板 <div----> 中減號（-）代表空白字串。

有了 advanceBy 和 advanceSpaces 函數後，我們就可以提供 parseTag 函數的實作了，如下面的程式碼所示：

```
1    // 由於 parseTag 既用來處理開始標籤，也用來處理結束標籤，因此我們設計第二個參數 type，
2    // 用來代表當前處理的是開始標籤還是結束標籤，type 的預設值為 'start'，即預設作為開始標籤處理
3    function parseTag(context, type = 'start') {
4      // 從上下文物件中拿到 advanceBy 函數
5      const { advanceBy, advanceSpaces } = context
6
7      // 處理開始標籤和結束標籤的正規表達式不同
8      const match = type === 'start'
9        // 匹配開始標籤
10       ? /^<([a-z][^\t\r\n\f />]*)/i.exec(context.source)
11       // 匹配結束標籤
12       : /^<\/([a-z][^\t\r\n\f />]*)/i.exec(context.source)
13     // 匹配成功後，正規表達式的第一個捕獲組的值就是標籤名稱
14     const tag = match[1]
15     // 消耗正規表達式匹配的全部內容，例如 '<div' 這段內容
16     advanceBy(match[0].length)
17     // 消耗標籤中無用的空白字串
18     advanceSpaces()
19
20     // 在消耗匹配的內容後，如果字串以 '/>' 開頭，則說明這是一個自閉合標籤
21     const isSelfClosing = context.source.startsWith('/>')
22     // 如果是自閉合標籤，則消耗 '/>'，否則消耗 '>'
23     advanceBy(isSelfClosing ? 2 : 1)
24
25     // 回傳標籤節點
26     return {
27       type: 'Element',
28       // 標籤名稱
29       tag,
30       // 標籤的屬性暫時留空
31       props: [],
32       // 子節點留空
```

```
33        children: [],
34        // 是否自閉合
35        isSelfClosing
36      }
37    }
```

上面這段程式碼有兩個關鍵點。

- 由於 parseTag 函數既用於解析開始標籤,又用於解析結束標籤,因此需要用一個參數來標識當前處理的標籤類型,即 type。

- 對於開始標籤和結束標籤,用於匹配它們的正規表達式只有一點不同:結束標籤是以字串 </ 開頭的。圖 16-16 提供了用於匹配開始標籤的正規表達式的涵義。

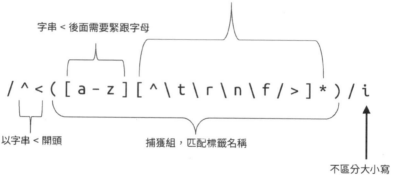

▲ 圖 16-16　用於匹配開始標籤和結束標籤的正規表達式

下面提供了幾個使用圖 16-16 所示的正規表達式來匹配開始標籤的例子。

- 對於字串 '<div>',會匹配出字串 '<div',剩餘 '>'。

- 對於字串 '<div/>',會匹配出字串 '<div',剩餘 '/>'。

- 對於字串 '<div---->',其中減號(-)代表空白符,會匹配出字串 '<div',剩餘 '---->'。

另外,圖 16-16 中所示的正規表達式擁有一個捕獲組,它用來捕獲標籤名稱。

除了正規表達式外,parseTag 函數的另外幾個關鍵點如下。

- 在完成正規匹配後,需要呼叫 advanceBy 函數消耗由正規表達式匹配的全部內容。

- 根據上面提供的第三個正規表達式匹配例子可知，由於標籤中可能存在無用的空白字串，例如 `<div---->` ，因此我們需要呼叫 advanceSpaces 函數消耗空白字串。

- 在消耗由正規匹配的內容後，需要檢查剩餘模板內容是否以字串 `/>` 開頭。如果是，則說明當前解析的是一個自閉合標籤，這時需要將標籤節點的 isSelfClosing 屬性設定為 true。

- 最後，判斷標籤是否自閉合。如果是，則呼叫 advnaceBy 函數消耗內容 `/>`，否則只需要消耗內容 `>` 即可。

在經過上述處理後，parseTag 函數會回傳一個標籤節點。parseElement 函數在得到由 parseTag 函數產生的標籤節點後，需要根據節點的類型完成文本模式的切換，如下面的程式碼所示：

```javascript
function parseElement(context, ancestors) {
  const element = parseTag(context)
  if (element.isSelfClosing) return element

  // 切換到正確的文本模式
  if (element.tag === 'textarea' || element.tag === 'title') {
    // 如果由 parseTag 解析得到的標籤是 <textarea> 或 <title>，則切換到 RCDATA 模式
    context.mode = TextModes.RCDATA
  } else if (/style|xmp|iframe|noembed|noframes|noscript/.test(element.tag)) {
    // 如果由 parseTag 解析得到的標籤是：
    // <style>、<xmp>、<iframe>、<noembed>、<noframes>、<noscript>
    // 則切換到 RAWTEXT 模式
    context.mode = TextModes.RAWTEXT
  } else {
    // 否則切換到 DATA 模式
    context.mode = TextModes.DATA
  }

  ancestors.push(element)
  element.children = parseChildren(context, ancestors)
  ancestors.pop()

  if (context.source.startsWith(`</${element.tag}`)) {
    parseTag(context, 'end')
  } else {
    console.error(`${element.tag} 標籤缺少閉合標籤 `)
  }

  return element
}
```

至此，我們就實作了對標籤節點的解析。但是目前的實作忽略了節點中的屬性和指令，下一節將會講解。

## 16.5 解析屬性

上一節中介紹的 parseTag 解析函數會消耗整個開始標籤，這意味著該函數需要有能力處理開始標籤中存在屬性與指令，例如：

```
1    <div id="foo" v-show="display"/>
```

上面這段模板中的 div 標籤存在一個 id 屬性和一個 v-show 指令。為了處理屬性和指令，我們需要在 parseTag 函數中增加 parseAttributes 解析函數，如下面的程式碼所示：

```
1    function parseTag(context, type = 'start') {
2      const { advanceBy, advanceSpaces } = context
3
4      const match = type === 'start'
5        ? /^<([a-z][^\t\r\n\f />]*)/i.exec(context.source)
6        : /^<\/([a-z][^\t\r\n\f />]*)/i.exec(context.source)
7      const tag = match[1]
8
9      advanceBy(match[0].length)
10     advanceSpaces()
11     // 呼叫 parseAttributes 函數完成屬性與指令的解析，並得到 props 陣列，
12     // props 陣列是由指令節點與屬性節點共同組成的陣列
13     const props = parseAttributes(context)
14
15     const isSelfClosing = context.source.startsWith('/>')
16     advanceBy(isSelfClosing ? 2 : 1)
17
18     return {
19       type: 'Element',
20       tag,
21       props, // 將 props 陣列新增到標籤節點上
22       children: [],
23       isSelfClosing
24     }
25   }
```

上面這段程式碼的關鍵點之一是，我們需要在消耗標籤的「開始部分」和無用的空白字串之後，再呼叫 parseAttribute 函數。舉個例子，假設標籤的內容如下：

```
1    <div id="foo" v-show="display" >
```

標籤的「開始部分」指的是字串 <div，所以當消耗標籤的「開始部分」以及無用空白字串後，剩下的內容為：

```
1    id="foo" v-show="display" >
```

上面這段內容才是 parseAttributes 函數要處理的內容。由於該函數只用來解析屬性和指令,因此它會不斷地消耗上面這段模板內容,直到遇到標籤的「結束部分」為止。其中,結束部分指的是字串 > 或者字串 />。據此我們可以提供 parseAttributes 函數的整體框架,如下面的程式碼所示:

```
function parseAttributes(context) {
  // 用來儲存解析過程中產生的屬性節點和指令節點
  const props = []

  // 開啟 while 循環,不斷地消耗模板內容,直至遇到標籤的「結束部分」為止
  while (
    !context.source.startsWith('>') &&
    !context.source.startsWith('/>')
  ) {
    // 解析屬性或指令
  }
  // 將解析結果回傳
  return props
}
```

實際上,parseAttributes 函數消耗模板內容的過程,就是不斷地解析屬性名稱、等號、屬性值的過程,如圖 16-17 所示。

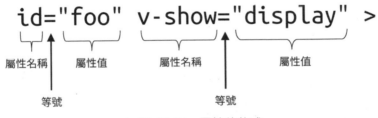

▲ 圖 16-17 屬性的格式

parseAttributes 函數會按照從左到右的順序不斷地消耗字串。以圖 16-17 為例,該函數的解析過程如下。

▨ 首先,解析出第一個屬性的名稱 id,並消耗字串 'id'。此時剩餘模板內容為:

```
="foo" v-show="display" >
```

在解析屬性名稱時,除了要消耗屬性名稱之外,還要消耗屬性名稱後面可能存在的空白字串。如下面這段模板中,屬性名稱和等號之間存在空白字串:

```
id  =  "foo" v-show="display" >
```

但無論如何，在屬性名稱解析完畢之後，模板剩餘內容一定是以等號開頭的，即

```
1    =  "foo" v-show="display" >
```

如果消耗屬性名稱之後，模板內容不以等號開頭，則說明模板內容不合法，我們可以選擇性地拋出錯誤。

- ▣ 接著，我們需要消耗等號字串。由於等號和屬性值之間也可能存在空白字串，所以我們也需要消耗對應的空白字串。在這一步操作過後，模板的剩餘內容如下：

```
1    "foo" v-show="display" >
```

- ▣ 接下來，到了處理屬性值的環節。模板中的屬性值存在三種情況。
  - ◈ 屬性值被雙引號包裹：id="foo"。
  - ◈ 屬性值被單引號包裹：id='foo'。
  - ◈ 屬性值沒有引號包裹：id=foo。

按照上述例子，此時模板的內容一定以雙引號（"）開頭。因此我們可以透過檢查當前模板內容是否以引號開頭來確定屬性值是否被引用。如果屬性值被引號引用，則消耗引號。此時模板的剩餘內容為：

```
1    foo" v-show="display" >
```

既然屬性值被引號引用了，就意味著在剩餘模板內容中，下一個引號之前的內容都應該被解析為屬性值。在這個例子中，屬性值的內容是字串 foo。於是，我們消耗屬性值及其後面的引號。當然，如果屬性值沒有被引號引用，那麼在剩餘模板內容中，下一個空白字串之前的所有字串都應該作為屬性值。

當屬性值和引號被消耗之後，由於屬性值與下一個屬性名稱之間可能存在空白字串，所以我們還要消耗對應的空白字串。在這一步處理過後，剩餘模板內容為：

```
1    v-show="display" >
```

可以看到，經過上述操作之後，第一個屬性就處理完畢了。

- ▣ 此時模板中還剩下一個指令，我們只需重新執行上述步驟，即可完成 v-show 指令的解析。當 v-show 指令解析完畢後，將會遇到標籤的「結束部分」，即字串 >。這時，parseAttributes 函數中的 while 循環將會停止，完成屬性和指令的解析。

下面的 parseAttributes 函數提供了上述邏輯的具體實作：

```
1   function parseAttributes(context) {
2     const { advanceBy, advanceSpaces } = context
3     const props = []
4
5     while (
6       !context.source.startsWith('>') &&
7       !context.source.startsWith('/>')
8     ) {
9       // 該正規用於匹配屬性名稱
10      const match = /^[^\t\r\n\f />][^\t\r\n\f />=]*/.exec(context.source)
11      // 得到屬性名稱
12      const name = match[0]
13
14      // 消耗屬性名稱
15      advanceBy(name.length)
16      // 消耗屬性名稱與等號之間的空白字串
17      advanceSpaces()
18      // 消耗等號
19      advanceBy(1)
20      // 消耗等號與屬性值之間的空白字串
21      advanceSpaces()
22
23      // 屬性值
24      let value = ''
25
26      // 獲取當前模板內容的第一個字串
27      const quote = context.source[0]
28      // 判斷屬性值是否被引號引用
29      const isQuoted = quote === '"' || quote === "'"
30
31      if (isQuoted) {
32        // 屬性值被引號引用，消耗引號
33        advanceBy(1)
34        // 獲取下一個引號的索引
35        const endQuoteIndex = context.source.indexOf(quote)
36        if (endQuoteIndex > -1) {
37          // 獲取下一個引號之前的內容作為屬性值
38          value = context.source.slice(0, endQuoteIndex)
39          // 消耗屬性值
40          advanceBy(value.length)
41          // 消耗引號
42          advanceBy(1)
43        } else {
44          // 缺少引號錯誤
45          console.error(' 缺少引號 ')
46        }
47      } else {
48        // 程式碼執行到這裡，說明屬性值沒有被引號引用
49        // 下一個空白字串之前的內容全部作為屬性值
50        const match = /^[^\t\r\n\f >]+/.exec(context.source)
51        // 獲取屬性值
52        value = match[0]
53        // 消耗屬性值
```

```
54        advanceBy(value.length)
55      }
56      // 消耗屬性值後面的空白字串
57      advanceSpaces()
58
59      // 使用屬性名稱 + 屬性值建立一個屬性節點，新增到 props 陣列中
60      props.push({
61        type: 'Attribute',
62        name,
63        value
64      })
65
66    }
67    // 回傳
68    return props
69  }
```

在上面這段程式碼中，有兩個重要的正規表達式：

- ☑ /^[^\t\r\n\f />][^\t\r\n\f />=]*/，用來匹配屬性名稱；
- ☑ /^[^\t\r\n\f >]+/，用來匹配沒有使用引號引用的屬性值。

我們分別來看看這兩個正規表達式是如何運作的。圖 16-18 提供了用於匹配屬性名稱的正規表達式的匹配原理。

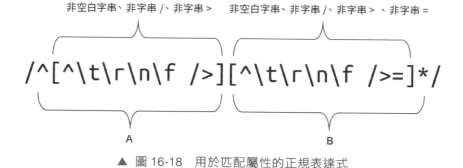

▲ 圖 16-18 用於匹配屬性的正規表達式

如圖 16-18 所示，我們可以將這個正規表達式分為 A、B 兩個部分來看。

- ☑ 部分 A 用於匹配一個位置，這個位置不能是空白字串，也不能是字串 / 或字串 >，並且字串要以該位置開頭。
- ☑ 部分 B 則用於匹配 0 個或多個位置，這些位置不能是空白字串，也不能是字串 /、>、=。注意，這些位置不允許出現等號（=）字串，這就實作了只匹配等號之前的內容，即屬性名稱。

圖 16-19 提供了第二個正規表達式的匹配原理。

▲ 圖 16-19　第二個正規表達式的匹配原理

該正規表達式從字串的開始位置進行匹配，並且會匹配一個或多個非空白字串、非字串 >。換句話說，該正規表達式會一直對字串進行匹配，直到遇到空白字串或字串 > 為止，這就實作了屬性值的取得。

配合 parseAttributes 函數，假設提供如下模板：

```
1    <div id="foo" v-show="display"></div>
```

解析上面這段模板，將會得到如下 AST：

```
1    const ast = {
2      type: 'Root',
3      children: [
4        {
5          type: 'Element'
6          tag: 'div',
7          props: [
8            // 屬性
9            { type: 'Attribute', name: 'id', value: 'foo' },
10           { type: 'Attribute', name: 'v-show', value: 'display' }
11         ]
12       }
13     ]
14   }
```

可以看到，在 div 標籤節點的 props 屬性中，包含兩個類型為 Attribute 的節點，這兩個節點就是 parseAttributes 函數的解析結果。

我們可以增加更多在 Vue.js 中常見的屬性和指令進行測試，如以下模板所示：

```
1    <div :id="dynamicId" @click="handler" v-on:mousedown="onMouseDown" ></div>
```

上面這段模板經過解析後，得到如下 AST：

```
1    const ast = {
2      type: 'Root',
3      children: [
4        {
5          type: 'Element'
```

```
6          tag: 'div',
7          props: [
8            // 屬性
9            { type: 'Attribute', name: ':id', value: 'dynamicId' },
10           { type: 'Attribute', name: '@click', value: 'handler' },
11           { type: 'Attribute', name: 'v-on:mousedown', value: 'onMouseDown' }
12         ]
13       }
14     ]
15   }
```

可以看到，在類型為 `Attribute` 的屬性節點中，其 `name` 欄位完整地保留著模板中撰寫的屬性名稱。我們可以對屬性名稱做進一步的分析，從而得到更具體的訊息。例如，屬性名稱以字串 @ 開頭，則認為它是一個 v-on 指令綁定。我們甚至可以把以 v- 開頭的屬性看作指令綁定，從而為它賦予不同的節點類型，例如：

```
1   // 指令，類型為 Directive
2   { type: 'Directive', name: 'v-on:mousedown', value: 'onMouseDown' }
3   { type: 'Directive', name: '@click', value: 'handler' }
4   // 普通屬性
5   { type: 'Attribute', name: 'id', value: 'foo' }
```

不僅如此，為了得到更加具體的訊息，我們甚至可以進一步分析指令節點的資料，也可以設計更多語法規則，這完全取決於框架設計者在語法層面的設計，以及為框架賦予的能力。

## 16.6 解析文本與解碼 HTML

### 16.6.1 解析文本

本節我們將討論文本節點的解析。提供如下模板：

```
1   const template = '<div>Text</div>'
```

解析器在解析上面這段模板時，會先經過 `parseTag` 函數的處理，這會消耗標籤的開始部分 `'<div>'`。處理完畢後，剩餘模板內容為：

```
1   const template = 'Text</div>'
```

緊接著，解析器會呼叫 `parseChildren` 函數，開啟一個新的狀態機來處理這段模板。我們來回顧一下狀態機的狀態遷移過程，如圖 16-20 所示。

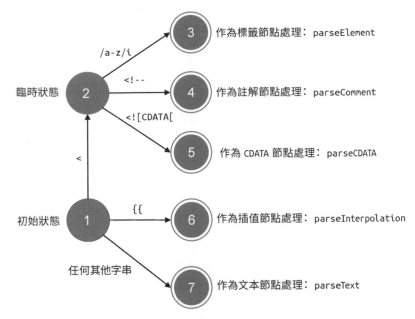

狀態機始於「狀態 1」。在「狀態 1」下，讀取模板的第一個字串 T，由於該字串既不是字串 <，也不是插值定界子 {{，因此狀態機會進入「狀態 7」，即呼叫 parseText 函數處理文本內容。此時解析器會在模板中尋找下一個 < 字串或插值定界子 {{ 的位置索引，記為索引 I。然後，解析器會從模板的頭部到索引 I 的位置擷取內容，這段擷取出來的字串將作為文本節點的內容。以下面的模板內容為例：

```
1  const template = 'Text</div>'
```

parseText 函數會嘗試在這段模板內容中找到第一個出現的字串 < 的位置索引。在這個例子中，字串 < 的索引值為 4。然後，parseText 函數會擷取介於索引 [0, 4) 的內容作為文本內容。在這個例子中，文本內容就是字串 'Text'。

假設模板中存在插值，如下面的模板所示：

```
1  const template = 'Text-{{ val }}</div>'
```

在處理這段模板時，parseText 函數會找到第一個插值定界子 {{ 出現的位置索引。在這個例子中，定界子的索引為 5。於是，parseText 函數會擷取介於索引 [0, 5) 的內容作為文本內容。在這個例子中，文本內容就是字串 'Text-'。

下面的 parseText 函數給了具體實作：

```
 1   function parseText(context) {
 2     // endIndex 為文本內容的結尾索引，預設將整個模板剩餘內容都作為文本內容
 3     let endIndex = context.source.length
 4     // 尋找字串 < 的位置索引
 5     const ltIndex = context.source.indexOf('<')
 6     // 尋找定界子 {{ 的位置索引
 7     const delimiterIndex = context.source.indexOf('{{')
 8
 9     // 取 ltIndex 和當前 endIndex 中較小的一個作為新的結尾索引
10     if (ltIndex > -1 && ltIndex < endIndex) {
11       endIndex = ltIndex
12     }
13     // 取 delimiterIndex 和當前 endIndex 中較小的一個作為新的結尾索引
14     if (delimiterIndex > -1 && delimiterIndex < endIndex) {
15       endIndex = delimiterIndex
16     }
17
18     // 此時 endIndex 是最終的文本內容的結尾索引，呼叫 slice 函數擷取文本內容
19     const content = context.source.slice(0, endIndex)
20     // 消耗文本內容
21     context.advanceBy(content.length)
22
23     // 回傳文本節點
24     return {
25       // 節點類型
26       type: 'Text',
27       // 文本內容
28       content
29     }
30   }
```

如上面的程式碼所示，由於字串 < 與定界子 {{ 的出現順序是未知的，所以我們需要取兩者中較小的一個作為文本擷取的終點。有了擷取終點後，只需要呼叫字串的 slice 函數對字串進行擷取即可，擷取出來的內容就是文本節點的文本內容。最後，我們建立一個類型為 Text 的文本節點，將其作為 parseText 函數的回傳值。

配合上述 parseText 函數解析如下模板：

```
 1   const ast = parse(`<div>Text</div>`)
```

得到如下 AST：

```
 1   const ast = {
 2     type: 'Root',
 3     children: [
 4       {
 5         type: 'Element',
 6         tag: 'div',
 7         props: [],
 8         isSelfClosing: false,
```

```
 9        children: [
10          // 文本節點
11          { type: 'Text', content: 'Text' }
12        ]
13      }
14    ]
15  }
```

這樣，我們就實作了對文本節點的解析。解析文本節點本身並不複雜，複雜點在於，我們需要對解析後的文本內容進行 HTML 實體的解碼工作。為此，我們有必要先瞭解什麼是 HTML 實體。

## 16.6.2 解碼命名字串引用

HTML 實體是一段以字串 & 開始的文本內容。實體用來描述 HTML 中的保留字串和一些難以透過普通鍵盤輸入的字串，以及一些不可見的字串。例如，在 HTML 中，字串 < 具有特殊涵義，如果希望以普通文本的方式來輸出字串 <，需要透過實體來表達：

```
1  <div>A&lt;B</div>
```

其中字串 &lt; 就是一個 HTML 實體，用來表示字串 <。如果我們不用 HTML 實體，而是直接使用字串 <，那麼將會產生非法的 HTML 內容：

```
1  <div>A<B</div>
```

這會導致瀏覽器的解析結果不符合預期。

HTML 實體總是以字串 & 開頭，以字串 ; 結尾。在 Web 誕生的初期，HTML 實體的數量較少，因此允許省略其中的尾分號。但隨著 HTML 字串集越來越大，HTML 實體出現了包含的情況，例如 &lt 和 &ltcc 都是合法的實體，如果不加分號，瀏覽器將無法區分它們。因此，WHATWG 規範中明確規定，如果不為實體加分號，將會產生解析錯誤。但考慮到歷史原因（網際網路上存在大量省略分號的情況），現代瀏覽器都能夠解析早期規範中定義的那些可以省略分號的 HTML 實體。

HTML 實體有兩類，一類叫作**命名字串引用**（named character reference），也叫**命名實體**（named entity），顧名思義，這類實體具有特定的名稱，例如上文中的 &lt;。WHATWG 規範中提供了全部的命名字串引用，有 2000 多個，可以透過命名字串引用表查詢。下面列出了部分內容：

```
1  // 共 2000+
2  {
```

```
 3      "GT": ">",
 4      "gt": ">",
 5      "LT": "<",
 6      "lt": "<",
 7      // 省略部分程式碼
 8      "awint;": "ƒ",
 9      "bcong;": "≌",
10      "bdquo;": ",,",
11      "bepsi;": "ᴐ",
12      "blank;": " ␣ ",
13      "blk12;": "▒",
14      "blk14;": "░",
15      "blk34;": "▓",
16      "block;": "█",
17      "boxDL;": "╗",
18      "boxDl;": "╖",
19      "boxdL;": "╕",
20      // 省略部分程式碼
21    }
```

除了命名字串引用之外，還有一類字串引用沒有特定的名稱，只能用數字表示，這類實體叫作**數字字串引用**（numeric character reference）。與命名字串引用不同，數字字串引用以字串 &# 開頭，比命名字串引用的開頭部分多出了字串 #，例如 &#60;。實際上，&#60; 對應的字串也是 <，換句話說，&#60; 與 &lt; 是等價的。數字字串引用既可以用十進制來表示，也可以使用十六進制來表示。例如，十進制數字 60 對應的十六進制值為 3c，因此實體 &#60; 也可以表示為 &#x3c;。可以看到，當使用十六進制數表示實體時，需要以字串 &#x 開頭。

理解了 HTML 實體後，我們再來討論為什麼 Vue.js 模板的解析器要對文本節點中的 HTML 實體進行解碼。為了理解這個問題，我們需要先明白一個大前提：在 Vue.js 模板中，文本節點所包含的 HTML 實體不會被瀏覽器解析。這是因為模板中的文本節點最終將透過如 el.textContent 等文本操作方法設定到頁面，而透過 el.textContent 設定的文本內容是不會經過 HTML 實體解碼的，例如：

```
 1      el.textContent = '&lt;'
```

最終 el 的文本內容將會原封不動地呈現為字串 '&lt;'，而不會呈現字串 <。這就意味著，如果使用者在 Vue.js 模板中撰寫了 HTML 實體，而模板解析器不對其進行解碼，那麼最終渲染到頁面的內容將不符合使用者的預期。因此，我們應該在解析階段對文本節點中存在的 HTML 實體進行解碼。

模板解析器的解碼行為應該與瀏覽器的行為一致。因此，我們應該按照 WHATWG 規範實作解碼邏輯。規範中明確定義瞭解 HTML 實體時狀態機的狀態遷移流程。圖 16-21 提供了簡化版的狀態遷移流程，我們會在後文中對其進行補充。

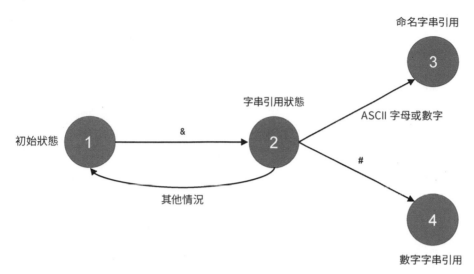

▲ 圖 16-21　解析字串引用的狀態機

假定狀態機當前處於初始的 DATA 模式。由圖 16-21 可知,當解析器遇到字串 & 時,會進入「字串引用狀態」,並消耗字串 &,接著解析下一個字串。如果下一個字串是 ASCII 字母或數字(ASCII alphanumeric),則進入「命名字串引用狀態」,其中 ASCII 字母或數字指的是 0~9 這十個數字以及字串集合 a~z 再加上字串集合 A~Z。當然,如果下一個字串是 #,則進入「數字字串引用狀態」。

一旦狀態機進入命名字串引用狀態,解析器將會執行比較複雜的匹配流程。我們透過幾個例子來直觀地感受一下這個過程。假設文本內容為:

```
1   a&ltb
```

上面這段文本會被解析為:

```
1   a<b
```

為什麼會得到這樣的解析結果呢?接下來,我們分析整個解析過程。

- 首先,當解析器遇到字串 & 時,會進入字串引用狀態。接著,解析下一個字串 l,這會使得解析器進入命名字串引用狀態,並在命名字串引用表(後文簡稱「引用表」)中查找以字串 l 開頭的項目。由於引用表中存在諸多以字串 l 開頭的項目,例如 lt、lg、le 等,因此解析器認為此時是「匹配」的。

- 於是開始解析下一個字串 t,並嘗試去引用表中查找以 lt 開頭的項目。由於引用表中也存在多個以 lt 開頭的項目,例如 lt、ltcc;、ltri; 等,因此解析器認為此時也是「匹配」的。

- ☑ 於是又開始解析下一個字串 b，並嘗試去引用表中查找以 ltb 開頭的項目，結果發現引用表中不存在符合條件的項目，至此匹配結束。

當匹配結束時，解析器會檢查最後一個匹配的字串。如果該字串是分號（;），則會產生一個合法的匹配，並渲染對應字串。但在上例中，最後一個匹配的字串是字串 t，並不是分號（;），因此會產生一個解析錯誤，但由於歷史原因，瀏覽器仍然能夠解析它。在這種情況下，瀏覽器的解析規則是：最短原則。其中「最短」指的是命名字串引用的名稱最短。舉個例子，假設文本內容為：

```
1    a&ltcc;
```

我們知道 &ltcc; 是一個合法的命名字串引用，因此上述文本會被渲染為：a◁。但如果去掉上述文本中的分號，即

```
1    a&ltcc
```

解析器在處理這段文本中的實體時，最後匹配的字串將不再是分號，而是字串 c。按照「最短原則」，解析器只會渲染名稱更短的字串引用。在字串 &ltcc 中，&lt 的名稱要短於 &ltcc，因此最終會將 &lt 作為合法的字串引用來渲染，而字串 cc 將作為普通字串來渲染。所以上面的文本最終會被渲染為：a<cc。

需要說明的是，上述解析過程僅限於不用作屬性值的普通文本。換句話說，用作屬性值的文本會有不同的解析規則。舉例來說，提供如下 HTML 文本：

```
1    <a href="foo.com?a=1&lt=2">foo.com?a=1&lt=2</a>
```

可以看到，a 標籤的 href 屬性值與它的文本子節點具有同樣的內容，但它們被解析之後的結果不同。其中屬性值中出現的 &lt 將原封不動地展示，而文本子節點中出現的 &lt 將會被解析為字串 <。這也是符合期望的，很明顯，&lt=2 將構成連結中的查詢參數，如果將其中的 &lt 解碼為字串 <，將會破壞使用者的 URL。實際上，WHATWG 規範中對此也有完整的定義，出於歷史原因的考慮，對於屬性值中的字串引用，如果最後一個匹配的字串不是分號，並且該匹配的字串的下一個字串是等號、ASCII 字母或數字，那麼該匹配項將作為普通文本被解析。

明白了原理，我們就著手實作。我們面臨的第一個問題是，如何處理省略分號的情況？關於字串引用中的分號，我們可以總結如下。

- ☑ 當存在分號時：執行完整匹配。
- ☑ 當省略分號時：執行最短匹配。

為此，我們需要精心設計命名字串引用表。由於命名字串引用的數量非常多，因此這裡我們只取其中一部分作為命名字串引用表的內容，如下面的程式碼所示：

```
1  const namedCharacterReferences = {
2    "gt": ">",
3    "gt;": ">",
4    "lt": "<",
5    "lt;": "<",
6    "ltcc;": "◁"
7  }
```

上面這張表是經過精心設計的。觀察 namedCharacterReferences 物件可以發現，相同的字串對應的實體會有多個，即帶分號的版本和不帶分號的版本，例如 "gt" 和 "gt;"。另外一些實體則只有帶分號的版本，因為這些實體不允許省略分號，例如 "ltcc;"。我們可以根據這張表來實作實體的解碼邏輯。假設我們有如下文本內容：

```
1  a&ltccbbb
```

在解碼這段文本時，我們首先根據字串 & 將文本分為兩部分。

- ☑ 一部分是普通文本：a。
- ☑ 另一部分則是：&ltccbbb。

對於普通文本部分，由於它不需要被解碼，因此索引原封不動地保留。而對於可能是字串引用的部分，執行解碼工作。

- ☑ 第一步：計算出命名字串引用表中實體名稱的最大長度。由於在 namedCharacterReferences 物件中，名稱最長的實體是 ltcc;，它具有 5 個字串，因此最大長度是 5。
- ☑ 第二步：根據最大長度擷取字串 ltccbbb，即 'ltccbbb'.slice(0, 5)，最終結果是：'ltccb'
- ☑ 第三步：用擷取後的字串 'ltccb' 作為鍵去命名字串引用表中查詢對應的值，即解碼。由於引用表 namedCharacterReferences 中不存在鍵值為 'ltccb' 的項目，因此不匹配。
- ☑ 第四步：當發現不匹配時，我們將最大長度減 1，並重新執行第二步，直到找到匹配項目為止。在上面這個例子中，最終的匹配項目將會是 'lt'。因此，上述文本最終會被解碼為：

```
1  a<ccbbb
```

這樣，我們就實作了當字串引用省略分號時按照「最短原則」進行解碼。

下面的 decodeHtml 函數提供了具體實作：

```
1   // 第一個參數為要被解碼的文本內容
2   // 第二個參數是一個布林值，代表文本內容是否作為屬性值
3   function decodeHtml(rawText, asAttr = false) {
4     let offset = 0
5     const end = rawText.length
6     // 經過解碼後的文本將作為回傳值被回傳
7     let decodedText = ''
8     // 引用表中實體名稱的最大長度
9     let maxCRNameLength = 0
10
11    // advance 函數用於消耗指定長度的文本
12    function advance(length) {
13      offset += length
14      rawText = rawText.slice(length)
15    }
16
17    // 消耗字串，直到處理完畢為止
18    while (offset < end) {
19      // 用於匹配字串引用的開始部分，如果匹配成功，那麼 head[0] 的值將有三種可能：
20      // 1. head[0] === '&'，這說明該字串引用是命名字串引用
21      // 2. head[0] === '&#'，這說明該字串引用是用十進制表示的數字字串引用
22      // 3. head[0] === '&#x'，這說明該字串引用是用十六進制表示的數字字串引用
23      const head = /&(?:#x?)?/i.exec(rawText)
24      // 如果沒有匹配，說明已經沒有需要解碼的內容了
25      if (!head) {
26        // 計算剩餘內容的長度
27        const remaining = end - offset
28        // 將剩餘內容加到 decodedText 上
29        decodedText += rawText.slice(0, remaining)
30        // 消耗剩餘內容
31        advance(remaining)
32        break
33      }
34
35      // head.index 為匹配的字串 & 在 rawText 中的位置索引
36      // 擷取字串 & 之前的內容加到 decodedText 上
37      decodedText += rawText.slice(0, head.index)
38      // 消耗字串 & 之前的內容
39      advance(head.index)
40
41      // 如果滿足條件，則說明是命名字串引用，否則為數字字串引用
42      if (head[0] === '&') {
43        let name = ''
44        let value
45        // 字串 & 的下一個字串必須是 ASCII 字母或數字，這樣才是合法的命名字串引用
46        if (/[0-9a-z]/i.test(rawText[1])) {
47          // 根據引用表計算實體名稱的最大長度，
48          if (!maxCRNameLength) {
49            maxCRNameLength = Object.keys(namedCharacterReferences).reduce(
50              (max, name) => Math.max(max, name.length),
51              0
52            )
53          }
```

```
54        // 從最大長度開始對文本進行擷取，並試圖去引用表中找到對應的項目
55        for (let length = maxCRNameLength; !value && length > 0; --length) {
56          // 擷取字串 & 到最大長度之間的字串作為實體名稱
57          name = rawText.substr(1, length)
58          // 使用實體名稱去索引表中查找對應項目的值
59          value = (namedCharacterReferences)[name]
60        }
61        // 如果找到了對應項目的值，說明解碼成功
62        if (value) {
63          // 檢查實體名稱的最後一個匹配字串是否是分號
64          const semi = name.endsWith(';')
65          // 如果解碼的文本作為屬性值，最後一個匹配的字串不是分號，
66          // 並且最後一個匹配字串的下一個字串是等號（=）、ASCII 字母或數字，
67          // 由於歷史原因，將字串 & 和實體名稱 name 作為普通文本
68          if (
69            asAttr &&
70            !semi &&
71            /[=a-z0-9]/i.test(rawText[name.length + 1] || '')
72          ) {
73            decodedText += '&' + name
74            advance(1 + name.length)
75          } else {
76            // 其他情況下，正常使用解碼後的內容拼接到 decodedText 上
77            decodedText += value
78            advance(1 + name.length)
79          }
80        } else {
81          // 如果沒有找到對應的值，說明解碼失敗
82          decodedText += '&' + name
83          advance(1 + name.length)
84        }
85      } else {
86        // 如果字串 & 的下一個字串不是 ASCII 字母或數字，則將字串 & 作為普通文本
87        decodedText += '&'
88        advance(1)
89      }
90    }
91  }
92  return decodedText
93 }
```

有了 decodeHtml 函數之後，我們就可以在解析文本節點時透過它對文本內容進行解碼：

```
1  function parseText(context) {
2    // 省略部分程式碼
3
4    return {
5      type: 'Text',
6      content: decodeHtml(content) // 呼叫 decodeHtml 函數解碼內容
7    }
8  }
```

## 16.6.3 解碼數字字串引用

在上一節中，我們使用下面的正規表達式來匹配一個文本中字串引用的開始部分：

```
1    const head = /&(?:#x?)?/i.exec(rawText)
```

我們可以根據該正規表達式的匹配結果，來判斷字串引用的類型。

- ☑ 如果 head[0] === '&'，則說明匹配的是命名字串引用。
- ☑ 如果 head[0] === '&#'，則說明匹配的是以十進制表示的數字字串引用。
- ☑ 如果 head[0] === '&#x'，則說明匹配的是以十六進制表示的數字字串引用。

數字字串引用的格式是：前綴 + Unicode 碼點。解碼數字字串引用的關鍵在於，如何取得字串引用中的 Unicode 碼點。考慮到數字字串引用的前綴可以是以十進制表示（&#），也可以是以十六進制表示（&#x），所以我們使用下面的程式碼來完成碼點的取得：

```
1    // 判斷是以十進制表示還是以十六進制表示
2    const hex = head[0] === '&#x'
3    // 根據不同進制表示法，選用不同的正規表達式
4    const pattern = hex ? /^&#x([0-9a-f]+);?/i : /^&#([0-9]+);?/
5    // 最終，body[1] 的值就是 Unicode 碼點
6    const body = pattern.exec(rawText)
```

有了 Unicode 碼點之後，只需要呼叫 String.fromCodePoint 函數即可將其解碼為對應的字串：

```
1    if (body) {
2      // 根據對應的進制，將碼點字串轉換為數字
3      const cp = parseInt(body[1], hex ? 16 : 10)
4      // 解碼
5      const char = String.fromCodePoint(cp)
6    }
```

不過，在真正進行解碼前，需要對碼點的值進行合法性檢查。WHATWG 規範中對此也有明確的定義。

- ☑ 如果碼點值為 0x00，即十進制的數字 0，它在 Unicode 中代表空字串（NULL），這將是一個解析錯誤，解析器會將碼點值替換為 0xFFFD。
- ☑ 如果碼點值大於 0x10FFFF（0x10FFFF 為 Unicode 的最大值），這也是一個解析錯誤，解析器會將碼點值替換為 0xFFFD。

- 如果碼點值處於**代理對**（surrogate pair）範圍內，這也是一個解析錯誤，解析器會將碼點值替換為 0xFFFD，其中 surrogate pair 是預留給 UTF-16 的編碼位置，其範圍是：[0xD800, 0xDFFF]。

- 如果碼點值是 noncharacter，這也是一個解析錯誤，但什麼都不需要做。這裡的 noncharacter 代表 Unicode 永久保留的碼點，用於 Unicode 內部，它的取值範圍是：[0xFDD0, 0xFDEF]，還包括：0xFFFE、0xFFFF、0x1FFFE、0x1FFFF、0x2FFFE、0x2FFFF、0x3FFFE、0x3FFFF、0x4FFFE、0x4FFFF、0x5FFFE、0x5FFFF、0x6FFFE、0x6FFFF、0x7FFFE、0x7FFFF、0x8FFFE、0x8FFFF、0x9FFFE、0x9FFFF、0xAFFFE、0xAFFFF、0xBFFFE、0xBFFFF、0xCFFFE、0xCFFFF、0xDFFFE、0xDFFFF、0xEFFFE、0xEFFFF、0xFFFFE、0xFFFFF、0x10FFFE、0x10FFFF。

- 如果碼點值對應的字串是回車符（0x0D），或者碼點值為**控制字串集**（control character）中的非 ASCII 空白符（ASCII whitespace），則是一個解析錯誤。這時需要將碼點作為索引，在下表中查找對應的替換碼點：

```
const CCR_REPLACEMENTS = {
  0x80: 0x20ac,
  0x82: 0x201a,
  0x83: 0x0192,
  0x84: 0x201e,
  0x85: 0x2026,
  0x86: 0x2020,
  0x87: 0x2021,
  0x88: 0x02c6,
  0x89: 0x2030,
  0x8a: 0x0160,
  0x8b: 0x2039,
  0x8c: 0x0152,
  0x8e: 0x017d,
  0x91: 0x2018,
  0x92: 0x2019,
  0x93: 0x201c,
  0x94: 0x201d,
  0x95: 0x2022,
  0x96: 0x2013,
  0x97: 0x2014,
  0x98: 0x02dc,
  0x99: 0x2122,
  0x9a: 0x0161,
  0x9b: 0x203a,
  0x9c: 0x0153,
  0x9e: 0x017e,
  0x9f: 0x0178
}
```

如果存在對應的替換碼點，則渲染該替換碼點對應的字串，否則直接渲染原碼點對應的字串。

上述關於碼點合法性檢查的具體實作如下：

```
 1   if (body) {
 2     // 根據對應的進制，將碼點字串轉換為數字
 3     const cp = parseInt(body[1], hex ? 16 : 10)
 4     // 檢查碼點的合法性
 5     if (cp === 0) {
 6       // 如果碼點值為 0x00，替換為 0xfffd
 7       cp = 0xfffd
 8     } else if (cp > 0x10ffff) {
 9       // 如果碼點值超過 Unicode 的最大值，替換為 0xfffd
10       cp = 0xfffd
11     } else if (cp >= 0xd800 && cp <= 0xdfff) {
12       // 如果碼點值處於 surrogate pair 範圍內，替換為 0xfffd
13       cp = 0xfffd
14     } else if ((cp >= 0xfdd0 && cp <= 0xfdef) || (cp & 0xfffe) === 0xfffe) {
15       // 如果碼點值處於 noncharacter 範圍內，則什麼都不做，交給平台處理
16       // noop
17     } else if (
18       // 控制字串集的範圍是：[0x01, 0x1f] 加上 [0x7f, 0x9f]
19       // 去掉 ASCII 空白符：0x09(TAB)、0x0A(LF)、0x0C(FF)
20       // 0x0D(CR) 雖然也是 ASCII 空白符，但需要包含
21       (cp >= 0x01 && cp <= 0x08) ||
22       cp === 0x0b ||
23       (cp >= 0x0d && cp <= 0x1f) ||
24       (cp >= 0x7f && cp <= 0x9f)
25     ) {
26       // 在 CCR_REPLACEMENTS 表中查找替換碼點，如果找不到，則使用原碼點
27       cp = CCR_REPLACEMENTS[cp] || cp
28     }
29     // 最後進行解碼
30     const char = String.fromCodePoint(cp)
31   }
```

在上面這段程式碼中，我們完整地還原了碼點合法性檢查的邏輯，它有如下幾個關鍵點。

- 其中**控制字串集**（control character）的碼點範圍是：[0x01, 0x1f] 和 [0x7f, 0x9f]。這個碼點範圍包含了 ASCII 空白符：0x09(TAB)、0x0A(LF)、0x0C(FF) 和 0x0D(CR)，但 WHATWG 規範中要求包含 0x0D(CR)。

- 碼點 0xfffd 對應的符號是 n。你一定在出現「亂碼」的情況下見過這個字串，它是 Unicode 中的替換字串，通常表示在解碼過程中出現「錯誤」，例如使用了錯誤的解碼方式等。

最後，我們將上述程式碼整合到 decodeHtml 函數中，這樣就實作一個完善的 HTML 文本解碼函數：

```
 1   function decodeHtml(rawText, asAttr = false) {
 2     // 省略部分程式碼
```

```
3
4     // 消耗字串，直到處理完畢為止
5     while (offset < end) {
6       // 省略部分程式碼
7
8       // 如果滿足條件，則說明是命名字串引用，否則為數字字串引用
9       if (head[0] === '&') {
10        // 省略部分程式碼
11      } else {
12        // 判斷是十進制表示還是十六進制表示
13        const hex = head[0] === '&#x'
14        // 根據不同進制表示法，選用不同的正規表達式
15        const pattern = hex ? /^&#x([0-9a-f]+);?/i : /^&#([0-9]+);?/
16        // 最終，body[1] 的值就是 Unicode 碼點
17        const body = pattern.exec(rawText)
18
19        // 如果匹配成功，則呼叫 String.fromCodePoint 函數進行解碼
20        if (body) {
21          // 根據對應的進制，將碼點字串轉換為數字
22          const cp = Number.parseInt(body[1], hex ? 16 : 10)
23          // 碼點的合法性檢查
24          if (cp === 0) {
25            // 如果碼點值為 0x00，替換為 0xfffd
26            cp = 0xfffd
27          } else if (cp > 0x10ffff) {
28            // 如果碼點值超過 Unicode 的最大值，替換為 0xfffd
29            cp = 0xfffd
30          } else if (cp >= 0xd800 && cp <= 0xdfff) {
31            // 如果碼點值處於 surrogate pair 範圍內，替換為 0xfffd
32            cp = 0xfffd
33          } else if ((cp >= 0xfdd0 && cp <= 0xfdef) || (cp & 0xfffe) === 0xfffe) {
34            // 如果碼點值處於 noncharacter 範圍內，則什麼都不做，交給平台處理
35            // noop
36          } else if (
37            // 控制字串集的範圍是：[0x01, 0x1f] 加上 [0x7f, 0x9f]
38            // 去掉 ASCII 空白符：0x09(TAB)、0x0A(LF)、0x0C(FF)
39            // 0x0D(CR) 雖然也是 ASCII 空白符，但需要包含
40            (cp >= 0x01 && cp <= 0x08) ||
41            cp === 0x0b ||
42            (cp >= 0x0d && cp <= 0x1f) ||
43            (cp >= 0x7f && cp <= 0x9f)
44          ) {
45            // 在 CCR_REPLACEMENTS 表中查找替換碼點，如果找不到，則使用原碼點
46            cp = CCR_REPLACEMENTS[cp] || cp
47          }
48          // 解碼後追加到 decodedText 上
49          decodedText += String.fromCodePoint(cp)
50          // 消耗整個數字字串引用的內容
51          advance(body[0].length)
52        } else {
53          // 如果沒有匹配，則不進行解碼操作，只是把 head[0] 追加到 decodedText 上並消耗
54          decodedText += head[0]
55          advance(head[0].length)
56        }
57      }
```

```
58      }
59      return decodedText
60    }
```

## 16.7 解析插值與註解

文本插值是 Vue.js 模板中用來渲染動態資料的常用方法：

```
1    {{ count }}
```

預設情況下，插值以字串 {{ 開頭，並以字串 }} 結尾。我們通常將這兩個特殊的字串稱為定界子。定界子中間的內容可以是任意合法的 JavaScript 表達式，例如：

```
1    {{ obj.foo }}
```

或

```
1    {{ obj.fn() }}
```

解析器在遇到文本插值的起始定界子 ({{) 時，會進入文本「插值狀態 6」，並呼叫 parseInterpolation 函數來解析插值內容，如圖 16-22 所示。

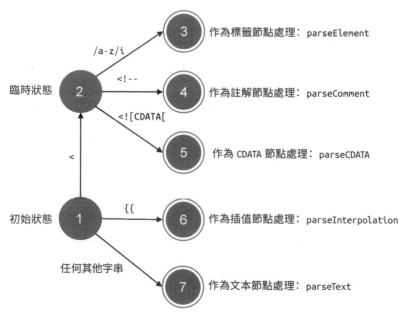

▲ 圖 16-22　parseChildren 函數在解析模板過程中的狀態遷移過程

解析器在解析插值時，只需要將文本插值的開始定界子與結束定界子之間的內容取
得出來，作為 JavaScript 表達式即可，具體實作如下：

```
 1  function parseInterpolation(context) {
 2    // 消耗開始定界子
 3    context.advanceBy('{{'.length)
 4    // 找到結束定界子的位置索引
 5    closeIndex = context.source.indexOf('}}')
 6    if (closeIndex < 0) {
 7      console.error(' 插值缺少結束定界子 ')
 8    }
 9    // 擷取開始定界子與結束定界子之間的內容作為插值表達式
10    const content = context.source.slice(0, closeIndex)
11    // 消耗表達式的內容
12    context.advanceBy(content.length)
13    // 消耗結束定界子
14    context.advanceBy('}}'.length)
15
16    // 回傳類型為 Interpolation 的節點，代表插值節點
17    return {
18      type: 'Interpolation',
19      // 插值節點的 content 是一個類型為 Expression 的表達式節點
20      content: {
21        type: 'Expression',
22        // 表達式節點的內容則是經過 HTML 解碼後的插值表達式
23        content: decodeHtml(content)
24      }
25    }
26  }
```

配合上面的 `parseInterpolation` 函數，解析如下模板內容：

```
 1  const ast = parse(`<div>foo {{ bar }} baz</div>`)
```

最終將得到如下 AST：

```
 1  const ast = {
 2    type: 'Root',
 3    children: [
 4      {
 5        type: 'Element',
 6        tag: 'div',
 7        isSelfClosing: false,
 8        props: [],
 9        children: [
10          { type: 'Text', content: 'foo ' },
11          // 插值節點
12          {
13            type: 'Interpolation',
14            content: [
15              type: 'Expression',
16              content: ' bar '
17            ]
```

```
18          },
19          { type: 'Text', content: ' baz' }
20        ]
21      }
22    ]
23  }
```

解析註解的思路與解析插值非常相似，如下面的 parseComment 函數所示：

```
1   function parseComment(context) {
2     // 消耗註解的開始部分
3     context.advanceBy('<!--'.length)
4     // 找到註解結束部分的位置索引
5     closeIndex = context.source.indexOf('-->')
6     // 擷取註解節點的內容
7     const content = context.source.slice(0, closeIndex)
8     // 消耗內容
9     context.advanceBy(content.length)
10    // 消耗註解的結束部分
11    context.advanceBy('-->'.length)
12    // 回傳類型為 Comment 的節點
13    return {
14      type: 'Comment',
15      content
16    }
17  }
```

配合 parseComment 函數，解析如下模板內容：

```
1   const ast = parse(`<div><!-- comments --></div>`)
```

最終得到如下 AST：

```
1   const ast = {
2     type: 'Root',
3     children: [
4       {
5         type: 'Element',
6         tag: 'div',
7         isSelfClosing: false,
8         props: [],
9         children: [
10          { type: 'Comment', content: ' comments ' }
11        ]
12      }
13    ]
14  }
```

480

## 16.8　總結

在本章中，我們首先討論瞭解析器的文本模式及其對解析器的影響。文本模式指的是解析器在運作時所進入的一些特殊狀態，如 RCDATA 模式、CDATA 模式、RAWTEXT 模式，以及初始的 DATA 模式等。在不同模式下，解析器對文本的解析行為會有所不同。

接著，我們討論了如何使用遞迴下降演算法建構模板 AST。在 parseChildren 函數執行的過程中，為了處理標籤節點，會呼叫 parseElement 解析函數，這會間接呼叫 parseChildren 函數，並產生一個新的狀態機。隨著標籤巢狀層次的增加，新的狀態機也會隨著 parseChildren 函數被遞迴呼叫而不斷建立，這就是「遞迴下降」中「遞迴」二字的涵義。而上級 parseChildren 函數的呼叫用於建構上級模板 AST 節點，被遞迴呼叫的下級 parseChildren 函數則用於建構下級模板 AST 節點。最終會建構出一棵樹型結構的模板 AST，這就是「遞迴下降」中「下降」二字的涵義。

在解析模板建構 AST 的過程中，parseChildren 函數是核心。每次呼叫 parseChildren 函數，就意味著新狀態機的開啟。狀態機的結束時機有兩個。

- ☑ 第一個停止時機是當模板內容被解析完畢時。
- ☑ 第二個停止時機則是遇到結束標籤時，這時解析器會取得父級節點堆疊頂的節點作為父節點，檢查該結束標籤是否與父節點的標籤同名，如果相同，則狀態機停止執行。

我們還討論了文本節點的解析。解析文本節點本身並不複雜，它的複雜點在於，我們需要對解析後的文本內容進行 HTML 實體的解碼工作。WHATWG 規範中也定義瞭解碼 HTML 實體過程中的狀態遷移流程。HTML 實體類型有兩種，分別是命名字串引用和數字字串引用。命名字串引用的解碼方案可以總結為兩種。

- ☑ 當存在分號時：執行完整匹配。
- ☑ 當省略分號時：執行最短匹配。

對於數字字串引用，則需要按照 WHATWG 規範中定義的規則逐步實作。

# 第 17 章 | 編譯最佳化

編譯最佳化指的是編譯器將模板編譯為渲染函數的過程中，盡可能多地取得關鍵訊息，並以此指導生成最佳程式碼的過程。編譯最佳化的策略與具體實作是由框架的設計思路所決定的，不同的框架具有不同的設計思路，因此編譯最佳化的策略也不盡相同。但最佳化的方向基本一致，即盡可能地區分動態內容和靜態內容，並針對不同的內容採用不同的最佳化策略。

## 17.1 動態節點收集與修補標誌

### 17.1.1 傳統 Diff 演算法的問題

我們在第三篇中講解渲染器的時候，介紹了三種關於傳統虛擬 DOM 的 Diff 演算法。但無論哪一種 Diff 演算法，當它在比對新舊兩棵虛擬 DOM 樹的時候，總是要按照虛擬 DOM 的層級結構「一層一層」地遍歷。舉個例子，假設我們有如下模板：

```
1  <div id="foo">
2    <p class="bar">{{ text }}</p>
3  </div>
```

在上面這段模板中，唯一可能變化的就是 p 標籤的文本子節點的內容。也就是說，當響應式資料 text 的值發生變化時，最高效能的更新方式就是直接設定 p 標籤的文本內容。但傳統 Diff 演算法顯然做不到如此高效能，當響應式資料 text 發生變化時，會產生一棵新的虛擬 DOM 樹，傳統 Diff 演算法對比新舊兩棵虛擬 DOM 樹的過程如下。

- ☑ 對比 div 節點，以及該節點的屬性和子節點。
- ☑ 對比 p 節點，以及該節點的屬性和子節點。
- ☑ 對比 p 節點的文本子節點，如果文本子節點的內容變了，則更新之，否則什麼都不做。

可以看到，與直接更新 p 標籤的文本內容相比，傳統 Diff 演算法存在很多無意義的比對操作。如果能夠跳過這些無意義的操作，效能將會大幅提升。而這就是 Vue.js 3 編譯最佳化的思路來源。

實際上，模板的結構非常穩定。透過編譯手段，我們可以分析出很多關鍵訊息，例如哪些節點是靜態的，哪些節點是動態的。結合這些關鍵訊息，編譯器可以直接生成原生 DOM 操作的程式碼，這樣甚至能夠拋掉虛擬 DOM，從而避免虛擬 DOM 帶來的效能損耗。但是，考慮到渲染函數的靈活性，以及 Vue.js 2 的兼容問題，Vue.js 3 最終還是選擇了保留虛擬 DOM。這樣一來，就必然要面臨它所帶來的額外效能損耗。

那麼，為什麼虛擬 DOM 會產生額外的效能損耗呢？根本原因在於，渲染器在執行時得不到足夠的訊息。傳統 Diff 演算法無法利用編譯時取得到的任何關鍵訊息，這導致渲染器在執行時不可能去做相關的最佳化。而 Vue.js 3 的編譯器會將編譯時得到的關鍵訊息「附著」在它生成的虛擬 DOM 上，這些訊息會透過虛擬 DOM 傳遞給渲染器。最終，渲染器會根據這些關鍵訊息執行「快捷路徑」，從而提升執行時的效能。

## 17.1.2 Block 與 PatchFlags

之所以說傳統 Diff 演算法無法避免新舊虛擬 DOM 樹間無用的比較操作，是因為它在執行時得不到足夠的關鍵訊息，從而無法區分動態內容和靜態內容。換句話說，只要執行時能夠區分動態內容和靜態內容，即可實作極致的最佳化策略。假設我們有如下模板：

```
1  <div>
2    <div>foo</div>
3    <p>{{ bar }}</p>
4  </div>
```

在上面這段模板中，只有 {{ bar }} 是動態的內容。因此，在理想情況下，當響應式資料 bar 的值變化時，只需要更新 p 標籤的文本節點即可。為了實作這個目標，我們需要提供更多訊息給執行時，這需要我們從虛擬 DOM 的結構入手。來看一下傳統的虛擬 DOM 是如何描述上面那段模板的：

```
1  const vnode = {
2    tag: 'div',
3    children: [
4      { tag: 'div', children: 'foo' },
5      { tag: 'p', children: ctx.bar },
6    ]
7  }
```

傳統的虛擬 DOM 中沒有任何標誌能夠展現出節點的動態性。但經過編譯最佳化之後，編譯器會將它取得到的關鍵訊息「附著」到虛擬 DOM 節點上，如下面的程式碼所示：

```
1   const vnode = {
2     tag: 'div',
3     children: [
4       { tag: 'div', children: 'foo' },
5       { tag: 'p', children: ctx.bar, patchFlag: 1 },  // 這是動態節點
6     ]
7   }
```

可以看到，用來描述 p 標籤的虛擬節點擁有一個額外的屬性，即 patchFlag，它的值是一個數字。只要虛擬節點存在該屬性，我們就認為它是一個動態節點。這裡的 patchFlag 屬性就是所謂的修補標誌。

我們可以把修補標誌理解為一系列數字標記，並根據數字值的不同賦予它不同的涵義，範例如下。

- 數字 1：代表節點有動態的 textContent（例如上面模板中的 p 標籤）。
- 數字 2：代表元素有動態的 class 綁定。
- 數字 3：代表元素有動態的 style 綁定。
- 數字 4：其他⋯⋯。

通常，我們會在執行時的程式碼中定義修補標誌的映射，例如：

```
1   const PatchFlags = {
2     TEXT: 1, // 代表節點有動態的 textContent
3     CLASS: 2, // 代表元素有動態的 class 綁定
4     STYLE: 3
5     // 其他⋯⋯
6   }
```

有了這項訊息，我們就可以在虛擬節點的建立階段，把它的動態子節點提取出來，並將其儲存到該虛擬節點的 dynamicChildren 陣列內：

```
1    const vnode = {
2      tag: 'div',
3      children: [
4        { tag: 'div', children: 'foo' },
5        { tag: 'p', children: ctx.bar, patchFlag: PatchFlags.TEXT }  // 這是動態節點
6      ],
7      // 將 children 中的動態節點提取到 dynamicChildren 陣列中
8      dynamicChildren: [
9        // p 標籤具有 patchFlag 屬性，因此它是動態節點
10       { tag: 'p', children: ctx.bar, patchFlag: PatchFlags.TEXT }
```

```
11       ]
12    }
```

我們會在下一節中討論如何取得動態節點。觀察上面的 vnode 物件可以發現，與普通虛擬節點相比，它多出了一個額外的 dynamicChildren 屬性。我們把帶有該屬性的虛擬節點稱為「區塊」，即 Block。所以，一個 Block 本質上也是一個虛擬 DOM 節點，只不過它比普通的虛擬節點多出來一個用來儲存動態子節點的 dynamicChildren 屬性。這裡需要注意的是，一個 Block 不僅能夠收集它的直接動態子節點，還能夠收集所有動態子代節點。舉個例子，假設我們有如下模板：

```
1    <div>
2      <div>
3        <p>{{ bar }}</p>
4      </div>
5    </div>
```

在這段模板中，p 標籤並不是最外層 div 標籤的直接子節點，而是它的子代節點。因此，最外層的 div 標籤對應的 Block 能夠將 p 標籤收集到其 dynamicChildren 陣列中，如下面的程式碼所示：

```
1    const vnode = {
2      tag: 'div',
3      children: [
4        {
5          tag: 'div',
6          children: [
7            { tag: 'p', children: ctx.bar, patchFlag: PatchFlags.TEXT }  // 這是動態節點
8          ]
9        },
10      ],
11      dynamicChildren: [
12        // Block 可以收集所有動態子代節點
13        { tag: 'p', children: ctx.bar, patchFlag: PatchFlags.TEXT }
14      ]
15    }
```

有了 Block 這個概念之後，渲染器的更新操作將會以 Block 為維度。也就是說，當渲染器在更新一個 Block 時，會忽略虛擬節點的 children 陣列，而是直接找到該虛擬節點的 dynamicChildren 陣列，並只更新該陣列中的動態節點。這樣，在更新時就實作了跳過靜態內容，只更新動態內容。同時，由於動態節點中存在對應的修補標誌，所以在更新動態節點的時候，也能夠做到目標更新。例如，當一個動態節點的 patchFlag 值為數字 1 時，我們知道它只存在動態的文本節點，所以只需要更新它的文本內容即可。

既然 Block 的好處這麼多，那麼什麼情況下需要將一個普通的虛擬節點變成 Block 節點呢？實際上，當我們在撰寫模板程式碼的時候，所有模板的根節點都會是一個 Block 節點，如下面的程式碼所示：

```
1  <template>
2    <!-- 這個 div 標籤是一個 Block -->
3    <div>
4      <!-- 這個 p 標籤不是 Block，因為它不是根節點 -->
5      <p>{{ bar }}</p>
6    </div>
7    <!-- 這個 h1 標籤是一個 Block -->
8    <h1>
9      <!-- 這個 span 標籤不是 Block，因為它不是根節點 -->
10     <span :id="dynamicId"></span>
11   </h1>
12 </template>
```

實際上，除了模板中的根節點需要作為 Block 角色之外，任何帶有 v-for、v-if/v-else-if/v-else 等指令的節點都需要作為 Block 節點，我們會在後續章節中詳細討論。

## 17.1.3　收集動態節點

在編譯器生成的渲染函數程式碼中，並不會直接包含用來描述虛擬節點的資料結構，而是包含著用來建立虛擬 DOM 節點的輔助函數，如下面的程式碼所示：

```
1  render() {
2    return createVNode('div', { id: 'foo' }, [
3      createVNode('p', null, 'text')
4    ])
5  }
```

其中 createVNode 函數就是用來建立虛擬 DOM 節點的輔助函數，它的基本實作類似於：

```
1  function createVNode(tag, props, children) {
2    const key = props && props.key
3    props && delete props.key
4
5    return {
6      tag,
7      props,
8      children,
9      key
10   }
11 }
```

可以看到，createVNode 函數的回傳值是一個虛擬 DOM 節點。在 createVNode 函數內部，通常還會對 props 和 children 做一些額外的處理工作。

編譯器在最佳化階段取得的關鍵訊息會影響最終生成的程式碼，具體展現在用於建立虛擬 DOM 節點的輔助函數上。假設我們有如下模板：

```
1  <div id="foo">
2    <p class="bar">{{ text }}</p>
3  </div>
```

編譯器在對這段模板進行編譯最佳化後，會生成帶有**修補標誌**（patch flag）的渲染函數，如下面的程式碼所示：

```
1  render() {
2    return createVNode('div', { id: 'foo' }, [
3      createVNode('p', { class: 'bar' }, text, PatchFlags.TEXT) // PatchFlags.TEXT 就是修補標誌
4    ])
5  }
```

在上面這段程式碼中，用於建立 p 標籤的 createVNode 函數呼叫存在第四個參數，即 PatchFlags.TEXT。這個參數就是所謂的修補標誌，它代表當前虛擬 DOM 節點是一個動態節點，並且動態因素是：具有動態的文本子節點。這樣就實作了對動態節點的標記。

下一步我們要思考的是如何將根節點變成一個 Block，以及如何將動態子代節點收集到該 Block 的 dynamicChildren 陣列中。這裡有一個重要的事實，即在渲染函數內，對 createVNode 函數的呼叫是層層的巢狀結構，並且該函數的執行順序是「內層先執行，外層後執行」，如圖 17-1 所示。

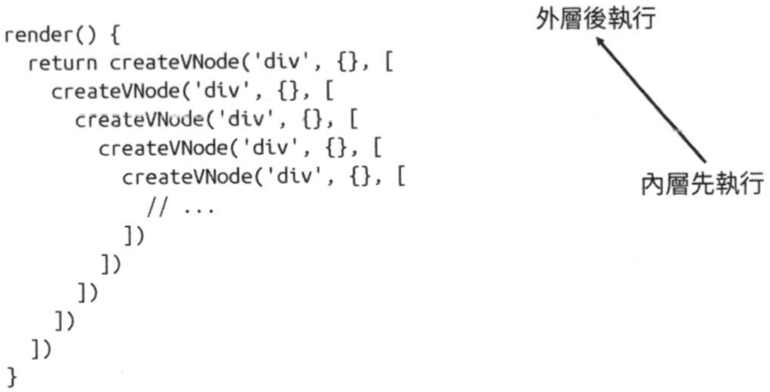

```
render() {
  return createVNode('div', {}, [
    createVNode('div', {}, [
      createVNode('div', {}, [
        createVNode('div', {}, [
          createVNode('div', {}, [
            // ...
          ])
        ])
      ])
    ])
  ])
}
```

外層後執行

內層先執行

▲ 圖 17-1　由內向外的執行方式

當外層 createVNode 函數執行時，內層的 createVNode 函數已經執行完畢了。因此，為了讓外層 Block 節點能夠收集到內層動態節點，就需要一個堆疊結構的資料來臨時儲存內層的動態節點，如下面的程式碼所示：

```
1  // 動態節點堆疊
2  const dynamicChildrenStack = []
3  // 當前動態節點集合
4  let currentDynamicChildren = null
5  // openBlock 用來建立一個新的動態節點集合，並將該集合壓入堆疊中
6  function openBlock() {
7    dynamicChildrenStack.push((currentDynamicChildren = []))
8  }
9  // closeBlock 用來將透過 openBlock 建立的動態節點集合從堆疊中彈出
10  function closeBlock() {
11    currentDynamicChildren = dynamicChildrenStack.pop()
12  }
```

接著，我們還需要調整 createVNode 函數，如下面的程式碼所示：

```
1  function createVNode(tag, props, children, flags) {
2    const key = props && props.key
3    props && delete props.key
4
5    const vnode = {
6      tag,
7      props,
8      children,
9      key,
10      patchFlags: flags
11    }
12
13    if (typeof flags !== 'undefined' && currentDynamicChildren) {
14      // 動態節點，將其新增到當前動態節點集合中
15      currentDynamicChildren.push(vnode)
16    }
17
18    return vnode
19  }
```

在 createVNode 函數內部，檢測節點是否存在修補標誌。如果存在，則說明該節點是動態節點，於是將其新增到當前動態節點集合 currentDynamicChildren 中。

最後，我們需要重新設計渲染函數的執行方式，如下面的程式碼所示：

```
1  render() {
2    // 1. 使用 createBlock 代替 createVNode 來建立 block
3    // 2. 每當呼叫 createBlock 之前，先呼叫 openBlock
4    return (openBlock(), createBlock('div', null, [
5      createVNode('p', { class: 'foo' }, null, 1 /* patch flag */),
6      createVNode('p', { class: 'bar' }, null),
7    ]))
8  }
```

```
9
10   function createBlock(tag, props, children) {
11     // block 本質上也是一個 vnode
12     const block = createVNode(tag, props, children)
13     // 將當前動態節點集合作為 block.dynamicChildren
14     block.dynamicChildren = currentDynamicChildren
15
16     // 關閉 block
17     closeBlock()
18     // 回傳
19     return block
20   }
```

觀察渲染函數內的程式碼可以發現，我們利用逗號運算子的性質來保證渲染函數的回傳值仍然是 VNode 物件。這裡的關鍵點是 createBlock 函數，任何應該作為 Block 角色的虛擬節點，都應該使用該函數來完成虛擬節點的建立。由於 createVNode 函數和 createBlock 函數的執行順序是從內向外，所以當 createBlock 函數執行時，內層的所有 createVNode 函數已經執行完畢了。這時，currentDynamicChildren 陣列中所儲存的就是屬於當前 Block 的所有動態子代節點。因此，我們只需要將 currentDynamicChildren 陣列作為 block.dynamicChildren 屬性的值即可。這樣，我們就完成了動態節點的收集。

## 17.1.4　渲染器的執行時支援

現在，我們已經有了動態節點集合 vnode.dynamicChildren，以及附著其上的修補標誌。基於這兩點，即可在渲染器中實作靶向更新。

回顧一下傳統的節點更新方式，如下面的 patchElement 函數所示，它取自第三篇所講解的渲染器：

```
1    function patchElement(n1, n2) {
2      const el = n2.el = n1.el
3      const oldProps = n1.props
4      const newProps = n2.props
5
6      for (const key in newProps) {
7        if (newProps[key] !== oldProps[key]) {
8          patchProps(el, key, oldProps[key], newProps[key])
9        }
10     }
11     for (const key in oldProps) {
12       if (!(key in newProps)) {
13         patchProps(el, key, oldProps[key], null)
14       }
15     }
16
17     // 在處理 children 時，呼叫 patchChildren 函數
```

```
18    patchChildren(n1, n2, el)
19  }
```

由上面的程式碼可知，渲染器在更新標籤節點時，使用 `patchChildren` 函數來更新標籤的子節點。但該函數會使用傳統虛擬 DOM 的 Diff 演算法進行更新，這樣做效能比較低。有了 `dynamicChildren` 之後，我們可以直接對比動態節點，如下面的程式碼所示：

```
1   function patchElement(n1, n2) {
2     const el = n2.el = n1.el
3     const oldProps = n1.props
4     const newProps = n2.props
5
6     // 省略部分程式碼
7
8     if (n2.dynamicChildren) {
9       // 呼叫 patchBlockChildren 函數，這樣只會更新動態節點
10      patchBlockChildren(n1, n2)
11    } else {
12      patchChildren(n1, n2, el)
13    }
14  }
15
16  function patchBlockChildren(n1, n2) {
17    // 只更新動態節點即可
18    for (let i = 0; i < n2.dynamicChildren.length; i++) {
19      patchElement(n1.dynamicChildren[i], n2.dynamicChildren[i])
20    }
21  }
```

在修改後的 `patchElement` 函數中，我們優先檢測虛擬 DOM 是否存在動態節點集合，即 `dynamicChildren` 陣列。如果存在，則直接呼叫 `patchBlockChildren` 函數完成更新。這樣，渲染器只會更新動態節點，而跳過所有靜態節點。

動態節點集合能夠使得渲染器在執行更新時跳過靜態節點，但對於單個動態節點的更新來說，由於它存在對應的修補標誌，因此我們可以針對性地完成靶向更新，如以下程式碼所示：

```
1   function patchElement(n1, n2) {
2     const el = n2.el = n1.el
3     const oldProps = n1.props
4     const newProps = n2.props
5
6     if (n2.patchFlags) {
7       // 靶向更新
8       if (n2.patchFlags === 1) {
9         // 只需要更新 class
10      } else if (n2.patchFlags === 2) {
11        // 只需要更新 style
```

```
12        } else if (...) {
13                 // ...
14        }
15    } else {
16        // 全域更新
17        for (const key in newProps) {
18          if (newProps[key] !== oldProps[key]) {
19            patchProps(el, key, oldProps[key], newProps[key])
20          }
21        }
22        for (const key in oldProps) {
23          if (!(key in newProps)) {
24            patchProps(el, key, oldProps[key], null)
25          }
26        }
27    }
28
29    // 在處理 children 時，呼叫 patchChildren 函數
30    patchChildren(n1, n2, el)
31  }
```

可以看到，在 patchElement 函數內，我們透過檢測修補標誌實作了 props 的靶向更新。這樣就避免了全域的 props 更新，從而最大化地提升效能。

## 17.2 Block 樹

在上一節中，我們約定了組件模板的根節點必須作為 Block 角色。這樣，從根節點開始，所有動態子代節點都會被收集到根節點的 dynamicChildren 陣列中。但是，如果只有根節點是 Block 角色，是不會形成 Block 樹的。既然會形成 Block 樹，那就意味著除了根節點之外，還會有其他特殊節點充當 Block 角色。實際上，帶有結構化指令的節點，如帶有 v-if 和 v-for 指令的節點，都應該作為 Block 角色。接下來，我們就詳細討論原因。

### 17.2.1 帶有 v-if 指令的節點

首先，我們來看下面這段模板：

```
1    <div>
2      <section v-if="foo">
3        <p>{{ a }}</p>
4      </section>
5      <div v-else>
6        <p>{{ a }}</p>
7      </div>
8    </div>
```

假設只有最外層的 div 標籤會作為 Block 角色。那麼，當變數 foo 的值為 true 時，block 收集到的動態節點是：

```
cosnt block = {
  tag: 'div',
  dynamicChildren: [
    { tag: 'p', children: ctx.a, patchFlags: 1 }
  ]
  // ...
}
```

而當變數 foo 的值為 false 時，block 收集到的動態節點是：

```
cosnt block = {
  tag: 'div',
  dynamicChildren: [
    { tag: 'p', children: ctx.a, patchFlags: 1 }
  ]
  // ...
}
```

可以發現，無論變數 foo 的值是 true 還是 false，block 所收集的動態節點是不變的。這意味著，在 Diff 階段不會做任何更新。但是我們也看到了，在上面的模板中，帶有 v-if 指令的是 <section> 標籤，而帶有 v-else 指令的是 <div> 標籤。很明顯，更新前後的標籤不同，如果不做任何更新，將產生嚴重的 bug。不僅如此，下面的模板也會出現同樣的問題：

```
<div>
  <section v-if="foo">
    <p>{{ a }}</p>
  </section>
  <section v-else> <!-- 即使這裡是 section -->
      <div> <!-- 這個 div 標籤在 Diff 過程中被忽略 -->
          <p>{{ a }}</p>
      </div>
  </section >
</div>
```

在上面這段模板中，即使帶有 v-if 指令的標籤與帶有 v-else 指令的標籤都是 <section> 標籤，但由於兩個分支的虛擬 DOM 樹的結構不同，仍然會導致更新失敗。

實際上，上述問題的根本原因在於，dynamicChildren 陣列中收集的動態節點是忽略虛擬 DOM 樹層級的。換句話說，結構化指令會導致更新前後模板的結構發生變化，即模板結構不穩定。那麼，如何讓虛擬 DOM 樹的結構變穩定呢？其實很簡單，只需要讓帶有 v-if/v-else-if/v-else 等結構化指令的節點也作為 Block 角色即可。

以下面的模板為例：

```
1  <div>
2    <section v-if="foo">
3      <p>{{ a }}</p>
4    </section>
5    <section v-else> <!-- 即使這裡是 section -->
6        <div> <!-- 這個 div 標籤在 Diff 過程中被忽略 -->
7            <p>{{ a }}</p>
8        </div>
9    </section >
10 </div>
```

如果上面這段模板中的兩個 `<section>` 標籤都作為 Block 角色，那麼將構成一棵 Block 樹：

```
1  Block(Div)
2      - Block(Section v-if)
3      - Block(Section v-else)
```

父級 Block 除了會收集動態子代節點之外，也會收集子 Block。因此，兩個子 Block(section) 將作為父級 Block(div) 的動態節點被收集到父級 Block(div) 的 dynamicChildren 陣列中，如下面的程式碼所示：

```
1  cosnt block = {
2      tag: 'div',
3      dynamicChildren: [
4        /* Block(Section v-if) 或者 Block(Section v-else) */
5        { tag: 'section', { key: 0 /* key 值會根據不同的 Block 而發生變化 */ }, dynamicChildren:
           [...]},
6      ]
7  }
```

這樣，當 `v-if` 條件為真時，父級 Block 的 dynamicChildren 陣列中包含的是 Block(section v-if)；當 `v-if` 的條件為假時，父級 Block 的 dynamicChildren 陣列中包含的將是 Block(section v-else)。在 Diff 過程中，渲染器能夠根據 Block 的 key 值區分出更新前後的兩個 Block 是不同的，並使用新的 Block 替換舊的 Block。這樣就解決了 DOM 結構不穩定引起的更新問題。

## 17.2.2　帶有 v-for 指令的節點

不僅帶有 `v-if` 指令的節點會讓虛擬 DOM 樹的結構不穩定，帶有 `v-for` 指令的節點也會讓虛擬 DOM 樹變得不穩定，而後者的情況會稍微複雜一些。

思考如下模板：

```
1    <div>
2      <p v-for="item in list">{{ item }}</p>
3      <i>{{ foo }}</i>
4      <i>{{ bar }}</i>
5    </div>
```

假設 list 是一個陣列，在更新過程中，list 陣列的值由 [1 ,2] 變為 [1]。按照之前的思路，即只有根節點會作為 Block 角色，那麼，上面的模板中，只有最外層的 <div> 標籤會作為 Block。所以，這段模板在更新前後對應的 Block 樹是：

```
1    // 更新前
2    const prevBlock = {
3      tag: 'div',
4      dynamicChildren: [
5        { tag: 'p', children: 1, 1 /* TEXT */ },
6        { tag: 'p', children: 2, 1 /* TEXT */ },
7        { tag: 'i', children: ctx.foo, 1 /* TEXT */ },
8        { tag: 'i', children: ctx.bar, 1 /* TEXT */ },
9      ]
10   }
11
12   // 更新後
13   const nextBlock = {
14     tag: 'div',
15     dynamicChildren: [
16       { tag: 'p', children: item, 1 /* TEXT */ },
17       { tag: 'i', children: ctx.foo, 1 /* TEXT */ },
18       { tag: 'i', children: ctx.bar, 1 /* TEXT */ },
19     ]
20   }
```

觀察上面這段程式碼，更新前的 Block 樹（prevBlock）中有四個動態節點，而更新後的 Block 樹（nextBlock）中只有三個動態節點。這時要如何進行 Diff 操作呢？有人可能會說，使用更新前後的兩個 dynamicChildren 陣列內的節點進行傳統 Diff 不就可以嗎？這麼做顯然是不對的，因為傳統 Diff 的一個非常重要的前置條件是：進行 Diff 操作的節點必須是同層級節點。但是 dynamicChildren 陣列內的節點未必是同層級的，這一點我們在前面的章節中提到過。

實際上，解決方法很簡單，我們只需要讓帶有 v-for 指令的標籤也作為 Block 角色即可。這樣就能夠保證虛擬 DOM 樹具有穩定的結構，即無論 v-for 在執行時怎樣變化，這棵 Block 樹看上去都是一樣的，如下面的程式碼所示：

```
1    const block = {
2      tag: 'div',
3      dynamicChildren: [
4        // 這是一個 Block，它有 dynamicChildren
```

```
5         { tag: Fragment, dynamicChildren: [/* v-for 的節點 */] }
6         { tag: 'i', children: ctx.foo, 1 /* TEXT */ },
7         { tag: 'i', children: ctx.bar, 1 /* TEXT */ },
8     ]
9   }
```

由於 v-for 指令渲染的是一個片段，所以我們需要使用類型為 Fragment 的節點來表達 v-for 指令的渲染結果，並作為 Block 角色。

## 17.2.3　Fragment 的穩定性

在上一節中，我們使用了一個 Fragment 來表達 v-for 循環產生的虛擬節點，並讓其充當 Block 的角色來解決 v-for 指令導致的虛擬 DOM 樹結構不穩定問題。但是，我們需要仔細研究這個 Fragment 節點本身。

提供下面這段模板：

```
1   <p v-for="item in list">{{ item }}</p>
```

當 list 陣列由 [1, 2] 變成 [1] 時，Fragment 節點在更新前後對應的內容分別是：

```
1   // 更新前
2   const prevBlock = {
3     tag: Fragment,
4     dynamicChildren: [
5       { tag: 'p', children: item, 1 /* TEXT */ },
6       { tag: 'p', children: item, 2 /* TEXT */ }
7     ]
8   }
9
10  // 更新後
11  const prevBlock = {
12    tag: Fragment,
13    dynamicChildren: [
14      { tag: 'p', children: item, 1 /* TEXT */ }
15    ]
16  }
```

我們發現，Fragment 本身收集的動態節點仍然面臨結構不穩定的情況。**所謂結構不穩定，從結果上看，指的是更新前後一個 block 的 dynamicChildren 陣列中收集的動態節點的數量或順序不一致。**這種不一致會導致我們無法直接進行靶向更新，怎麼辦呢？其實對於這種情況，沒有更好的解決辦法，我們只能放棄根據 dynamicChildren 陣列中的動態節點進行靶向更新的思路，並回退到傳統虛擬 DOM 的 Diff 手段，即直接使用 Fragment 的 children 而非 dynamicChildren 來進行 Diff 操作。

但需要注意的是，Fragment 的子節點（children）仍然可以是由 Block 組成的陣列，例如：

```
1   const block = {
2     tag: Fragment,
3     children: [
4       { tag: 'p', children: item, dynamicChildren: [/*...*/], 1 /* TEXT */ },
5       { tag: 'p', children: item, dynamicChildren: [/*...*/], 1 /* TEXT */ }
6     ]
7   }
```

這樣，當 Fragment 的子節點進行更新時，就可以恢復最佳化模式。

既然有不穩定的 Fragment，那就有穩定的 Fragment。那什麼樣的 Fragment 是穩定的呢？有以下幾種情況。

☑ v-for 指令的表達式是常數：

```
1   <p v-for="n in 10"></p>
2   <!-- 或者 -->
3   <p v-for="s in 'abc'"></p>
```

由於表達式 10 和 'abc' 是常數，所以無論怎樣更新，上面兩個 Fragment 都不會變化。因此這兩個 Fragment 是穩定的。對於穩定的 Fragment，我們不需要回退到傳統 Diff 操作，這在效能上會有一定的優勢。

☑ 模板中有多個根節點。Vue.js 3 不再限制組件的模板必須有且僅有一個根節點。當模板中存在多個根節點時，我們需要使用 Fragment 來描述它。例如：

```
1   <template>
2     <div></div>
3     <p></p>
4     <i></i>
5   </template>
```

同時，用於描述具有多個根節點的模板的 Fragment 也是穩定的。

## 17.3 靜態提升

理解了 Block 樹之後，我們再來看看其他方面的最佳化，其中之一就是靜態提升。它能夠減少更新時建立虛擬 DOM 帶來的效能損耗和記憶體佔用。

假設我們有如下模板：

```
1   <div>
2     <p>static text</p>
```

```
3      <p>{{ title }}</p>
4    </div>
```

在沒有靜態提升的情況下，它對應的渲染函數是：

```
1  function render() {
2    return (openBlock(), createBlock('div', null, [
3      createVNode('p', null, 'static text'),
4      createVNode('p', null, ctx.title, 1 /* TEXT */)
5    ]))
6  }
```

可以看到，在這段虛擬 DOM 的描述中存在兩個 p 標籤，一個是純靜態的，而另一個擁有動態文本。當響應式資料 title 的值發生變化時，整個渲染函數會重新執行，並產生新的虛擬 DOM 樹。這個過程有一個明顯的問題，即純靜態的虛擬節點在更新時也會被重新建立一次。很顯然，這是沒有必要的，所以我們需要想辦法避免由此帶來的效能損耗。而解決方案就是所謂的「靜態提升」，即把純靜態的節點提升到渲染函數之外，如下面的程式碼所示：

```
1  // 把靜態節點提升到渲染函數之外
2  const hoist1 = createVNode('p', null, 'text')
3  function render() {
4    return (openBlock(), createBlock('div', null, [
5      hoist1, // 靜態節點引用
6      createVNode('p', null, ctx.title, 1 /* TEXT */)
7    ]))
8  }
```

可以看到，當把純靜態的節點提升到渲染函數之外後，在渲染函數內只會持有對靜態節點的引用。當響應式資料變化，並使得渲染函數重新執行時，並不會重新建立靜態的虛擬節點，從而避免了額外的效能損耗。

需要強調的是，靜態提升是以樹為單位的。以下面的模板為例：

```
1  <div>
2    <section>
3      <p>
4        <span>abc</span>
5      </p>
6    </section >
7  </div>
```

在上面這段模板中，除了根節點的 div 標籤會作為 Block 角色而不可被提升之外，整個 <section> 元素及其子代節點都會被提升。如果我們把上面模板中的靜態字串 abc 換成動態綁定的 {{ abc }}，那麼整棵樹都不會被提升。

雖然包含動態綁定的節點本身不會被提升，但是該動態節點上仍然可能存在純靜態的屬性，如下面的模板所示：

```
1  <div>
2    <p foo="bar" a=b>{{ text }}</p>
3  </div>
```

在上面這段模板中，p 標籤存在動態綁定的文本內容，因此整個節點都不會被靜態提升。但該節點的所有 props 都是靜態的，因此在最終生成渲染函數時，我們可以將純靜態的 props 提升到渲染函數之外，如下面的程式碼所示：

```
1  // 靜態提升的 props 物件
2  const hoistProp = { foo: 'bar', a: 'b' }
3
4  function render(ctx) {
5    return (openBlock(), createBlock('div', null, [
6      createVNode('p', hoistProp, ctx.text)
7    ]))
8  }
```

這樣做同樣可以減少建立虛擬 DOM 產生的損耗以及記憶體佔用。

## 17.4 預字串化

基於靜態提升，我們還可以進一步採用預字串化的最佳化手段。預字串化是基於靜態提升的一種最佳化策略。靜態提升的虛擬節點或虛擬節點樹本身是靜態的，那麼，能否將其預字串化呢？如下面的模板所示：

```
1  <div>
2    <p></p>
3    <p></p>
4    // ... 20 個 p 標籤
5    <p></p>
6  </div>
```

假設上面的模板中包含大量連續純靜態的標籤節點，當採用了靜態提升最佳化策略時，其編譯後的程式碼如下：

```
1  cosnt hoist1 = createVNode('p', null, null, PatchFlags.HOISTED)
2  cosnt hoist2 = createVNode('p', null, null, PatchFlags.HOISTED)
3  // ... 20 個 hoistx 變數
4  cosnt hoist20 = createVNode('p', null, null, PatchFlags.HOISTED)
5
6  render() {
7    return (openBlock(), createBlock('div', null, [
8      hoist1, hoist2, /* ...20 個變數 */, hoist20
```

```
 9       ]))
10   }
```

預字串化能夠將這些靜態節點序列化為字串，並生成一個 Static 類型的 VNode：

```
1   const hoistStatic = createStaticVNode('<p></p><p></p><p></p>...20個...<p></p>')
2
3   render() {
4     return (openBlock(), createBlock('div', null, [
5       hoistStatic
6     ]))
7   }
```

這麼做有幾個明顯的優勢。

- ☑ 大區塊的靜態內容可以透過 innerHTML 進行設定，在效能上具有一定優勢。
- ☑ 減少建立虛擬節點產生的效能消耗。
- ☑ 減少記憶體佔用。

## 17.5 暫存內嵌事件處理函數

提到最佳化，就不得不提對內嵌事件處理函數的暫存。暫存內嵌（inline）事件處理函數可以避免不必要的更新。假設模板內容如下：

```
1   <Comp @change="a + b" />
```

上面這段模板展示的是一個綁定了 change 事件的組件，並且為 change 事件綁定的事件處理程式是一個內嵌語句。對於這樣的模板，編譯器會為其建立一個內嵌事件處理函數，如下面的程式碼所示：

```
1   function render(ctx) {
2     return h(Comp, {
3       // 內嵌事件處理函數
4       onChange: () => (ctx.a + ctx.b)
5     })
6   }
```

很顯然，每次重新渲染時（即 render 函數重新執行時），都會為 Comp 組件建立一個全新的 props 物件。同時，props 物件中 onChange 屬性的值也會是全新的函數。這會導致渲染器對 Comp 組件進行更新，造成額外的效能消耗。為了避免這類無用的更新，我們需要對內嵌事件處理函數進行暫存，如下面的程式碼所示：

```
1   function render(ctx, cache) {
2     return h(Comp, {
```

```
3        // 將內嵌事件處理函數暫存到 cache 陣列中
4        onChange: cache[0] || (cache[0] = ($event) => (ctx.a + ctx.b))
5      })
6    }
```

渲染函數的第二個參數是一個陣列 cache，該陣列來自組件實例，我們可以把內嵌事件處理函數新增到 cache 陣列中。這樣，當渲染函數重新執行並建立新的虛擬 DOM 樹時，會優先讀取暫存中的事件處理函數。這樣，無論執行多少次渲染函數，props 物件中 onChange 屬性的值始終不變，於是就不會觸發 Comp 組件更新了。

## 17.6 v-once

Vue.js 3 不僅會暫存內嵌事件處理函數，配合 v-once 還可實作對虛擬 DOM 的暫存。Vue.js 2 也支援 v-once 指令，當編譯器遇到 v-once 指令時，會利用我們上一節介紹的 cache 陣列來暫存渲染函數的全部或者部分執行結果，如下面的模板所示：

```
1    <section>
2      <div v-once>{{ foo }}</div>
3    </section>
```

在上面這段模板中，div 標籤存在動態綁定的文本內容。但是它被 v-once 指令標記，所以這段模板會被編譯為：

```
1    function render(ctx, cache) {
2      return (openBlock(), createBlock('div', null, [
3        cache[1] || (cache[1] = createVNode("div", null, ctx.foo, 1 /* TEXT */))
4      ]))
5    }
```

從編譯結果中可以看到，該 div 標籤對應的虛擬節點被暫存到了 cache 陣列中。既然虛擬節點已經被暫存了，那麼後續更新導致渲染函數重新執行時，會優先讀取暫存的內容，而不會重新建立虛擬節點。同時，由於虛擬節點被暫存，意味著更新前後的虛擬節點不會發生變化，因此也就不需要這些被暫存的虛擬節點參與 Diff 操作了。所以在實際編譯後的程式碼中經常出現下面這段內容：

```
1    render(ctx, cache) {
2      return (openBlock(), createBlock('div', null, [
3        cache[1] || (
4          setBlockTracking(-1), // 阻止這段 VNode 被 Block 收集
5          cache[1] = h("div", null, ctx.foo, 1 /* TEXT */),
6          setBlockTracking(1), // 恢復
7          cache[1] // 整個表達式的值
8        )
9      ]))
10   }
```

注意上面這段程式碼中的 `setBlockTracking(-1)` 函數呼叫，它用來暫停動態節點的收集。換句話說，使用 v-once 包裹的動態節點不會被父級 Block 收集。因此，被 v-once 包裹的動態節點在組件更新時，自然不會參與 Diff 操作。

v-once 指令通常用於不會發生改變的動態綁定中，例如綁定一個常數：

```
1    <div>{{ SOME_CONSTANT }}</div>
```

為了提升效能，我們可以使用 v-once 來標記這段內容：

```
1    <div v-once>{{ SOME_CONSTANT }}</div>
```

這樣，在組件更新時就會跳過這段內容的更新，從而提升更新效能。

實際上，v-once 指令能夠從兩個方面提升效能。

- 避免組件更新時重新建立虛擬 DOM 帶來的效能消耗。因為虛擬 DOM 被暫存了，所以更新時無須重新建立。
- 避免無用的 Diff 消耗。這是因為被 v-once 標記的虛擬 DOM 樹不會被父級 Block 節點收集。

## 17.7　總結

本章中，我們主要討論了 Vue.js 3 在編譯最佳化方面所做的努力。編譯最佳化指的是透過編譯的手段取得關鍵訊息，並以此指導生成最優程式碼的過程。具體來說，Vue.js 3 的編譯器會充分分析模板，取得關鍵訊息並將其附著到對應的虛擬節點上。在執行時階段，渲染器透過這些關鍵訊息執行「快捷路徑」，從而提升效能。

編譯最佳化的核心在於，區分動態節點與靜態節點。Vue.js 3 會為動態節點打上修補標誌，即 `patchFlag`。同時，Vue.js 3 還提出了 Block 的概念，一個 Block 本質上也是一個虛擬節點，但與普通虛擬節點相比，會多出一個 `dynamicChildren` 陣列。該陣列用來收集所有動態子代節點，這利用了 `createVNode` 函數和 `createBlock` 函數的層層巢狀呼叫的特點，即以「由內向外」的方式執行。再配合一個用來臨時儲存動態節點的節點堆疊，即可完成動態子代節點的收集。

由於 Block 會收集所有動態子代節點，所以對動態節點的比對操作是忽略 DOM 層級結構的。這會帶來額外的問題，即 v-if、v-for 等結構化指令會影響 DOM 層級結構，使之不穩定。這會間接導致基於 Block 樹的比對演算法失效。而解決方式很簡單，只需要讓帶有 v-if、v-for 等指令的節點也作為 Block 角色即可。

除了 Block 樹以及修補標誌之外，Vue.js 3 在編譯最佳化方面還做了其他努力，具體如下。

- ▨ 靜態提升：能夠減少更新時建立虛擬 DOM 帶來的效能消耗和記憶體佔用。

- ▨ 預字串化：在靜態提升的基礎上，對靜態節點進行字串化。這樣做能夠減少建立虛擬節點產生的效能消耗以及記憶體佔用。

- ▨ 暫存內嵌事件處理函數：避免造成不必要的組件更新。

- ▨ v-once 指令：暫存全部或部分虛擬節點，能夠避免組件更新時重新建立虛擬 DOM 帶來的效能消耗，也可以避免無用的 Diff 操作。

# 第六篇

# 伺服端渲染

第 18 章　同構渲染

# 第 18 章 | 同構渲染

Vue.js 可以用於建構使用者端應用程式，組件的程式碼在瀏覽器中執行，並輸出 DOM 元素。同時，Vue.js 還可以在 Node.js 環境中執行，它可以將同樣的組件渲染為字串併發送給瀏覽器。這實際上描述了 Vue.js 的兩種渲染方式，即**使用者端渲染**（client-side rendering，CSR），以及**伺服端渲染**（server-side rendering，SSR）。另外，Vue.js 作為現代前端框架，不僅能夠獨立地進行 CSR 或 SSR，還能夠將兩者結合，形成所謂的**同構渲染**（isomorphic rendering）。本章，我們將討論 CSR、SSR 以及同構渲染之間的異同，以及 Vue.js 同構渲染的實作機制。

## 18.1 CSR、SSR 以及同構渲染

在設計軟體時，我們經常會遇到這樣的問題：「是否應該使用伺服端渲染？」這個問題沒有確切的答案，具體還要看軟體的需求以及情況。想要為軟體選擇合適的架構策略，就需要我們對不同的渲染策略做到瞭然於胸，知道它們各自的優缺點。伺服端渲染並不是一項新技術，也不是一個新概念。在 Web 2.0 之前，網站主要負責提供各式各樣的內容，通常是一些新聞網站、個人部落格、小說網站等。這些網站主要強調內容本身，而不強調與使用者之間具有高強度的互動。當時的網站基本採用傳統的伺服端渲染技術來實作。例如，比較流行的 PHP/JSP 等技術。圖 18-1 提供了伺服端渲染的運作流程圖。

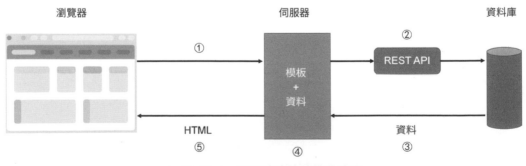

▲ 圖 18-1　伺服端渲染的運作流程

(1)　使用者透過瀏覽器請求網站。

(2)　伺服器請求 API 獲取資料。

(3)　接口回傳資料給伺服器。

(4)　伺服器根據模板和獲取的資料拼接出最終的 HTML 標籤。

(5)　伺服器將 HTML 標籤發送給瀏覽器，瀏覽器解析 HTML 內容並渲染。

當使用者再次透過超鏈結進行頁面跳轉，會重複上述 5 個步驟。可以看到，傳統的伺服端渲染的使用者體驗非常差，任何一個微小的操作都可能導致頁面重整。

後來以 AJAX 為代表，催生了 Web 2.0。在這個階段，大量的 SPA（single-page application）誕生，也就是接下來我們要介紹的 CSR 技術。與 SSR 在伺服端完成模板和資料的融合不同，CSR 是在瀏覽器中完成模板與資料的融合，並渲染出最終的 HTML 頁面。圖 18-2 提供了 CSR 的詳細運作流程。

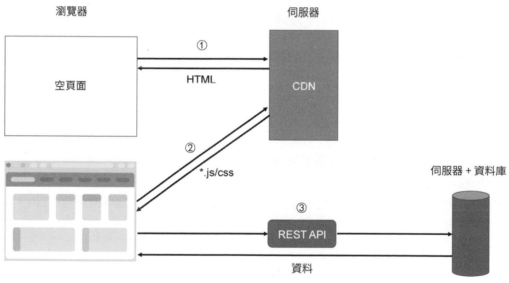

▲ 圖 18-2　CSR 的運作流程

▪ 使用者端向伺服器或 CDN 發送請求，獲取靜態的 HTML 頁面。注意，此時獲取的 HTML 頁面通常是空頁面。在 HTML 頁面中，會包含 **<style>**、**<link>** 和 **<script>** 等標籤。例如：

```
1    <!DOCTYPE html>
2    <html lang="zh">
3    <head>
4      <meta charset="UTF-8">
5      <meta name="viewport" content="width=device-width, initial-scale=1.0">
6      <title>My App</title>
```

```
 7        <link rel="stylesheet" href="/dist/app.css">
 8      </head>
 9      <body>
10        <div id="app"></div>
11
12        <script src="/dist/app.js"></script>
13      </body>
14    </html>
```

這是一個包含 `<link rel="stylesheet">` 與 `<script>` 標籤的空 HTML 頁面。瀏覽器在得到該頁面後，不會渲染出任何內容，所以從使用者的視角看，此時頁面處於「空白頁面」階段。

- 雖然 HTML 頁面是空的，但瀏覽器仍然會解析 HTML 內容。由於 HTML 頁面中存在 `<link rel="stylesheet">` 和 `<script>` 等標籤，所以瀏覽器會讀取 HTML 中引用的資料，例如 app.css 和 app.js。接著，伺服器或 CDN 會將相應的資料回傳給瀏覽器，瀏覽器對 CSS 和 JavaScript 程式碼進行解釋和執行。因為頁面的渲染任務是由 JavaScript 來完成的，所以當 JavaScript 被解釋和執行後，才會渲染出頁面內容，即「空白頁面」結束。但初始渲染出來的內容通常是一個「骨架」，因為還沒有請求 API 獲取資料。

- 使用者端再透過 AJAX 技術請求 API 獲取資料，一旦接口回傳資料，使用者端就會完成動態內容的渲染，並呈現完整的頁面。

當使用者再次透過點擊「跳轉」到其他頁面時，瀏覽器並不會真正的進行跳轉動作，即不會進行重整，而是透過前端路由的方式動態地渲染頁面，這對使用者的互動體驗會非常友善。但很明顯的是，與 SSR 相比，CSR 會產生所謂的「空白頁面」問題。實際上，CSR 不僅僅會產生空白頁面問題，它對 SEO（搜尋引擎最佳化）也不友善。表 18-1 從多個方面比較了 SSR 與 CSR。

▼ 表 18-1　SSR 與 CSR 的比較

|  | SSR | CSR |
| --- | --- | --- |
| SEO | 友善 | 不友善 |
| 空白問題 | 無 | 有 |
| 佔用伺服端資源 | 多 | 少 |
| 使用者體驗 | 差 | 好 |

SSR 和 CSR 各有優缺點。SSR 對 SEO 更加友善，而 CSR 對 SEO 不太友善。由於 SSR 的內容到達時間更快，因此它不會產生空白頁面問題。相對地，CSR 會有空白頁面問題。另外，由於 SSR 是在伺服端完成頁面渲染的，所以它需要消耗更多伺服端資源。CSR 則能夠減少對伺服端資源的消耗。對於使用者體驗，由於 CSR 不需要進行真正的「跳轉」，使用者會感覺更加「流暢」，所以 CSR 相比 SSR 具有更好的使用者體驗。從這些角度來看，無論是 SSR 還是 CSR，都不可以作為「銀彈」，我們需要從專案的實際需求出發，決定到底採用哪一個。例如你的專案非常需要 SEO，那麼就應該採用 SSR。

那麼，我們能否融合 SSR 與 CSR 兩者的優點於一身呢？答案是「可以的」，這就是接下來我們要討論的同構渲染。同構渲染分為首次渲染（即首次讀取或重整頁面）以及非首次渲染。圖 18-3 提供了同構渲染首次渲染的運作流程。

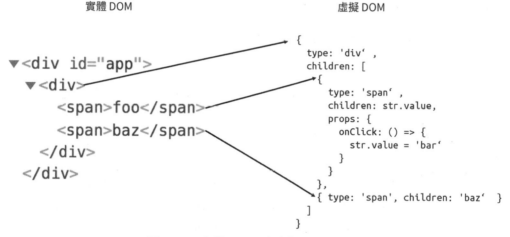

▲ 圖 18-3　實體 DOM 與虛擬 DOM 的關係

實際上，同構渲染中的首次渲染與 SSR 的運作流程是一致的。也就是說，當首次存取或者重整頁面時，整個頁面的內容是在伺服端完成渲染的，瀏覽器最終得到的是渲染好的 HTML 頁面。但是該頁面是純靜態的，這意味著使用者還不能與頁面進行任何互動，因為整個應用程式的腳本還沒有讀取和執行。另外，該靜態的 HTML 頁面中也會包含 `<link>`、`<script>` 等標籤。除此之外，同構渲染所產生的 HTML 頁面與 SSR 所產生的 HTML 頁面有一點最大的不同，即前者會包含當前頁面所需要的初始化資料。直白地說，伺服器透過 API 請求的資料會被序列化為字串，並拼接到靜態的 HTML 標籤中，最後一併發送給瀏覽器。這麼做實際上是為了後續的啟用操作，後文會詳細講解。

假設瀏覽器已經接收到初次渲染的靜態 HTML 頁面，接下來瀏覽器會解析並渲染該頁面。在解析過程中，瀏覽器會發現 HTML 程式碼中存在 `<link>` 和 `<script>` 標籤，於是會從 CDN 或伺服器獲取相應的資料，這一步與 CSR 一致。當 JavaScript 資料讀取完畢後，會進行啟用操作，這裡的啟用就是我們在 Vue.js 中常說的「hydration」。啟用包含兩部分工作內容。

- Vue.js 在當前頁面已經渲染的 DOM 元素以及 Vue.js 組件所渲染的虛擬 DOM 之間建立聯繫。

- Vue.js 從 HTML 頁面中取得由伺服端序列化後發送過來的資料，用以初始化整個 Vue.js 應用程式。

啟用完成後，整個應用程式已經完全被 Vue.js 接管為 CSR 應用程式了。後續操作都會按照 CSR 應用程式的流程來執行。當然，如果重整頁面，仍然會進行伺服端渲染，然後再進行啟用，如此往復。

表 18-2 對比了 SSR、CSR 和同構渲染的優劣。

▼ 表 18-2　SSR、CSR 和同構渲染之間的對比

|  | SSR | CSR | 同構渲染 |
| --- | --- | --- | --- |
| **SEO** | 友善 | 不友善 | 友善 |
| **空白問題** | 無 | 有 | 無 |
| **佔用伺服端資源** | 多 | 少 | 中 |
| **使用者體驗** | 差 | 好 | 好 |

可以看到，同構渲染除了也需要部分伺服端資料外，其他方面的表現都非常棒。由於同構渲染方案在首次渲染時和瀏覽器重整時仍然需要伺服端完成渲染工作，所以也需要部分伺服端資源，但相比所有頁面跳轉都需要伺服端完成渲染來說，同構渲染所佔用的伺服端資源相對少一些。

另外，對同構渲染最多的誤解是，它能夠提升**可互動時間**（TTI）。事實是同構渲染仍然需要像 CSR 那樣等待 JavaScript 資料讀取完成，並且使用者端啟用完成後，才能響應使用者操作。因此，理論上同構渲染無法提升可互動時間。

同構渲染的「同構」一詞的涵義是，同樣一套程式碼既可以在伺服端執行，也可以在使用者端執行。例如，我們用 Vue.js 撰寫一個組件，該組件既可以在伺服端執行，被渲染為 HTML 標籤；也可以在使用者端執行，就像普通的 CSR 應用程式一樣。我們會在 18.2 節討論 Vue.js 的組件是如何在伺服端被渲染為 HTML 標籤的。

# 18.2　將虛擬 DOM 渲染為 HTML 標籤

既然「同構」指的是，同樣的程式碼既能在伺服端執行，也能在使用者端執行，那麼本節我們就討論如何在伺服端將虛擬 DOM 渲染為 HTML 標籤。

提供如下虛擬節點物件，它用來描述一個普通的 div 標籤：

```
1  const ElementVNode = {
2    type: 'div',
3    props: {
4      id: 'foo'
5    },
6    children: [
7      { type: 'p', children: 'hello' }
8    ]
9  }
```

為了將虛擬節點 ElementVNode 渲染為字串，我們需要實作 renderElementVNode 函數。該函數接收用來描述普通標籤的虛擬節點作為參數，並回傳渲染後的 HTML 標籤：

```
1  function renderElementVNode(vnode) {
2    // 回傳渲染後的結果，即 HTML 標籤
3  }
```

在不考慮任何邊界條件的情況下，實作 renderElementVNode 非常簡單，如下面的程式碼所示：

```
1   function renderElementVNode(vnode) {
2     // 取出標籤名稱 tag 和標籤屬性 props，以及標籤的子節點
3     const { type: tag, props, children } = vnode
4     // 開始標籤的頭部
5     let ret = `<${tag}`
6     // 處理標籤屬性
7     if (props) {
8       for (const k in props) {
9         // 以 key="value" 的形式拼接字串
10        ret += ` ${k}="${props[k]}"`
11      }
12    }
13    // 開始標籤的閉合
14    ret += `>`
15
16    // 處理子節點
17    // 如果子節點的類型是字串，則是文本內容，直接拼接
18    if (typeof children === 'string') {
19      ret += children
20    } else if (Array.isArray(children)) {
21      // 如果子節點的類型是陣列，則遞迴呼叫 renderElementVNode 完成渲染
22      children.forEach(child => {
```

```
23        ret += renderElementVNode(child)
24      })
25    }
26
27    // 結束標籤
28    ret += `</${tag}>`
29
30    // 回傳拼接好的 HTML 標籤
31    return ret
32  }
```

接著，我們可以呼叫 renderElementVNode 函數完成對 ElementVNode 的渲染：

```
1  console.log(renderElementVNode(ElementVNode)) // <div id="foo"><p>hello</p></div>
```

可以看到，輸出結果是我們所期望的 HTML 標籤。實際上，將一個普通標籤類型的虛擬節點渲染為 HTML 標籤，本質上是字串的拼接。不過，上面提供的 renderElementVNode 函數的實作僅僅用來展示，將虛擬 DOM 渲染為 HTML 標籤的核心原理，並不滿足生產要求，因為它存在以下幾點缺陷。

- renderElementVNode 函數在渲染標籤類型的虛擬節點時，還需要考慮該節點是否是自閉合標籤。
- 對於屬性（props）的處理會比較複雜，要考慮屬性名稱是否合法，還要對屬性值進行 HTML 轉譯。
- 子節點的類型各式各樣，可能是任意類型的虛擬節點，如 Fragment、組件、函數式組件、文本等，這些都需要處理。
- 標籤的文本子節點也需要進行 HTML 轉譯。

上述這些問題都屬於邊界條件，接下來我們逐個處理。首先處理自閉合標籤，它的術語叫作 void element，它的完整列表如下：

```
1  const VOID_TAGS = 'area,base,br,col,embed,hr,img,input,link,meta,param,source,track,wbr'
```

可以在 WHATWG 的規範中查看完整的 void element。

對於 void element，由於它無須閉合標籤，所以在為此類標籤生成 HTML 標籤時，無須為其生成對應的閉合標籤，如下面的程式碼所示：

```
1  const VOID_TAGS = 'area,base,br,col,embed,hr,img,input,link,meta,param,source,track,wbr'.split(',')
2
3  function renderElementVNode2(vnode) {
4    const { type: tag, props, children } = vnode
5    // 判斷是否是 void element
6    const isVoidElement = VOID_TAGS.includes(tag)
7
```

```
8      let ret = `<${tag}`
9
10     if (props) {
11       for (const k in props) {
12         ret += ` ${k}="${props[k]}"`
13       }
14     }
15
16     // 如果是 void element，則自閉合
17     ret += isVoidElement ? `/>` : `>`
18     // 如果是 void element，則直接回傳結果，無須處理 children，因為 void element 沒有 children
19     if (isVoidElement) return ret
20
21     if (typeof children === 'string') {
22       ret += children
23     } else {
24       children.forEach(child => {
25         ret += renderElementVNode2(child)
26       })
27     }
28
29     ret += `</${tag}>`
30
31     return ret
32   }
```

在上面這段程式碼中，我們增加了對 void element 的處理。需要注意的一點是，由於自閉合標籤沒有子節點，所以可以跳過對 children 的處理。

接下來，我們需要更嚴謹地處理 HTML 屬性。處理屬性需要考慮多個方面，首先是對 boolean attribute 的處理。所謂 boolean attribute，並不是說這類屬性的值是布林類型，而是指，如果這類指令存在，則代表 true，否則代表 false。例如 `<input/>` 標籤的 checked 屬性和 disabled 屬性：

```
1   <!-- 選中的 checkbox -->
2   <input type="checkbox" checked />
3   <!-- 未選中的 checkbox -->
4   <input type="checkbox" />
```

從上面這段 HTML 程式碼範例中可以看出，當渲染 boolean attribute 時，通常無須渲染它的屬性值。

關於屬性，另外一點需要考慮的是安全問題。WHATWG 規範的 13.1.2.3 節中明確定義了屬性名稱的組成。

屬性名稱必須由一個或多個非以下字串組成。

- 控制字串集（control character）的碼點範圍是：[0x01, 0x1f] 和 [0x7f, 0x9f]。

- U+0020 (SPACE)、U+0022 (")、U+0027 (')、 U+003E (>)、U+002F (/) 以 及 U+003D (=)。

- noncharacters，這裡的 noncharacters 代表 Unicode 永久保留的碼點，這些碼點在 Unicode 內部使用，它的取值範圍是：[0xFDD0, 0xFDEF]，還包括： 0xFFFE、0xFFFF、0x1FFFE、0x1FFFF、0x2FFFE、0x2FFFF、0x3FFFE、0x3FFFF、 0x4FFFE、0x4FFFF、0x5FFFE、0x5FFFF、0x6FFFE、0x6FFFF、0x7FFFE、0x7FFFF、 0x8FFFE、0x8FFFF、0x9FFFE、0x9FFFF、0xAFFFE、0xAFFFF、0xBFFFE、0xBFFFF、 0xCFFFE、0xCFFFF、0xDFFFE、0xDFFFF、0xEFFFE、0xEFFFF、0xFFFFE、0xFFFFF、 0x10FFFE、0x10FFFF。

考慮到 Vue.js 的模板編譯器在編譯過程中已經對 noncharacters 以及控制字串集進行了處理，所以我們只需要小範圍處理即可，任何不滿足上述條件的屬性名稱都是不安全且不合法的。

另外，在虛擬節點中的 props 物件中，通常會包含僅用於組件執行時邏輯的相關屬性。例如，key 屬性僅用於虛擬 DOM 的 Diff 演算法，ref 屬性僅用於實作 template ref 的功能等。在進行伺服端渲染時，應該忽略這些屬性。除此之外，伺服端渲染也無須考慮事件綁定。因此，也應該忽略 props 物件中的事件處理函數。

更加嚴謹的屬性處理方案如下：

```
 1  function renderElementVNode(vnode) {
 2    const { type: tag, props, children } = vnode
 3    const isVoidElement = VOID_TAGS.includes(tag)
 4
 5    let ret = `<${tag}`
 6
 7    if (props) {
 8      // 呼叫 renderAttrs 函數進行嚴謹處理
 9      ret += renderAttrs(props)
10    }
11
12    ret += isVoidElement ? `/>` : `>`
13
14    if (isVoidElement) return ret
15
16    if (typeof children === 'string') {
17      ret += children
18    } else {
19      children.forEach(child => {
20        ret += renderElementVNode(child)
21      })
```

```
22      }
23
24    ret += `</${tag}>`
25
26    return ret
27  }
```

可以看到，在 renderElementVNode 函數內，我們呼叫了 renderAttrs 函數來實作對 props 的處理。renderAttrs 函數的具體實作如下：

```
1  // 應該忽略的屬性
2  const shouldIgnoreProp = ['key', 'ref']
3
4  function renderAttrs(props) {
5    let ret = ''
6    for (const key in props) {
7      if (
8        // 檢測屬性名稱，如果是事件或應該被忽略的屬性，則忽略它
9        shouldIgnoreProp.includes(key) ||
10       /^on[^a-z]/.test(key)
11     ) {
12       continue
13     }
14     const value = props[key]
15     // 呼叫 renderDynamicAttr 完成屬性的渲染
16     ret += renderDynamicAttr(key, value)
17   }
18   return ret
19  }
```

renderDynamicAttr 函數的實作如下：

```
1  // 用來判斷屬性是否是 boolean attribute
2  const isBooleanAttr = (key) =>
3  (`itemscope,allowfullscreen,formnovalidate,ismap,nomodule,novalidate,readonly` +
4    `,async,autofocus,autoplay,controls,default,defer,disabled,hidden,` +
5    `loop,open,required,reversed,scoped,seamless,` +
6    `checked,muted,multiple,selected`).split(',').includes(key)
7
8  // 用來判斷屬性名稱是否合法且安全
9  const isSSRSafeAttrName = (key) => !/[>/="'\u0009\u000a\u000c\u0020]/.test(key)
10
11  function renderDynamicAttr(key, value) {
12    if (isBooleanAttr(key)) {
13      // 對於 boolean attribute，如果值為 false ，則什麼都不需要渲染，否則只需要渲染 key 即可
14      return value === false ? `` : ` ${key}`
15    } else if (isSSRSafeAttrName(key)) {
16      // 對於其他安全的屬性，執行完整的渲染，
17      // 注意：對於屬性值，我們需要對它執行 HTML 轉譯操作
18      return value === '' ? ` ${key}` : ` ${key}="${escapeHtml(value)}"`
19    } else {
20      // 跳過不安全的屬性，並輸出警告訊息
21      console.warn(
```

```
22          `[@vue/server-renderer] Skipped rendering unsafe attribute name: ${key}`
23        )
24      return ``
25    }
26  }
```

這樣我們就實作了對普通元素類型的虛擬節點的渲染。實際上，在 Vue.js 中，由於 class 和 style 這兩個屬性可以使用多種合法的資料結構來表示，例如 class 的值可以是字串、物件、陣列，所以理論上我們還需要考慮這些情況。不過原理都是相通的，對於使用不同資料結構表示的 class 或 style，我們只需要將不同類型的資料結構序列化成字串表示即可。

另外，觀察上面程式碼中的 renderDynamicAttr 函數的實作能夠發現，在處理屬性值時，我們呼叫了 escapeHtml 對其進行轉譯處理，這對於防禦 XSS 攻擊至關重要。HTML 轉譯指的是將特殊字串轉換為對應的 HTML 實體。其轉換規則很簡單。

▣ 如果該字串作為普通內容被拼接，則應該對以下字串進行轉譯。

◆ 將字串 & 轉譯為實體 &amp;。

◆ 將字串 < 轉譯為實體 &lt;。

◆ 將字串 > 轉譯為實體 &gt;。

▣ 如果該字串作為屬性值被拼接，那麼除了上述三個字串應該被轉譯之外，還應該轉譯下面兩個字串。

◆ 將字串 " 轉譯為實體 &quot;。

◆ 將字串 ' 轉譯為實體 &#39;。

具體實作如下：

```
1   const escapeRE = /["'&<>]/
2   function escapeHtml(string) {
3     const str = '' + string
4     const match = escapeRE.exec(str)
5
6     if (!match) {
7       return str
8     }
9
10    let html = ''
11    let escaped
12    let index
13    let lastIndex = 0
14    for (index = match.index; index < str.length; index++) {
15      switch (str.charCodeAt(index)) {
16        case 34: // "
17          escaped = '&quot;'
18          break
```

```
19        case 38: // &
20          escaped = '&amp;'
21          break
22        case 39: // '
23          escaped = '&#39;'
24          break
25        case 60: // <
26          escaped = '&lt;'
27          break
28        case 62: // >
29          escaped = '&gt;'
30          break
31        default:
32          continue
33      }
34
35      if (lastIndex !== index) {
36        html += str.substring(lastIndex, index)
37      }
38
39      lastIndex = index + 1
40      html += escaped
41    }
42
43    return lastIndex !== index ? html + str.substring(lastIndex, index) : html
44  }
```

原理很簡單，只需要在給定字串中查找需要轉譯的字串，然後將其替換為對應的 HTML 實體即可。

## 18.3 將組件渲染為 HTML 標籤

在 18.2 節中，我們討論了如何將普通標籤類型的虛擬節點渲染為 HTML 標籤。本節，我們將在此基礎上，討論如何將組件類型的虛擬節點渲染為 HTML 標籤。

假設我們有如下組件，以及用來描述組件的虛擬節點：

```
1   // 組件
2   const MyComponent = {
3     setup() {
4       return () => {
5         // 該組件渲染一個 div 標籤
6         return {
7           type: 'div',
8           children: 'hello'
9         }
10      }
11    }
12  }
13
```

```
14   // 用來描述組件的 VNode 物件
15   const CompVNode = {
16     type: MyComponent,
17   }
```

我們將實作 renderComponentVNode 函數，並用它把組件類型的虛擬節點渲染為 HTML 標籤：

```
1   const html = renderComponentVNode(CompVNode)
2   console.log(html) // 輸出：<div>hello</div>
```

實際上，把組件渲染為 HTML 標籤與把普通標籤節點渲染為 HTML 標籤並沒有本質區別。我們知道，組件的渲染函數用來描述組件要渲染的內容，它的回傳值是虛擬 DOM。所以，我們只需要執行組件的渲染函數取得對應的虛擬 DOM，再將該虛擬 DOM 渲染為 HTML 標籤，並作為 renderComponentVNode 函數的回傳值即可。最基本的實作如下：

```
1   function renderComponentVNode(vnode) {
2     // 獲取 setup 組件選項
3     let { type: { setup } } = vnode
4     // 執行 setup 函數得到渲染函數 render
5     const render = setup()
6     // 執行渲染函數得到 subTree，即組件要渲染的內容
7     const subTree = render()
8     // 呼叫 renderElementVNode 完成渲染，並回傳其結果
9     return renderElementVNode(subTree)
10  }
```

上面這段程式碼的邏輯非常簡單，它僅僅展示了渲染組件的最基本原理，仍然存在很多問題。

- subTree 本身可能是任意類型的虛擬節點，包括組件類型。因此，我們不能直接使用 renderElementVNode 來渲染它。
- 執行 setup 函數時，也應該提供 setupContext 物件。而執行渲染函數 render 時，也應該將其 this 指向 renderContext 物件。實際上，在組件的初始化和渲染方面，其完整流程與第 13 章講解的使用者端的渲染流程一致。例如，也需要初始化 data，也需要得到 setup 函數的執行結果，並檢查 setup 函數的回傳值是函數還是 setupState 等。

對於第一個問題，我們可以透過封裝通用函數來解決，如下面 renderVNode 函數的程式碼所示：

```
1   function renderVNode(vnode) {
2     const type = typeof vnode.type
```

```
3      if (type === 'string') {
4        return renderElementVNode(vnode)
5      } else if (type === 'object' || type === 'function') {
6        return renderComponentVNode(vnode)
7      } else if (vnode.type === Text) {
8        // 處理文本 ...
9      } else if (vnode.type === Fragment) {
10       // 處理片段 ...
11     } else {
12       // 其他 VNode 類型
13     }
14   }
```

有 了 renderVNode 後，我 們 就 可 以 在 renderComponentVNode 中 使 用 它 來 渲 染
subTree 了：

```
1    function renderComponentVNode(vnode) {
2      let { type: { setup } } = vnode
3      const render = setup()
4      const subTree = render()
5      // 使用 renderVNode 完成對 subTree 的渲染
6      return renderVNode(subTree)
7    }
```

第二個問題則涉及組件的初始化流程。我們先回顧一下組件在使用者端渲染時的整
體流程，如圖 18-4 所示。

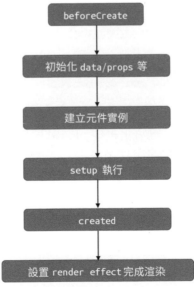

▲ 圖 18-4　使用者端渲染時，組件的初始化流程

517

在進行伺服端渲染時，組件的初始化流程與使用者端渲染時組件的初始化流程基本一致，但有兩個重要的區別。

- ☑ 伺服端渲染的是應用的當前快照，它不存在資料變更後重新渲染的情況。因此，所有資料在伺服端都無須是響應式的。利用這一點，我們可以減少伺服端渲染過程中建立響應式資料的消耗。

- ☑ 伺服端渲染只需要獲取組件要渲染的 subTree 即可，無須呼叫渲染器完成實體 DOM 的建立。因此，在伺服端渲染時，可以忽略「設定 render effect 完成渲染」這一步。

圖 18-5 提供了伺服端渲染時初始化組件的流程。

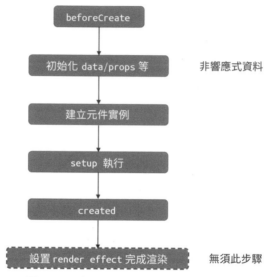

▲ 圖 18-5 伺服端渲染時，組件的初始化流程

可以看到，只需要對使用者端初始化組件的邏輯稍作調整，即可實作組件在伺服端的渲染。另外，由於組件在伺服端渲染時，不需要渲染實體 DOM 元素，所以無須建立並執行 render effect。這意味著，組件的 beforeMount 以及 mounted 鉤子不會被觸發。而且，由於伺服端渲染不存在資料變更後的重新渲染邏輯，所以 beforeUpdate 和 updated 鉤子也不會在伺服端執行。完整的實作如下：

```
1   function renderComponentVNode(vnode) {
2     const isFunctional = typeof vnode.type === 'function'
3     let componentOptions = vnode.type
4     if (isFunctional) {
5       componentOptions = {
6         render: vnode.type,
7         props: vnode.type.props
```

```
8       }
9     }
10    let { render, data, setup, beforeCreate, created, props: propsOption } = componentOptions
11
12    beforeCreate && beforeCreate()
13
14    // 無須使用 reactive() 建立 data 的響應式版本
15    const state = data ? data() : null
16    const [props, attrs] = resolveProps(propsOption, vnode.props)
17
18    const slots = vnode.children || {}
19
20    const instance = {
21      state,
22      props, // props 無須 shallowReactive
23      isMounted: false,
24      subTree: null,
25      slots,
26      mounted: [],
27      keepAliveCtx: null
28    }
29
30    function emit(event, ...payload) {
31      const eventName = `on${event[0].toUpperCase() + event.slice(1)}`
32      const handler = instance.props[eventName]
33      if (handler) {
34        handler(...payload)
35      } else {
36        console.error(' 事件不存在 ')
37      }
38    }
39
40    // setup
41    let setupState = null
42    if (setup) {
43      const setupContext = { attrs, emit, slots }
44      const prevInstance = setCurrentInstance(instance)
45      const setupResult = setup(shallowReadonly(instance.props), setupContext)
46      setCurrentInstance(prevInstance)
47      if (typeof setupResult === 'function') {
48        if (render) console.error('setup 函數回傳渲染函數，render 選項將被忽略 ')
49        render = setupResult
50      } else {
51        setupState = setupContext
52      }
53    }
54
55    vnode.component = instance
56
57    const renderContext = new Proxy(instance, {
58      get(t, k, r) {
59        const { state, props, slots } = t
60
61        if (k === '$slots') return slots
62
```

```
63        if (state && k in state) {
64          return state[k]
65        } else if (k in props) {
66          return props[k]
67        } else if (setupState && k in setupState) {
68          return setupState[k]
69        } else {
70          console.error(' 不存在 ')
71        }
72      },
73      set (t, k, v, r) {
74        const { state, props } = t
75        if (state && k in state) {
76          state[k] = v
77        } else if (k in props) {
78          props[k] = v
79        } else if (setupState && k in setupState) {
80          setupState[k] = v
81        } else {
82          console.error(' 不存在 ')
83        }
84      }
85    })
86
87    created && created.call(renderContext)
88
89    const subTree = render.call(renderContext, renderContext)
90
91    return renderVNode(subTree)
92  }
```

觀察上面的程式碼可以發現，該實作與使用者端渲染的邏輯基本一致。這段程式碼與第 13 章提供的關於組件渲染的程式碼也非常相似，唯一的區別在於，在伺服端渲染時，無須使用 reactive 函數為 data 資料建立響應式版本，並且 props 資料也無須是淺響應的。

## 18.4 使用者端啟用的原理

討論完如何將組件渲染為 HTML 標籤之後，我們再來討論使用者端啟用的實作原理。什麼是使用者端啟用呢？我們知道，對於同構渲染來說，組件的程式碼會在伺服端和使用者端分別執行一次。在伺服端，組件會被渲染為靜態的 HTML 標籤，然後發送給瀏覽器，瀏覽器再把這段純靜態的 HTML 渲染出來。這意味著，此時頁面中已經存在對應的 DOM 元素。同時，該組件還會被打包到一個 JavaScript 檔案中，並在使用者端被下載到瀏覽器中解譯並執行。這時問題來了，當組件的程式碼在使用者端執行時，會再次建立 DOM 元素嗎？答案是「不會」。由於瀏覽器在渲染了由伺服端發送過來的 HTML 標籤之後，頁面中已經存在對應的 DOM 元素了，所以組件程式碼在使用者端執行時，不需要再次建立相應的 DOM 元素。但是，組件程式碼在使用者端執行時，仍然需要做兩件重要的事：

☑ 在頁面中的 DOM 元素與虛擬節點物件之間建立聯繫；

☑ 為頁面中的 DOM 元素新增事件綁定。

我們知道，一個虛擬節點被載入之後，為了保證更新程式能正確執行，需要透過該虛擬節點的 `vnode.el` 屬性儲存對實體 DOM 物件的引用。而同構渲染也是一樣，為了應用程式在後續更新過程中能夠正確執行，我們需要在頁面中已經存在的 DOM 物件與虛擬節點物件之間建立正確的聯繫。另外，在伺服端渲染的過程中，會忽略虛擬節點中與事件相關的 `props`。所以，當組件程式碼在使用者端執行時，我們需要將這些事件正確地綁定到元素上。其實，這兩個步驟就展現了使用者端啟用的涵義。

理解了使用者端啟用的涵義後，我們再來看一下它的具體實作。當組件進行純使用者端渲染時，我們透過渲染器的 `renderer.render` 函數來完成渲染，例如：

```
1    renderer.render(vnode, container)
```

而對於同構應用，我們將使用獨立的 `renderer.hydrate` 函數來完成啟用：

```
1    renderer.hydrate(vnode, container)
```

實際上，我們可以用程式碼模擬從伺服端渲染到使用者端啟用的整個過程，如下所示：

```
1    // html 代表由伺服端渲染的字串
2    const html = renderComponentVNode(compVNode)
3
4    // 假設使用者端已經拿到了由伺服端渲染的字串
5    // 獲取載入點
6    const container = document.querySelector('#app')
7    // 設定載入點的 innerHTML，模擬由伺服端渲染的內容
8    container.innerHTML = html
9
10   // 接著呼叫 hydrate 函數完成啟用
11   renderer.hydrate(compVNode, container)
```

其中 CompVNode 的程式碼如下：

```
1    const MyComponent = {
2      name: 'App',
3      setup() {
4        const str = ref('foo')
5
6        return () => {
```

```
7          return {
8            type: 'div',
9            children: [
10             {
11               type: 'span',
12               children: str.value,
13               props: {
14                 onClick: () => {
15                   str.value = 'bar'
16                 }
17               }
18             },
19             { type: 'span', children: 'baz' }
20           ]
21         }
22       }
23     }
24   }
25
26   const CompVNode = {
27     type: MyComponent,
28   }
```

接下來，我們著手實作 `renderer.hydrate` 函數。與 `renderer.render` 函數一樣，`renderer.hydrate` 函數也是渲染器的一部分，因此它也會作為 `createRenderer` 函數的回傳值，如下面的程式碼所示：

```
1    function createRenderer(options) {
2      function hydrate(node, vnode) {
3        // ...
4      }
5
6      return {
7        render,
8        // 作為 createRenderer 函數的回傳值
9        hydrate
10     }
11   }
```

這樣，我們就可以透過 `renderer.hydrate` 函數來完成使用者端啟用了。在具體實作之前，我們先來看一下頁面中已經存在的實體 DOM 元素與虛擬 DOM 物件之間的關係。圖 18-6 提供了上面程式碼中 `MyComponent` 組件所渲染的實體 DOM 和它所渲染的虛擬 DOM 物件之間的關係。

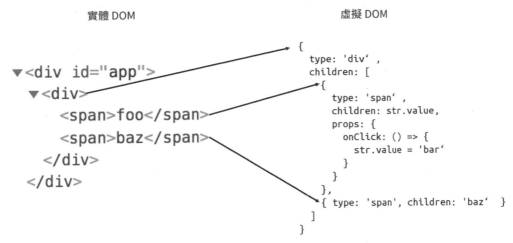

▲ 圖 18-6　實體 DOM 與虛擬 DOM 之間的關係

由圖 18-6 可知，實體 DOM 元素與虛擬 DOM 物件都是樹型結構，並且節點之間存在一一對應的關係。因此，我們可以認為它們是「同構」的。而啟用的原理就是基於這一事實，遞迴地在實體 DOM 元素與虛擬 DOM 節點之間建立關係。另外，在虛擬 DOM 中並不存在與容器元素（或載入點）對應的節點。因此，在啟用的時候，應該從容器元素的第一個子節點開始，如下面的程式碼所示：

```
1  function hydrate(vnode, container) {
2    // 從容器元素的第一個子節點開始
3    hydrateNode(container.firstChild, vnode)
4  }
```

其中，hydrateNode 函數接收兩個參數，分別是實體 DOM 元素和虛擬 DOM 元素。hydrateNode 函數的具體實作如下：

```
1   function hydrateNode(node, vnode) {
2     const { type } = vnode
3     // 1. 讓 vnode.el 引用實體 DOM
4     vnode.el = node
5
6     // 2. 檢查虛擬 DOM 的類型，如果是組件，則呼叫 mountComponent 函數完成啟用
7     if (typeof type === 'object') {
8       mountComponent(vnode, container, null)
9     } else if (typeof type === 'string') {
10      // 3. 檢查實體 DOM 的類型與虛擬 DOM 的類型是否匹配
11      if (node.nodeType !== 1) {
12        console.error('mismatch')
13        console.error(' 伺服端渲染的實體 DOM 節點是：', node)
14        console.error(' 使用者端渲染的虛擬 DOM 節點是：', vnode)
15      } else {
16        // 4. 如果是普通元素，則呼叫 hydrateElement 完成啟用
17        hydrateElement(node, vnode)
```

```
18       }
19     }
20
21     // 5. 重要：hydrateNode 函數需要回傳當前節點的下一個兄弟節點，以便繼續進行後續的啟用操作
22     return node.nextSibling
23   }
```

hydrateNode 函數的關鍵點比較多。首先，要在實體 DOM 元素與虛擬 DOM 元素之間建立聯繫，即 vnode.el = node。這樣才能保證後續更新操作正常進行。其次，我們需要檢測虛擬 DOM 的類型，並據此判斷應該執行怎樣的啟用操作。在上面的程式碼中，我們展示了對組件和普通元素類型的虛擬節點的處理。可以看到，在啟用普通元素類型的節點時，我們檢查實體 DOM 元素的類型與虛擬 DOM 的類型是否相同，如果不同，則需要輸出 mismatch 錯誤，即使用者端渲染的節點與伺服端渲染的節點不匹配。同時，為了能夠讓使用者快速定位問題節點，保證開發體驗，我們最好將使用者端渲染的虛擬節點與伺服端渲染的實體 DOM 節點都顯示出來，供使用者參考。對於組件類型節點的啟用操作，則可以直接透過 mountComponent 函數來完成。對於普通元素的啟用操作，則可以透過 hydrateElement 函數來完成。最後，hydrateNode 函數需要回傳當前啟用節點的下一個兄弟節點，以便進行後續的啟用操作。hydrateNode 函數的回傳值非常重要，它的用途展現在 hydrateElement 函數內，如下面的程式碼所示：

```
1    // 用來啟用普通元素類型的節點
2    function hydrateElement(el, vnode) {
3      // 1. 為 DOM 元素新增事件
4      if (vnode.props) {
5        for (const key in vnode.props) {
6          // 只有事件類型的 props 需要處理
7          if (/^on/.test(key)) {
8            patchProps(el, key, null, vnode.props[key])
9          }
10       }
11     }
12     // 遞迴地啟用子節點
13     if (Array.isArray(vnode.children)) {
14       // 從第一個子節點開始
15       let nextNode = el.firstChild
16       const len = vnode.children.length
17       for (let i = 0; i < len; i++) {
18         // 啟用子節點，注意，每當啟用一個子節點，hydrateNode 函數都會回傳當前子節點的下一個
19         // 兄弟節點，於是可以進行後續的啟用了
20         nextNode = hydrateNode(nextNode, vnode.children[i])
21       }
22     }
23   }
```

hydrateElement 函數有兩個關鍵點。

☑ 因為伺服端渲染是忽略事件的，瀏覽器只是渲染了靜態的 HTML 而已，所以啟用 DOM 元素的操作之一就是為其新增事件處理程式。

☑ 遞迴地啟用當前元素的子節點，從第一個子節點 el.firstChild 開始，遞迴呼叫 hydrateNode 函數完成啟用。注意這裡的小技巧，hydrateNode 函數會回傳當前節點的下一個兄弟節點，利用這個特點即可完成所有子節點的處理。

對於組件的啟用，我們還需要針對性地處理 mountComponent 函數。由於伺服端渲染的頁面中已經存在實體 DOM 元素，所以當呼叫 mountComponent 函數進行組件的載入時，無須再次建立實體 DOM 元素。基於此，我們需要對 mountComponent 函數做一些調整，如下面的程式碼所示：

```
1   function mountComponent(vnode, container, anchor) {
2     // 省略部分程式碼
3
4     instance.update = effect(() => {
5       const subTree = render.call(renderContext, renderContext)
6       if (!instance.isMounted) {
7         beforeMount && beforeMount.call(renderContext)
8         // 如果 vnode.el 存在，則意味著要執行啟用
9         if (vnode.el) {
10          // 直接呼叫 hydrateNode 完成啟用
11          hydrateNode(vnode.el, subTree)
12        } else {
13          // 正常載入
14          patch(null, subTree, container, anchor)
15        }
16        instance.isMounted = true
17        mounted && mounted.call(renderContext)
18        instance.mounted && instance.mounted.forEach(hook => hook.call(renderContext))
19      } else {
20        beforeUpdate && beforeUpdate.call(renderContext)
21        patch(instance.subTree, subTree, container, anchor)
22        updated && updated.call(renderContext)
23      }
24      instance.subTree = subTree
25    }, {
26      scheduler: queueJob
27    })
28  }
```

可以看到，唯一需要調整的地方就是組件的渲染副作用，即 render effect。還記得 hydrateNode 函數所做的第一件事是什麼嗎？是在實體 DOM 與虛擬 DOM 之間建立聯繫，即 vnode.el = node。所以，當渲染副作用執行載入操作時，我們優先檢查虛擬節點的 vnode.el 屬性是否已經存在，如果存在，則意味著無須進行全新的載入，

只需要進行啟用操作即可，否則仍然按照之前的邏輯進行全新的載入。最後一個關鍵點是，組件的啟用操作需要在實體 DOM 與 subTree 之間進行。

## 18.5 撰寫同構的程式碼

正如我們在 18.1 節中介紹的那樣，「同構」一詞指的是一份程式碼既在伺服端執行，又在使用者端執行。因此，在撰寫組件程式碼時，應該額外注意因程式碼執行環境的不同所導致的差異。

### 18.5.1 組件的生命週期

我們知道，當組件的程式碼在伺服端執行時，由於不會對組件進行真正的載入操作，即不會把虛擬 DOM 渲染為實體 DOM 元素，所以組件的 beforeMount 與 mounted 這兩個鉤子函數不會執行。又因為伺服端渲染的是應用的快照，所以不存在資料變化後的重新渲染，因此，組件的 beforeUpdate 與 updated 這兩個鉤子函數也不會執行。另外，在伺服端渲染時，也不會發生組件被卸載的情況，所以組件的 beforeUnmount 與 unmounted 這兩個鉤子函數也不會執行。實際上，只有 beforeCreate 與 created 這兩個鉤子函數會在伺服端執行，所以當你撰寫組件程式碼時需要額外注意。如下是一段常見的問題程式碼：

```
1   <script>
2   export default {
3     created() {
4       this.timer = setInterval(() => {
5         // 做一些事情
6       }, 1000)
7     },
8     beforeUnmount() {
9       // 清除定時器
10      clearInterval(this.timer)
11    }
12  }
13  </script>
```

觀察上面這段組件程式碼，我們在 created 鉤子函數中設定了一個定時器，並嘗試在組件被卸載之前將其清除，即在 beforeUnmount 鉤子函數執行時將其清除。如果在使用者端執行這段程式碼，並不會產生任何問題；但如果在伺服端執行，則會造成記憶體洩漏。因為 beforeUnmount 鉤子函數不會在伺服端執行，所以這個定時器將永遠不會被清除。

實際上，在 created 鉤子函數中設定定時器對於伺服端渲染沒有任何意義。這是因為伺服端渲染的是應用程式的快照，所謂快照，指的是在當前資料狀態下頁面應該呈現的內容。所以，在定時器到時，修改資料狀態之前，應用程式的快照已經渲染完畢了。所以我們說，在伺服端渲染時，定時器內的程式碼沒有任何意義。遇到這類問題時，我們通常有兩個解決方案：

- ☑ 方案一：將建立定時器的程式碼移動到 mounted 鉤子中，即只在使用者端執行定時器；
- ☑ 方案二：使用環境變數包裹這段程式碼，讓其不在伺服端執行。

方案一應該很好理解，而方案二相依專案的環境變數。例如，在透過 webpack 或 Vite 等建構工具搭建的同構專案中，通常帶有這種環境變數。以 Vite 為例，我們可以使用 import.meta.env.SSR 來判斷當前程式碼的執行環境：

```
1   <script>
2   export default {
3     created() {
4       // 只在非伺服端渲染時執行，即只在使用者端執行
5       if (!import.meta.env.SSR) {
6         this.timer = setInterval(() => {
7           // 做一些事情
8         }, 1000)
9       }
10    },
11    beforeUnmount() {
12      clearInterval(this.timer)
13    }
14  }
15  </script>
```

可以看到，我們透過 import.meta.env.SSR 來使程式碼只在特定環境中執行。實際上，建構工具會分別為使用者端和伺服端輸出兩個獨立的套件。建構工具在為使用者端打包資料的時候，會在資料中排除被 import.meta.env.SSR 包裹的程式碼。換句話說，上面的程式碼中被 !import.meta.env.SSR 包裹的程式碼只會在使用者端套件中存在。

## 18.5.2 使用跨平台的 API

撰寫同構程式碼的另一個關鍵點是使用跨平台的 API。由於組件的程式碼既執行於瀏覽器，又執行於伺服器，所以在撰寫程式碼的時候要避免使用平台特有的 API。例如，僅在瀏覽器環境中才存在的 window、document 等物件。然而，有時你不得不使用這些平台特有的 API。這時你可以使用諸如 import.meta.env.SSR 這樣的環境變數來做程式碼守衛：

```
1   <script>
2   if (!import.meta.env.SSR) {
3     // 使用瀏覽器平台特有的 API
4     window.xxx
5   }
6
7   export default {
8     // ...
9   }
10  </script>
```

類似地，Node.js 中特有的 API 也無法在瀏覽器中執行。因此，為了減輕開發時的心智負擔，我們可以選擇跨平台的第三方庫。例如，使用 Axios 作為網路請求庫。

## 18.5.3　只在某一端引入模組

通常情況下，我們自己撰寫的組件的程式碼是可控的，這時我們可以使用跨平台的 API 來保證程式碼「同構」。然而，第三方模組的程式碼非常不可控。假設我們有如下組件：

```
1   <script>
2   import storage from './storage.js'
3   export default {
4     // ...
5   }
6   </script>
```

上面這段組件程式碼本身沒有任何問題，但它依賴了 ./storage.js 模組。如果該模組中存在非同構的程式碼，則仍然會發生錯誤。假設 ./storage.js 模組的程式碼如下：

```
1   // storage.js
2   export const storage = window.localStorage
```

可以看到，./storage.js 模組中依賴了瀏覽器環境下特有的 API，即 window.localStorage。因此，當進行伺服端渲染時會發生錯誤。對於這個問題，有兩種解決方案，方案一是使用 import.meta.env.SSR 來做程式碼守衛：

```
1   // storage.js
2   export const storage = !import.meta.env.SSR ? window.localStorage : {}
```

這樣做雖然能解決問題，但是在大多數情況下我們無法修改第三方模組的程式碼。因此，更多時候我們會採用接下來介紹的方案二來解決問題，即條件引入：

```
1   <script>
2   let storage
```

```
 3    // 只有在非 SSR 下才引入 ./storage.js 模組
 4    if (!import.meta.env.SSR) {
 5      storage = import('./storage.js')
 6    }
 7    export default {
 8      // ...
 9    }
10    </script>
```

上面這段程式碼是修改後的組件程式碼。可以看到，我們透過 `import.meta.env.`
`SSR` 做了程式碼守衛，實作了特定環境下的模組讀取。但是，僅在特定環境下讀
取模板，就意味著該模板的功能僅在該環境下生效。例如在上面的程式碼中，
`./storage.js` 模板的程式碼僅會在使用者端生效。也就是說，伺服端將會缺失該模
組的功能。為了彌補這個缺陷，我們通常需要根據實際情況，再實作一個具有同樣
功能並且可執行於伺服端的模組，如下面的程式碼所示：

```
 1    <script>
 2    let storage
 3    if (!import.meta.env.SSR) {
 4      // 用於使用者端
 5      storage = import('./storage.js')
 6    } else {
 7      // 用於伺服端
 8      storage = import('./storage-server.js')
 9    }
10    export default {
11      // ...
12    }
13    </script>
```

可以看到，我們根據環境的不同，引入不用的模組實作。

## 18.5.4　避免交叉請求引起的狀態污染

撰寫同構程式碼時，額外需要注意的是，避免交叉請求引起的狀態污染。在伺服端
渲染時，我們會為每一個請求建立一個全新的應用實例，例如：

```
 1    import { createSSRApp } from 'vue'
 2    import { renderToString } from '@vue/server-renderer'
 3    import App from 'App.vue'
 4
 5    // 每個請求到來，都會執行一次 render 函數
 6    async function render(url, manifest) {
 7      // 為當前請求建立應用實例
 8      const app = createSSRApp(App)
 9
10      const ctx = {}
11      const html = await renderToString(app, ctx)
```

```
12
13      return html
14    }
```

可以看到，每次呼叫 render 函數進行伺服端渲染時，都會為當前請求呼叫 createSSRApp 函數來建立一個新的應用實例。這是為了避免不同請求共用同一個應用實例所導致的狀態污染。

除了要為每一個請求建立獨立的應用實例之外，狀態污染的情況還可能發生在單個組件的程式碼中，如下所示：

```
1    <script>
2    // 模組級別的全域變數
3    let count = 0
4
5    export default {
6      create() {
7        count++
8      }
9    }
10   </script>
```

如果上面這段組件的程式碼在瀏覽器中執行，則不會產生任何問題，因為瀏覽器與使用者是一對一的關係，每一個瀏覽器都是獨立的。但如果這段程式碼在伺服器中執行，情況會有所不同，因為伺服器與使用者是一對多的關係。當使用者 A 發送請求到伺服器時，伺服器會執行上面這段組件的程式碼，即執行 count++。接著，使用者 B 也發送請求到伺服器，伺服器再次執行上面這段組件的程式碼，此時的 count 已經因使用者 A 的請求自增了一次，因此對於使用者 B 而言，使用者 A 的請求會影響到他，於是就會造成請求間的交叉污染。所以，在撰寫組件程式碼時，要額外注意組件中出現的全域變數。

## 18.5.5 &lt;ClientOnly&gt; 組件

最後，我們再來介紹一個對撰寫同構程式碼非常有幫助的組件，即 &lt;ClientOnly&gt; 組件。在日常開發中，我們經常會使用第三方模組。而它們不一定對 SSR 友善，例如：

```
1    <template>
2      <SsrIncompatibleComp />
3    </template>
```

假設 `<SsrIncompatibleComp />` 是一個不兼容 SSR 的第三方組件，我們沒有辦法修改它的原始碼，這時應該怎麼辦呢？這時我們會想，既然這個組件不兼容 SSR，那麼能否只在使用者端渲染該組件呢？其實是可以的，我們可以自行實作一個 `<ClientOnly>` 的組件，該組件可以讓模板的一部分內容僅在使用者端渲染，如下面這段模板所示：

```
1  <template>
2    <ClientOnly>
3      <SsrIncompatibleComp />
4    </ClientOnly>
5  </template>
```

可以看到，我們使用 `<ClientOnly>` 組件包裹了不兼容 SSR 的 `<SsrIncompatibleComp/>` 組件。這樣，在伺服端渲染時就會忽略該組件，且該組件僅會在使用者端被渲染。那麼，`<ClientOnly>` 組件是如何做到這一點的呢？這其實是利用了 CSR 與 SSR 的差異。如下是 `<ClientOnly>` 組件的實作：

```
1   import { ref, onMounted, defineComponent } from 'vue'
2
3   export const ClientOnly = defineComponent({
4     setup(_, { slots }) {
5       // 標記變數，僅在使用者端渲染時為 true
6       const show = ref(false)
7       // onMounted 鉤子只會在使用者端執行
8       onMounted(() => {
9         show.value = true
10      })
11      // 在伺服端什麼都不渲染，在使用者端才會渲染 <ClientOnly> 組件的插槽內容
12      return () => (show.value && slots.default ? slots.default() : null)
13    }
14  })
```

可以看到，整體實作非常簡單。其原理是利用了 onMounted 鉤子只會在使用者端執行的屬性。我們建立了一個標記變數 show，初始值為 false，並且僅在使用者端渲染時將其設定為 true。這意味著，在伺服端渲染的時候，`<ClientOnly>` 組件的插槽內容不會被渲染。而在使用者端渲染時，只有等到 mounted 鉤子觸發後才會渲染 `<ClientOnly>` 組件的插槽內容。這樣就實作了被 `<ClientOnly>` 組件包裹的內容僅會在使用者端被渲染。

另外，`<ClientOnly>` 組件並不會導致使用者端啟用失敗。因為在使用者端啟用的時候，mounted 鉤子還沒有觸發，所以伺服端與使用者端渲染的內容一致，即什麼都不渲染。等到啟用完成，且 mounted 鉤子觸發執行之後，才會在使用者端將 `<ClientOnly>` 組件的插槽內容渲染出來。

## 18.6 總結

在本章中，我們首先討論了 CSR、SSR 和同構渲染的運作機制，以及它們各自的優缺點。具體可以總結為表 18-3。

▼ 表 18-3 CSR 和 SSR 的比較

|  | SSR | CSR |
|:---:|:---:|:---:|
| **SEO** | 友善 | 不友善 |
| **空白畫面問題** | 無 | 有 |
| **佔用伺服端資源** | 多 | 少 |
| **使用者體驗** | 差 | 好 |

為應用程式選擇渲染架構時，需要結合軟體的需求及情況，選擇合適的渲染方案。

接著，我們討論了 Vue.js 是如何把虛擬節點渲染為字串的。以普通標籤節點為例，在將其渲染為字串時，要考慮以下內容。

☑ 自閉合標籤的處理。對於自閉合標籤，無須為其渲染閉合標籤部分，也無須處理其子節點。

☑ 屬性名稱的合法性，以及屬性值的轉譯。

☑ 文本子節點的轉譯。

具體的轉譯規則如下。

☑ 對於普通內容，應該對文本中的以下字串進行轉譯。

◆ 將字串 & 轉譯為實體 &amp;。

◆ 將字串 < 轉譯為實體 &lt;。

◆ 將字串 > 轉譯為實體 &gt;。

☑ 對於屬性值，除了上述三個字串應該轉譯之外，還應該轉譯下面兩個字串。

◆ 將字串 " 轉譯為實體 &quot;。

◆ 將字串 ' 轉譯為實體 &#39;。

然後，我們討論了如何將組件渲染為 HTML 標籤。在伺服端渲染組件與渲染普通標籤並沒有本質區別。我們只需要透過執行組件的 render 函數，得到該組件所渲染的 subTree 並將其渲染為 HTML 標籤即可。另外，在渲染組件時，需要考慮以下幾點。

☑ 伺服端渲染不存在資料變更後的重新渲染，所以無須呼叫 reactive 函數對 data 等資料進行包裝，也無須使用 shallowReactive 函數對 props 資料進行包裝。正因如此，我們也無須呼叫 beforeUpdate 和 updated 鉤子。

- 伺服端渲染時，由於不需要渲染實體 DOM 元素，所以無須呼叫組件的 `beforeMount` 和 `mounted` 鉤子。

之後，我們討論了使用者端啟用的原理。在同構渲染過程中，組件的程式碼會分別在伺服端和瀏覽器中執行一次。在伺服端，組件會被渲染為靜態的 HTML 標籤，併發送給瀏覽器。瀏覽器則會渲染由伺服端回傳的靜態的 HTML 內容，並下載打包在靜態資料中的組件程式碼。當下載完畢後，瀏覽器會解釋並執行該組件程式碼。當組件程式碼在使用者端執行時，由於頁面中已經存在對應的 DOM 元素，所以渲染器並不會執行建立 DOM 元素的邏輯，而是會執行啟用操作。啟用操作可以總結為兩個步驟。

- 在虛擬節點與實體 DOM 元素之間建立聯繫，即 `vnode.el = el`。這樣才能保證後續更新程式正確執行。
- 為 DOM 元素新增事件綁定。

最後，我們討論了如何撰寫同構的組件程式碼。由於組件程式碼既執行於伺服端，也執行於使用者端，所以當我們撰寫組件程式碼時要額外注意。具體可以總結為以下幾點。

- 注意組件的生命週期。`beforeUpdate`、`updated`、`beforeMount`、`mounted`、`beforeUnmount`、`unmounted` 等生命週期鉤子函數不會在伺服端執行。
- 使用跨平台的 API。由於組件的程式碼既要在瀏覽器中執行，也要在伺服器中執行，所以撰寫組件程式碼時，要額外注意程式碼的跨平台性。通常我們在選擇第三方函式庫的時候，會選擇支援跨平台的庫，例如使用 Axios 作為網路請求庫。
- 特定端的實作。無論在使用者端還是在伺服端，都應該保證功能的一致性。例如，組件需要讀取 cookie 訊息。在使用者端，我們可以透過 `document.cookie` 來實作讀取；而在伺服端，則需要根據請求來實作讀取。所以，很多功能模組需要我們為使用者端和伺服端分別實作。
- 避免交叉請求引起的狀態污染。狀態污染既可以是應用級的，也可以是模組級的。對於應用，我們應該為每一個請求建立一個獨立的應用實例。對於模組，我們應該避免使用模組級的全域變數。這是因為在不做特殊處理的情況下，多個請求會共用模組級的全域變數，造成請求間的交叉污染。
- 僅在使用者端渲染組件中的部分內容。這需要我們自行封裝 `<ClientOnly>` 組件，被該組件包裹的內容僅在使用者端才會被渲染。

# Vue.js 設計實戰

作　　者：霍春陽

譯　　者：22dotsstudio

企劃編輯：蔡彤孟

文字編輯：詹祐甯

設計裝幀：張寶莉

發 行 人：廖文良

發 行 所：碁峰資訊股份有限公司

地　　址：台北市南港區三重路 66 號 7 樓之 6

電　　話：(02)2788-2408

傳　　真：(02)8192-4433

網　　站：www.gotop.com.tw

書　　號：ACL066600

版　　次：2023 年 03 月初版

建議售價：NT$680

商標聲明：本書所引用之國內外公司各商標、商品名稱、網站畫面，其權利分屬合法註冊公司所有，絕無侵權之意，特此聲明。

版權聲明：本著作物內容僅授權合法持有本書之讀者學習所用，非經本書作者或碁峰資訊股份有限公司正式授權，不得以任何形式複製、抄襲、轉載或透過網路散佈其內容。

版權所有 ● 翻印必究

國家圖書館出版品預行編目資料

Vue.js 設計實戰 / 霍春陽原著；22dotsstudio 譯. -- 初版. -- 臺北市：碁峰資訊, 2023.03

　　面；　　公分

　　ISBN 978-626-324-383-5(平裝)

　　1.CST：Java Script(電腦程式語言)　2.CST：網頁設計

312.32J36　　　　　　　　　　　　　　　111020375

## 讀者服務

● 感謝您購買碁峰圖書，如果您對本書的內容或表達上有不清楚的地方或其他建議，請至碁峰網站：「聯絡我們」\「圖書問題」留下您所購買之書籍及問題。(請註明購買書籍之書號及書名，以及問題頁數，以便能儘快為您處理)

http://www.gotop.com.tw

● 售後服務僅限書籍本身內容，若是軟、硬體問題，請您直接與軟體廠商聯絡。

● 若於購買書籍後發現有破損、缺頁、裝訂錯誤之問題，請直接將書寄回更換，並註明您的姓名、連絡電話及地址，將有專人與您連絡補寄商品。